JN299773

基礎物理定数*

名称	記号	値
真空中の光速	c	$299\,792\,458$ m s^{-1} （定義値）
電気素量	e	$1.602\,176\,634 \times 10^{-19}$ C （定義値）
電子質量	m_e	$9.109\,383\,701\,5(28) \times 10^{-31}$ kg
陽子（プロトン）質量	m_p	$1.672\,621\,923\,69(51) \times 10^{-27}$ kg
中性子質量	m_n	$1.674\,927\,498\,04(95) \times 10^{-27}$ kg
プランク定数	h	$6.626\,070\,15 \times 10^{-34}$ J s （定義値）
ボーア半径	a_0	$5.291\,772\,109\,03(80) \times 10^{-11}$ m
ボーア磁子	μ_B	$9.274\,010\,078\,3(28) \times 10^{-24}$ J T^{-1}
核磁子	μ_N	$5.050\,783\,746\,1(15) \times 10^{-27}$ J T^{-1}
電子の磁気モーメント	μ_e	$-9.284\,764\,704\,3(28) \times 10^{-24}$ J T^{-1}
陽子の磁気モーメント	μ_p	$1.410\,606\,797\,36(60) \times 10^{-26}$ J T^{-1}
ファラデー定数	F	$96\,485.332\,12$ C mol^{-1} （定義値）
モル気体定数	R	$8.314\,462\,618$ J K^{-1} mol^{-1} （定義値）
アボガドロ定数	N_A	$6.022\,140\,76 \times 10^{23}$ mol^{-1} （定義値）
ボルツマン定数	k_B	$1.380\,649 \times 10^{-23}$ J K^{-1} （定義値）
標準大気圧		$101\,325$ Pa （定義値）
理想気体のモル体積 ($t = 0$ ℃, $p = 100$ kPa)	V_m	$22.710\,954\,64 \times 10^{-3}$ m^3 mol^{-1} （定義値）
理想気体のモル体積 ($t = 0$ ℃, $p = 101.325$ kPa)	V_m	$22.413\,969\,54 \times 10^{-3}$ m^3 mol^{-1} （定義値）
水の三重点		273.16 K （定義値）
標準重力加速度	g_n	$9.806\,65$ m s^{-2} （定義値）

* （ ）の中の数値は，最後の2桁につく標準不確かさを示す．
物理定数の出典は下記である．
https://physics.nist.gov/cuu/Constants/index.html

国際単位系 (SI) における基本単位

2018年11月16日に開催された第26回国際度量衡総会でSI基本単位の定義が大幅に改訂され，それに伴う七つの基礎物理定数の定義値も承認された．新しいSI単位の施行日は，メートル条約が締結された1875年5月20日にちなみ，2019年5月20日となった．

時間の単位（秒，s）：1 s は，^{133}Cs原子の基底状態の二つの超微細構造のエネルギー準位間の遷移に対応する電磁波の周波数 $\Delta\nu$ の数値を $9\,192\,631\,770$ s^{-1} と定めることにより定義される．
$1\text{ s} = 9\,192\,631\,770/\Delta\nu$

長さの単位（メートル，m）：1 m は，真空中の光速 c の数値を $299\,792\,458$ m s^{-1} と定めることにより定義される．
$1\text{ m} = c/299\,792\,458$ s

質量の単位（キログラム，kg）：1 kg は，プランク定数 h の数値を $6.626\,070\,15 \times 10^{-34}$ J s $(= \text{kg m}^2\text{ s}^{-1})$ と定めることにより定義される．$1\text{ kg} = h/(6.626\,070\,15 \times 10^{-34})$ m^{-2} s

物質量の単位（モル，mol）：1 mol は，アボガドロ定数 N_A の数値を $6.022\,140\,76 \times 10^{23}$ mol^{-1} と定めることにより定義される．
$1\text{ mol} = 6.022\,140\,76 \times 10^{23}/N_\text{A}$

電流の単位（アンペア，A）：1 A は，電気素量 e の数値を $1.602\,176\,634 \times 10^{-19}$ C $(= \text{A s})$ と定めることにより定義される．
$1\text{ A} = e/(1.602\,176\,634 \times 10^{-19})$ s^{-1}

温度の単位（ケルビン，K）：1 K は，ボルツマン定数 k_B の数値を $1.380\,649 \times 10^{-23}$ J K^{-1} $(= \text{m}^2\text{ s}^{-2}\text{ kg K}^{-1})$ と定めることにより定義される．$1\text{ K} = (1.380\,649 \times 10^{-23})/k_\text{B}$ m^2 s^{-2} kg

光度の単位（カンデラ，cd）：1 cd は，周波数 540×10^{12} Hz の単色光の発光効率 K_cd の数値を 683 lm W^{-1} $(= \text{cd kg}^{-1}\text{ m}^{-2}\text{ s}^3\text{ sr})$ と定めることにより定義される．$1\text{ cd} = K_\text{cd}/683$ kg m^2 s^{-3} sr^{-1}

監修 千原秀昭
編集 徂徠道夫・中澤康浩

物理化学実験法
第 5 版

東京化学同人

序

　本書は大学の化学系学生のための物理化学実験用テキストである．1968年刊行の初版から日本の多くの大学で教科書として使われ，幸いにして高い評価を与えられてきた．時代の要請に即して適切な改訂を重ねてきたことが，長い間支持を拡大してきた理由であろう．この第5版は初版とくらべると，内容はさま変わりしているが，狙いとするところは一貫して変わっていない．本書は，学生がプロの研究者として育つために身につけなければならない基本的な実験技術のガイドブックであって，同時に物理化学を体験によって学ぶことを目標としている．実際にこの目標を達成することは容易ではない．物理化学だけに限っても，学術の進歩に応じて講義で教えなければならない事項が増え続け，実験実習に割ける時間が次第に窮屈になる一方，指導員の不足と予算枠の制約という実験に特有の事情がある．本書の編集・執筆にあたっては，これらの点を念頭におき，つぎの方針を採用した．

　a）各実験課題は午後だけの2日間ないし3日間でできるように配慮した．

　b）各章には，はじめに"物理化学"についての解説を，実験書としてはやや詳しすぎるくらい記載した．実験は単に手足を動かすだけでなく，何故かについて理論的な裏付けを理解しなければならないからである．もう一つの理由は，教室での講義よりも実験が先行する課題があるからである．

c）巻末に豊富な付録を用意した．研究者である指導員にとっては当然のことであるため，説明を省略しがちであるが，学生諸君にとっては初めての経験であることが意外に多いからである．そのため，一般の実験書には記されていないことまでも解説を加えた．

　このような一般的な方針のもと，科学全体の進歩の一翼としての物理化学の役割の変化を取入れるため，今回の改訂でも実験テーマを入れ替え，記述を新しくした．すなわち，第4版と比較して，現在はほとんど行われていない二つの課題を削除し，代わりに2課題を新設した．新設したのは，"気体の圧縮因子"と最近生化学分野で広く使われるようになった"核オーバーハウザー効果（NOE）"である．

　従来からの実験課題についても，内容をこまかく見直し，全面的な加筆・改良をほどこし，読みやすい記述にした．使用する機器類をいまの時代に合ったものとしたが，市販の機器を使う実験では，機器自体がブラックボックスで，実験はオペレーターの訓練のようになりがちである．機器の中で何が起こっているのか，あるいは何が行われているのかを知ることは重要なので，実験書ではあるが，機器の構造と動作の説明にかなりの努力を払った．また全体として用語の説明と統一を厳密にした．使用する薬品については，安全への配慮から，劇物・毒物の使用はなるべく避けたが，どうしても使う場合は，化学者として心得るべき使用上の注意を記載した．さらに，もっとも基本的なことであるが，研究者として，自然界と向き合って自然から学ぶ謙虚な姿勢が，最近とくに強調されている．本書では，初版以来，"実験記録とレポートの書き方"を冒頭におき，科学者としての心構えに注意を喚起している．付録についても本文と同様な改訂を行い，将来研究者となって

からも，参考資料として役に立つようにした．

　第5版では，以上のような改訂を行うにあたって，編集陣に新しく中澤康浩が加わり，大学の現場における実情に沿った現代化をはかった．執筆者も変わり，編集者も交代するが，現在テキストとして使用中の大学で急激な変化をひき起こさないように連続性を保った．各大学の教員諸氏にご協力いただいたアンケート調査は，改訂の参考として大いに役立った．厚く御礼申し上げたい．いつもながら，執筆者，編集者のいろいろな注文をこなし，細心の注意をもって本書の製作に尽力された東京化学同人編集部の高林ふじ子さんに，心から感謝の意を表する．

2011年8月

千　原　秀　昭
徂　徠　道　夫
中　澤　康　浩

第 5 版 執筆者

池田憲昭　川上貴資　徠道夫　中澤康浩　宮久保圭祐
上川貴洋　田口辰大　高中元　宮崎裕司　野輔
浦北河　高原周　長野八　森和亮
江口太郎　齋藤一弥　武田定　野崎浩司　山田剛
大佐藤尚徳　橋爪章　山本　浩弘七仁貴
岡田美智雄　四方俊昭　千原秀和　深田宏　吉岡泰規
金子文幸　諏訪雅昭　寺尾憲　水野操
頼俊憲操

第 1 版～第 4 版 執筆者

足立桂一郎　栄永義之　奥山政高　齋藤一弥　徠道夫　茶谷陽三　中村洋　宮久保圭祐　吉岡泰規
池田憲昭　江口太郎　笠井俊山　高橋泰敏　寺野崎浩裕　宮崎吉村彰
石田陽一　大山浩　金子文俊　佐藤尚弘　高原周一　友田真尚二　末井久雄　村渡辺宏
稲葉章　岡田美智雄　河原一男　四方俊幸　武田定　長尾秀宏　馬場森和亮
今岡村日出男　中桑田敬孝　利田代元　信夫治宏二裕哉　田中野深山下卓和
植村振作　小川和之　小畠陽介　鈴木啓七　蔡徳久　長野八三　福島昭　山室修
浦小國林正雅　川小曽田原秀亘　小中松尾山本正　理晴通元昭男祐夫

（五十音順）

目　　　次

実験を始めるにあたって ……………………………… 1
実験記録とレポートの書き方 ………………………… 3
1. 赤外吸収スペクトル ………………………………… 6
2. 可視・紫外吸収スペクトル ………………………… 14
3. 蛍光・りん光 ………………………………………… 21
4. 光化学（蛍光性分子の消光反応） ………………… 27
5. X線回折 ……………………………………………… 33
6. 核磁気共鳴（NMR） ………………………………… 40
　　A. 高分解能NMR …………………………………… 40
　　B. 核オーバーハウザー効果（NOE） …………… 48
7. 誘電率 ………………………………………………… 54
8. 磁化率 ………………………………………………… 66
9. 固体の電気伝導 ……………………………………… 76
10. 液体の蒸気圧 ………………………………………… 83
11. 分配係数 ……………………………………………… 91
12. 凝固点降下 …………………………………………… 95
13. 示差熱分析と示差走査熱量測定 …………………… 100
14. 反応エンタルピー …………………………………… 106
15. 気体の音速と熱容量 ………………………………… 112
16. 2成分系の気液平衡 ………………………………… 119
17. 3成分系の相図 ……………………………………… 125
18. 気体の圧縮因子 ……………………………………… 130
19. 一次反応の速度定数 ………………………………… 134
20. 二次反応の速度定数 ………………………………… 141
21. 光触媒反応 …………………………………………… 149
22. 表面張力 ……………………………………………… 154
23. 表面圧 ………………………………………………… 161
24. 固体の表面積 ………………………………………… 168
25. 吸着平衡：溶液から固体表面への吸着 …………… 175
26. 液体および固体の密度 ……………………………… 179
27. 液体の相互溶解度 …………………………………… 189
28. 固体の溶解度 ………………………………………… 192
29. 拡散係数 ……………………………………………… 197
30. ブラウン運動 ………………………………………… 203

31. 粘性率	208	**A8**. 抵抗器とコンデンサーの表示記号	298
32. ゴム弾性	216	**A9**. 恒温槽	301
33. 電離平衡と伝導滴定	223	**A10**. 寒剤・冷媒	304
34. 電池	231	**A11**. 真空ポンプ	310
35. 電子回路	245	**A12**. 気体の圧力と真空度の測定	314
36. ガラス細工	254	**A13**. 温度計と温度測定	323
37. 真空実験	260	**A14**. ガラスの組成と性質	332
		A15. 接着剤の種類と特徴	334

付　　録

A1. 数値の処理	268	**A16**. 水銀と水の精製	336
A2. 電池・スライダック	278	**A17**. 高圧ガスの取扱い	342
A3. テスター・デジタルマルチメーター	282	**A18**. 物理量の単位と表記：国際単位系 (SI)	345
A4. 電位差計・ホイートストンブリッジ	284	**A19**. エネルギー単位および圧力単位の換算表	351
A5. オシロスコープ	286	**A20**. 物性データの入手	352
A6. 演算増幅器・記録計	293	**A21**. 実験を安全に行うために	355
A7. ワイヤゲージ	297		

索　引 …… 365

実験を始めるにあたって

❏ **実験の意義**　科学の大きな目的は自然のしくみを理解することである．そのために観察・観測・実験を行い，理論モデルを構築して理解の度合いを深めてゆく．化学は物質を対象とした科学であり，物理化学は物質の構造・物性・反応を明らかにする研究分野である．物質に外部から摂動（刺激）を与え，どのような応答をするかを調べるのが物理化学実験である．教室における講義では学生諸君は多くの場合に受身の立場にある．自主性を発揮し，みずからをためす機会が演習と実験である．大学の学部で課せられるいわゆる学生実験は，諸君が将来どのような進路を歩むにしても，自主性をためす絶好の機会である．実験を始めるに際してこの意義を十分に認識することが大切であって，その自覚があれば，どのような態度で実験に取組むべきかはおのずから明らかになる．

　さて，上のような前提に立って，具体的に実験をどのように進めていくかを述べよう．もともと実験は，われわれが何かについて知りたいときに自然からヒントをもらうために行うものであるから，はっきりした目的をもって始めるべきである．したがって，これから行う実験はどのような計画で，どのような器具を使い，どのような手順で行えば欲する答えが得られるかを慎重に考えなければならない．多数の学生諸君が能率よく各種の実験ができるように，器具があらかじめ用意されているが，それらが適切なものであるかどうかを自分の頭で確認しなければならない．これには，使用する試料の純度についての配慮や，望みの精度に適応した測定法であるかどうかの吟味なども含まれる．

❏ **実験を進める上での心構え**　いよいよ実験にとりかかれば，今度はすなおな心で観測しなければならない．自然界について人類がもっている知識は微々たるものなので，先入観をもって自然が与える解答を眺めてはならない．古来，偉大な発見は細心でしかも謙虚な観測から生まれたことを銘記すべきであって，実験結果に人為的な操作を加えるようなことは，絶対にしてはならない．"学生実験の程度で大発見など出てくるはずがない"という考えは根本的に誤っている．われわれはいつでも新しいことを発見できる環境にいるのに，それに気がつかずに過ぎる場合が多いのである．

実験を始めるにあたって

実験中は観察，測定の結果を細大もらさずに記録することが重要である．

実験が終了したら，記録の整理をする．結果の吟味を行って，はじめの目的に沿った答えが得られたかどうかを調べる．もし期待した精度で測定値が得られなかった場合には，その原因を徹底的に追究しなければならない．もし系統誤差があると考えられる場合には測定器自体の再吟味も必要であろう．このような検討から新しい現象が見いだされるケースが非常に多いのである．たとえば一連の測定において，ある一つの値だけがとび離れているときに，"たぶん目盛の読違いだろう"としてその値を捨てることは厳にいましめなければならない．少なくとも，そのような読違いが，起こりうる種類のものであるかどうかを調べなければならない．もちろん吟味したにもかかわらず原因不明で一つの測定点がとび離れることもある．その場合には，どれだけ吟味を行ったかを付記してその数値もレポートに記載すべきである．あとで詳しく調べたら，とび離れた数値は実は誤りでなく，その付近で異常があることが確認されるという場合も多い．

最後に"自然は正直である"ことを強調しておきたい．自然法則に違反するようなことをしようとしても絶対に勝ち目はない．そのかわり，理にかなった細心の実験をすれば自然は必ず応えてくれるものである．

❏ **実験に伴う危険の回避**　有機化学や無機化学の合成実験と異なり，物理化学実験では化学反応に伴う爆発などの危険性は少ない．しかし実験で用いる薬品の中には，人体に有害なものも含まれている．化学を専攻した諸君は，そのような薬品をむやみに恐れるのではなく，どのように取扱えば危険を回避できるかを事前によく調べ，冷静に対応すべきである．物理化学実験では，液体窒素などの冷媒，高圧ガスボンベ，X線，レーザー，強磁場，ガラス細工のためのガスバーナー，電気で作動する測定機器類，回転真空ポンプなどを用いる機会が多い．取扱いを間違うと大きな事故や災害につながることがある．付録 A21 実験を安全に行うために を参照し，安全について細心の注意をはらわなければならない．

❏ **参考書について**　実験を計画したり実施するための技術的なことがらについては，"第5版 実験化学講座"，全30巻，日本化学会編，丸善 (2003〜2007) が現在入手できる最も適切な参考書である．

実験記録とレポートの書き方

❏ **実験記録の書き方**　実験の記録の書き方は各自の個性が強く現れるもので，ノートの使い方も当然のことながら千差万別である．それで，ここには最小限必要な注意事項だけを記すことにする．

　1）実験記録は永久的なものとすること．測定や観察の結果すべてをレポートや論文に記載するとは限らないが，何年かののちにその記録が必要になることがある．研究実験の場合には，使った試料もできる限り保存することが望ましい．一応の目安として，実験記録は10年後に他の人が読んでも理解できるようにしておく習慣をつけなければならない．

　2）永久的な記録とするために参考となることを列記すると，

① 直接の測定結果は，鉛筆でなく，インクを使って記入する．その結果を使って計算をする場合には鉛筆を使ってもよい．訂正する必要がある場合には一本線を引いて消し，消す前に何が書いてあったかが読めるようにしておく．あとになって，数値に補正をする必要が生じて，前の数値を線で消しその横に新しく訂正値を記す場合，その訂正が何のためであるかがわかるようにする．訂正には赤インクなどを使うのも一つの方法である．

② 測定結果を紙きれや沪紙の切れはしなどに書いてはいけない．あとでノートに写しておくつもりで，そうする人がときどきあるが，これは混乱と紛失などのもとである．

③ 数字は，それが何を意味するかの説明がなければ役に立たないものである．単に数字だけの実験記録は1日だけの寿命しかないものと思わなければならない．

④ 室温，天候，湿度などもできれば記入しておく．天候は物理化学実験ではあまり問題になる場合はないが，合成実験を窓ぎわの陽のあたる場所でして，それを記録しなかったために追試がうまくゆかず，光化学反応であることがなかなか判明しなかった例がある．また，相転移温度が室温付近にある物質では，室温の違いによって異なる相が出現するので，得られた実験結果も違ったものになる．

実験記録とレポートの書き方

　レポートは研究論文に相当するものである．研究結果は自分だけの専有物とせず，公開周知すべきものである．もし論文あるいはレポートとして発表しなければ，誰かほかの科学者が同じ研究を繰返してその結果を発表するまでは，その知識は人類のものとはならず，最初の研究は行われなかったのと同じことになる．論文やレポートを書いてはじめて研究が完成したことになる．

　❏ **レポートの書き方**　　レポートの書き方は論文の場合とほぼ同じであって，つぎの各部分からなる．

　1. 序　論　　ここには実験を行った目的やその歴史的あるいは理論的背景を述べる．

　2. 実験の部　　これは三つに分かれ，試料，装置と操作，実験結果に分類して記述する．試料の部では，入手経路またはメーカー名，合成した場合は合成法，試料の精製法，精製しない場合は試薬の級（化学用，一般，特級，分析用の区別），純度（分析値）または純度を示すと考えられる物性値（密度，屈折率，融点，スペクトルなど）などを記載し，他の人が実験を再現できる程度に説明する．装置と操作の部では，装置の構造あるいは概略図（電子回路ではブロック図），組立ての方法，各部の材料名と寸法，測定用器具のメーカー名とモデル名，測定の確度と精度，装置の使用（運転）順序などを記載する．実験結果の部には，すべての測定値を記載し，それぞれの測定条件を明記する．これらは，見やすい表や図を使って説明する．

　3. 結果の考察　　実験結果を理論式にあてはめて，物理化学的量を導いたり，精度（再現誤差）や正確度（絶対値の正しさ）の吟味をしたり，また導かれた物理化学的数量がどのような意味をもつかを十分に検討し，他の類似のデータを文献から探して比較検討したりする．この場合，最も重要なことは論旨を明確にし，誤解を招かない文章を使うことである．自分の実験結果や意見をほかの人に適切に理解してもらうことは案外むずかしいもので，つい舌たらずになりやすい．これは自分の論文を客観的に眺めることになるので，反省のよい機会でもある．文献から数値やその他の結果を引用したときは，その出所を明確にしなければならない．それが単行本のときは著者名，図書名，ページ数，発行所，発行年を記す．雑誌の場合は著者名，雑誌名，巻，号，最初のページ，発行年を記す．号は省略されることが多い．記述の順序は学問分野，学会，出版社などでいくぶん異なるが，化学分野では以下の例のように，雑誌名，巻，ページ，（発行年）あるいは雑誌名，発行

年，巻，ページの順に記すことが多い．ページに関しては，最初のページと最後のページをハイフンで結ぶ書き方が近年多用されている．

　　例：N. D. Winter, G. C. Schatz, *J. Phys. Chem. B*, **114**, 5053-5056（2010）．

　　　　N. D. Winter, G. C. Schatz, *J. Phys. Chem. B*, **2010**, 114, 5053-5056．

4．結　論　　ここでは簡単に重要な結果を列挙する．箇条書きにしてもよい．

　論文の場合には，これらのほかに，抄録や謝辞などが付けられる．学生実験のレポートの場合には課題によっては，上のすべてを書く必要がないものもあり，適当に省略してもよい．要するに誰が読んでも理解しやすく書くことが重要である．実験設備などの都合で2人以上で1組になって共同で実験をするときにも，レポートは1人ずつ書くべきである．同じ実験結果を与えられても，人によって全く異なる結論が出ることがある．それほど極端でなくても，結果の考察は個性が端的に現れるものであるし，レポートを書くこと自体が貴重な経験である．

　レポートは自分の思考や考察，独自の解析結果を整理して，第三者にもわかるように伝えるものである．友人どうしで内容を写しあったり，インターネットの情報をコピーしたりしたものはレポートとはいえない．学年が進み，研究を始めたり，社会に出て仕事をしたりすると，論文・レポート・報告書などを作成する機会がどんどん増えてくる．学生実験の間に，自分で考える姿勢と習慣を身につけておかないと，将来独立した人間として活動する際に大きなマイナスとなることを理解しておいてほしい．

1 赤外吸収スペクトル

　赤外分光法は無機,有機分析手段として広く用いられている.また単なる分析手段としてだけでなく,化合物の立体構造や分子内,分子間相互作用について重要な知見を得ることができる.本章では,赤外吸収分光法を用いて二原子分子の分子内定数を求める.

❑ **赤外分光装置と測定原理**　赤外分光計は,赤外領域の光を物質にあて,出てくる光の波長 λ に対する強度分布(スペクトル)を計測する装置であり,その計測手法の違いにより分散型とフーリエ変換型(干渉型)に分類される.分散型分光器はプリズムや回折格子などの分散素子を用いて試料を通過した光を波長ごとに分け,各波長における光の強度を求める装置である.スペクトルを表示するときには波長のかわりにその逆数($\tilde{\nu}=1/\lambda$, 波数)を使うことが多い.フーリエ変換型分光器では,分散素子のかわりに二光束干渉計を用いて干渉図形(インターフェログラム)を測定し,そのフーリエ変換を計算してスペクトルを求める.フーリエ変換型赤外分光計(以下FT-IRと略記)は,分散精度が高く,また光の利用効率の高い明るい光学系をもつために,微弱光についても高いSN比で測定できる.化学の分野では1970年代よりFT-IRが用いられ始めたが,その高い性能により1980年代半ばころから急速に普及し,今日では市販の赤外分光器のほとんどがFT-IRである.

　図1・1にFT-IRの全体の構成を示す.光源から検出器までが赤外線が直接関係する過程であり,それ以降は電気信号あるいはデジタルデータとして処理が行われる.赤外光源としては,ふつう黒体放射に近いスペクトル分布をもつセラミック光源(約900 ℃)が用いられている.図1・2は,FT-IRに採用されているマイケルソン干渉計部分を中心にFT-IRの光学系を模式的に示したものである.マイケルソン干渉計は,平面鏡 M_1, M_2 とビームスプリッター BS から構成される.二つの

図1・1　FT-IRにおける計測のブロックダイアグラム

1. 赤外吸収スペクトル

平面鏡のうち,片側の M_2 は光束の方向に移動できる可動鏡である.光源から放射された光は,ビームスプリッター BS で二つの光束に分かれ,一つは固定鏡 M_1 へ,もう一つは可動鏡 M_2 へと進む. M_1 と M_2 で反射された光は再び BS で混合し,検出器 D へと向かう.可動鏡 M_2 を連続的に移動していくと,検出器で観測される光の強度は BS → M_1 → BS の光路と BS → M_2 → BS の光路との間の光路差 x に依存して変化する.たとえば,干渉計に入射する赤外線が波数 $\tilde{\nu}_0$,強度 I_0 の単色光である場合には,光路差が波長の整数倍であるときには各光路を通った光は同位相で混合して強めあうが,光路差がこの位置から 1/2 波長分ずれると各光路を通った光は逆位相で混合するため打ち消しあう.このため図 1・3 (a) のように検出器で観測される赤外線の強度 $I(x)$ (インターフェログラム) は,波長の周期で変調する余弦関数となる.試料に入射する光は赤外部の広い範囲の波長の光を含んでいるから,ある一つの光路差のところではどれかの波長の成分が強めあい,別の波長の成分は弱めあう.可動鏡は普通 1 cm 程度動かすので,どれか一つの波長成分に注目するとその間に数千回強めあいの干渉が起こる.試料は常に光源の波長範囲の赤外光全部にさらされているが,分

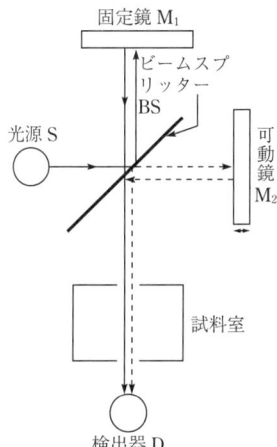

図 1・2 FT-IR の光学系

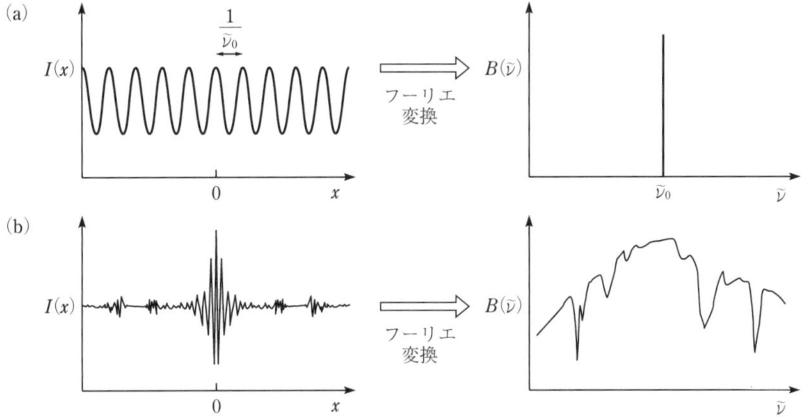

図 1・3 インターフェログラム(左)とスペクトル(右)の関係

1. 赤外吸収スペクトル

散素子型では検出器に入る光はいつも非常に狭い範囲の波長成分だけで，その他の波長成分の吸収に関する情報は捨てられている．これに対して干渉計を使うと検出器には広範囲の波長成分がほぼ同時に到達するから，はるかに豊富な情報が効率よく得られる．仮に光源にレーザーのような単色光源を使ったとすると，上述のように検出器からは図1・3 (a) 左のような，周期が $1/\tilde{\nu}_0$ の単純な余弦関数が得られるだけであるが，実際には光源が広い波長範囲をもち，試料が波長によって異なる吸収を示すから，図1・3 (a) 左のような余弦関数でいろいろな周期 ($1/\tilde{\nu}_0$) のものが重ね合わされ，各成分の強度が試料の吸収の程度によって変化する複雑な図1・3 (b) 左のインターフェログラムになる．残る問題は干渉計型の場合のインターフェログラム (図1・3 (b) 左) が光路差の関数になっているのを，波数の関数に変換することで，これには数学でよく知られたフーリエ変換という操作を使えば，図1・3 (b) 右のようなスペクトルが得られる．

FT-IR では，図1・2で示すように干渉計と検出器の間に試料室が設けられている．実際の測定では，まず試料を赤外線光路に入れずに測定して参照スペクトル $B^R(\tilde{\nu})$ を求め，ついで試料を挿入して試料を透過した後の赤外光のスペクトル $B^S(\tilde{\nu})$ を求める．$B^S(\tilde{\nu})$ を $B^R(\tilde{\nu})$ で割って規格化すると，透過スペクトル $T(\tilde{\nu}) = B^S(\tilde{\nu})/B^R(\tilde{\nu})$ が得られる．また定量分析には次式の吸光度スペクトルが有用である．吸収強度の表し方は15ページに説明がある．

$$A(\tilde{\nu}) = -\log T(\tilde{\nu}) = \log \frac{B^R(\tilde{\nu})}{B^S(\tilde{\nu})} \tag{1・1}$$

❏ **理 論** 等核二原子分子は赤外線を吸収しない．ここでは異核二原子分子(HCl)などを取扱う．二原子分子の振動を調和振動子として取扱うと，シュレーディンガー方程式は次式で表される．

$$-\frac{h^2}{8\pi^2\mu}\frac{d^2\psi_v}{dx^2} + \frac{1}{2}Kx^2\psi_v = E_v\psi_v \tag{1・2}$$

ここで x は平衡核間距離からの変位，K は振動の力の定数である．振動のエネルギー準位は(1・3)式で与えられる．

$$E_v(v) = \left(v + \frac{1}{2}\right)h\nu_0 \tag{1・3}$$

ここで，v は振動の量子数である（$v=0, 1, 2, \cdots$）．ν_0 は振動数で，力の定数 K および換算質量 μ〔$=m_1 m_2/(m_1+m_2)$；m_1, m_2 は二つの原子の質量〕との間に，(1・4)式の関係がある．

$$\nu_0 = \frac{1}{2\pi}\sqrt{\frac{K}{\mu}} \tag{1・4}$$

一方，二原子分子の回転は，回転軸から結合距離 r だけ離れた質量 μ の粒子の回転と同等に扱うことができる．これを剛体回転子と近似するとシュレーディンガー方程式は (1・5)式で表される．

$$-\frac{h^2}{8\pi^2 \mu}\left(\frac{\partial^2}{\partial x^2}+\frac{\partial^2}{\partial y^2}+\frac{\partial^2}{\partial z^2}\right)\psi_R = E_R \psi_R \tag{1・5}$$

回転のエネルギー準位は次式で与えられる．

$$E_R(J) = \frac{h^2}{8\pi^2 \mu r^2}J(J+1) = \frac{h^2}{8\pi^2 I}J(J+1) \tag{1・6}$$

ここで I は慣性モーメント，J は回転の量子数である（$J=0, 1, 2, \cdots$）．

試料に入射した赤外線は振動準位間の遷移（吸収）をひき起こすが，同時に回転準位の遷移も生じる（図1・4）．つまり，振動回転スペクトル（vibrotation spectra）が観測される．

振動回転する二原子分子のエネルギー準位は近似的に (1・3)，(1・6)式から次式で与えられる．

$$E = E_v(v) + E_R(J) = \left(v+\frac{1}{2}\right)h\nu_0 + \frac{h^2}{8\pi^2 \mu}\overline{\left(\frac{1}{r^2}\right)_v}J(J+1) \tag{1・7}$$

ここでは核間距離 r は振動状態によって異なるので，(1・6)式における $1/r^2$ の代わりにそれぞれの振動準位 v に対応する $1/r^2$ の平均値 $\overline{(1/r^2)_v}$ を用いている．

振動状態が v''，回転状態が J'' のエネルギー準位から，v' と J' のエネルギー準位への遷移に必要なエネルギーを波数で表すとつぎのようになる．

$$\tilde{\nu} = \frac{E'}{hc} - \frac{E''}{hc} = (v'-v'')\tilde{\nu}_0 + B_{v'}J'(J'+1) - B_{v''}J''(J''+1) \tag{1・8}$$

ここで，c は光速，$\tilde{\nu}_0 = \nu_0/c$ は波数で表した回転を考慮しない純粋な振動の振動数である．B_v は振動準位 v における回転定数で，次式で表される．

1. 赤外吸収スペクトル

1. 赤外吸収スペクトル

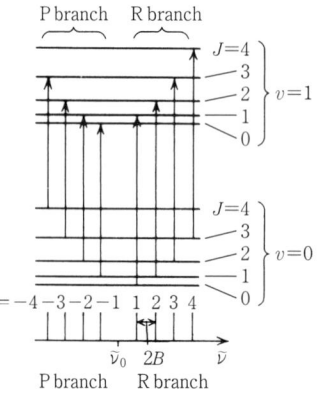

図 1・4 二原子分子の振動準位と遷移．右のスペクトルは $B_0 = B_1 = B$ の場合．R branch では $m = J+1$，P branch では $m = -J$ である

$$B_v = \frac{h}{8\pi^2 c\mu}\overline{\left(\frac{1}{r^2}\right)}_v \qquad (1\cdot 9)$$

(1・8) 式で与えられる遷移のうち，$\Delta v = v' - v'' = \pm 1$ と $\Delta J = J' - J'' = \pm 1$ の条件（選択律）を同時に満足するものが赤外スペクトルに活性になる．たいていの二原子分子は，常温においては最低の振動準位にあるので，$v'' = 0 \to v' = 1$ の吸収について考えると，赤外スペクトルに現れる吸収線の位置は，

$J \to J+1$ (R branch) に対し

$$\tilde{\nu} = \tilde{\nu}_0 + 2B_1 + (3B_1 - B_0)J + (B_1 - B_0)J^2 \quad (1\cdot 10)$$

$J \to J-1$ (P branch) に対し

$$\tilde{\nu} = \tilde{\nu}_0 - (B_1 + B_0)J + (B_1 - B_0)J^2 \qquad (1\cdot 11)$$

となる．簡単のために $B_0 = B_1 = B$ と仮定すると，図1・4に示すように，$\tilde{\nu}_0$ を中心にして，それより低波数側（P branch）および高波数側（R branch）におよそ $2B$ の間隔で吸収線が数多く現れることになる．なお，$B_v(v=0,1)$ は，一般に

$$B_v = B_e - \alpha\left(v + \frac{1}{2}\right) \qquad (1\cdot 12)$$

と与えられる．B_e，α は定数であり，添字 e は平衡核間距離に対応することを表す．

[**実　験**] 塩化水素ガスならびに臭化水素ガスの振動回転スペクトルを測定し，回転定数，平均核間距離および伸縮振動の力の定数を求める．また温度変化による回転状態の状態密度の変化についても調べる．

❏ **装置・器具・試薬** 赤外分光計，ガスセル（長さ 10 cm 程度），デシケーター，ダイヤフラム真空ポンプ，シリカゲル，濃塩酸，臭化水素酸，五酸化リン，赤外用窓板 2 枚（NaCl, KBr, CaF$_2$ など．NaCl や KBr など潮解性の窓板は，デシケーターに保管する．また，透過率は落ちるが石英

板も利用できる)，リボンヒーター (NaCl, KBr ガスセルに巻き付けることが可能なもの)，温度センサーとデジタル温度計，(または熱電対とデジタルボルトメーター)，スライダック，ゴム管，三角フラスコ，スパチュラ，スポイト，ポリエチレン袋，カプトンテープ，たこ糸，シリコンゴム板 (パッキン用)，真空用グリース

❏ **操 作**　通常 FT-IR 測定では $B^S(\tilde{\nu})$ と $B^R(\tilde{\nu})$ を同時に測定しない．そのために，空気中の水蒸気と二酸化炭素濃度の経時変化がスペクトルに影響を与える．したがって，観測を行う赤外吸収スペクトルの波数域が水蒸気や二酸化炭素の赤外吸収バンドが現れる波数域と重なる場合には，$B^S(\tilde{\nu})$ と $B^R(\tilde{\nu})$ はなるべく時間をあけずに測定することが望ましい．

温度センサー (または熱電対) は，ガスセル中央部に巻きつけてカプトンテープを用いて密着固定する．リボンヒーターは，温度センサー部を避けてガスセル全体に均一に巻きつけ，たこ糸を用いて固定する．つぎにガスセルに窓板を取付ける．機密性を保つためにゴムパッキンをガスセルと窓板の間にはさむか，接触面に少量の真空グリースを塗布する．

分光計には，強い衝撃を与えてはならない．ガスセルの試料室への設置ならびに試料室の扉の開閉の操作は，穏やかに行う．またガスセルの窓材である NaCl や KBr は破損しやすく吸湿によりくもりやすい材料である．これらを用いる場合には，できるだけていねいに取扱わなければならない．測定および試料調製時以外には，必ずデシケーターの中に保管する*．

1) ガスセルを真空ポンプで減圧し，コックを閉じる．これを分光計に取付けて，参照スペクトル $B^R(\tilde{\nu})$ の測定を行う．

2) ドラフト中で以下の試料導入の操作を行う．再度ガスセルを減圧にしたのち，一方の導入部にゴム管をつける．塩化水素ガスを導入する場合には，ゴム管の先端を少量の濃塩酸を入れた瓶の上部に挿入し，コックを静かに開いて HCl ガスをセル中に導入する (図 1・5)．臭化水素ガスを導

---

* 実験室の湿度が高いときには，試料調製中に窓板がくもるのを防ぐために，ガーゼに包んだシリカゲルを窓板に接触させて輪ゴムでとめ，ガス導入部だけを外に出してガスセル全体をポリエチレン袋で包んでおくとよい．くもりが生じた場合には，平板の上に固定した布をわずかにメタノールで湿らせて，その上で窓板を軽く円を描くように動かして面全体が均一になるように注意しながら研磨する．最後によく乾いた布でていねいに拭いて仕上げる．

1. **赤外吸収スペクトル**

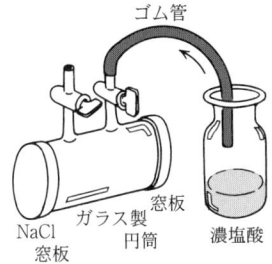

図 1・5　赤外スペクトル測定用ガスセル．濃塩酸の入った瓶から HCl ガスを取込んでいる様子を示す

1. 赤外吸収スペクトル

する場合には，三角フラスコに数 g の五酸化リンを入れてその上にスポイトで 1～2 mL の臭化水素酸を滴下する．発生した臭化水素ガスを，塩化水素ガスの場合と同様にしてガスセルの中に導く．

3) ガスセルを分光計に取付け，試料のスペクトル $B^s(\tilde{\nu})$ の測定を行う．ガスの量は，最も強い吸収帯のピークが吸光度表示でできるだけ 0.4 から 0.7 程度になるように調整する．

4) 塩化水素ガスについて，ガスセルの温度を変えて（室温も含めて 120～150 ℃ 付近まで 4 点程度）測定を行う．臭化水素は，室温で測定する．

5) 測定終了後には，まずドラフト内にてガスセルから窓板を取外し，窓板の汚れを柔らかい布を用いて取除く．NaCl などの潮解性の窓板はデシケーター内に収納する．つぎにヒーターと温度センサーをガスセルより取外す．その後，ガスセル内部の汚れを取除く．またゴム管やゴムパッキンは水洗したあと，よく水を切って乾かす．

❏ スペクトルの解析

1) 測定したスペクトルを吸光度で表示して（HCl: 2500～3200 cm^{-1}，HBr: 2300～2800 cm^{-1}）各ピークの波数と面積強度を読取る．面積強度の代わりに図 1・6 に示すようにベースラインからピークの先端までの高さを読みとり，バンドピークの吸光度を求めてもよい．

2) (1・10)式で $J = m-1 (m=1, 2, \cdots)$，(1・11)式で $J = -m (m=-1, -2, \cdots)$ とおくと，両式とも次式になる．

$$\tilde{\nu} = \tilde{\nu}_0 + (B_1 + B_0)m + (B_1 - B_0)m^2 \qquad (1\cdot13)$$

1) で求めたピークの波数データをすべて用いて (1・13)式の最小二乗法（付録 A1 参照）を行い，パラメーター $B_0, B_1, B_e, r_0, r_1, r_e, a, \tilde{\nu}_0, K$ を求めよ．ここで r_0 と r_1 は $v=0$ 状態と $v=1$ 状態における核間距離であり，$r_v = \overline{(1/r^2)_v}^{-1/2}$ により得られる．HCl と HBr の比較から，塩素と臭素の違いの効果について検討せよ．

3) 回転バンドの吸光度 $A(\tilde{\nu})$ は近似的に (1・14)式と (1・15)式で表される．

$$A_{\text{calc}}(\tilde{\nu}) \propto \tilde{\nu}(J+1)\exp\{-hcB_0 J(J+1)/k_B T\} \qquad \text{(R branch)} \qquad (1\cdot14)$$

$$A_{\text{calc}}(\tilde{\nu}) \propto \tilde{\nu}J\exp\{-hcB_0 J(J+1)/k_B T\} \qquad \text{(P branch)} \qquad (1\cdot15)$$

ここで $\tilde{\nu}$ は (1・13)式で与えられる．k_B はボルツマン定数，c は光速，T は温度である．1) で求め

た各バンドの強度を,理論値と比較せよ.この場合,強度最大のバンドの$A_\text{obs}=A_\text{calc}=1.0$に換算し,縦軸に換算強度,横軸に$m$をとって折れ線グラフとして表すのが,比較には便利である(どちらか一方のガスで行う).

4) ガスセルの温度を変えたときの各バンドの強度変化に関する特徴を調べよ.〔(1・14)式と(1・15)式を用いて振動回転スペクトル全体の強度変化を予測し,実測と比較する.またこの強度変化の原因について考察せよ.〕

5) 分解能を$1\,\text{cm}^{-1}$以上に上げて測定すると,図1・6の各バンドは,それぞれ2本に分裂して観測される.これは主として,HCl ガスの同位体 H^{35}Cl(約75%)と H^{37}Cl(約25%)の質量差に基づくものである.平均核間距離と力の定数 K については同位体効果がないものと仮定して,H^{35}Cl と H^{37}Cl のバンド波数差を計算し,実測のスペクトルと比較してみよ〔この場合,2)で求めたB_0,B_1をH^{35}Clに対するものと考えよ〕.

❏ **応用実験**　DCl が得られるならば,その振動回転スペクトルを測定し,HCl との比較から,軽水素と重水素の違いの効果を検討せよ.

1. 赤外吸収スペクトル

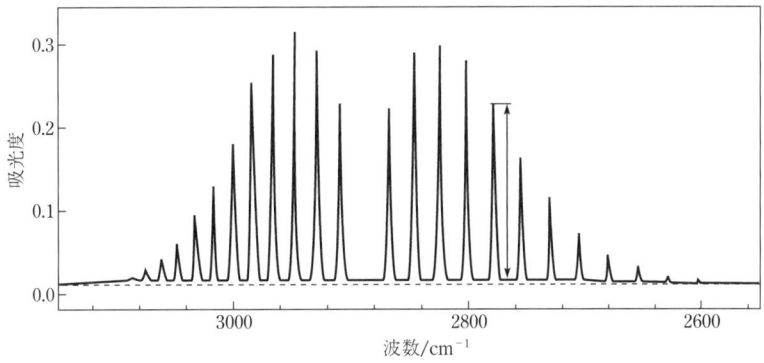

図1・6　HCl の赤外吸収スペクトル

2 可視・紫外吸収スペクトル

❏ **理　論**　原子内や分子内の電子のエネルギーは量子化されている．量子化された電子のエネルギー状態を電子エネルギー準位という．原子内に存在する全電子をエネルギーが最低の準位から順次エネルギーの高い準位に配置させたとき，電子の全エネルギーが最低になる電子状態（electronic state）を基底状態（ground state）といい，それ以外の電子配置により生じる状態を励起状態（excited state）という．電子遷移（electronic transition）は，異なった電子配置に電子状態が移り変わることをいう．光吸収によって起こる基底状態から励起状態への電子状態の変化がその例である．初めの準位と後の準位のエネルギー差を ΔE とすれば，電子遷移に伴って原子は，振動数 $\nu = \Delta E/h$ の光を吸収する．電子遷移に基づく吸収スペクトルは，通常，可視から紫外領域に現れるので，これらの領域で吸収スペクトルを測定すれば，原子や分子の電子状態についての知見を得ることができる．

原子の電子遷移によって生じる吸収スペクトルは，一般にごく狭い幅をもった，いわゆる線スペクトルである．ところが分子の場合には，おのおのの電子エネルギー準位に，その分子に固有な振動エネルギー準位が付随している（図2・1）．さらに振動エネルギー準位には分子がもつすべての回転エネルギー準位が付随している．したがって，光吸収による電子遷移に伴って，これらの多くの異なる振動エネルギー準位および回転エネルギー準位間に遷移が起こる．このため，吸収

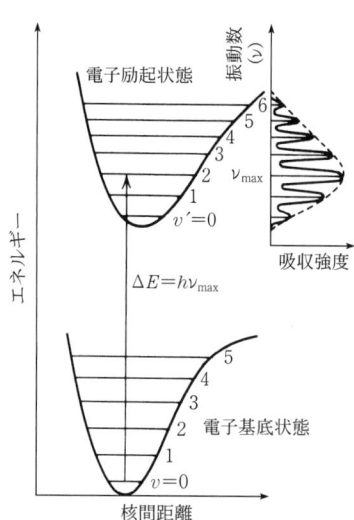

図 2・1 分子のエネルギー準位と吸収スペクトル（フランク-コンドンの原理）

2. 可視・紫外吸収スペクトル

スペクトルは一般に広い幅をもった吸収帯（absorption band）となる．吸収帯には，微細構造として振動構造や回転構造が現れることがある．しかし，溶液の吸収スペクトルでは，これらの微細構造が分離して観測されることはほとんどない．吸収帯の極大の位置とスペクトルの形，あるいは各振動エネルギー準位への遷移に対する相対強度は，フランク–コンドン（Franck-Condon）の原理に従って決まると考えてよい．

　分子が光を吸収して，電子状態1から電子状態2へ遷移する確率の大きさを表す量として，通常，振動子強度（oscillator strength）f が用いられる．

$$f = \frac{8\pi^2 m c_0}{3he^2}\tilde{\nu}_{max}\mu_{12}^2 = 1.085\times10^{15}\,\tilde{\nu}_{max}|r_{12}|^2 \qquad (2\cdot1)$$

ここで，$\tilde{\nu}_{max}$ は吸収極大波長を与える波数（単位：cm^{-1}），c_0 は光速，m は電子の質量，e は電子の電荷である．μ_{12} は er_{12} の次元をもち，この遷移に対する遷移モーメントという．また，r_{12} はこの遷移に関与する電子双極子の長さ（単位：m）に対応すると考えてよい．振動子強度は，実際の遷移確率と，電子が同じ振動数で調和振動を行うと仮定したときの遷移確率の比という物理的意味をもつ．

　いま，強度 I_0 の単色光が，濃度 c の溶液中を距離 d だけ進んで溶液から出たとき，強度が I に減少していたとする．このとき，つぎのような量を用いて吸収の程度を表す．

1) 透過率（transmissivity）T： $T = I/I_0$
2) 吸収率（absorptivity）a： $a = 1-T$
3) 吸光度（absorbance, extinction）A： $A = \log_{10}(I_0/I) = -\log_{10}T$
4) 吸光係数（extinction coefficient）k： $k = A/d$
5) 吸収係数（absorption coefficient）κ： $\kappa = -(\ln T)/d$
6) モル吸光係数（molar extinction coefficient）ε： $\varepsilon = A/cd$（ただし，この場合，c は mol dm^{-3}，d は cm で表す）

モル吸光係数 ε は，波長を指定すれば分子の固有の定数になる．これはランベルト–ベールの法則（Lambert-Beer Law）をいい換えたものにほかならない．

2. 可視・紫外吸収スペクトル

ある物質の吸収スペクトルを測定し，一つの電子遷移に対応する吸収帯について，モル吸光係数 $\varepsilon [\mathrm{mol^{-1}\,dm^3\,cm^{-1}}]$ を波数 $\tilde{\nu}\,[\mathrm{cm^{-1}}]$ に対してプロットする．このとき，この吸収帯において全波数領域で積分したときの積分強度を S と定義すると，次式により，振動子強度の実験値 f_{exp} が算出される．

$$f_{\mathrm{exp}} = 4\pi\varepsilon_0 \frac{\ln 10 \cdot m c_0^2}{\pi e^2 N_\mathrm{A}} \int \varepsilon(\tilde{\nu})\,\mathrm{d}\tilde{\nu} = 4.319 \times 10^{-9}\,S \qquad (2\cdot 2)$$

ここで，N_A はアボガドロ定数，ε_0 は真空の誘電率である（$4\pi\varepsilon_0$ の項は，SI単位系で表すために必要である）．したがって，実測で得られる積分強度 S と $\tilde{\nu}_{\max}$ から $f = f_{\mathrm{exp}}$ とおくことによって，遷移モーメントを求めることができる．遷移モーメントの単位は，慣習的にデバイ（1 D＝3.33564×10⁻³⁰ C m）が用いられる．

2種の分子が結合して分子錯体をつくる現象は，ヨウ素とベンゼン，キノンとヒドロキノンなどの多くのものについて知られている．これらの分子錯体が形成されると，それに特有な新しい吸収帯が，可視あるいは紫外領域に生じる．たとえば，ヨウ素の n-ヘプタン溶液は 520 nm 付近に吸収帯がある．これにトリエチルアミンを加えると，520 nm の吸収帯が減少して，410 nm 付近と 280 nm 付近に極大をもつ二つの強い吸収帯が現れる．410 nm の吸収帯は分子錯体中のヨウ素分子に基づく吸収であり，280 nm の吸収帯は新たな吸収である．520 nm の吸収帯と 410 nm の吸収帯は中間の波長で重なっている．このため，トリエチルアミンの濃度をいろいろ変えてスペクトルを測定すると，ヨウ素の濃度を用いて求めたモル吸光係数を波長に対してプロットした曲線は，すべて 480 nm 付近において一点で交差する．この点を等吸収点（isosbestic point）という．等吸収点では，ヨウ素と分子錯体のモル吸光係数が等しい．等吸収点の存在は，二つの吸収帯の強度が成分濃度に比例していることを示している．このような分子錯体の成因は，マリケン（Mulliken）の電荷移動相互作用（charge transfer interaction）によって説明される．すなわち，ルイスの酸と塩基（たとえば $\mathrm{AlCl_3}$ と $\mathrm{NH_3}$）の間で見られる分子間電子移動（上の例では，N 原子の非共有電子対の電子1個の Al 原子への移動）が，ヨウ素とトリエチルアミンの系でもある程度起きている．この場合，トリエチルアミン分子が電子供与体（electron donor；D），ヨウ素が電子受容体（electron acceptor；A）となる．

2. 可視・紫外吸収スペクトル

[**実　験**]　ヨウ素-トリエチルアミン分子錯体の n-ヘプタン溶液の吸収スペクトルを，いろいろなトリエチルアミン濃度について測定し，分子錯体生成の平衡定数 K およびギブズエネルギー変化 ΔG を求める．つぎに，ヨウ素の n-ヘプタン溶液の吸収スペクトルを測定し，振動子強度 f および遷移モーメント μ_{12} を算出する．

❏ **装置・薬品**　可視・紫外分光光度計，試料セル（光路長 1 cm），ヨウ素，n-ヘプタン，トリエチルアミン，メスフラスコ，ホールピペット，ビーカー，試薬瓶（ふたつき）

❏ **装置・測定原理**　通常用いられている紫外・可視分光光度計の測定原理を図 2・2 に示す．光源から出た光は，分光器の入射スリットを通り，回折格子により波長分散される．その後，出射スリットを通るときに特定波長の単色光となり，試料が入ったセルに照射される．試料から出た光は，測光部に入り強度が測定される．測定波長範囲は，通常 200〜1000 nm 程度で，紫外・可視・近赤外領域に及ぶ．光源は，短波長領域では重水素（D_2）ランプ，長波長領域ではハロゲン（WI）ランプが用いられる（ランプの切り替えは機種により異なるが，およそ 320〜360 nm の間で設定されている）．試料セルは，融解石英製またはガラス製のものがよく使われる．紫外領域では，ガラスは光を吸収してしまうため，測定には石英製セルを用いる．セルの光路長は各種あり，目的に応じて選択する（通常は 1 cm の標準セルを用いるが，禁制遷移による弱い吸収を測定する場合には 10 cm のセルが使用される）．測光部には，検出器として光電子増倍管またはフォトダイオードを用い，光量を光電流に変えて測定する．

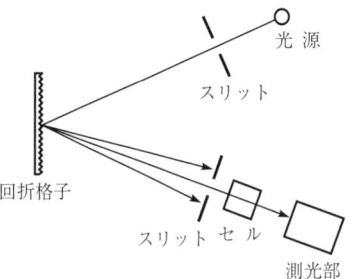

図 2・2　分光計の原理

分光光度計の測定光学系は，シングルビーム方式とダブルビーム方式に大別される．図 2・3 にダブルビーム方式分光光度計の概念図を示す．光源 WI（可視領域）または D_2（紫外領域）より発した光を反射鏡 M_1 で反射し，分光器へスリットを通して入射する．分光器内部で回折格子により分光された光は，出射スリットおよび迷光除去用フィルターを経て単色光になる．観測する光の波長は，回折格子を機械的に回転させることで掃引する．分光器から出た単色光は，回転するセクター鏡 R_1

2. 可視・紫外吸収スペクトル

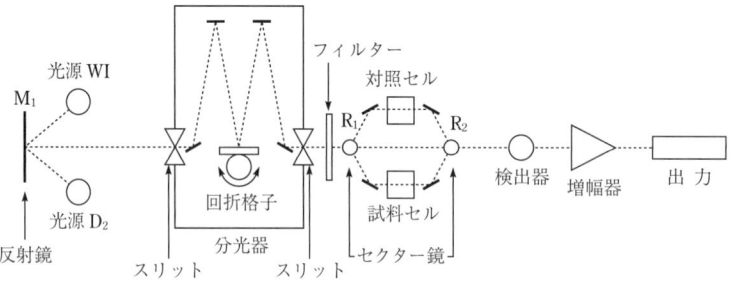

図 2・3 ダブルビーム方式分光光度計の概念図

で二つの光路に分けられ，それぞれ試料セルと対照セルを透過し，R_1 と同期して回転するセクター鏡 R_2 で二つの光を交互に検出器に照射する．このとき発生する光電流を増幅し，表示装置に出力する．装置は機種により使用方法が異なるため，使用説明書に従う．また，セルの汚れや傷は誤差の原因となる．測定時に溶液をセルの外面につけたり，セルの光透過面に触れて汚したりしないように注意する．汚したときには，柔らかい布をエタノールなどで湿らせてからていねいにふきとる．セルの洗浄は，溶媒や中性洗剤を使う．汚れがひどい場合には，柔らかいブラシなどに洗剤をつけて傷をつけないようにして洗い，十分に水ですすいだのち，デシケーター内で乾燥させる．

❏ **操　作**　　ヨウ素約 0.03 g を精秤する．これをビーカーに移し，n-ヘプタンに完全に溶解させる．200 cm³ のメスフラスコに移し，刻印まで n-ヘプタンで希釈し，濃度約 5×10^{-4} mol dm⁻³ のヨウ素溶液をつくる．別に 1.2 g のトリエチルアミンを精秤する．ヨウ素溶液と同様にして，ビーカーで n-ヘプタンに溶解させたのち，100 cm³ のメスフラスコを用いて刻印まで n-ヘプタンで希釈し，濃度約 10×10^{-2} mol dm⁻³ のトリエチルアミン溶液をつくる．これを試薬瓶に移す．試薬瓶から，溶液を 25 cm³ のホールピペットでとり，50 cm³ のメスフラスコを用いて n-ヘプタンで 2 倍希釈する（事前に，ホールピペットは量りとるトリエチルアミン溶液を，メスフラスコは n-ヘプタンを少量用いて共洗いする）．希釈後，試薬瓶に移す．さらにここから溶液をとり，同様の操作で，4, 8, 16, 32, 64, 128, 256, 512 倍に n-ヘプタンで希釈する．調製後に試薬瓶に入れられた各トリエチルアミン溶

液 5 cm³ と先につくったヨウ素の n-ヘプタン溶液 5 cm³ とをホールピペットでそれぞれ量りとり，混合して 10 cm³ に調製する（生成する分子錯体は不安定であるため，混合溶液の調製は吸収スペクトル測定の直前に行うこと）．光路長 1 cm の試料セル（容量約 3 cm³）を用いて，波長 300～700 nm の領域で測定を行う．また，純ヨウ素のみの溶液の吸収スペクトルも同様にして測定する．試料の温度は恒温セルホルダーを用いて変化させ，測定中は一定に保つ．得られた吸光度 $A = \log(I_0/I)$ の値を波長に対してプロットした曲線が吸収スペクトルとなる．廃液には酸化力が強いヨウ素が含まれるため，チオ硫酸ナトリウムなどにより還元脱色してから廃液処理をする．

❏ **結果の整理**

1) 一定温度で測定したヨウ素のみの溶液およびトリエチルアミンとの混合試料溶液の吸収スペクトルを，吸光度（A）対波長（λ）の関係として1枚のグラフ用紙に描き，吸収極大の位置，等吸収点の位置を確かめる

2) ヨウ素溶液の吸収スペクトルを，モル吸光係数（ε）対波数（$\tilde{\nu}$）の関係としてプロットし，520 nm 付近の吸収帯についてその積分強度 S を求める．また，この値を用いて振動子強度 f と遷移モーメント μ_{12} を算出する．

3) 錯体生成の平衡定数　　いま電子供与体（D）と電子受容体（A）および分子錯体（C）の間で（2・3）式のような化学平衡が成り立つとする．

$$A + D \rightleftharpoons C \qquad (2\cdot 3)$$

温度 T における平衡定数を K とすれば，A, D の初濃度および C の平衡濃度 c_A, c_D および c_C の間には（2・4）式が近似的に成り立つ*．

$$K = \frac{c_C}{(c_A - c_C) c_D} \qquad (2\cdot 4)$$

ただし，$c_D \gg c_A > c_C$ を仮定した．A, D および C のモル吸光係数をそれぞれ $\varepsilon_A, \varepsilon_D, \varepsilon_C$ とすれば，任

＊　（2・4）式の c は標準状態を基準にしたモル濃度で表す．すなわち，$c/c^\ominus$（$c^\ominus$ は，1 mol dm⁻³）を単に c と書いた．したがって，K は無次元である．厳密には，活量を使うべきなので，この式は近似である．

2. 可視・紫外吸収スペクトル

意の波長における吸光度 A は，一般に (2・5) 式で与えられる．

$$\frac{A}{d} = \varepsilon_C c_C + \varepsilon_A (c_A - c_C) + \varepsilon_D (c_D - c_C) \tag{2・5}$$

しかし，濃度の大小関係から，(2・5)式右辺の第二項と第三項を無視すれば，A/d は近似的に $\varepsilon_C c_C$ となる．この関係と (2・4)式より，$x \equiv 1/c_D$ および $y \equiv dc_A/A$ と定義すると，

$$y = \frac{1}{\varepsilon_C K} x + \frac{1}{\varepsilon_C} \tag{2・6}$$

の関係が得られ，y を x に対してプロットすれば直線関係が成り立つ．(2・6)式の傾きと y 軸上の切片から ε_C と K が求められる．

余力があれば，試料温度を変えて吸収測定を繰返す*．温度変化は 20〜40 ℃ くらいの間で 4 点以上とる．測定によって得られた A の値を (2・6) 式に従ってプロットし，その濃度 (c_D) 依存性のグラフより平衡定数 K を求め，平均値をとる．また各温度での K の値から，

$$\Delta G° = -RT \ln K \tag{2・7}$$

に従って，標準ギブズエネルギーの変化を計算する．さらに，$\log K$ 対 $1/T$ のプロットによって錯体生成反応 [(2・3)式] におけるエンタルピー変化 $\Delta H°$ とエントロピー変化 $\Delta S°$ を求める．

---

* 全吸収スペクトルの測定は一つの温度で行えばよい．吸収の温度依存性は，極大付近の一定波長 (400〜430 nm の 3〜4 点) について行えばよい．

蛍光・りん光 3

❏ 理 論

[蛍光とりん光]　分子が光を吸収すると，基底一重項状態 S_0 から励起一重項状態 S_1 に遷移を起こす．この過程は 10^{-15} 秒程度と速いため，核の配置の変化はそれに追随できず（フランク-コンドンの原理），核配置は変化せずに励起状態に垂直遷移を起こす．励起された分子はエネルギーの一部をまわりの溶媒分子の回転や振動，並進の運動エネルギーとして与え，平衡核配置に落ち着く．分子の再配列の緩和時間は 10^{-12} 秒程度であり，励起状態の寿命は π 電子系分子では $10^{-9} \sim 10^{-8}$ 秒であるため，この寿命の間に分子は平衡状態になっている．この状態から基底フランク-コンドン状態への発光遷移を蛍光という．一方，S_1 状態の一部分は，項間交差により励起された電子のスピンが反転し，全スピン $S=1$ の T_1 状態になる場合がある．これを三重項状態というが，この状態 T_1 から基底状態 S_0 への発光遷移が起こるとき，この発光をりん光という．これらの発光過程は，光を発しない無放射遷移（一般に低温で遅い）と競合している．項間交差は，スピン-軌道相互作用や振電相互作用などの分子振動に由来した一重項-三重項間の相互作用に基づいている．一重項状態のスピンの波動関数と三重項状態のスピンの波動関数は直交しているため，一重項-三重項間の遷移は，磁気的相互作用（一般に弱い）を無視した場合，理論的には禁止されている（スピン禁制）．ところが実際の分子系では，まわりの分子や分子自身の電子および核運動に伴う磁場が電子のスピンに伴うスピン磁気モーメントと相互作用する．たとえば電子の軌道運動に伴う軌道磁気モーメントとスピン磁気モーメントの磁気的相互作用は，スピン-軌道相互作用といい

$$H_{SO} = \sum_i \lambda_i(r_i)\, \hat{l}_i \cdot \hat{s}_i \tag{3・1}$$

で与えられる．ここで $\hat{l}_i$ は軌道角運動量演算子，$\hat{s}_i$ はスピン角運動量演算子である．$\lambda_i(r_i)$ をスピ

3. 蛍光・りん光

ン-軌道結合定数という．磁気的相互作用の結果，電子スピンの量子化軸がはっきりしなくなり，一重項状態と三重項状態の間にカップリングが生じる．すなわち，実際の分子の T_1 状態は，純粋な三重項状態ではなく，一重項状態と三重項状態の重ね合わせ状態となるため，S_1-T_1 および S_0-T_1 間の遷移が可能となる．一般に，一重項状態と三重項状態間の磁気的相互作用によるカップリングは弱く，T_1 状態に占める一重項状態の寄与は小さいため，多くの分子の励起三重項状態は基底一重項状態への分光学的遷移が起こりにくいため長寿命な準安定状態となり，この状態の寿命は 10^{-4} 秒以上と長くなる．りん光は，スピン-軌道相互作用などによってスピン禁制が破れて生じる T_1 から S_0 への分光学的遷移である．

[発光寿命] 励起状態にある分子が，光あるいは熱を放出して基底状態に戻る過程は図 3・1 のように表せる．各過程の速度定数を図中に示す．(k_{fr}：S_1 から S_0 への放射遷移速度定数，k_{fn}：S_1 から S_0 への無放射遷移速度定数，k_{isc}：S_1 から T_1 への項間交差の速度定数，k_{pr}：T_1 から S_0 への放射遷移速度定数，k_{pn}：T_1 から S_0 への無放射遷移速度定数，$k_d[Q]$：T_1 からの外部の分子 Q（消光剤）との衝突による二分子的失活速度定数の総和，[Q] は消光剤の濃度）

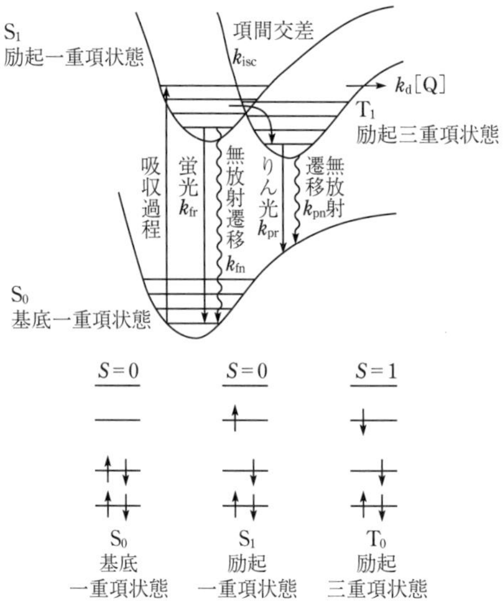

最低励起一重項 S_1 および最低励起三重項 T_1 の濃度（それぞれ $[S_1]$，$[T_1]$ とする）の時間変化はつぎのように表せる．

$$\frac{d[S_1]}{dt} = -(k_{fr} + k_{fn} + k_{isc})[S_1] \quad (3・2)$$

$$\frac{d[T_1]}{dt} = k_{isc}[S_1] - (k_{pr} + k_{pn} + k_d[Q])[T_1] \quad (3・3)$$

図 3・1 りん光過程のポテンシャル図

項間交差はりん光の減衰より十分に速いため，三重項状態のりん光強度(I)の時間(t)変化は，$t=0$でのりん光強度をI_0とすると

$$I = I_0 \exp[-(k_{\mathrm{pr}} + k_{\mathrm{pn}} + k_{\mathrm{d}}[\mathrm{Q}])t] = I_0 \exp\left(\frac{-t}{\tau_{\mathrm{p}}}\right) \qquad (3・4)$$

となる．

　寿命とは，その発光の強度が最初の強度の1/eになるまでの時間として定義されるので，(3・4)式におけるτ_{p}をりん光寿命という．

　化合物に特有な放射的三重項寿命$\tau_{\mathrm{p}}^0 = 1/k_{\mathrm{pr}}$を自然寿命という．時刻$t$における励起分子の占有確率を$\rho(t)$とすると過程$i$の量子収率$\phi_i$は，速度定数$k_i$を用いて

$$\phi_i = \int_0^\infty k_i \rho(t) \mathrm{d}t$$

で表されるので(3・4)式より

$$\tau_{\mathrm{p}}^0 = \left(\frac{\tau_{\mathrm{p}}}{\phi_{\mathrm{p}}}\right)\phi_{\mathrm{isc}} = \frac{(\tau_{\mathrm{p}}/\phi_{\mathrm{p}})k_{\mathrm{isc}}}{(k_{\mathrm{fr}} + k_{\mathrm{fn}} + k_{\mathrm{isc}})} \approx \frac{\tau_{\mathrm{p}}(1-\phi_{\mathrm{f}})}{\phi_{\mathrm{p}}} \qquad (k_{\mathrm{isc}} \gg k_{\mathrm{fn}}\text{の場合})$$

と書ける（$\phi_{\mathrm{p}}, \phi_{\mathrm{f}}, \phi_{\mathrm{isc}}$はそれぞれ，りん光，蛍光，項間交差の量子収率）．

　りん光寿命を支配するおもな要因としては分子内的因子〔重原子効果，重水素置換効果，(n, π*)状態効果，T_1エネルギー効果〕，環境因子，分子間エネルギー移動のようなものがある．一般に無放射過程は，分子運動により大きく変化するため，りん光寿命は顕著な温度依存性を示す．

[**実　験**]　この課題では，長寿命であるため，キセノンランプでも比較的測定が容易な，りん光の測定のみを行う．蛍光は，寿命が短くまた励起光からの迷光の影響を受けやすいので，ここでは取扱わない．（蛍光寿命の測定には，時間幅の短い励起用パルス光源を用いる必要がある．）実験装置の概略を図3・2に示す．

　パルス発生器からのトリガー信号で点灯したキセノンランプを励起用パルス光源として用い，そのパルス光をフィルターAを通して試料に照射する．試料の発光はフィルターBを通り，りん光成

3. 蛍光・りん光

分のみが光電子増倍管に導かれ，電気信号に変えられる．光電子増倍管からの電気信号の時間変化をピンフォトダイオードをトリガーとしてデジタルオシロスコープに取込み，りん光減衰曲線を得る．

　りん光スペクトルの測定には，試料の発光を光ファイバーで集光，分光器で分光後，CCD (charge coupled device：電荷結合素子) 検出器 (または光電子増倍管) で検出する．

　以上の測定を室温と 77 K (液体窒素温度) で測定する．

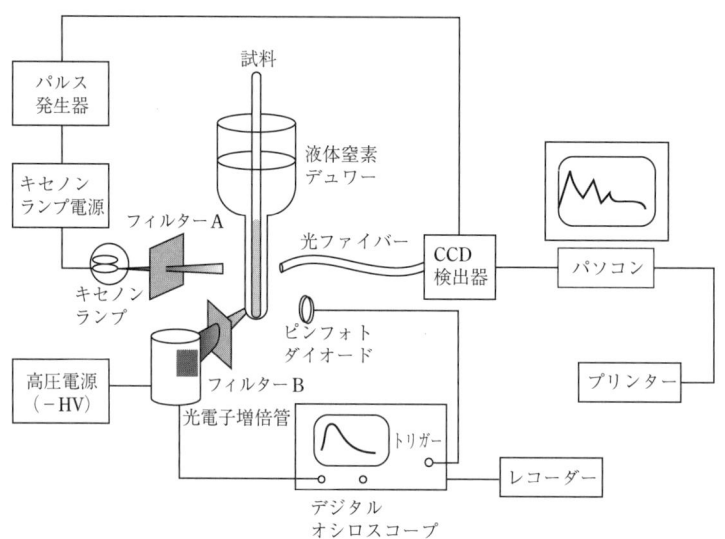

図 3・2　りん光寿命およびスペクトル測定装置

❏ 注 意 点

1) 試料の出し入れ時には必ず光電子増倍管の印加電圧をオフにする (オンにしたままでは光電子増倍管を劣化または破壊させるおそれがある)．

2) 光電子増倍管には，仕様書に記載されている最大許容印加電圧を超えた電圧を印加しないこと（光電子増倍管が劣化し，場合によっては壊れる）．必ず負電圧を用いること．

❏ **試料の調製**　メタクリル酸メチル（MMA）のバルク重合を行い，メタクリル酸メチルポリマー（PMMA）中のベンゾフェノンを試料とする．

1) 長さ25 cm程度のガラス管（外径6 mm，内径4 mm）の一端をガラス細工により閉端しガラス試料管を作成する．（36章　ガラス細工　参照）
2) ラジカル重合触媒 α, α'-アゾビスイソブチロニトリル（AIBN）を薬包紙に約5 mg精秤する．
3) ビーカーにAIBNを入れ，MMA 2 cm^{3}を加える．
4) ベンゾフェノンを50 mg精秤し，加えて均一にする．
5) ガラス試料管に試料を入れる．(少なくとも励起光の照射される位置全体に試料があるように，試料の量に注意すること)
6) 試料を入れたガラス管を立てた状態で70 ℃の恒温槽に約2時間入れ重合させる．

重合している間に，パルス発生器，デジタルオシロスコープ，CCD検出器などの使い方をマニュアルを読んで理解する．

❏ **操　作**

1) 試料の設置
① 図3・2のように励起光が照射される液体窒素デュワーの凹み部分にガラス試料管を設置する．
② 室温での測定は空で，77 Kの場合はデュワー内に液体窒素を満たす．

2) 光　源
① キセノンランプを電源に接続する．
② パルス発生器の出力をキセノンランプ電源のトリガー入力に接続する．
③ キセノンランプの印加電圧を調節する．

3) 寿命測定
① ピンフォトダイオードの出力をデジタルオシロスコープのEXTトリガーに接続し，レベルとスロープの調整を行う．

3．蛍光・りん光

3. 蛍光・りん光

② 光電子増倍管の出力を入力端子に接続し，デジタルオシロスコープのサンプリング時間を1 ms/div程度に設定し，光電子増倍管の印加電圧（−HV）を順次あげていき（最大許容印加電圧を超えないように注意），信号が飽和しない範囲で減衰曲線が見やすい印加電圧を設定する．
③ りん光の減衰曲線全体が見やすいようサンプリング時間と光電子増倍管の印加電圧を調整する．
④ デジタルオシロスコープで得たりん光減衰曲線をレコーダーに出力する．

4) スペクトル測定
① コンピューターのCCD検出器制御用インターフェースボードにCCD検出器を接続する．
② CCD検出器に光ファイバーを接続する．
③ CCD検出器の電源をオンにした後，コンピューターのCCD検出器制御用プログラムを立ち上げる．
④ 測定波長範囲を広げた予備的測定を行い，りん光スペクトルの出現波長範囲を求める．実際の測定波長範囲をりん光スペクトルの出現波長範囲に設定するとともに，良いS/Nが得られるように積算数と露光時間を設定する．
⑤ 試料からのスペクトルとバックグラウンドのスペクトルを別々に測定し，差をとることで試料のみからのスペクトルを求める．

❏ 結果の整理

1) りん光減衰曲線を片対数グラフ用紙に横軸を時間，縦軸を光強度としてプロットする．$I = I_0 \exp(-t/\tau_\mathrm{p})$の関係（単純指数関数の減衰）に従うかどうか確かめる．
2) 単純指数関数の減衰の場合は，りん光寿命およびりん光強度の温度変化を求め，考察せよ．
3) もし単純指数関数の減衰からはずれている場合は，複数の寿命成分の減衰曲線の和で表し，それぞれの寿命を求め，どのようなことが起こっていると考えられるか考察せよ．
4) なぜ，りん光測定をポリマー中で行うかを考察せよ．あわせてりん光測定を行うに必要な実験条件を考察せよ．
5) 得られたりん光スペクトルがベンゾフェノンのりん光であることを確認し，その形状について考察せよ．

光化学（蛍光性分子の消光反応） 4

❏ **理　論**　　光吸収によって生じた電子励起状態の分子は，放射過程（発光：蛍光やりん光），無放射過程（振動緩和，その他の分子内反応），あるいは他分子との反応を通して，エネルギー的に失活し，基底状態に戻る．励起分子の特徴は，基底状態と異なる電子配置をもち，高いエネルギー状態にあることである．このため，しばしば熱反応と異なる生成物を与えたり，基底状態では起こりえない反応が起こる．

励起状態の寿命が長くて，他の分子と衝突して新たな反応を起こすと，発光効率が減少し消光が観測される．励起状態での発光性分子 M の反応や失活を促進する物質を消光剤（Q：quencher）という．分子の発光スペクトルや強度をモニターすることにより，励起分子が他の分子とどのような相互作用をもたらすか，ある程度調べることができる．

消光の機構は消光剤の性質によってさまざまである．たとえばエネルギー移動（$M+Q^*$）が起きたり，新たな錯体が形成［$(MQ)^*$ あるいは (MQ)］されたり，ときには電子移動（M^++Q^- あるいは M^-+Q^+）などが起こる．

反応初期にそのような状態が生成しても，溶媒などの条件によって元の分子に戻ることもあれば，さらに光反応生成物ができたりする．芳香族化合物の濃厚溶液では新たにエキシマー（excimer）発光が観測される場合もある．エキシマーとは同じ化学種の基底状態分子と励起状態分子が会合したもので一定の発光寿命をもつ励起錯体である．また励起状態で異分子どうしの会合によって新たな発光が観測されることもある．その場合はエキシプレックス（exciplex）という．これは励起状態での電荷移動相互作用によって起こり，その発光の位置や強度は溶媒の極性に依存し，その後の反応過程（たとえば電子移動による正負イオンラジカルへの解離など）が速いと発光過程と競合して発光しなくなる．

4. 光化学

そのような反応による消光は，消光剤の濃度に依存して発光強度（発光の量子収率）の減少として観測することができる．励起一重項状態について，互いに競合する過程をつぎのように表す．

$$^1M + h\nu_a \xrightarrow{I_a} {}^1M^* \tag{4・1}$$

$$^1M^* \xrightarrow{k_f} {}^1M + h\nu_f \tag{4・2}$$

$$^1M^* \xrightarrow{k_{ic}} {}^1M \tag{4・3}$$

$$^1M^* \xrightarrow{k_{isc}} {}^3M^* \tag{4・4}$$

$$^1M^* + Q \xrightarrow{k_q} {}^1M + Q \tag{4・5}$$

^1M は一重項分子，^3M は三重項分子，* は励起状態を表す．I_a は光吸収速度で単位時間あたりに励起される濃度に相当する．$k_f, k_{ic}, k_{isc}, k_q$ はそれぞれ放射過程（蛍光），無放射過程（内部転換），三重項状態への項間交差の速度定数，および消光反応の速度定数である．消光剤が基底状態分子 ^1M と相互作用しないとき，励起分子 $^1M^*$ の濃度に対して定常状態の近似（$d[^1M^*]/dt=0$）を適用すれば，次式が得られる．

$$I_a = (k_f + k_{ic} + k_{isc} + k_q[Q])[^1M^*] \tag{4・6}$$

このときの蛍光の量子収率は吸収された光子数のうちの蛍光に至る分子数に相当し，蛍光の放射速度と光吸収速度の比とおくことができる．

$$\Phi_f = \frac{k_f[^1M^*]}{I_a} = \frac{k_f}{k_f + k_{ic} + k_{isc} + k_q[Q]} \tag{4・7}$$

消光剤が存在しない場合の蛍光の量子収率は $\Phi_{f0}=k_f/(k_f+k_{ic}+k_{isc})$ で表される．また蛍光寿命は励起分子の減衰のすべての速度定数の和の逆数で定義され，$\tau_0=1/(k_f+k_{ic}+k_{isc})$ である．ここで添字 0 は消光剤がないときの値である．それゆえ，消光剤がないときとあるときの蛍光の収率比としてまとめると，次式となる．

$$\frac{\Phi_{f0}}{\Phi_f} = 1 + k_q\tau_0[Q] = 1 + K_{SV}[Q] \tag{4・8}$$

これをシュテルン-フォルマー（Stern-Volmer）の式という．$K_{SV}=k_q\tau_0$ をシュテルン-フォルマー定数といい，ϕ_{f0}/ϕ_f を消光剤の濃度に対してプロットすれば，切片1を通る直線が得られ，その傾きから求められる（シュテルン-フォルマー解析）．寿命 τ_0 がわかれば消光速度定数 k_q が求められる．ここで，消光されているときの蛍光スペクトルがそうでないときのものと相似形であれば，蛍光量子収率の代わりに蛍光スペクトルのピーク位置での強度を使うことができる．また強度の代わりにそのときの蛍光寿命（τ）を用いても（4・8）式は成立する．

分子間の反応速度は分子の拡散によって支配されることが多く（拡散律速反応という），その場合，k_q は拡散の速度定数にほぼ等しくなる．拡散速度定数は $k_d=4\pi rDN_A$ で表される．ここで r は衝突距離，D は発光分子と消光分子の拡散定数の和，N_A はアボガドロ定数である．しかし溶質の拡散定数はわからないことが多く，中性分子間の反応の場合，溶媒の粘度 η [単位は 10^{-3} Pa s=cP，Pa はパスカル，cP はセンチポアズ] より，次式を使って拡散速度定数を近似する．

$$k_d = \frac{8RT}{3\eta} \qquad (4・9)$$

ここで R は気体定数，T は温度である．

消光速度定数からは消光の機構についてあまり詳しいことはわからないが，もし k_q が k_d と比べて小さいときには，拡散衝突よりも大きな活性化エネルギーをもつ反応の律速過程が別に存在することになる．また基底状態でMとQが錯体などを形成して消光する系では，ϕ_{f0}/ϕ_f のプロットは直線からずれるようになる．その場合，拡散による動的消光と対比して静的消光といわれる．ある系で消光反応が起きる場合，シュテルン-フォルマー解析をすることは，それが拡散支配の動的な消光であるかどうかを確認する基本的な実験となる．

溶液中には溶存空気中の酸素が存在する．酸素分子は基底状態が常磁性の三重項で，拡散衝突により励起一重項状態の分子を一部消光する．溶存空気を除かない通常の溶媒中の酸素濃度は 10^{-3} mol dm^{-3} 程度である．また，励起三重項状態の寿命は一般に長いので，わずかな濃度の消光剤や酸素分子，不純物の存在は大きな影響をもたらし，流動性媒体ではりん光はほとんど観測できなくなる．

4. 光 化 学

[実 験]

1) 蛍光性分子としてピレン (pyrene) を選び, そのシクロヘキサン溶液での蛍光スペクトルのピレン濃度依存性を調べる.

2) 10^{-4} mol dm^{-3} 程度のピレン試料について, 調製時の溶液(空気飽和状態), 溶液の溶存空気を, 窒素ガス置換および酸素ガス置換したものについて発光強度を調べ, 酸素の影響を確認する.

3) 適当な消光剤を選び, 空気飽和条件下で蛍光の消光実験をアセトニトリルを溶媒として行う. 消光速度定数を求め, 消光剤の性質との関連を考察する. ここでは消光剤の候補として, N,N-ジメチルアニリン, p-ジシアノベンゼン, ピロメリット酸無水物, テレフタル酸ジメチルをあげておく.

❏ **装置・器具** 蛍光分光光度計, 枝付き四面透明石英セル (もしくはセルホルダーに入る適当な径のパイレックスガラス製試験管でもよい), 密栓用キャップ (ゴム栓など), 溶媒分取用三角フラスコ, メスフラスコ (25 cm^3, 5 cm^3) メスピペット (5 cm^3, 2 cm^3, 1 cm^3), 安全ピペッター, ミクロピペット (もしくはパスツールピペット), 窒素および酸素ガス (圧力調整器付き高圧ガス容器, 付録 A17 参照)

❏ **試料の調製と測定上の注意**

1) 10^{-2} mol dm^{-3} のピレンのシクロヘキサン溶液を 25 cm^3 メスフラスコにまず調製し, メスピペットを用いて希釈により濃度 10^{-3}, 2.5×10^{-3}, 5×10^{-3}, 7.5×10^{-3} mol dm^{-3} の各溶液 (各 5 cm^3) を試験管に調製する. さらに 10^{-3} mol dm^{-3} を 10 倍に希釈して 10^{-4} mol dm^{-3} を 5 cm^3 調製する. 各試料溶液をセルに入れて濃度が薄いものから順に蛍光スペクトルを測定する. 励起波長は 350 nm としてスリット幅 3 nm (波長分解能) にセットし, 発光波長側を 360 nm から 650 nm までの範囲でスキャンする. 発光分光器側のスリット幅は 2 nm とする. 濃度に応じて蛍光強度も増大するのでスペクトルを記録後, モノマー発光のピーク位置である 385 nm の強度が同じになるようにスペクトルを規格化する.

2) ピレンの 10^{-4} mol dm^{-3} シクロヘキサン溶液について再度, 蛍光スペクトルを測定する. つぎに, 試料室よりセルを取出し, 溶液をセルに入れたままの状態で, 高圧ガス容器より窒素の緩やかなガス流をキャピラリーチューブを用いて 3 分間程度溶液中に導入して, 溶存空気を窒素ガスで置

換する（溶媒の蒸発が問題になるようであれば，ガス流をいったん純溶媒を通して溶媒の蒸気を飽和させてやればよい）．その後，測定中に再び空気が入り込むのを防ぐためゴム栓をつける．再びこの溶液の蛍光スペクトルを強度変化に注意して測定する．また，酸素ガスを同様に導入して酸素を溶液に飽和させ，蛍光スペクトルを測定する．この測定は蛍光強度の比較が目的であるから測定系の感度やスリット幅などを変えずに同一条件下で行う（もしくは感度の増倍率がはっきりわかるようにする）．

3) ピレンの 10^{-4} mol dm^{-3} シクロヘキサン溶液を再度 5 cm^3 のものを二つ調製する．片方に N,N-ジメチルアニリンをミクロピペットを用いて 1 滴加え，それぞれ，同じ条件で蛍光スペクトルを測定し比較する．また，別に用意されたピレンの 10^{-3} mol dm^{-3} アセトニトリル溶液を用いて 10^{-4} mol dm^{-3} の溶液を調製し N,N-ジメチルアニリンを消光剤として 1 滴加え，同様な実験を行う．

4) ピレンの 10^{-3} mol dm^{-3} アセトニトリル溶液（母液）を各メスフラスコ（5 cm^3）に，それぞれ同一の濃度（10^{-4}〜10^{-5} mol dm^{-3}）になるようピペットを用いて一定量入れる．それに，選んだ消光剤の濃度が 0 mol dm^{-3}（消光剤なし）および 10^{-3}〜10^{-2} mol dm^{-3} の範囲で 2×10^{-3} mol dm^{-3} 程度のきざみで変化させた数種類の溶液を調製する．それぞれの溶液の蛍光スペクトルを空気飽和条件下で測定する．はじめに消光剤なしの蛍光が適当な強度になるように条件設定し，消光剤濃度が増えるにつれてスペクトル形状および強度がどのように変化するか測定する．

❏ 注 意　蛍光スペクトルの測定に際しては，光検出部に室内光や励起光の散乱を直接入れないよう注意する（特に試料の出し入れ時）．発光性試料の器具や装置，実験台への汚染は微量でも，ほかの実験に影響を及ぼす．使用した器具は十分洗浄すること．液体有機試薬の取扱いの際にはドラフトで行うか換気に注意すること．

❏ 検討事項

1) 短波長側でみられる振動構造をもつ発光はピレン単量体（モノマー）の蛍光スペクトルである．高濃度になり長波長側に新たに出現する幅広い発光はエキシマーの蛍光スペクトルである．エキシマーとモノマーの蛍光ピーク波長での強度比（I_E/I_M）をピレン濃度に対してプロットし，その傾き

4. 光　化　学

のもつ意味を考察せよ．また，モノマーの蛍光スペクトルは高濃度になるに従って短波長部の形状に変化が見られる．これは測定上の問題であるが，どのようなことが原因であろうか．

2) 酸素濃度はシクロヘキサン中空気飽和下（25 ℃，0.21 atm O_2）で $2.4×10^{-3}$ mol dm^{-3}，酸素飽和下（25 ℃，1 atm O_2）で $11.5×10^{-3}$ mol dm^{-3} であると報告されている．シュテルン-フォルマー解析により，酸素による消光速度定数を見積もれ．ピレンの蛍光寿命（τ_0）は 400 ns であるとせよ．

3) 新たに出現した発光はエキシプレックスによるものである．スペクトルの形状や溶媒の極性の効果についてエキシマーと比較して考察せよ．

4) アセトニトリル溶液での消光実験について，シュテルン-フォルマー解析により K_{SV} を求めよ．空気飽和条件での試料の蛍光寿命がわかっていれば，その値を使って消光速度定数を求めよ．もし不明であれば，用いた溶媒の粘度を化学便覧，データブックなどで調べ，(4・9) 式より溶媒の拡散の速度定数を見積もり，消光が拡散律速であるとして（$K_{SV}=k_d\tau_0$）空気飽和での蛍光寿命を推定せよ．また，この溶媒中での消光は電子移動反応によることがわかっている．電子移動反応のギブズエネルギー変化 ΔG をつぎの簡略化した式にもとづいて [eV] 単位で見積もれ．

$$\Delta G = e\left[E_{\mathrm{ox}}\left(\frac{D}{D^{\cdot+}}\right) - E_{\mathrm{red}}\left(\frac{A^{\cdot-}}{A}\right)\right] - E_{00} \tag{4・10}$$

ここで $E_{\mathrm{ox}}(D/D^{\cdot+})$, $E_{\mathrm{red}}(A^{\cdot-}/A)$, E_{00} はそれぞれ電子ドナーの標準酸化電位，電子アクセプターの標準還元電位，および蛍光剤分子の励起エネルギー（0-0 遷移）である．酸化還元データは文献により調べよ．

❏ 補足　　光化学反応機構の解析には，レーザー光パルスを用いた時間分解の測定が有効である．励起種の発光寿命の測定や，過渡吸収スペクトルの測定を行って中間体の化学種を同定したり，生成量およびその時間変化の測定から反応の速度定数を求めることができる．現在，研究室レベルではそのような手法が盛んに行われており，時間分解能もレーザー技術と測定手法の進展に伴いナノ秒（10^{-9} s）からピコ秒（10^{-12} s）を超えるほどに向上している．

X 線 回 折　5

　電磁波を物質に照射したとき，電子は強制振動を受け，電磁波と同じ振動数の球面波を放射する（トムソン（Thomson）散乱）．散乱点である電子を束縛する原子が規則正しく並んでいる場合には，原子の配置に従って散乱波は干渉しあい，特定の方向に強い"回折"を示す．この現象を利用して，一定の波長の単色X線を結晶試料に入射し，観測される回折X線の方向と強度から結晶中の電子雲（ほぼ原子の位置を示す）の空間的分布を決定するのがX線結晶構造解析である．

❑ **理　論**

　［回折の方向］　回折の理論を厳密に理解するためには散乱の量子論などが必要となるが，ここでは理解しやすいブラッグ（Bragg）のモデルで説明する．図5・1に示されるように，隣りあう互いに平行な格子面で散乱されたX線の行路差が波長の整数倍であるとき，散乱波は強めあい，その方向に回折が観測される．すなわち，よく知られたブラッグの式

$$2d \sin \theta = n\lambda \tag{5・1}$$

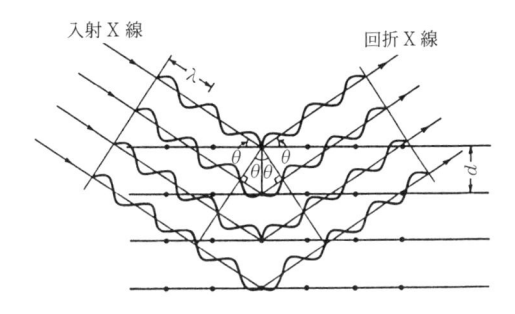

図 5・1　ブラッグ反射

5. X 線 回 折

が幾何学的に成り立っている状態である．ここで d は隣りあう格子面の面間隔，θ は格子面と X 線とのなす角，λ は X 線の波長，n は回折の次数であって正の整数である．

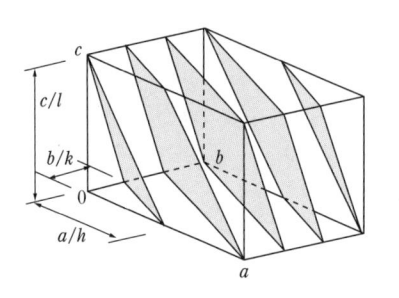

結晶格子面はミラー指数（Miller's index）を用いて表される．図 5・2 のように格子面が結晶主軸 a, b, c（a, b, c を単位格子の軸長という）と交わってつくる切片を a/h，$b/k, c/l$ とするとき，(hkl) を格子面のミラー指数という．格子面の面間隔 d と (hkl) の間には簡単な関係があり，特に立方晶系においては，

$$d = \frac{a}{\sqrt{h^2+k^2+l^2}} \qquad (5\cdot 2)$$

の関係がある．

図 5・2 結晶格子面の例（(231)面）

試料が粉末状である場合には，入射 X 線に対して (5・1) 式の条件を満足する θ の傾きをもった微結晶がいくらか存在し，かつそれらは等方的に分布しているから，入射 X 線の進行方向に対して 2θ の開きをもった円錐状の回折が生じる．このように，回折線が出現しうる方向 (2θ) はその結晶の格子定数（軸長 a, b, c および軸角 α, β, γ）とミラー指数のみによって規定される．

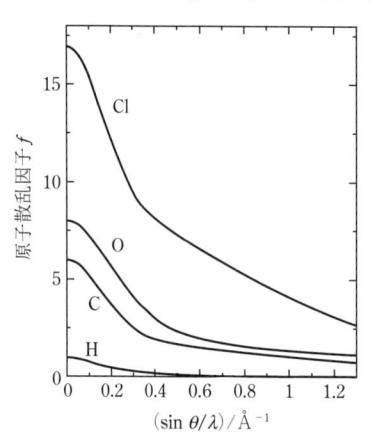

［回折の強度］　図 5・1 のブラッグ反射の概念図はわかりやすいが，実際に結晶内に X 線を反射する鏡面があるわけではない．回折強度（回折波の振幅の 2 乗）を決めているのは電子の分布であるが，単位胞が繰返しの単位であるから，単位胞中の電子からの回折波だけ考えればよい．電子は原子やイオンのまわりにほぼ球対称で分布しているから，ある原子に属する電子が原子核の位置に集中しているとみなすと，その原子からの散乱振幅で近似的に電子か

図 5・3 X 線の原子散乱因子の例

5. X 線 回 折

らの散乱振幅を代表させることができる．元素の種類ごとに散乱振幅は異なるが，それを原子散乱因子（atomic scattering factor）f で表す．原子散乱因子は多くの元素について理論と実験から求められており，数表や近似式が利用できる（図 5・3）．結晶構造に従って原子からの散乱振幅を加え合わせれば，単位胞からの回折波の振幅が得られる．それを構造因子（structure factor）といい，F で表す．あるミラー指数の回折については，それぞれの原子の位置によって決まる X 線の行路差に対応する位相差を考慮しなければならない．F は h, k, l および原子の座標の関数であって，観測されるすべての (hkl) の F が全体として，その結晶の構造に関するすべての情報を含んでいる．試料からの回折振幅は X 線が当たって回折を起こす範囲にある単位胞の数を F に掛ければ得られる（いろいろな補正は必要である）．

原子 j の単位胞内の分率座標を (x_j, y_j, z_j) とする．これは，直交格子の場合，X_j, Y_j, Z_j を直交座標としてそれぞれ $X_j/a, Y_j/b, Z_j/c$ である．(hkl) 面による回折が起こっている幾何学的条件下では，原子 j における行路差は $-\lambda(hx_j + ky_j + lz_j)$ となり，位相差は $2\pi(hx_j + ky_j + lz_j)$ である（各自確認してみるとよい）．波を複素表示すると，$e^{2\pi i \delta}$ を掛けることが位相差として $2\pi\delta$ を与えることになるから，構造因子は原子散乱因子を用いて

$$F(hkl) = \sum_j f_j(hkl) \exp\{2\pi i (hx_j + ky_j + lz_j)\} \tag{5・3}$$

と表される．添字の j は単位胞内の j 番目の原子を示す．

電磁波の強度は振幅の大きさの 2 乗である．すなわち，回折強度は構造因子の 2 乗に比例する．測定値が 2 乗に関する値のために，絶対値を見積もることはできても符号が決まらないので直接的には構造因子は知ることができない．つまり原子の位置は直接的には求めることができない．これを位相問題という．この問題を回避するための方法がいろいろ考案されている．

[消滅則]　最も単純な立方晶系の結晶の中で代表的な構造の一つである体心立方構造（BCC）を例として構造因子を見てみる．単位胞には立方体の八つのコーナーを占める原子のほかに，立方体の中心に位置する原子が存在するとする．

この構造に対する構造因子を考えるには，式に従ってこれらの原子による寄与の和をとる．八つ

5. X 線 回 折

のコーナーの原子は同等で一つの単位胞に対してはそれぞれ 1/8 しか寄与しないことから, 和をとる代表には分率座標で $(0, 0, 0)$ を選び. さらに中心にある $(1/2, 1/2, 1/2)$ の原子の寄与を合わせ, 単位胞として二つの原子を考えればよい. したがって結晶構造因子 $F(hkl)$ は

$$\begin{aligned} F(hkl) &= \sum_j f_j(hkl)\exp\{2\pi i(hx_j+ky_j+lz_j)\} \\ &= f(hkl)[\exp\{2\pi i(h\cdot 0+k\cdot 0+l\cdot 0)\}+\exp\{2\pi i(h\cdot 1/2+k\cdot 1/2+l\cdot 1/2)\}] \\ &= f(hkl)[1+\exp\{\pi i(h+k+l)\}] \\ &= \begin{cases} 2f(hkl) &: h+k+l=2n \text{ のとき} \\ 0 &: h+k+l=2n+1 \text{ のとき} \end{cases} \end{aligned} \quad (5\cdot 4)$$

となる. ここで, 最後の式は, hkl の組合わせによっては構造因子が 0 となる場合があることを示している. このように hkl の系統的な組合わせで構造因子が 0 となることを消滅則という. このときブラッグ反射は実験上観測されない.

[X 線の発生] 一般の実験室系で X 線を発生させるには, 真空中で陰極フィラメントを加熱して得られる熱電子を高電圧で加速して金属の陽極 (対陰極) に衝突させる. 発生する X 線のスペクトルは連続 X 線 (白色 X 線) と特性 X 線 (固有 X 線) の二つから成っている. このうち連続 X 線は電子が陽極に衝突してその運動が阻止されることによって発生する制動放射で, 短波長側に電子の全運動エネルギーが X 線に変わるときに対応する極限があり, それよりも少し長波長側で極大値をとり, 波長とともに連続的に単調に減少するスペクトルを示す.

これに対して, 特性 X 線は陽極の成分元素に固有の波長と強度比をもった数本の線スペクトルとして現れる. 波長の短い方から K, L, M などの系列がある. 高速電子によって K 殻の電子がはじき飛ばされて生じた空孔が, L 殻からきた電子で埋まる際のエネルギー差から生じる X 線を Kα 線, M 殻からの電子によって埋められることによって生じる X 線を Kβ 線という. Kα 線は二重線から成っているが, これは L 殻のエネルギー準位の微細構造によるものである. 通常の X 線回折実験ではモリブデンや銅を陽極に用い, フィルターやモノクロメーターで Kα 線を選んで単色化したものを入射 X 線とすることが多い.

5. X 線 回 折

[実 験]
1) 岩塩型構造の消滅則を確認し，h, k, l のいずれもが 6 以下でかつ消滅則が成り立たない指数 (hkl) を選出する．

2) これらの指数の反射について，NaCl，KCl および KBr の結晶構造因子 F_{calc} を求める．これらは結晶構造として岩塩型構造をもつ．NaCl，KCl，KBr の格子定数はそれぞれ 0.5641，0.6293 および 0.6598 nm とする．用いる X 線は Cu Kα_1 波長 0.15406 nm とする．原子散乱因子は成書（たとえば *International Tables for Crystallography* の *Volume C*, ISBN：978-1-4020-1900-5）より求める．

3) NaCl，KCl，KBr いずれかの試料の粉末 X 線回折データを収集し，回折ピークの指数づけを行う．岩塩型構造の消滅則が実際に成り立っていることを確認する．

4) 回折ピークの強度を求め，各種の補正をすることにより実測の構造因子の絶対値 $|F_{obs}|$ を求める．

5) 実測の構造因子と計算で求めた構造因子とを比較して，信頼度因子 R を計算する．回折ピークの積分強度から求めた $|F_{obs}|$ について，構造因子の計算値が実験値からどれだけずれているかを R によって評価する．（R は小さいことが望ましい．この実験ではていねいに実験操作をすれば 0.1 より小さくなる．）

6) KCl では岩塩型構造の消滅則が成り立たない指数の反射でありながら観測されない反射が複数存在する．この理由を考察する．

❑ 装置・器具　　粉末 X 線回折装置，サンプルホルダー，ガラス板 2 枚，片刃のカミソリまたはナイフ，乳鉢，乳棒，スパチュラ

❑ 操作・解析
1) 近年では誰でも安全かつ簡便に扱えるようになった X 線回折装置が市販されている．また，簡単なデータ処理用のコンピュータープログラムも付属している．整備された装置を使用法に従って使う分には安全であるが，放射線を使用しているという緊張感を忘れないこと．

2) ここでは一般的な θ-2θ 測定を行う．Cu の Kα 線を利用する場合，2θ で 20° から 120° 程度の

5. X 線 回 折

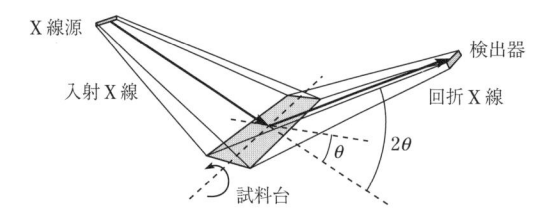

図 5・4 測定のジオメトリー

範囲を測定する．この測定法では図 5・4 のように同軸上の試料台が θ 回転する間に検出器が 2θ 回転するようになっている．回折が観測されているとき，回折を起こしている結晶の対応する (hkl) 面は試料台平面と平行である．

3) 試料は結晶面がそろうのを避けるため，乳鉢と乳棒を用いて，できるだけ細かくする．サンプルホルダーに試料を詰める際には，サンプルホルダーの表側をガラス板に固定し，カミソリまたはナイフを使って，できるだけ均一に，またできるだけ密度高く詰める．最後にもう 1 枚のガラス板で押さえるのも良い方法である．

4) 各回折線の指数づけは (5・2) 式を用いて行う．種々の回折について d^2 が整数比になることを利用するとよい．

5) 実験データから回折ピークの強度を得るには，回折装置付属のコンピューター上の解析ソフトウエアを使用する．それぞれの回折ピークからバックグラウンドを差し引き，ピークの積分強度を求める．

粉末 X 線回折法では，得られた積分強度 $I(hkl)$ は構造因子と

$$I(hkl) \propto \frac{1+\cos^2 2\theta_{hkl}}{\sin^2 \theta_{hkl} \cdot \cos \theta_{hkl}} \cdot |F(hkl)|^2 \cdot J \tag{5・5}$$

の関係がある．ここで，$(1+\cos^2 2\theta_{hkl})/2$ は散乱 X 線強度が入射 X 線の偏光方向に依存することからくる偏光因子であり，$1/(\sin^2 \theta_{hkl} \cdot \cos \theta_{hkl})$ はローレンツ因子といわれる結晶に起因する逆格子の広がり効果による．J は多重度であり，結晶中で同一の面間隔をもつ異なる面指数の数である．たと

えば岩塩型構造では $(200), (020), (002), (\bar{2}00), (0\bar{2}0), (00\bar{2})$ 面は同価ですべて同じ 2θ に回折ピークが現れる．この面の組を $\{200\}$ と表記し，同類の面という．この例では多重度は 6 となる．(5・5)式を用いることにより，実測の $I(hkl)$ が求まれば構造因子の絶対値 $|F_{obs}|$ に比例した量が求まる．便宜上，実験 4) においては比例係数を 1 とする．

信頼度因子 R を計算する際には比例係数を考慮に入れた $|F'_{calc}|$ を求めて計算に用いる．$|F_{obs}|$ と $|F_{calc}|$ には理想的には以下の関係が成り立つ．

$$|F_{obs}(hkl)| = k|F_{calc}|\exp\{-B(\sin\theta/\lambda)^2\}$$

ここで，k はスケール因子，B は温度因子である．温度因子は熱振動による原子位置の広がりのためにブラッグの条件が厳密に成り立たなくなることを表す項であるが，解析的にはさまざまな補正項をまとめてこれに含ませてしまうことも多い．上式より，

$$\ln\left(\frac{|F_{obs}(hkl)|}{|F_{calc}(hkl)|}\right) = \ln k - B(\sin\theta/\lambda)^2$$

となるから，$\ln(|F_{obs}(hkl)|/|F_{calc}(hkl)|)$ を $(\sin\theta/\lambda)^2$ に対してプロットし，線形フィッティングすれば切片から k，勾配から B をそれぞれ求めることができる．得られた k と B を用いて，

$$|F'_{calc}(hkl)| = k|F_{calc}|\exp\{-B(\sin\theta/\lambda)^2\}$$

として $|F'_{calc}|$ が求められる．これを用いて

$$R = \frac{\sum\||F_{obs}(hkl)|-|F'_{calc}(hkl)|\|}{\sum|F_{obs}(hkl)|}$$

によって定義される R を計算する．

6 核磁気共鳴（NMR）

A. 高分解能 NMR

❏ 理論*

[序論] 元素の原子核は，その安定同位体も含めてほとんどすべてが核スピンをもっている．核スピンとは電子がもつスピンと同様に，直観的にはごく小さな方位磁石のようなもので，磁場 B の中に入れると磁場の向きに配向しようとする．このような古典的な理解はイメージしやすいが，スピンは純粋に量子力学的な概念なので，古典的な類推には限界がある．実際には核スピンは核スピン量子数 I（整数または半整数）で決まる角運動量（ベクトル量）をもち，それが磁場の中で $2I+1$ の配向をとることができ，その配向の状態は別の量子数 m_I（$m_I = I, I-1, I-2, \cdots, 0, \cdots, -I$）で区別する．それぞれの配向状態は異なるエネルギー

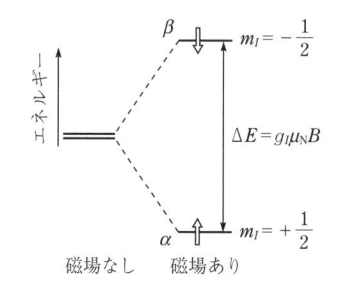

$$E_{m_I} = -g_I \mu_N B m_I \qquad (6 \cdot 1)$$

をもつ．g_I は原子核の種類で決まる核の g 因子，μ_N は核磁子で電子のボーア磁子に対応し，電子に比べプロトンが重い分だけ小さな値で，約 2000 分の 1 の値である．

ここでは有機物でなじみ深い元素の安定同位体，^{1}H, ^{13}C, ^{15}N, ^{19}F, ^{31}P に注目しよう．これらは幸いなことに $I = \frac{1}{2}$ なので，そのエネルギー状態は 2 種類しかなく，図 6・1 のように単純である．この二つのエネルギー準位間のエネルギー間隔をゼーマン分

図 6・1 スピン $I = \frac{1}{2}$ の原子核が磁場の中でもつ核スピンエネルギー準位

---

* 8 章 磁化率 も参照すること．

裂といい，

$$\Delta E = E_\beta - E_\alpha$$
$$= \frac{1}{2}g_I\mu_N B - \left(-\frac{1}{2}g_I\mu_N B\right) = g_I\mu_N B \tag{6・2}$$

である．この間隔と同じエネルギーをもつ振動数（周波数）ν の電磁波（$\Delta E = h\nu$）をあてると，磁場中の核スピンは電磁波のエネルギーを受取り，共鳴が起こる．これが核磁気共鳴（nuclear magnetic resonance, NMR）である．これはあたかも同じ固有振動数をもつ隣接した二つの音叉の一方だけをたたいて鳴らすと，もう一方の音叉が自然に鳴り始めるのと似ている．

[化学シフト]　化合物中の原子の核スピンは孤立しているわけではなく，化学結合をつくっている電子などと密接に相互作用している．たとえばメチル基のプロトンとヒドロキシ基のプロトンとでは，そのまわりの局所的な電子構造が異なる．外部磁場は，この電子に運動を誘起し，この電子の運動が新たに小さな局所磁場をつくり出すため，それぞれのプロトンは外から加えた磁場とはわずかに異なる局所磁場を感じることになる．結果としてメチル基のプロトンとヒドロキシ基のプロトンは異なる周波数で共鳴吸収を起こす．この共鳴周波数のずれを"化学シフト"という．化学シフトは分子の化学的な構造の違いを敏感に反映するため，核磁気共鳴の実験は現在では分子の構造を調べるためになくてはならないものとなっている．

プロトンの化学シフトは，通常テトラメチルシラン $Si(CH_3)_4$ のプロトン（注：すべて等価であり1本の信号しか観測されない）の共鳴周波数（振動数）ν_0 との差の割合

$$\delta = \frac{\nu - \nu_0}{\nu_0} \times 10^6 \tag{6・3}$$

として表す．割合で表すのは，上述した磁場による電子の運動が新たにつくり出す小さな局所磁場が，実験に用いる外部磁場の強さに比例して変化するのを，外部磁場の強さに依存しない値に変換するためである．また 10^6 倍しているのは ppm 単位で表すためである．

核磁気共鳴スペクトル（NMR スペクトル）の例として液体メタノール（CH_3OH）のプロトンの NMR スペクトルを図6・2に示す．

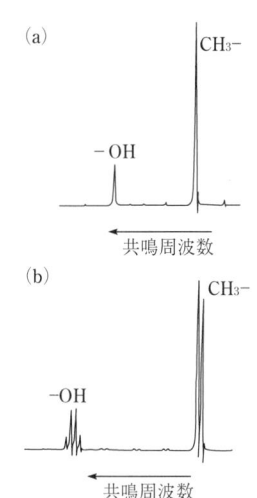

図 6・2　室温 (a) と $-65\,°C$ (b) における液体メタノールのプロトン NMR スペクトル．NMR では通常，共鳴周波数が大きくなる向きを左向きにとる

6. 核磁気共鳴

図6·2(a)は室温のスペクトルであり，化学シフトの異なるメチル基（CH_3-）とヒドロキシ基（$-OH$）のそれぞれのプロトンの信号が，プロトンの数の比である3：1の強度比で観測される．メチル基の3個のプロトンは化学的にも磁気的にも等価な環境にあるので1本の共鳴線で強度が3倍になる．

[スピン-スピン結合] メタノールの場合，図6·2(b)のように低温にすると，それぞれの信号がさらに分裂した微細構造を示す．これは化学シフトの異なるプロトンのスピンが，共有結合をつくっている軌道電子を介して間接的に相互作用するためであり，この相互作用を"スピン-スピン結合"という．これは，対をつくって，合成スピンが0になった軌道電子に一方の核スピンがスピンをわずかに誘起し，この誘起された電子スピンが他方の核スピンと相互作用するという二次的な相互作用である．この小さな分裂の大きさは化学シフトの異なるスピンの間を結ぶ化学結合構造などにより敏感に変化するため，特に有機分子の構造を調べるための重要な情報となる．またこの分裂の大きさは測定に用いる磁場の大きさには依存しないので，そのままHz単位で表す．プロトンの場合，その大きさは10 Hzのオーダーかそれ以下であることが多い．

分裂パターンを図6·2(b)のメチル基の信号について考えてみよう．メチル基のプロトンと相互作用するヒドロキシ基のプロトンには$\alpha(m_I=+\frac{1}{2})$と$\beta(m_I=-\frac{1}{2})$という二つの状態があるため，メチル基のプロトンの信号は二つに分裂する．ヒドロキシ基にはプロトンが1個しかないから，それがメチル基の信号に与える効果は2本に分裂させるだけであるが，反対にメチル基の3個のプロトンが，ヒドロキシ基の信号に与える効果はもう少し複雑になる．一般的にいえば，注目しているプロトンとスピン-スピン結合をするプロトンがn個あれば$(\alpha+\beta)^n$の展開式の項（$\alpha^{n-k}\beta^k$；$k \leq n$）の数だけの分裂線が現れ，それらの強度比はそれぞれの項の係数（組合わせの数$_nC_k$）の比となる．そのためメタノールのヒドロキシ基の信号は四つに分裂している．ただしこれはスピン-スピン結合の大きさが化学シフトの差に比べて十分に小さい場合である．これらが同程度の大きさの場合には見かけ上単純ではないが，後でNMRスペクトルのシミュレーションソフトウエアを用いて体験することができる．遠く離れたプロトン間のスピン-スピン結合も複雑な分裂をひき起こすがその分裂はさらに小さくなる．

6. 核磁気共鳴

[パルスNMRとフーリエ変換] 上に述べたように，NMRでは共鳴周波数の異なる複数の信号を測定する必要があるが，パルスNMRはこれらを同時に測定できる．パルスNMRは，それぞれ異なる特性周波数をもつ複数のギターの弦を同時にピックで弾いた後の，"時間とともに減衰していくジャーンという音"を聞くことに似ている．ピックで弦を弾くことに対応するのは，数 μs から数十 μs の短時間だけ周波数 F_0 の高周波をあてることであり，これがパルスである．周波数 F_0 は用いる装置の外部磁場の強さにより異なり，最近では数百MHz程度が主として用いられるが，プロトンの共鳴周波数のすぐ近くに選ぶ．弦を弾いた後の時間とともに減衰していくジャーンという音に対応するNMRの信号は"自由誘導減衰（free induction decay, FIDと略す）"といい，図 6・3(a) に示すような時間軸で観測する信号 $f(t)$ である．このNMR信号 $f(t)$ は，数学的手法であるフーリエ変換によって

$$g(\nu) = \int_{-\infty}^{+\infty} f(t) e^{2\pi i \nu t} dt \qquad (6\cdot 4)$$

のように，図 6・3(b) に示す周波数軸の信号であるNMRスペクトル $g(\nu)$ に変換できる*．形式的には (6・4) 式のように $-\infty$ の時間から $+\infty$ の時間までの積分が必要であるが，実際にはパルスの後 ($t=0$) からFID信号が時間とともに減衰していきノイズに隠れる時間までで十分である．このフーリエ変換も後で用いるソフトウエアで実際に行うことができる．測定で得られるNMRスペクトル $g(\nu)$ の周波数軸の基準点は測定に用いた高周波の周波数 F_0 であるが，テトラメチルシランの信号を基準にすることもできる．

図 6・3 時間軸で見るFID信号と周波数軸で見るNMRスペクトル．フーリエ変換により互いに変換できる

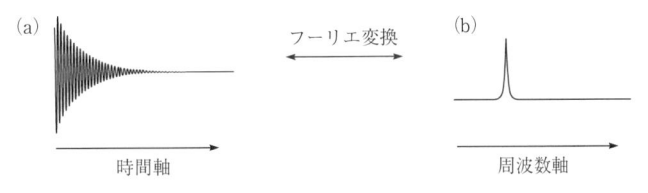

* 1章 赤外吸収スペクトル のフーリエ変換 (p.6) と原理的に同じ処理である．

6. 核磁気共鳴

［ソフトウエアによるNMR分光器操作の実習とスペクトルのシミュレーション］　Windows上で使用できる無料のソフトウエアであるMestReS[*1]を用いて，NMR分光器の操作，上に述べたFIDの測定とフーリエ変換，さらには化学シフトとスピン-スピン結合によるスペクトルのパターンとその共鳴周波数（外部磁場の強さ）依存性を体験することができる．プロトンの共鳴周波数として60 MHzから900 MHzまで選ぶことができる．MestReSでは，ソフトウエアの中で測定試料の核スピンの化学シフトとスピン-スピン結合の情報をファイルとして作成できる．測定可能な核はプロトン（^{1}H）と炭素（^{13}C）であり，スピン-スピン結合する相手の核はプロトン，フッ素（^{19}F），リン（^{31}P），炭素を選ぶことができる．実際のNMR装置の操作と同様に，試料を磁石に挿入し，磁場の均一度を上げるための操作（シムの調整）をしたのち，温度調節器の設定を行い，測定を開始する．測定に用いる重水素化溶媒を選んだり化学シフトの基準として使うテトラメチルシラン（TMS）を加えることも可能で，重水素化率が100 %ではないために重水素化溶媒に残っているプロトンの信号まで実際の測定さながら再現する．さらには試料溶液の濃度を変えることもできるため，試料の濃度を変えることによる信号とノイズの関係や積算の効果も体験できる．NMRスペクトルの簡単な解析も可能で，得られたNMRスペクトルを印刷することもできる．

　この実験の課題である化学交換によるNMRスペクトルのシフトの変化は，このMestReSだけでは計算できないが，MEXICO[*2]というソフトウエアをMestReSに組込むことによって計算できるようになる．化学交換の速さは，熱力学パラメーター（アレニウスの式やアイリングの式に現れるパラメーター）を入力して，MestReSで測定温度を設定することにより決定されるので，まさに実際の試料について測定を行っているような体験ができる．これらのソフトウエアは，脚注に示すホームページからダウンロードすることができる．このMestReSにあまり慣れすぎると，実際に装置を動かす実験も疑似体験であるかのような錯覚におちいる可能性があるので注意を要する．

[*1]　MestReS(Windows: A free virtual NMR spectrometer)
　　　ホームページ：http://mestrelab.com/software/mestres/
[*2]　マクマスター大学のAlex D. Bain教授が無料で配布している．
　　　The MEXICO Suite of Programs for NMR Chemical Exchange Line-shape Calculation
　　　ホームページ：http://www.chemistry.mcmaster.ca/bain/

[化学交換によるシフトの変化]　液体メタノールやメタノール溶液の中では，瞬間的にはいくつかの分子が水素結合により結ばれた多量体をつくり，時々刻々その大きさを変えている．これは次式のように単量体，二量体，三量体などの間の平衡として表すことができる．

二量化
$$2(XH) \longleftrightarrow (XH)_2 \qquad K_2 = M_2/M_1^2$$
三量化
$$3(XH) \longleftrightarrow (XH)_3 \qquad K_3 = M_3/M_1^3$$
$$\vdots \tag{6.5}$$

ここで M_i は i 量体の濃度，K_i は平衡定数である．それぞれの多量体の中では水素結合をつくっているヒドロキシ基のプロトンの化学シフトは異なるが，図 6・4 に模式的に示すように，これらの間で速い交換が起こることにより，観測される化学シフト δ はそれぞれの加重平均となる．

$$\delta = \delta_1(M_1/C) + 2\delta_2(M_2/C) + 3\delta_3(M_3/C) + \cdots + n\delta_n(M_n/C)$$
$$C = \sum_{i=1}^{n} iK_iM_1^i \tag{6.6}$$

C は溶質のメタノールの全濃度であり，δ_i は i 量体の中で水素結合をしたヒドロキシ基のプロトンの化学シフトである．ここではメタノールとの相互作用が小さい四塩化炭素 CCl_4 を溶媒に選ぶ．室温での液体メタノールのヒドロキシ基のプロトンの化学シフトは 5 ppm 近くに現れるが，四塩化炭素で薄めていくと，この化学シフトはしだいに低周波数側にシフトして行く．十分に希釈した状態では，メタノール分子は水素結合をつくらず単量体として存在すると考えられる．

この現象をできるだけ単純なモデルでながめてみよう．サウンダース−ハインは簡単のために以下の仮定を行った．

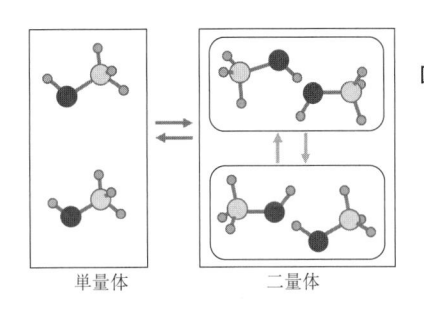

図 6・4　メタノールの単量体と水素結合で結ばれた二量体との間のプロトンの化学交換と平衡の模式図（二量体中の二つのヒドロキシ基のプロトンの水素結合の組替えは，単量体と二量体の交換よりずっと速いと考えられる）

6. 核磁気共鳴

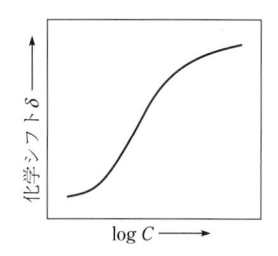

図6・5 ヒドロキシ基プロトンの化学シフトの濃度変化

1) メタノールは単量体と n 量体の間だけで平衡状態にある．
2) 単量体と n 量体のヒドロキシ基の化学シフト δ_1, δ_n はメタノールの濃度 C を変えても変化しない．

この場合，メタノールの全濃度 C と観測される化学シフト δ は (6・5)式と (6・6)式より

$$C = M_1 + nK_nM_1^n$$
$$\delta = [(\delta_1 - \delta_n)M_1/C] + \delta_n \tag{6・7}$$

で表される．

観測されたメタノール溶液のヒドロキシ基の化学シフトを図6・5のように濃度 C の常用対数に対してプロットすると解析に便利である．この図に示すようにシフトの濃度変化には変曲点が現れ，この変曲点 (inflection point) の近くの傾き $d\delta/d(\log C)_{\text{ip}}$ を実験データから求めることにより n 量体の n を見積もることができる．(6・7)式から

$$\frac{d\delta}{d \log C} = 2.303(\delta_1 - \delta_n)\left(\frac{1}{1 + n^2K_nM_1^{n-1}} - \frac{1}{1 + nK_nM_1^{n-1}}\right) \tag{6・8}$$

となる．一方，変曲点であるという条件は

$$\frac{d^2\delta}{d(\log C)^2} = \left[\frac{d}{dM_1}\left(\frac{d\delta}{d \log C}\right)\right]\left(\frac{dM_1}{dC}\right)\left(\frac{dC}{d \log C}\right) = 0 \tag{6・9}$$

で表せるが，(dM_1/dC) と $(dC/d \log C)$ はゼロにはなり得ないので，

$$\frac{d}{dM_1}\left(\frac{d\delta}{d \log C}\right) = 0 \tag{6・10}$$

でなければならない．(6・8)式と (6・10)式とから

$$(M_1^{n-1}K_n)_{\text{ip}} = n^{-3/2} \tag{6・11}$$

となり，(6・11)式を (6・8)式に代入すると結局

$$\left(\frac{d\delta}{d \log C}\right)_{\text{ip}} = 2.303(\delta_1 - \delta_n)\frac{n^{-1/2} - n^{1/2}}{n^{-1/2} + n^{1/2} + 2} \tag{6・12}$$

が得られる．(6・12)式は図6・5の変曲点での傾きを表すが，この傾きは実験により求めることが

できる．$δ_1$ は十分に希薄な溶液の実測値から決定することができるため，n 量体の分子数 n とその化学シフト $δ_n$ との関係が得られることになる．

[**実　験**]　　いろいろな濃度のメタノールの四塩化炭素溶液をつくり，そのプロトン NMR スペクトルを室温で測定する．測定結果を図 6・5 のようにプロットし，上記の解析を二量体（$n=2$）や四量体（$n=4$）などについて（6・7）式を用いて K_n を変えながら計算し，どれが実測結果に最も近くなるかを検討する．また，そのときの平衡定数 K_n を求める．

❏ **器具・試料**　　NMR 分光器，NMR 試料管 8 本，メタノール，四塩化炭素，少量のテトラメチルシラン，パソコン，NMR スペクトル シミュレーションソフトウエア（フリーソフトで，ダウンロード可能）

❏ **試料の調製**　　四塩化炭素には 0.05 % 程度の少量のテトラメチルシランを加え，プロトンの化学シフトの内部標準とする．モレキュラーシーブ 3A を加熱乾燥し，メタノールとテトラメチルシランを含む四塩化炭素の中にそれぞれ入れ，一晩放置し脱水する．脱水されたメタノールと四塩化炭素を用いて，メタノールのモル分率 $M_{CH_3OH}/(M_{CH_3OH}+M_{CCl_4})$ が 0.3，0.1，0.03，0.007，0.004，0.002，0.0004 近くになるようにメタノール溶液を調製し，よく乾燥した NMR 試料管に底から 4 cm 程度になるように入れる．純粋なメタノールも同様に少量のテトラメチルシランを加え NMR 試料管に入れる．このとき水が混入しないように注意する．

❏ **NMR スペクトルの測定と解析**　　測定に使用する NMR 分光器はさまざまな機種が考えられるため，ここでは詳しい使用方法は述べないが，指導教員の指示に従うこと．準備した液体メタノールおよびメタノール溶液について，それぞれプロトン NMR スペクトルを測定する．メタノールの濃度が低い試料ではプロトンの NMR 信号強度が小さいため十分な信号強度が得られるまで積算する．内部標準として混入したテトラメチルシランの信号を 0 ppm とし，この信号からのずれとして得られたヒドロキシ基のプロトンの化学シフトを読取る．読取った化学シフトを図 6・5 のようにメタノールの全濃度 C の対数に対してプロットし，上述の解析を行う．必要であればさらに他の濃度についても測定を行う．

6. 核磁気共鳴

❑ **応用実験** 　メタノールと水素結合をつくるアセトンやジメチルスルホキシドを溶媒として同様の実験を行い，メタノールのヒドロキシ基の化学シフトの濃度依存性が四塩化炭素溶液の場合と異なることを調べる．この場合，それぞれの重水素化溶媒 $(CD_3)_2CO$，$(CD_3)_2SO$ を用いる．

またアセチルアセトンはケト型とエノール型の混合物であることが知られている．これらの間の交換反応はきわめて遅いため，NMR スペクトルはケト型のスペクトルとエノール型のスペクトルの重ね合わせとなる．極性の異なる数種類の重水素化した溶媒を用いて両者の平衡が変わることを見る．

B. 核オーバーハウザー効果（NOE）

❑ **理　論**

［序　論］　有機化合物分子の複雑な NMR スペクトルを解釈するのは容易ではないので，さまざまな工夫を凝らした補助的な方法が考案されている．核オーバーハウザー効果（nuclear Overhauser effect）を利用する方法もその一つで，これは複雑なスペクトルの中の 1 本の共鳴線を狙って集中的に共鳴周波数の電磁波を照射すると，別の共鳴線の強度が増えたり減ったりする効果を利用するものである．この効果は二つの核の間の距離の 6 乗に反比例する大きさがあるので，精密な実験をするとその二つの核の間の距離に関する情報を得ることができ，この点に注目した立体測距法（distance geometry）により溶液中の比較的小さな分子のコンホメーションを決めることができる．さらにこの方法はタンパク質分子の立体構造を知るうえで結晶の X 線回折と並んで非常に重要な研究法になっている．

［双極子相互作用］　6A 章で取上げたスピン-スピン結合は 1 個の分子内で化学結合を介して 2 個の核が相互作用するので，核と核の間に多数の結合があるとその相互作用は急速に弱くなり，それによる吸収線の分裂も小さくなる．しかし 2 個の核の間には，直接の双極子相互作用もある．スピンの磁気モーメントを小さな棒磁石（磁気双極子）とみなすと，この相互作用は電気双極子モーメントの間の相互作用と形式的には全く同じに扱うことができる．双極子が静止しているとき

は，ポテンシャルエネルギーは双極子の間の距離 r に関して r^{-3} の依存性がある．もし双極子が分子の一部であって，分子が回転や振動の運動をしていると，この相互作用のゆらぎはその 2 乗の r^{-6} の依存性で吸収線形に影響を与え，スピン間の距離が短くなると急激に増加して大きな影響を及ぼす．

　［飽和と緩和］　核スピンが 1/2 の核は外部磁場によってそのエネルギー準位がゼーマン分裂（大きさ ΔE）を起こす．分裂して生じた二つの準位を占めるスピンの数（占有数）$n_上$ と $n_下$ の比はボルツマン分布

$$\frac{n_上}{n_下} = e^{-\Delta E/RT} \tag{6・13}$$

によって与えられる．室温の平衡状態では $n_上 < n_下$ であるが，温度の上昇とともにこの比は 1 に向かって増加していく．もし分裂の大きさ ΔE に対応する周波数 $\nu(=\Delta E/h)$ の電磁波を共鳴吸収すると，この比は増加するので，この場合スピン系の温度が上がったのと同等な結果になる．共鳴吸収の強さは照射する電磁波の強度や ΔE に依存する遷移確率と二つの準位がスピンで占められる占有数の差との積に比例する．もし周波数 ν の電磁波が十分強いと，スピンはしだいに上の準位にたまるので，$n_上$ と $n_下$ の差が急速に 0 に近づき，その結果その比が 1 になるとそれ以上吸収しなくなる．これはスピン系の温度が無限大になったことに相当する．この状態を吸収が飽和したという．スピン系にエネルギーがたまっていっぱいになった状態と考えればよい．もし分子の回転などのさまざまな運動（これを磁気共鳴では"格子"という）にスピン系のエネルギーを移すことができれば，電磁波の照射をやめたのちしだいに $n_上/n_下$ は減少し始め，平衡分布に戻っていく．格子はスピン系が吐き出すエネルギーの受け皿として最も有力な相手である．高温のスピン系から室温の格子系へエネルギーが移って全体が均一な温度になると考えてもよい．外部からの刺激（電磁波の照射など）によって平衡からずれた系が平衡に戻る過程を緩和（relaxation）という．緩和すれば吸収強度が回復する．

　［核オーバーハウザー効果］　双極子相互作用している 2 個のスピンの場合はゼーマン分裂によって 4 個の準位が生じる．この 2 個のスピンを A と X（A と X は両方とも ^{1}H でもよいが，^{1}H

6．核磁気共鳴

6. 核磁気共鳴

図 6・6 2スピン系 AX のエネルギー準位. A 吸収は核 A のスピンだけが反転する吸収 ($\alpha\alpha \to \beta\alpha$ と $\alpha\beta \to \beta\beta$ の 2 種があるが, 共鳴周波数は等しい) である. 破線は緩和過程を示す. W_2 緩和は AX 系の合成スピンが変化するが, W_0 緩和では合成スピンに変化がない. W_2 では格子へ吐き出すエネルギーが大きいが, W_0 では小さい. X 吸収を飽和させると, W_2 緩和が支配的であれば, A 吸収は強くなる (正の NOE) が, W_0 緩和が支配的であれば A 吸収は弱くなる (負の NOE)

と ^{13}C のように異なっていてもよい) とし, スピン量子数が $+1/2$ の状態を α, $-1/2$ の状態を β で表し A が α で X が β の状態を単に $\alpha\beta$ と書くことにすると, この 4 個の準位は図 6・6 に示すような $\alpha\alpha$, $\alpha\beta$, $\beta\alpha$, $\beta\beta$ の 4 種のスピン状態に対応する. 観測される共鳴吸収は A のスピンだけが α から β に変わる A 吸収と, X のスピンだけが変わる X 吸収の 2 本である. いま X 吸収をねらって強い電磁波を当てて飽和させたとすると, 図の X 吸収が飽和するにつれて $\alpha\beta$ と $\beta\beta$ の準位の占有数が増加する. 占有数が熱平衡状態からずれると緩和が始まるが, 特に重要な二つの道がある. 一つは最高準位 $\beta\beta$ にたまったエネルギーを格子に吐き出し, 2 個の β スピンが 2 個の α に戻る道 (図の垂直な破線, W_2 緩和) で, もう一つは二つの中間準位の間で $\beta \to \alpha$ と $\alpha \to \beta$ になる道 (図のほぼ水平な破線, W_0 緩和) である. このどちらが優勢にはたらくかは, スピンが乗っている分子の運動状態による.

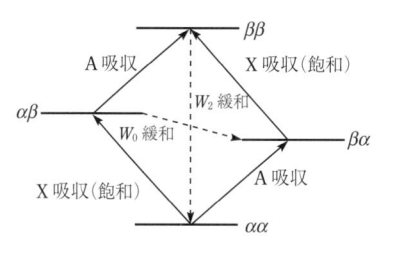

比較的小さな分子が液体中にある場合のように, 分子全体としてとんぼがえりのように回転ができると, 双極子相互作用がその回転頻度で揺れ動く (ゆらぎを生じる). このゆらぎの頻度は目安として $10^{11}\,\mathrm{s}^{-1}$ の程度である. (6・13)式の ΔE を, $\beta\beta \to \alpha\alpha$ のエネルギー差として $\Delta E = h\nu$ により ν に換算すると $10^9\,\mathrm{s}^{-1}$ の程度であるから, ゆらぎの方がずっと速い. この場合は $\beta\beta \to \alpha\alpha$ の W_2 緩和が優勢になる (合成スピンが変化する). この緩和が起こると, 最低準位の占有数が増えて最高準位の占有数が減り, 元の値に戻るから, 平衡状態でのスペクトルに比べて A 吸収の強度が増大する (正の NOE). これと対照的に溶液中のタンパク質分子のように動きが非常に遅いと $\alpha\beta \to \beta\alpha$ の W_0 緩和が優勢になる* (合成スピンの変化はない). この場合は $\alpha\beta$ 準位の占有数が

---

* 格子が電磁波のエネルギーを受け取るには, 電磁波の周波数と同じ程度のスピードで動いていなければならない. したがって分子の動きが遅いと, 格子が W_2 緩和で放出する電磁波のエネルギーを受け取れないから W_0 緩和が優勢になる.

減って，$\beta\alpha$ 準位の占有数が増えるから，A 吸収は反対に弱くなる（負の NOE）．A 吸収が平衡状態で I_0 の強度を示したのが，NOE によって強度 I になったとすると，

$$\eta = \frac{I - I_0}{I_0} \qquad (6 \cdot 14)$$

によって，NOE の大きさを測る．W_2 緩和が優勢で強度が増加する場合は $\eta > 0$ であるが，W_0 緩和が優勢で強度が減少すれば $\eta < 0$ である．

　以上の説明は非常に単純なモデルの場合であって，実際にはいろいろな緩和の機構が並行して起こる．A 核と X 核の間に磁気双極子相互作用がはたらいている場合に X 核を飽和させ，その後の A 核の共鳴吸収強度を測定することによって，複雑なスペクトルの中から，互いにオーバーハウザー効果で結ばれている核を見つけだすことができ，その二つの核の間の距離に関する情報を得ることができる．多数の共鳴線の一つずつについて根気よく同様な実験をすれば，多くの核の相互の距離の長短関係のデータから立体構造を組立てることができる．この方法によって，多くのタンパク質分子の溶液内での三次元構造が解明された．ただし，核オーバーハウザー効果が観測できる A と X の間の距離は 0.5～0.6 nm の程度までである．タンパク質のような高分子では鎖は曲がりくねっているので，一次構造では遠くに離れた 2 個のプロトンでも，高次構造ではランダムコイル構造をとったり，フォールディングなどによって，すぐそばにくることがあるので，NOE は有力な方法である．

[実　験]　　ここでは以下の 3 種類の試料の測定を行い，化学構造による水素原子間の距離の違いによって，NOE 効果の大きさがどのように変わるかを調べる．溶媒には重水素化クロロホルム（CDCl$_3$）を用い，いずれの試料にも周波数標準としてテトラメチルシランを 1 ％ 程度入れておく．

1) 1,5-ジクロロ-2,4-ジメトキシベンゼン 5 ％ CDCl$_3$ 溶液（図 6・7 a）
2) N,N-ジメチルホルムアミド 5 ％ CDCl$_3$ 溶液（図 6・7 b）
3) 3,3-ジメチルアクリル酸 5 ％ CDCl$_3$ 溶液（図 6・7 c）

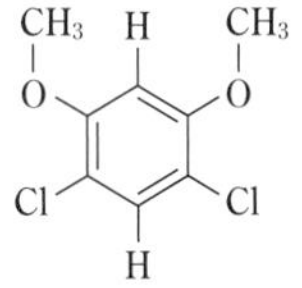

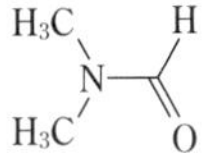

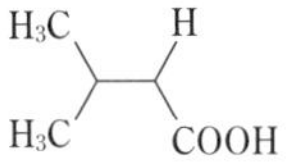

図 6・7　(a) 1,5-ジクロロ-2,4-ジメトキシベンゼン，(b) N,N-ジメチルホルムアミド，(c) 3,3-ジメチルアクリル酸の構造式

6. 核磁気共鳴

❏ **器具・試料**　NMR分光器，シール機構付きNMR試料管，排気装置（簡易真空ライン），デュワー瓶，液体窒素，クロロホルム-d_1，テトラメチルシラン，N,N-ジメチルホルムアミド，3,3-ジメチルアクリル酸，1,5-ジクロロ-2,4-ジメトキシベンゼン，パソコン，NMRスペクトル解析ソフトウエア

❏ **試料溶液の調製**　NOEが効果的にはたらくためには，対象のスピン間の双極子相互作用以外による緩和がない方がよい．特に問題になるのは溶媒中に溶けている常磁性不純物の酸素ガスである．電子スピンの磁気モーメントは核スピンに比べて非常に大きいので少量でも強力な緩和をひき起こす．したがって酸素ガスを注意深く取除かないと，NOEを正しく測ることができない．脱ガスを確実に行うには試料溶液の凍結と真空排気を繰返せばよい（37章 真空実験 の脱ガス操作 (p. 263) 参照）．シール機構付きNMR試料管に試料溶液を調製したのち，脱ガス操作を繰返して，溶存ガスが残っていないことが確認できたら，脱気状態を保ったままシールをしてNOE測定を行う．

❏ **パルスプログラム**　NOEのように選択的な信号測定をするためには，周波数や強度が制御されたラジオ波磁場を照射の開始と停止，さらにはFID信号の取込みなどを決まったタイミングで行わなければならない．そのような一連の手順をパルス系列またはパルスプログラムという（図6・8）．横軸は時間，縦軸はラジオ波磁場の強度に相当する．

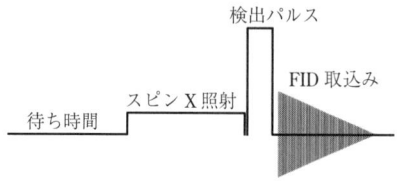

図 6・8　NOE パルスプログラム

NOEのような典型的な測定では，パルスプログラムはすでに分光器の中にライブラリーとして用意されているので測定試料に適合したパラメーターを設定することで測定を実施することができる．同種核NOEでは，スピン系が熱平衡状態に達する5s程度の待ち時間ののち，飽和させるスピンへの連続波照射を行う．スペクトルの中の特定の吸収線だけを選択的に飽和させるように，連続波の照射出力を十分に押さえる必要がある．使用する装置の ^{1}H 同種核デカップル出力の値程度でよい．照射時間は5sとする．信号を検出するための90°パルスの長さやパルス強度も装置の規定の値を使う．

6. 核 磁 気 共 鳴

❏ **測定と信号解析**　各試料の通常の NMR スペクトルを最初に測定する．メチル基のピーク位置を連続波の照射周波数に選び NOE のパルスプログラムを走らせ NOE スペクトルを測定する．このとき強度の比較ができるように，レシーバーの感度を一定にし，フーリエ変換後の強度を絶対値表示にする．照射したメチル基以外のピークについて，通常のスペクトルと NOE スペクトルでそれぞれ積分強度を求めて（6・14）式の η を計算する．試料 b, c では 2 種類のメチル基に由来するピーク群が別々に現れるので，それぞれを照射対象にして NOE 効果の違いから，それぞれのピーク群がどちらのメチル基にあたるか同定せよ．

7 誘 電 率

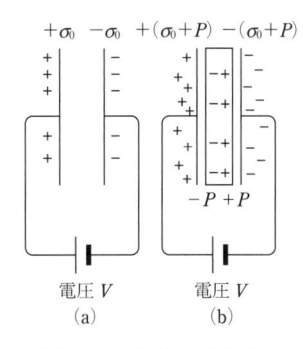

図7・1 (a) 空の平行板コンデンサー，(b) 誘導体を挿入した場合

❏ **理 論**　図7・1に示した平行板コンデンサーに真空中で電位差 V をかけると，正負の極板にそれぞれ単位面積あたり$\pm\sigma_0$の電荷が蓄えられる．今，印加された電場（ベクトル）を $\boldsymbol{E}$ ($E=V/l$；l は極板間距離)，真空の誘電率を ε_0 ($\varepsilon_0 = 8.85419 \times 10^{-12}$ $\mathrm{J^{-1}\,C^2\,m^{-1}}$) とすると，

$$\boldsymbol{\sigma_0} = \varepsilon_0 \boldsymbol{E} \tag{7・1}$$

となる．($\boldsymbol{\sigma_0}$ は電気力線に平行なベクトル量として定義される．）つぎに，コンデンサーに絶縁性の物質（誘電体）を挿入すると，誘電体内部に分極（polarization）が生じ，これを中和するため極板上に新たな電荷 P（単位面積あたり）が注入される．P を分極電荷，そのベクトル量 $\boldsymbol{P}$ を分極という．極板上には$\pm\sigma$ の真電荷が蓄積され，それは (7・1) 式を用いると次式のように表せる．

$$\boldsymbol{\sigma} = \boldsymbol{\sigma_0} + \boldsymbol{P} = \varepsilon_0 \boldsymbol{E} + \boldsymbol{P} \tag{7・2}$$

一方，物質の誘電率（dielectric constant）ε は，

$$\boldsymbol{\sigma} = \varepsilon \boldsymbol{E} \tag{7・3}$$

で定義される．(7・2) 式と (7・3) 式から分極は，

$$\boldsymbol{P} = (\varepsilon - \varepsilon_0) \boldsymbol{E} \tag{7・4}$$

あるいは比誘電率（relative permittivity）$\varepsilon_r = \varepsilon/\varepsilon_0$ で表して，

$$\boldsymbol{P} = \varepsilon_0 (\varepsilon_r - 1) \boldsymbol{E} \tag{7・5}$$

となる．

　一方，$\boldsymbol{P}$ は単位体積中に含まれる分子双極子の大きさ，すなわち双極子モーメント（dipole moment）のベクトル和であるから，1分子の平均の双極子モーメントを $\bar{\boldsymbol{m}}$ とし，単位体積中の分子数を N とすれば，次式が成り立つ．

$$P = N\bar{m} \qquad (7\cdot 6)$$

1分子に作用する局所電場を F とすると，F があまり大きくない場合 $\bar{m}$ は F に比例し，つぎのように表される．

$$\bar{m} = \alpha F \qquad (7\cdot 7)$$

ここで，比例定数 α を分極率（polarizability）という*．局所電場は一般に巨視的電場（外部電場）とは異なり，それを直接測定することは困難である．しかし，物質が等方的で，着目している分子の双極子と他の双極子との配向相関が無視できる場合には，F は次式で外部電場と関係づけられる（ローレンツ局所場）．

$$F = E + \frac{P}{3\varepsilon_0} = \left(\frac{\varepsilon_\mathrm{r} + 2}{3}\right) E \qquad (7\cdot 8)$$

(7・5)～(7・8) の各式より，比誘電率と分子の分極率を結びつけるつぎの関係式が得られる．

$$\frac{\varepsilon_\mathrm{r} - 1}{\varepsilon_\mathrm{r} + 2} = \frac{N\alpha}{3\varepsilon_0} \qquad (7\cdot 9)$$

これをクラウジウス-モソッティ（Clausius-Mossotti）の式という．モル質量を M，密度を d としたとき，(7・9)式の左辺に M/d をかけた量は，モル分極（molar polarization）P_M である．NM/d はアボガドロ定数 N_A に等しいから，(7・9)式の両辺に M/d をかけると次式が得られる．

$$P_\mathrm{M} = \frac{\varepsilon_\mathrm{r} - 1}{\varepsilon_\mathrm{r} + 2} \times \frac{M}{d} = \frac{N_\mathrm{A}\alpha}{3\varepsilon_0} \qquad (7\cdot 10)$$

無極性の物質，すなわち構成分子が永久双極子（permanent dipole）をもたない物質の分極は，個々の分子内の正負の電荷が，電場の作用で相対的に変位することによって生じる誘起双極子が原

7. 誘　電　率

---

* 分極率のSI単位は $\mathrm{kg^{-1}\,s^4\,A^2} = \mathrm{C\,m^2\,V^{-1}}$ であるが，数値表などでは非有理化静電系のものが多く，体積の次元をもつ $\alpha/4\pi\varepsilon_0$（ε_0 は真空の誘電率）で表されている．これを分極率体積 V_α という．

7. 誘 電 率

因となって起こる．この誘起双極子によって生じる分極は，変形分極（deformation polarization）といわれている．(7・7)式は，誘起双極子を表す式であり，したがって(7・10)式の最右辺は変形分極によるモル分極である．

永久双極子モーメント $\boldsymbol{\mu}$ をもつ分子（有極性分子または極性分子とよばれる）から成る物質の場合には，変形分極のほかに，$\boldsymbol{\mu}$ の配向に基づく配向分極（orientation polarization）が加わる．デバイ（Debye）は，双極子間の相互作用を無視し，双極子モーメントの統計平均値として次式〔(7・7)式に $\boldsymbol{\mu}$ の配向の寄与を加えた形〕を導いた．

$$\bar{\boldsymbol{m}} = \left(\alpha + \frac{\mu^2}{3k_\mathrm{B}T}\right)\boldsymbol{F} \tag{7・11}$$

ここで，k_B はボルツマン（Boltzmann）定数，T は熱力学温度である．この式よりモル分極は，

$$P_\mathrm{M} = \frac{\varepsilon_\mathrm{r}-1}{\varepsilon_\mathrm{r}+2} \times \frac{M}{d} = \frac{N_\mathrm{A}}{3\varepsilon_0}\left(\alpha + \frac{\mu^2}{3k_\mathrm{B}T}\right) \tag{7・12}$$

と表される．最右辺の第1項が変形分極，第2項が配向分極に対応する．注意すべきは，(7・12)式が双極子間相互作用が無視できる場合にしか適用できないということである．

通常，有極性液体においては，双極子間相互作用が強く，デバイの理論はそのままの形で用いることができない．この場合には，双極子に起因する反作用場の考えを取入れたオンサーガー（Onsager）の式

$$\mu^2 = \frac{9\varepsilon_0 k_\mathrm{B} T M}{N_\mathrm{A} d} \times \frac{(\varepsilon_\mathrm{r}-n^2)(2\varepsilon_\mathrm{r}+n^2)}{\varepsilon_\mathrm{r}(n^2+2)^2} \tag{7・13}$$

を使って誘電率の測定から双極子モーメントを見積もることができる．ここで n は液体の屈折率である．

つぎに，無極性溶媒に有極性分子を少量溶かした希薄溶液について考える．希薄溶液では双極子間の相互作用が無視できるので，上述のデバイの理論式(7・12)が適用可能である．溶媒と溶質の間に特殊な相互作用がない場合には，分極について加成性が成り立つので，溶液のモル分極 P_{12} は，

7. 誘 電 率

$$P_{12} = xP_2 + (1-x)P_1 \qquad (7\cdot 14)$$

で表される．ここで，x は溶質のモル分率であり，添字 1, 2, 12 はそれぞれ溶媒，溶質，溶液に関する量であることを表す．

(7・14)式より，

$$P_2 = P_1 + \frac{P_{12} - P_1}{x} \qquad (7\cdot 15)$$

また，(7・10)式の P_M の定義から，

$$P_{12} = \frac{\varepsilon_{r12} - 1}{\varepsilon_{r12} + 2} \times \frac{xM_2 + (1-x)M_1}{d_{12}} \qquad (7\cdot 16)$$

$$P_1 = \frac{\varepsilon_{r1} - 1}{\varepsilon_{r1} + 2} \times \frac{M_1}{d_1} \qquad (7\cdot 17)$$

と書け，溶液および溶媒の比誘電率 ε_{r12}，ε_{r1} と密度 d_{12}，d_1 の測定から P_2 が計算できることになる．実際には，希薄溶液で求めた P_2 には大きな誤差が伴うので，濃度の高いところまで測定を行い，図 7・2 に示すように，P_2 を x に対してプロットして得た曲線を $x=0$ に補外した極限値（$P_{2\infty}$）を求める．このようにした得られた値は，双極子間相互作用を完全に取り去った状態での，極性分子のモル分極に相当する．

以上のように決定した $P_{2\infty}$ の値から (7・12)式を用い永久双極子モーメント **μ** を求めるためには，変形分極の寄与（$N_A\alpha/3\varepsilon_0$）を見積もる必要がある．これは，マクスウェル（Maxwell）の関係式 $\varepsilon_r = n^2$（n は液体の屈折率）を用いると，ナトリウムの D 線に対する分子屈折 R_2 で近似できる（この近似は変形分極がすべて電子雲の変形によると仮定することに相当する）．すなわち

$$\frac{N_A\alpha}{3\varepsilon_0} \simeq R_2 = \frac{n_2^2 - 1}{n_2^2 + 2} \times \frac{M_2}{d_2} \qquad (7\cdot 18)$$

この式と (7・12)式より双極子モーメントは

$$\mu = \sqrt{\frac{9\varepsilon_0 k_B T}{N_A}(P_{2\infty} - R_2)} \qquad (7\cdot 19)$$

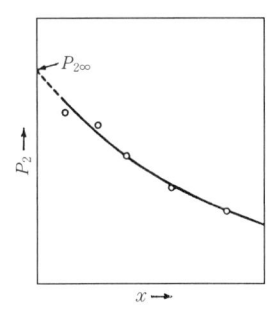

図 7・2 無限希釈の溶質分極 $P_{2\infty}$ の決定

7. 誘　電　率

で与えられる*．双極子モーメントはデバイ単位（1 D＝3.33564×10⁻³⁰ C m）で表すことが多い．

　誘電率測定から，分子運動に関する情報も得られる．双極子をもつ分子から成る液体に直流電場を印加すると，電場の方向に双極子がわずかに配向する．その結果，液体に配向分極が起きるが，コンデンサー電極表面上の真電荷 σ の値が平衡に達するにはある時間を要する．この時間は，おおむね双極子をもつ分子の回転運動のタイムスケール τ（緩和時間という）に相当する．図 7・3 に電圧印加による双極子の配向の様子とそれに対応した σ の時間変化を示す．

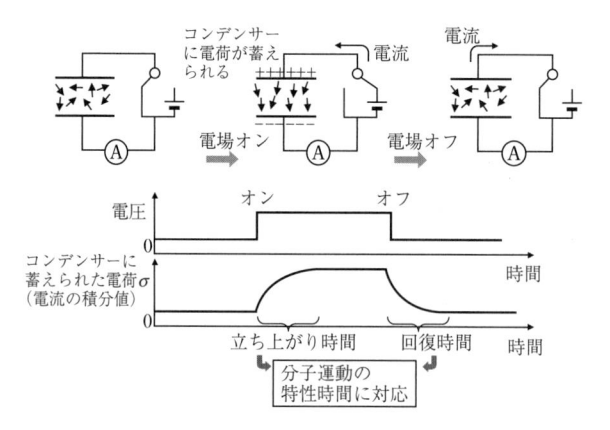

図 7・3　永久双極子の電場による配向および配向緩和の模式図と，電荷密度の時間変化

＊　このようにして双極子モーメントを求める方法を分極補外法という．この方法以外で，よく用いられるものとして，ハルベルシュタット-クムラー（Halverstadt-Kumler）の方法がある．これは誘電率および密度の濃度に対する変化の割合から P_2 を計算する方法で，分極補外法よりすぐれている．また，(7・14) 式は，

$$P = a + \frac{b}{T}$$

と書けるので，温度を変えて誘電率を測定し，各温度で $P(T)$ を計算して，これを $1/T$ に対してプロットすれば直線が得られ，その傾き b から双極子モーメントが計算できる．ただし誘電率を非常に高精度で測定しなければならない．

電圧の急激な変化に対し，σ の変化が緩慢であるのは，分子の配向が関係しているからである．つまり，σ の時間変化を観測することで，分子の回転運動に固有の緩和時間を求めることができる．
交流電場 $E(t) = E_0 \cos(\omega t)$ を加えた場合には，このような応答の遅れは位相遅れとして現れ，$\sigma(t)$ は次式で表される．

$$\begin{aligned}\sigma(t) &= \sigma_0 \cos(\omega t - \delta) \\ &= \left(\frac{\sigma_0}{E_0}\cos\delta\right)E_0\cos(\omega t) + \left(\frac{\sigma_0}{E_0}\sin\delta\right)E_0\sin(\omega t)\end{aligned} \quad (7\cdot 20)$$

この場合，比誘電率 ε' と誘電損失率 ε'' がつぎのように定義される．(7・3式参照)

$$\varepsilon' = \frac{\sigma_0}{\varepsilon_0 E_0}\cos\delta, \quad \varepsilon'' = \frac{\sigma_0}{\varepsilon_0 E_0}\sin\delta \quad (7\cdot 21)$$

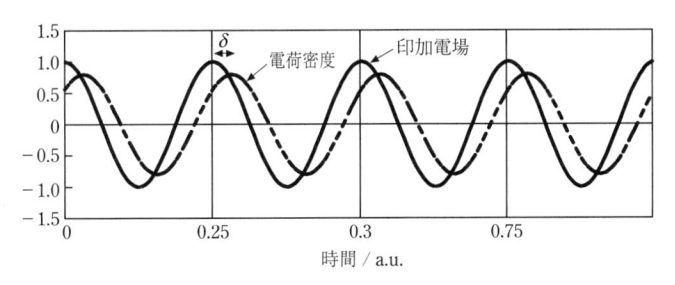

図 7・4 印加電場とそれにより誘起される電荷密度の時間変化 (a.u. は任意の単位を表す)

ここで，位相差 δ は角周波数 ω の関数であり，$\omega = 1/\tau$ のところで最大となる．また，(7・21)式より ε' と ε'' も ω の関数となる．ε' は前出の静電場での比誘電率 ε_r と同じ量であるが，ここではあえて異なる文字を使用する．これは，動的な測定（交流電場を用いる測定）で2種類の誘電率を決定する際には，比誘電率を ε'，誘電損失率を ε'' と表すのが一般的なためである．角周波数が $\omega \ll 1/\tau$ では，分子運動が電場の変化に追随できるため，位相の遅れがなくなり（$\delta \sim 0$），(7・21)式より $\varepsilon'' \sim 0$ となる．また $\omega \gg 1/\tau$ では，分子運動が電場の変化に全く追随できずに分子は静止しているとみなせるため（変形分極のみが起こる），この場合も $\delta \sim 0$ および $\varepsilon'' \sim 0$ となる．一方，

7. 誘電率

$\omega \sim 1/\tau$ では δ が最大となり，ε'' に極大が生じる．また，ε' に関しては $\omega \ll 1/\tau$ で配向分極と変形分極の両方が起こるのに対し，$\omega \gg 1/\tau$ では変形分極のみとなるため，$\omega \sim 1/\tau$ で ε' にも変化が見られる．最も簡単な場合として，単一の緩和時間をもつ系では $\varepsilon', \varepsilon''$ がつぎのように表されることが知られている．

$$\begin{aligned}\varepsilon'(\omega) &= \varepsilon'(\infty) + (\varepsilon'(0) - \varepsilon'(\infty))\frac{1}{1+\omega^2\tau^2} \\ \varepsilon''(\omega) &= (\varepsilon'(0) - \varepsilon'(\infty))\frac{\omega\tau}{1+\omega^2\tau^2}\end{aligned} \quad (7\cdot22)$$

ここで，$\varepsilon'(0)$ を静的誘電率といい，$\omega \ll 1/\tau$ での比誘電率である．$\varepsilon'(\infty)$ は瞬間的誘電率で，$\omega \gg 1/\tau$ での比誘電率に対応し，その値は屈折率の2乗にほぼ等しくなる．((7・18)式を参照.) また，しばしば $\varepsilon'(0) - \varepsilon'(\infty) = \Delta\varepsilon$ と書き，$\Delta\varepsilon$ を緩和強度という．(7・22)式で表される関数形を図7・5に示す．$\omega \sim 1/\tau$ で比誘電率 ε' が減少し，誘電損失率 ε'' にピークが現れることがわかる．このような現象は一般に誘電緩和あるいは誘電分散といわれている．

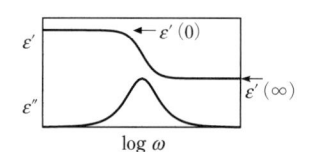

図7・5 ε' および ε'' の角周波数 ω 依存性

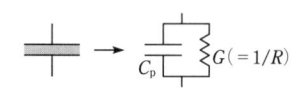

図7・6 LCRメーターにより測定される電気容量 C_p とコンダクタンス G の意味

❏ **測 定 法** LCRメーターとは，抵抗・電気容量・インダクタンスなどを測定する装置である．試料を平行平板型電極の間に挿入し，LCRメーターを用い，電気容量 C_p（単位：ファラッドF）とコンダクタンス G（抵抗の逆数，単位は Ω^{-1} またはジーメンスS）を周波数の関数として測定する．具体的には，試料を図7・6に示したような並列等価回路とみなして，C_p および G の値が決定される．そして，次式により電極間に挿入した物質の比誘電率と誘電損失率が角周波数 ω（$\mathrm{rad\,s^{-1}}$）の関数として求まる[*1]．C_0 は試料を挿入しない場合の電気容量である[*2]．

$$\varepsilon' = \frac{C_p}{C_0}, \qquad \varepsilon'' = \frac{G}{\omega C_0} \quad (7\cdot23)$$

[*1] LCRメーターには角周波数 ω（$\mathrm{rad\,s^{-1}}$）ではなく周波数 f（Hz）の値が表示されるので，$\omega = 2\pi f$ の関係を用い変換すること．

[*2] 空セル容量 C_0 は真空中で測定すべきであるが，大気中で測定しても空気の比誘電率が1.0005であるため，その差は無視できる．

7. 誘 電 率

　LCRメーターで採用されている自動平衡ブリッジ法の原理を図7・7(a)に示す．複素インピーダンス $Z_s^*(\omega)$ ($=Z_s'-iZ_s''$，iは虚数)[†]をもつ試料の入ったコンデンサーに，既知の複素インピーダンス $Z_c^*(\omega)$ をもつ標準素子を図のように接続し，図の左側の発振器1により交流電圧 V_s^* を印加する．その結果，試料側に電流 I_s^* が流れるが，それを打ち消すように右側の発振器2から符号が逆の交流電圧 V_c^* を発生させ，その振幅と位相を調整する．そしてP点の電流 I_0^* がゼロとなるようにバランスさせるしくみである．具体的には，電流検出器により検出される I_0^* を発振機2にフィードバックさせ（図7・7(a)の点線部分），自動的に V_c^* 信号を調整するようになっている．平衡が達成されたときの V_c^* と，既知の Z_c^* および V_s^* の値を用い，次式により試料の複素インピーダンス Z_s^* が求められる．

$$Z_s^* = -\frac{V_s^*}{V_c^*} Z_c^* \tag{7・24}$$

手動で測定する交流ブリッジは，図7・7(b)に示す回路構成で，I_0^* が0となるように，Z_c^* を手

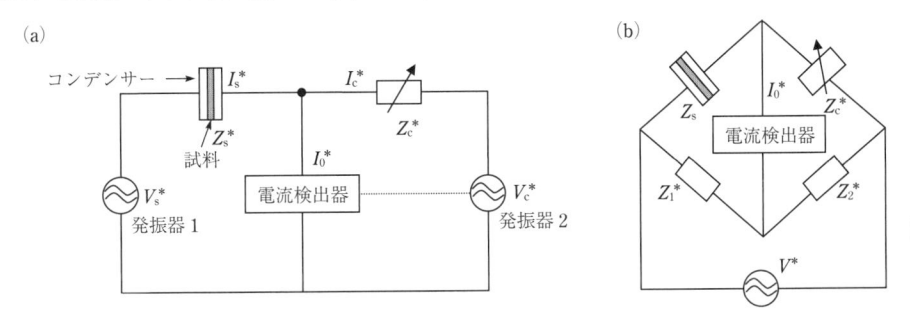

図 7・7　(a) 自動平衡ブリッジおよび (b) 交流ブリッジの概略図

[†] 正弦的に時間変化する電圧の信号を，(7・20)式で採用したような正弦関数を用いずに，虚数をiとして $V^*=V_0\exp(i\omega t)$ と表記すると，数学的な取扱いが簡単になる．（*を付けたものは複素量である．）たとえば複素表記することで，位相差も含め電圧 V^* と電流 I^* からインピーダンス Z^* を，$Z^*=V^*/I^*$ と簡単に書くことができ，$Z^*=Z'-iZ''$ となる．誘電率も同様に $\varepsilon^*=\sigma^*/E^*$ と書き，複素表記では $\varepsilon^*=\varepsilon'-i\varepsilon''$ となる．

7. 誘　電　率

動で調節してバランスさせる．そして $Z_s^* Z_2^* = Z_c^* Z_1^*$ の関係から Z_s^* が求められる．
$Z_s^* (= Z_s' - iZ_s'')$ と $\varepsilon^* (= \varepsilon' - i\varepsilon'')$ の関係は，$Z_s^* = 1/(i\omega C_0 \varepsilon^*)$ より次式で与えられる．

$$\varepsilon' = \frac{Z_s''}{\omega C_0 (Z_s'^2 + Z_s''^2)}, \quad \varepsilon'' = \frac{Z_s'}{\omega C_0 (Z_s'^2 + Z_s''^2)} \tag{7・25}$$

　図7・8は使用するコンデンサー電極セルの断面図および誘電セルの全体図である．上部電極は断面図を見てわかるように取外せる構造になっている．電極間距離は約0.2～0.5mm程度になるように設計されており，組立てなおしてもこの距離はよく再現する．また，上下の電極はアースに接続された金属で囲まれており，さらに配線もすべて同軸ケーブルで施されているので，浮遊容量（コンデンサー以外の，配線などから生じる電気容量）はほぼ0と考えてよい．

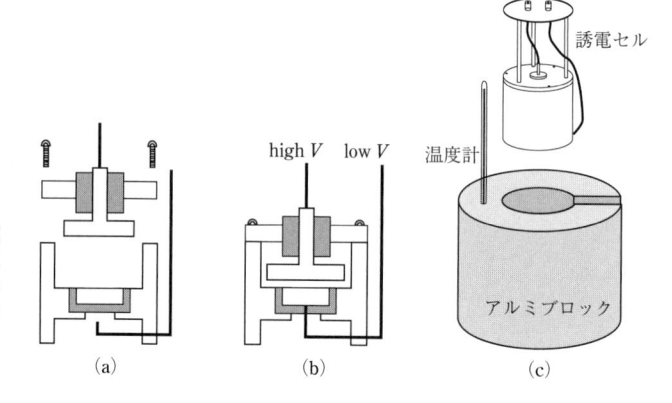

図7・8 誘電セルの断面図（a）（■は絶縁体）および組立てた誘電セル（b）とアルミブロック（c）の模式図

［実験 1］　**空セル容量の測定および液体の誘電率測定**

❏ **器具・薬品**　　LCRメーター（測定周波数範囲10Hz～1MHz程度），誘電測定用電極セル，保温用アルミブロック（温度計付），ダイヤフラム式真空ポンプ，デシケーター，駒込ピペッ

7. 誘 電 率

ト（2 mL）3本，すり栓付三角フラスコ，キムワイプ，洗瓶，シクロヘキサン，フルオロベンゼン，ブロモベンゼン（試薬はすり栓付三角フラスコに保存）．

❏ 装置・操作　LCRメーターのゼロ点のずれを補正するために，オープン補正およびショート補正を全周波数域で行う．（装置のマニュアルを参照．）オープン補正は，高電圧端子と低電圧端子に接続した同軸ケーブルの先をオープン（非接続）状態にして行う．これにより，ケーブルも含めた装置内の浮遊アドミッタンスを補正する．ショート補正は，2本の同軸ケーブルの先をショート（短絡）して行う．これは，ケーブルなどの残留インピーダンスを補正する機能である．

つぎに，図7・8のセルの内部（電極部分）を少量のシクロヘキサンで洗浄後，キムワイプでよく拭きとり，デシケーター中で真空乾燥する．セルを開けるには，下部のピンコネクターを外したのち，上部ネジ（3本）を外す．すると上部と下部が図7・8(a)に示したように分離できる．誘電セルをよく乾燥したのち，アルミブロックに挿入し，温度が一定（室温）になるのを待つ．空のセルとLCRメーターを同軸ケーブルで接続し，図7・6の等価回路を仮定してC_pとGを測定する．その際，周波数fは10^4 Hzと10^5 Hzに設定する．（$f=10^3$〜10^5 HzのC_p値が最も確度が高いため，これらの周波数を選ぶ．）そして，異なる周波数でのC_pの測定値が実験誤差の範囲内で同じであることを確認する．もし二つの値が大きくずれていたら，接続不良かセルの汚れなどの可能性があるので，配線の確認およびセル内部の洗浄と乾燥を行う．

セルを開けて，シクロヘキサンを駒込ピペットにより約0.5 mL入れる．空セルの場合と同様に電気容量の値を測定し，シクロヘキサンの比誘電率を求める．セルを洗浄，乾燥後，再び空セル容量を測定する．そして，フルオロベンゼンおよびブロモベンゼンについても，同様に比誘電率を測定する．（空セル容量C_0は試料測定直前に毎回測るのが望ましい．）

[実験 2]　ブロモベンゼンとフルオロベンゼンの双極子モーメントを分極補外法によって求める
　❏ 器具・薬品　実験1の器具・薬品に加え，電子てんびん，スクリューバイアル12本．
　❏ 装置・操作　装置および実験方法は実験1と同じである．ブロモベンゼンとシクロヘキサンの混合溶液は，ブロモベンゼンのモル分率で0.05〜0.5の範囲で5種類を，それぞれ約5 mL調

7. 誘電率

製する.まず,空のスクリューバイアルを電子てんびんで秤量する.つぎに,ドラフト内で駒込ピペットを用いてあらかじめ計算した量のブロモベンゼンをスクリューバイアルに入れ,ふたを閉め電子てんびんでその重量を測定する.その後,所定量のシクロヘキサンを混合し,重量測定により導入した各試薬の量を求める.そしてブロモベンゼンのモル分率 x を計算する.

調製した溶液について比誘電率の測定を行う.(アルミブロックの温度は毎回記録すること.)得られた比誘電率の値および (7・15)〜(7・17) 式より,x の関数として P_2 値を求める.ただし,溶液の密度 d_{12} については,つぎの各成分の密度を用い,混合による体積変化がないと仮定して求めること.

ブロモベンゼンの密度:$d^{25} = 1.488 \text{ g cm}^{-3}$, $d^{30} = 1.481 \text{ g cm}^{-3}$

シクロヘキサンの密度:$d^{25} = 0.7738 \text{ g cm}^{-3}$, $d^{30} = 0.7691 \text{ g cm}^{-3}$

P_2 を x に対しプロットし,濃度 0 へ補外して P_2^∞ を求め,(7・19) 式によりブロモベンゼンの双極子モーメントを求める.ブロモベンゼンの屈折率としては,$n(20\,°\text{C}) = 1.55972$,$n(25\,°\text{C}) = 1.55709$ を用いる.

フルオロベンゼン/シクロヘキサン溶液についても同様の実験を行い,双極子モーメントの値を求める.なお,フルオロベンゼンの密度と屈折率は,つぎの値を参考にする.

フルオロベンゼンの密度:$d^{20} = 1.024 \text{ g cm}^{-3}$, $d^{30} = 1.013 \text{ g cm}^{-3}$

フルオロベンゼンの屈折率:$n(20\,°\text{C}) = 1.4677$, $n(25\,°\text{C}) = 1.4629$

[実験 3]　　ポリブチレンオキシドの誘電緩和測定

ブロモベンゼンやフルオロベンゼンなどの低分子液体は,数 ps から数十 ps 程度の回転緩和時間をもつため,10^{11} Hz 以上の振動数(マイクロ波領域)で誘電率を測定すれば,(電場の変化に対する分子配向の遅れのため)永久双極子の運動に基づいた誘電緩和が観察される.巨大な分子である高分子は,回転緩和時間が低分子と比べ非常に長く,可聴周波数領域(10 Hz〜20 kHz)にこの誘電緩和現象が現れる場合がある.特に繰返し単位の永久双極子モーメントが主鎖に平行でかつ同じ方向に並んだ高分子(A 型高分子という)では,繰返し単位の各双極子ベクトルの和が末端間ベ

クトルに比例するため，高分子鎖全体の大規模な運動が誘電緩和として観察できる．

A型高分子の一つにポリプチレンオキシドがある．図7・9に示した左右非対称な化学構造をもち，それらが一方向にそろって結合しているため，A型高分子となる．(図中の矢印が双極子モーメントの向きを表す．）また分子量分布も狭いものが合成されている．

❏ **器具・薬品**　LCRメーター，誘電測定用電極セル，保温用アルミブロック（温度計付），ポリプチレンオキシド（重量平均分子量1万〜2万程度で，分子量分布は狭い方が望ましい．）

❏ **装置・操作**　LCRメーターのオープンとショート補正を行ったのち，空セル容量を周波数10 kHzで測定する．LCRメーターにより測定されるC_pおよびGの値には，オープンとショート補正を行っても，周波数に依存した系統的誤差が除ききれない．特に誘電損失率の低い物質を測定する場合には，その影響が無視できない．そこで初めに標準物質としてシクロヘキサンをセルの中に入れ，C_pとGを周波数fの関数として測定する．本来，可聴周波数領域に何の緩和も示さないシクロヘキサンでは，電気容量$C_p^{CH}(f)$は周波数に依存せず一定で，コンダクタンス$G^{CH}(f)$は0となるべきであるので，次式の補正を未知試料の測定値に対して行う．

$$C_p(f)(補正値) = C_p(f)(未知試料の測定値) \times C_p^{CH}(f=10\,\mathrm{kHz})/C_p^{CH}(f)$$
$$G(f)(補正値) = G(f)(未知試料の測定値) - G^{CH}(f)$$
(7・26)

$f=10$ kHzで測定した$C_p^{CH}(f=10\,\mathrm{kHz})$が真の値に最も近いことがわかっているため，上式ではこの値を基準にしている．ただし，こうした補正を行っても高周波（特に1 MHz以上）のデータについては，真の値を出すことが難しい．

シクロヘキサンの測定終了後，セルを乾燥させ，ポリプチレンオキシド試料を少量流し込む．（下部中心電極部分が覆われる程度でよい．約0.1 mL程度．）周波数依存性を測定し，(7・23)式および(7・26)式からε', ε''を計算する．そしてそれらを角周波数の対数に対してプロットする．得られたグラフから，ε''のピーク角周波数ω_{max}を求め，ポリプチレンオキシドのもつ緩和時間τ（$=1/\omega_{max}$）を求める．また，ε'の周波数依存性から，$\varepsilon'(0)$および$\varepsilon'(\infty)$を見積もる．このようにして得たτ, $\varepsilon'(0)$, $\varepsilon'(\infty)$を単一緩和の場合の理論式(7・22)に代入し，ε', ε''対$\log(\omega/\mathrm{s}^{-1})$のグラフを描き，測定データと比較する．

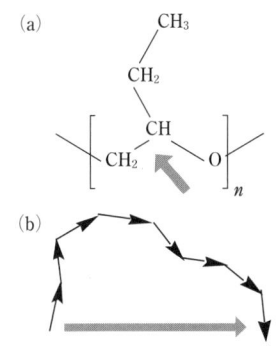

図7・9　(a) ポリプチレンオキシドの繰返し単位．
(b) A型高分子の双極子モーメント

8 磁化率

❏ **理論**　磁場の中に物体をおくと，一般にその物体は磁気を帯びる．これを磁化という．磁化の強さ M は単位体積あたりの磁気モーメントで与えられ，外磁場の強さ H に比例する．

$$M = \kappa H \qquad (8 \cdot 1)$$

比例定数 κ を体積磁化率または体積帯磁率という（どちらも volume susceptibility）．実験では，測定に都合のよい単位質量あたり磁化率 χ_g（質量磁化率 mass susceptibility）や単位物質量あたりの磁化率 χ_m（モル磁化率 molar susceptibility）が使われる．物質の磁性は，それが静磁場の中におかれたときの挙動によって大きく分けると，常磁性と反磁性に分かれる．

1) **常磁性(paramagnetism)**　外磁場と同じ方向に磁化されるとき，常磁性であるという．$\kappa>0$，したがって $\chi>0$ である．常磁性は，もともと磁気モーメントをもっているものが，外磁場によってそのモーメントの向きを変化させることによって磁化を生じる*．このような永久磁気モーメントの原因としては，電子スピン，軌道角運動量がある．電子スピンと軌道角運動量については，これらの合成が 0 でないときだけ常磁性を示す．この種の物質としては，銅(II)イオンなどのように不対電子をもつ遷移金属イオン，NO のように奇数個の電子をもつ分子やラジカル，酸素分子，ある種の励起状態の分子などがある．誘電体の配向分極と同様に，常磁性磁化率は温度変化を示す．

いま多電子原子 1 個をとり，その全角運動量の量子数を J，軌道とスピンの量子数をそれぞれ L と S とすれば，全角運動量 Λ は，

$$\Lambda = \sqrt{J(J+1)}\frac{h}{2\pi} \qquad (8 \cdot 2)$$

---

*　7章での誘電分極との類似性を調べよ．

8. 磁 化 率

磁気モーメント μ は,

$$\mu = \frac{eh}{4\pi m_e} g_e \sqrt{J(J+1)} = \mu_B g_e \sqrt{J(J+1)} \tag{8・3}$$

で与えられる. m_e は電子の静止質量, e は電気素量, h はプランク定数である.
$\mu_B = eh/4\pi m_e$ をボーア磁子*(Bohr magneton) という. g_e は自由電子のランデの g 因子 (Landé g-factor) で, 次式で与えられる.

$$g_e = 1 + \frac{J(J+1) + S(S+1) - L(L+1)}{2J(J+1)} \tag{8・4}$$

常磁性のイオンや分子の量子数 J の状態が外部磁場 (H) によって分裂した様子（ゼーマン (Zeeman) 分裂）を図 8・1 に示す. 磁気モーメントが, 磁場の方向を向いた安定な状態の方に多く熱分布をするため全体として磁場の方向に磁化される. その磁化 (M) と磁化率 (χ) を表す式はつぎのように導かれる.

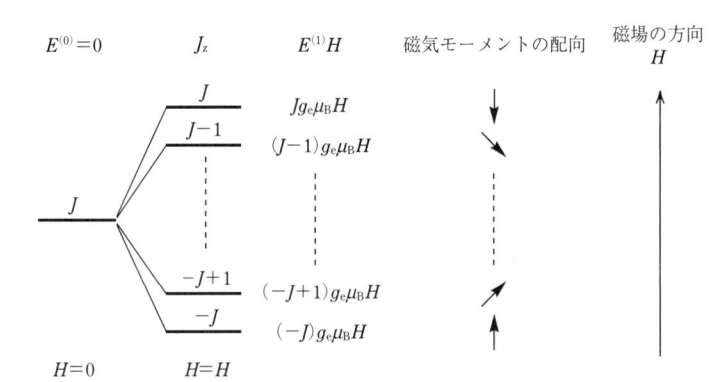

図 8・1 ゼーマン分裂と磁気モーメントの配向

---

* $\mu_B = 9.27400968 \times 10^{-24}$ J T^{-1}.

8. 磁化率

外部磁場 (H) が存在するとき,エネルギー準位 n のエネルギー (E_n) は,一般に磁場で展開した下式で表される.

$$E_n = E_n^{(0)} + E_n^{(1)}H + E_n^{(2)}H^2 + \cdots \tag{8・5}$$

$E^{(0)}$ は磁場がないときのエネルギー,$E^{(1)}$ は磁場の 1 次の項の係数,$E^{(2)}$ は磁場の 2 次の項の係数で,それぞれ,0 次,1 次,2 次のゼーマンエネルギー係数である.また,その磁化を μ_n とすると

$$\mu_n = -\frac{\partial E_n}{\partial H} = -E_n^{(1)} - 2E_n^{(2)}H + \cdots \tag{8・6}$$

となる.ボルツマン分布によって磁性イオン 1 mol あたりの磁化 (M) は次式のようになる.N_A はアボガドロ定数,μ_0 は真空の透磁率,k はボルツマン定数である.

$$M = N_A \mu_0 \frac{\sum_n \mu_n \exp\left(\frac{-E_n}{kT}\right)}{\sum_n \exp\left(\frac{-E_n}{kT}\right)} \tag{8・7}$$

$(E_n^{(1)}H + E_n^{(2)}H^2 + \cdots)/kT \ll 1$ の条件下で,この式の H の 1 次の項までの近似式は次式のようになる*.

$$M = N_A \mu_0 \frac{\sum_n \left(\frac{(E_n^{(1)})^2}{kT} - 2E_n^{(2)}\right) H \exp\left(\frac{-E_n^{(0)}}{kT}\right)}{\sum_n \exp\left(\frac{-E_n^{(0)}}{kT}\right)} \tag{8・8}$$

---

* $\exp\left(\frac{-E_n}{kT}\right) = \exp\left(\frac{-E_n^{(0)}}{kT}\right) \times \exp\left(\frac{-E_n^{(1)}H}{kT}\right) \times \exp\left(\frac{-E_n^{(2)}H^2}{kT}\right) \times \cdots$

$\cong \exp\left(\frac{-E_n^{(0)}}{kT}\right) \times \left(1 - \frac{E_n^{(1)}H}{kT}\right) \times \left(1 - \frac{E_n^{(2)}H^2}{kT}\right) \times \cdots$ および

$\sum_n E_n^{(1)} \exp\left(\frac{-E_n^{(0)}}{kT}\right) = 0$ を用いた.

(8・1)式より常磁性磁化率についての一般式であるヴァン・ヴレック（Van Vleck）の式(8・9)が得られる．

$$\chi_\mathrm{m} = \frac{M}{H} = N_\mathrm{A}\mu_0 \frac{\sum_n \left(\frac{(E_n^{(1)})^2}{kT} - 2E_n^{(2)}\right)\exp\left(\frac{-E_n^{(0)}}{kT}\right)}{\sum_n \exp\left(\frac{-E_n^{(0)}}{kT}\right)} \qquad (8\cdot 9)$$

これを図8・1の状態に適応すると，$E^{(0)}=0$として

$$\chi_\mathrm{m} = N_\mathrm{A}\mu_0 \frac{\frac{g_\mathrm{e}^2\mu_\mathrm{B}^2}{kT}\{J^2 + (J-1)^2 \cdots + (-J)^2\}\exp(0)}{\sum_{-J}^{J}\exp(0)}$$

$$= \frac{N_\mathrm{A}\mu_0 g_\mathrm{e}^2\mu_\mathrm{B}^2}{kT}\frac{\frac{1}{3}\{J(J+1)(2J+1)\}}{2J+1} = \frac{N_\mathrm{A}\mu_0 g_\mathrm{e}^2\mu_\mathrm{B}^2 J(J+1)}{3kT}$$

$$= \frac{N_\mathrm{A}\mu_0}{3kT}\mu^2 = \frac{N_\mathrm{A}\mu_0}{3kT}(\mu_\mathrm{eff}\mu_\mathrm{B})^2 \qquad (8\cdot 10)$$

となる．これは常磁性体のキュリー（Curie）則（$\chi_\mathrm{m}=C/T$）である．χ_mの測定値から(8・10)式を用いて算出したμ_effを有効ボーア磁子数という．

$$\mu_\mathrm{eff} = \sqrt{\frac{3k}{N_\mathrm{A}\mu_0\mu_\mathrm{B}^2}\chi_\mathrm{m}T} = 797.5\sqrt{\chi_\mathrm{m}T} \qquad (8\cdot 11)$$

μ_effは(8・3)式の理論値とは必ずしも一致せず，磁気的相互作用などと関連していて，その値から化学結合や構造についての知識を得ることができる．

2) **反磁性**(diamagnetism)　　外磁場と反対の方向，つまり外磁場を弱める方向に磁化されるものをいう．$\kappa<0$，したがって$\chi<0$である．すべての物質がこの性質をもっており，ヘリウム原子などのように原子内の電子のスピンと軌道角運動量の合成が0であっても，外磁場の作用によって電子の運動が変化して，誘起軌道角運動量が生じ，磁気モーメントをもつようになるものがある．誘

8. 磁化率

起モーメントの向きはレンツ（Lenz）の法則によって，外磁場に逆らうものになり，原子1 mol あたりの反磁性磁化率（$\chi_A{}^{dia}$）は

$$\chi_A{}^{dia} = -\frac{N_A \mu_0{}^2 e^2}{6m_e}\sum_i \overline{r_i{}^2} \tag{8・12}$$

で与えられる．r_i は原子核から i 番目の電子までの距離である．$\overline{r_i{}^2}$ は空間平均を表す．反磁性磁化率にはパスカル（Pascal）の加成法則が知られている．これは化合物の反磁性モル磁化率 $\chi_m{}^{dia}$ が，構成原子に割りあてた磁化率 $\chi_A{}^{dia}$ と，結合の性質に依存する補正項 χ_B との和になるという経験法則である．これらの値を表8・1，表8・2に掲げる．表の $\chi_A{}^{dia}$, χ_B から，

$$\chi_m{}^{dia} = \sum \chi_A{}^{dia} + \sum \chi_B \tag{8・13}$$

によって，化合物の反磁性磁化率を求めることができる．たとえば H_2O のモル磁化率* は，

$$\chi_m(H_2O) = 2\chi_A{}^{dia}(H) + \chi_A{}^{dia}(O)$$
$$= 2\times(-0.462\times 10^{-10}) + (-0.728\times 10^{-10}) = -1.65\times 10^{-10} \text{ m}^3 \text{ mol}^{-1}$$

となる．参考までに H_2O の実測値は -1.67×10^{-10} m³ mol⁻¹ である．実測値が知られていない化合物の反磁性磁化率を見積もるのに便利である．ただし，複雑な分子の場合はそれほど精度はよくない．

表 8・1 パスカルの原子磁化率 $\chi_A{}^{dia}$

原子	$\chi_A{}^{dia}$ / 10^{-10} m³ mol⁻¹
H	−0.462
C	−0.948
N (直鎖)	−0.880
N (環状)	−0.728
O	−0.728
F	−1.82
Cl	−3.18
Br	−4.84
I	−7.04
CN⁻	−2.05
SO₄²⁻	−6.3
K⁺	−2.0
Cu²⁺	−1.8
Ni²⁺	−1.9
Fe²⁺	−2.0
Fe³⁺	−1.6

表 8・2 パスカルの構造補正項 χ_B

	$\chi_B/10^{-10}$ m³ mol⁻¹		$\chi_B/10^{-10}$ m³ mol⁻¹
C（一つの芳香環に属する）	−0.038	シクロプロパン環	+1.1
C（二つの芳香環に属する）	−0.49	シクロブタン，シクロペンタン環	+1.1
C（三つの芳香環に属する）	−0.63	シクロヘキサン環	+0.48
C=C	+0.87	C−Cl（脂肪族）	+0.49
C≡C	+0.13	C=N−R	+1.29
C=C−C=C	+1.67		

---

* SI単位のモル磁化率 χ_m(SI) と電磁単位系 χ_m(cgs emu) の関係は次式で与えられる．χ_m(SI) = $4\pi \times 10^{-6} \times \chi_m$(cgs emu)．

❏ **測定の原理**　　本実験ではグイ法（Gouy method）を用いる．体積磁化率 κ，体積 $\mathrm{d}v$ の物体が不均一な磁場（磁場強度 $\boldsymbol{H}$）におかれたとき，この物体には，

$$\mathrm{d}F = \mu_0 \kappa \,\mathrm{d}v \boldsymbol{H}\,\mathrm{grad}\,\boldsymbol{H} \qquad (8\cdot14)$$

だけの力がはたらく．図 8・2 のように z 軸を決めると，z 方向の力については，

$$\mathrm{d}F_z = \mu_0 \kappa \,\mathrm{d}v H \frac{\partial H}{\partial z} \qquad (8\cdot15)$$

となる．試料の断面積を A とすると，$\mathrm{d}v = A\,\mathrm{d}z$ であるので試料全体が受ける力は，

$$F_z = \int_{z_0}^{z_1} \mu_0 \kappa H \frac{\partial H}{\partial z} A\,\mathrm{d}z = \frac{1}{2}\mu_0 \kappa A(H_1^2 - H_0^2) \qquad (8\cdot16)$$

で与えられる．

　試料の密度を ρ，全試料の長さを L，質量を W とすると，$W = AL\rho$ であるので，質量磁化率 $\chi_\mathrm{g} = \kappa/\rho$ を用いると，（8・16）式は次式のようになる．

$$F_z = \frac{1}{2}\mu_0 \chi_\mathrm{g} \rho A(H_1^2 - H_0^2) = \chi_\mathrm{g} W\left\{\frac{\mu_0}{2L}(H_1^2 - H_0^2)\right\} \qquad (8\cdot17)$$

試料は下端の部分が最大磁場（H_0）の領域に，上端部が H_0 に比べて無視できるほど弱い磁場（H_1）にあるようにおくと，

$$F_z = -\chi_\mathrm{g} W\left(\frac{\mu_0}{2L}H_0^2\right) \qquad (8\cdot18)$$

となる．常磁性体は磁場の強い方に引き込まれる力を受け，反磁性体は磁場から押し出される方向に力を受ける．図 8・3 の試料容器（セル）を用いて，試料の形と大きさを常に一定にして，同じ磁場中で測定すれば（8・18）式の（　）の中は一定である．

　質量磁化率（$\chi_\mathrm{g標準}$）が知られている標準物質の質量（$W_{標準}$）と磁場をかけたときに受ける力（$F_{標準}$）をあらかじめ測定しておけば，

$$F_{標準} = -\chi_\mathrm{g標準} W_{標準}\left(\frac{\mu_0}{2L}H_0^2\right) \qquad (8\cdot19)$$

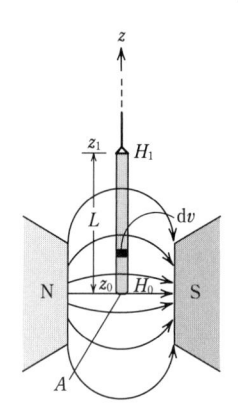

図 8・2　グイ法

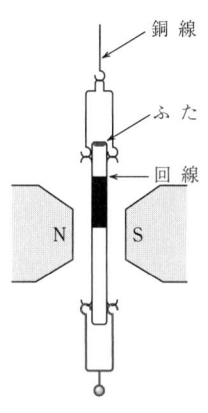

図 8・3　試料容器

8. 磁 化 率

試料の質量磁化率（$\chi_{g試料}$）は，試料の質量（$W_{試料}$）と受ける力（$F_{試料}$）を測定することによって，

$$F_{試料} = -\chi_{g試料} W_{試料} \left(\frac{\mu_0}{2L} H_0^2\right) \tag{8・20}$$

(8・19)式と (8・20)式とから得られる (8・21)式で求められる.

$$\chi_{g試料} = \left(\chi_{g標準} \times \frac{W_{標準}}{F_{標準}}\right) \times \frac{F_{試料}}{W_{試料}} \tag{8・21}$$

純水を標準にして，大気中で測定する場合には，試料の密度を ρ とすると大気中の酸素分子の常磁性の補正項を含めて次式（単位：$m^3\,kg^{-1}$）のようになる.

$$\chi_{g試料} \times 10^9 = \left\{-(9.05 + 0.38) \times \frac{W_水}{F_水}\right\} \times \frac{F_{試料}}{W_{試料}} + \frac{0.38}{\rho} \tag{8・22}$$

❏ **実験計画上の注意** 試料容器としては，ガラスなどのようにそれ自身の磁化率がなるべく小さなものを選ぶ．それでも容器の磁化率が無視できない場合もあるので，図8・3のようにガラス管を中央で封じ，下半分を真空とし，上半分に試料を詰め，中央部が磁場の最大部にくるようにすれば，試料管だけにはたらく力は上下で打ち消されることになる．容器内に粉末試料を詰めるときには，均一に詰めなければならない．数回詰めかえて測定し，再現性が得られるまで繰返すのがよい．得られる磁場の強さ，予想される χ の大きさ，試料の量を考慮して，W や F をどのくらいの精度で測る必要があるかを概算し，てんびんの感度が十分であるかどうかを確かめる．実験の途中や，標準物質と試料の入れ替えの前後で，磁場の強さが変化すると誤差の原因となる．電磁石の場合，これを最小限にするには，磁石の磁化が飽和に近いところを使うのがよい．

[**実 験**] 水を標準物質としてグイ法により，$Cu(CH_3COO)_2 \cdot H_2O$, $CuSO_4 \cdot 5H_2O$, $K_4[Fe(CN)_6] \cdot 3H_2O$, $K_3[Fe(CN)_6]$ の磁化率を測定し，金属イオンの有効ボーア磁子数を求めよ．また，その電子状態を考察せよ．

❏ **器具・準備** 磁石（テーパー付き，磁場の強さ $0.7\,T$〜$1.0\,T$ 程度），てんびん（感度 0.01〜$0.1\,mg$），試料容器（図8・3），銅線（BS#38），銅または黄銅のおもり，蒸留水

8. 磁 化 率

❏ 操 作

1) 空セルの質量（$W_{セル}$）と磁場をかけたときに空セルにはたらく力（$F_{セル}$）の測定

① 空セルを図 8・4 の位置に静かにつるす．
② セルの質量（$W_{セル}$）を測定する．
③ そのまま電磁石に電流を流し，磁場をかけたときの質量（$W_{セル}{}^H$）をすばやく測定する．すぐに電流を 0 に戻す．
④ 再び磁場のないときの質量（$W_{セル}{}'$）を測定する．
⑤ ③，④ の操作を測定例に示すように 2, 3 回繰返す．
⑥ 磁場をかけたときにセルにはたらく力（$F_{セル}$）を次式で求める．g_n は標準重力加速度である．

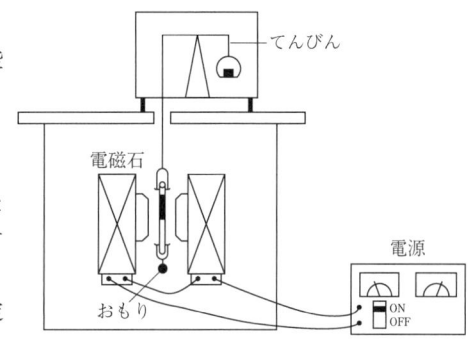

$$F_{セル}/g_n = W_{セル}{}^H - \frac{(W_{セル} + W_{セル}{}')}{2}$$

図 8・4 グイ法の磁気てんびん

測定例 1*

$W_{セル}(H=0)$/g	$\{(W_{セル} + W_{セル}{}')/2\}$/g	$W_{セル}{}^H(H=H_0)$/g	$\{F_{セル}/g_n\}$/g
❶ 5.3621			
	(5.3621)	❷ 5.3618	-0.0003
❸ 5.3620			
	(5.3620)	❹ 5.3616	-0.0004
❺ 5.3619			

* ❶→❷→❸→❹→❺ の順で測定する．この例では，質量をグラム単位で測定しているので，$W_{セル}=$ 5.3620 g，$F_{セル}/g_n = -0.0004$ g である．

8. 磁　化　率

2) 標準試料の純水にはたらく力 $F_水$ の測定
① 標準試料の純水をセルに回線の位置まで正確に入れる．
② 磁気てんびんに静かにつるし，1) の操作，③,④ を 2,3 回行い，$(W_{セル} + W_水)$ と $(F_{セル} + F_水)$ の値を測定する．
③ 純水の質量 $W_水$ と磁場をかけたときに純水にはたらく力 $(F_水)$ を次式で求める．
$$W_水 = (W_{セル} + W_水) - W_{セル} \qquad F_水 = (F_{セル} + F_水) - F_{セル}$$

3) 硫酸銅(II) $CuSO_4 \cdot 5H_2O$ の磁化率の測定
① めのうの乳鉢で $CuSO_4 \cdot 5H_2O$ を均一の粒度にすりつぶす．
② 試料を一定量ずつ小さなスパチュラ(金属製でないもの)でセルに入れ，机の上で軽くたたきながら均一に回線まで詰める（図 8·5）．
③ てんびんに静かにつるし，1) の操作，③,④ を 2,3 回行い，$(W_{試料} + W_{セル})$ と $(F_{試料} + F_{セル})$ の値を測定する*．
④ $W_{試料}$ と $F_{試料}$ を次式で求める．
$$W_{試料} = (W_{試料} + W_{セル}) - W_{セル} \qquad F_{試料} = (F_{試料} + F_{セル}) - F_{セル}$$
⑤ もう一度試料を詰め直して，$W_{試料}$ と $F_{試料}$ を測定する．$CuSO_4 \cdot 5H_2O$ の磁化率の χ_g を (8·22) 式を用いて求めよ．

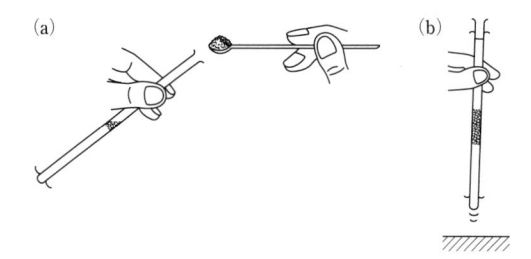

図 8·5　試料の詰め方

---

* 磁場をかけたときに試料管が磁極に引きつけられて接触する場合は図 8·3 のようにおもりをつるす．

4) 化合物のモル磁化率（χ_m）と磁性イオン 1 mol あたりの磁化率（χ_A）

化合物のモル磁化率（χ_m）は χ_g を質量磁化率，M_r を相対分子質量とすると次式で定義される．

$$\chi_\text{m} = \chi_\text{g} \times M_\text{r}$$

磁性イオン 1 mol あたりの磁化率（χ_A）は χ_m から周囲の配位子の反磁性磁化率（χ_dia）を差し引いて，次式で与えられる．

$$\chi_\text{A} = \chi_\text{m} - \chi_\text{dia}$$

各試料の χ_m と χ_A を求めよ．（χ_dia の値は文献値あるいはパスカルの加成法則を用いて算出せよ．）

5) 磁性イオンの磁気モーメント

常磁性物質が磁石に引きつけられるのは Cu^{2+} などの常磁性イオンが小磁石のはたらきをするからである．この小磁石の大きさを表すのが磁気モーメント（μ）で，その単位には μ_B を用いる．磁気的相互作用などにより見かけ上 μ は温度によって変化することがあるが，ある温度における磁気モーメントを次式で定義して有効磁気モーメント（有効ボーア磁子数）といい，μ_eff で表す．

$$\mu_\text{eff} = 797.5\sqrt{\chi_\text{A} T}$$

ここで，T は熱力学温度である．各試料の常磁性イオンの有効磁気モーメント μ_eff を求めよ．

9 固体の電気伝導

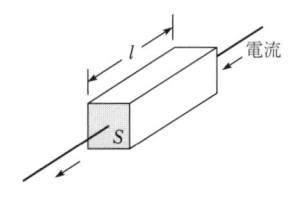

図 9・1 直方体試料の電気伝導度測定

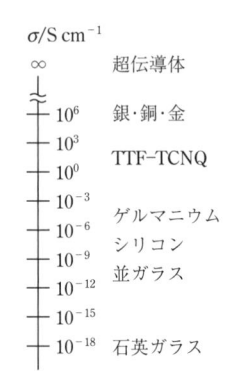

図 9・2 種々の物質の電気伝導率（室温）

σ/S cm^{-1}
- ∞ 超伝導体
- 10^6 銀・銅・金
- 10^3
- 10^0 TTF-TCNQ
- 10^{-3} ゲルマニウム
- 10^{-6} シリコン
- 10^{-9}
- 10^{-12} 並ガラス
- 10^{-15}
- 10^{-18} 石英ガラス

❏ 理 論

[電気伝導] 物体に導線をつないで電圧を印加すると電流が流れる（図 9・1）．多くの場合，印加電圧が過大でなければ，電流と電圧には比例関係がある（オームの法則）．このときの比例係数を（電気）抵抗という．電気抵抗 R は物体の大きさや形に依存するので，物質固有の物理量ではない．経験によれば抵抗は物体の断面積 S に反比例し，物体の長さ l に比例する．

$$R = \frac{l}{S}\rho$$

ここで現れた ρ を（電気）抵抗率，その逆数 $\sigma = \rho^{-1}$ を（電気）伝導率という．これらはいずれも物体の形に依存しない物質固有の量である．伝導率は電流を運んでいる粒子（電荷担体またはキャリヤー）の数密度 n，電荷 e を用いて

$$\sigma = ne\mu$$

と書くことができる．ここで μ を移動度という．定常的な電流中では電荷を運ぶキャリヤーは平均すると電場に比例した一定の速さで流れている．移動度は定常的な単位電場で実現するキャリヤーの速さを表す．キャリヤーとしては電子とイオンを考えることができるが，ここでは電子がキャリヤーである場合を考える（イオンがキャリヤーである物質を固体電解質あるいはイオン伝導体という）．

図 9・2 に代表的な物質の室温における伝導率を示す．石英などの絶縁体から銀，銅などの良導体に至るまで，実に約 24 桁もの範囲に分布している．さらに，超伝導体では抵抗が厳密に 0（伝導率は無限大）である．物性量としてこれほど広範囲の値が見られるものは大変珍しい．

[伝導性と電子状態] 伝導率で非常に広範囲の大きさが実現するのは，物質の集合状態にお

9. 固体の電気伝導

ける電子状態と密接に関係しているためである．結晶の電子状態を表す最も簡単なモデルとして，N 個の原子が直線状に並んだ結晶を考える．ただし端の影響をあらわに取扱うのを避けるため，N 個の原子は環をなしているものとする．単純ヒュッケル法（固体物理学では強結合近似という）でエネルギー準位を求めると

$$\varepsilon_j = \alpha + 2\beta \cos\left(\frac{2\pi j}{N}\right)$$

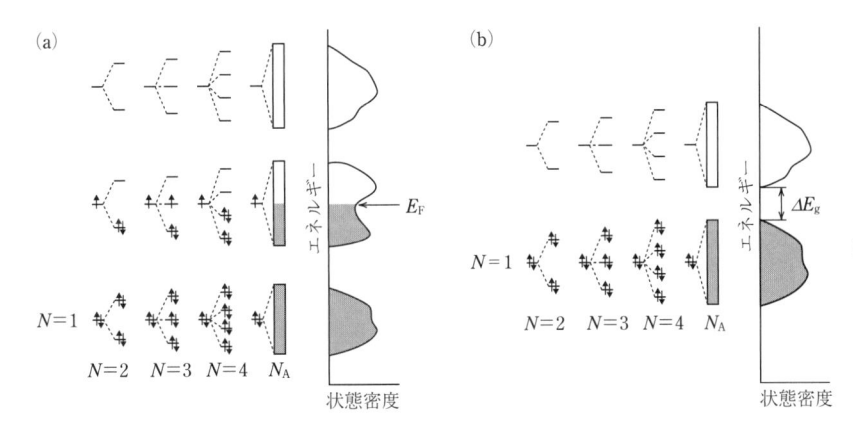

となる．〔α：クーロン積分，β：共鳴（交換）積分，j：解を区別する整数 $(1, 2, \cdots, N)$．$N=6$ ならベンゼンである．結果を確認せよ．〕ここで，価電子が関与するエネルギー準位と，その状態密度（あるエネルギー準位をとる電子状態の数）の関係に着目する．図 9・3 は 1 原子（分子）から巨視的物体へ移行する際の，エネルギー準位の様子を示している．構成原子数（分子数）が数えられる程度である場合，N は小さく，準位は離散的である．ベンゼン 1 分子の場合からもわかるように，最大の状態密度（縮重度）も数えられる程度である．一方，巨視的物体を構成する原子数は，およそ N_A 程度の大きさなので，$\cos(2\pi j/N)$ が多くの値をとることができる．したがって，

図 9・3 巨視的物体のバンド構造と，一原子（分子）のエネルギー準位，少数原子（分子）の集合体におけるエネルギー準位の関係．■領域に電子が詰まっている．(a) 金属，(b) 絶縁体（半導体）

9. 固体の電気伝導

エネルギー準位と状態密度が連続的関係を示す部分が現れる．価電子が関与しない場合でも，同様の関係が得られる（ただし，電子は詰まっていないので，白抜き表示してある）．つまり，固体ではエネルギー準位がある範囲では連続的に分布し，またある範囲では存在しない．このようにエネルギー準位が帯（バンド）状に構成されるため，各エネルギー準位の連続的な固まりをエネルギーバンド，図9・3のような様子をバンド構造という．

はじめに0Kにおける状態を考える．各エネルギー準位には2個の電子を収容できる．各原子が1個の電子をもっていたとすると，できあがったバンドは半分まで満たされることになる（図9・3a）．このとき，最大のエネルギー（フェルミエネルギー）をもつ電子は，無限小のエネルギーを受け取ることで，連続的なバンドの中での励起が許される．つまり，図9・3(a)では，■領域の最上部にある電子が，白抜き領域の最下部に移ることに相当する．これはとりもなおさず，電子が動けるということであり，このときこの結晶は良導体である．電子状態に注目したとき，価電子帯が中途半端に満たされた物質を金属という．一方，バンドが完全に詰まっている場合（図9・3b），最大のエネルギーをもつ電子でもΔE_g（バンドギャップという）というエネルギーを獲得しなければ，上のバンドに励起できない．よって，この物質は電気を流さず，絶縁体である．

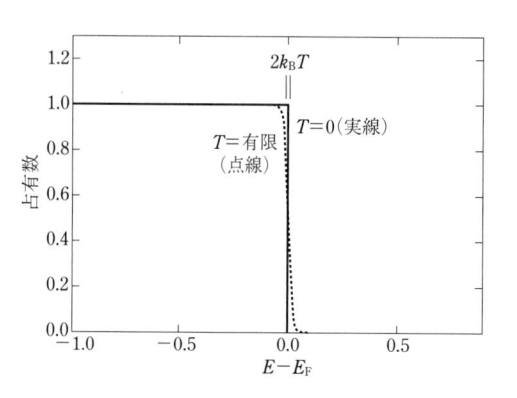

[伝導率の温度依存性]　有限の温度では電子はフェルミ分布

$$f(E) = \frac{1}{\exp[(E - E_\mathrm{F})/k_\mathrm{B}T] + 1}$$

に従って分布する（図9・4）．これは，実際上，フェルミエネルギーE_Fあたりで熱エネルギー（$k_\mathrm{B}T$）程度の範囲で階段状の分布がぼやけることに相当する．通常の金属の場合，このことでキャリヤーの数に影響を与えることはない．なぜなら，一つのバンドが取りうるエネルギーの範囲（バンド幅）が，熱

図 9・4　フェルミ分布

エネルギーよりずっと大きいからである．したがって金属の伝導率の温度変化はキャリヤーの数密度 n ではなく μ に支配される．温度が上昇すると固体中の原子の熱振動が激しくなり，キャリヤーが移動する途中で散乱される割合が大きくなる．このため μ は小さくなる．つまり金属では温度の上昇によって伝導率は減少する．その依存性はおよそ T^{-1} 程度である．

絶縁体の場合，ΔE_g と熱エネルギーの大小が大きな影響を与えることになる．ΔE_g が熱エネルギーよりずっと大きければ，電圧をかけても電流はほとんど生じないといってよい（絶縁体）．これに対し，ΔE_g が熱エネルギーと同程度であれば，電子分布のぼやけに対応して，一定量の電子が上のバンドに励起され，電流を運べるようになる．また，電子の抜けた下のレベルでも，電子の抜けがら（正孔またはホール）はあたかも正の電荷をもった粒子のように電流を運べるようになる．このような物質を半導体という．キャリヤーの数密度 n は

$$n \propto \exp\left(-\frac{\Delta E_\mathrm{g}}{2k_\mathrm{B}T}\right)$$

のように温度変化する．μ の温度依存性は金属の場合と大差ないが，n の温度依存性が大きいので，半導体の伝導率の温度依存性はほとんど n で決まってしまい，温度が上昇すると伝導率は大きくなる．

　[分子性導体]　普通の分子結晶では分子間の波動関数の重なりが小さく，結晶の電子状態を考える際にバンドを考える必要はないが，ある種の分子結晶ではバンドを考える必要がある．しかし，たとえば分子間の相互作用が大きくても，バンドが完全に満たされている限り，伝導性が期待できない．分子性結晶に伝導性をもたせる目的で，バンドが完全に満たされない状態をつくるために，以下のような工夫が行われている．1) 最高被占軌道（HOMO）と最低空軌道（LUMO）のエネルギー差が小さい分子を用いる（図9・5a）．両者の軌道に由来するエネルギーバンドに重なりができる場合，HOMO バンドから LUMO バンドへ電子が移動できるので，両方のバンドは部分的に占有された状態になる．これにより伝導性が生じる．2) 複数種の分子を用いて，その間の電子移動を利用する（図9・5b）．一方の分子（ドナー分子）の HOMO に由来するバンドから，もう一方の分子（アクセプター分子）の LUMO に由来するバンドへ，電子が移動する．これによ

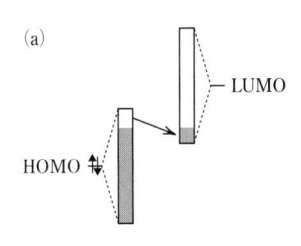

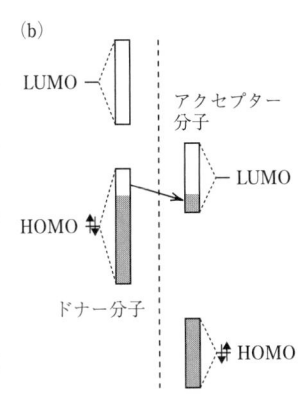

図 9・5　高伝導性を引き出す原理．(a) 単一種類の分子の場合，(b) 複数種分子の場合

9. 固体の電気伝導

図 9・6 TTF 分子と TCNQ 分子

り，バンドが部分的に占有され，伝導性を生じる．本実験で取上げる TTF(テトラチアフルバレン)-TCNQ(7,7,8,8-テトラシアノキノジメタン)(図 9・6) は有機伝導体である．TTF から TCNQ へ平均で約 0.6 個の電子が移動していることがわかっている．

[実　験]
1) 銅の室温伝導率の測定．移動度の見積もり
2) 分子間電荷移動による伝導性の発現
3) 金属と半導体の伝導率の温度依存性

❏ **器具・試料**　デジタルマルチメーター (DMM) 2 (うち 1 台は抵抗の 4 端子測定が可能なもの)，乳鉢 1，錠剤成型器 1，クライオスタット 1 式 (デュワー瓶，測定用インサート，油回転ポンプ，連成計，スライダックなど)，(測定用パソコン)，被覆銅線 (0.1 mm ϕ ×2 m 程度，太さが既知であること)，TTF (テトラチアフルバレン) と TCNQ (7,7,8,8-テトラシアノキノジメタン)，半導体試料[*1]，熱電対[*2]

❏ **操作・課題**
1) 銅線を 1 m 程度に切り，両端の被覆を除く．4 端子測定ができる DMM を使い，同じレンジで 2 端子測定と 4 端子測定を行ってみる．測定値の差がおおむね測定用導線の抵抗である．4 端子測定の結果を正しい測定値とせよ．2 端子法で測定レンジを変えて測定すると測定値はどうなるか．理由を考察せよ．図 9・7 に 2 端子法と 4 端子法の配線図を示す．試料の抵抗，電圧計・電流計の内部抵抗，リード線の抵抗および接触抵抗を考慮に入れた等価

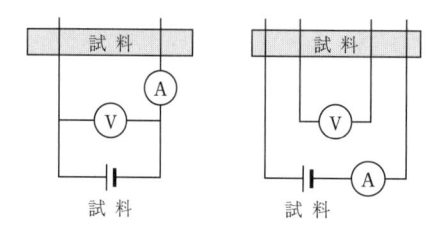

図 9・7 2 端子法 (左) と 4 端子法 (右)

[*1]　ゲルマニウム温度センサーなどを利用できる．未校正なら比較的安価である．
[*2]　付録 A13 温度計と温度測定を参照．

9. 固体の電気伝導

回路を描画し，それぞれの抵抗値を総合的に比較・検討すれば，低抵抗の試料の測定には 4 端子法が適していることが理解できるはずである．3 桁以上の有効数字のある測定値を用い，伝導率を求めよ．銅では伝導に寄与する電子は 1 原子あたり 1 個と考えてよい．密度と原子量から移動度を計算せよ．DMM の特性表から測定時に試料中を流れている電流の値を調べ，導線を直線状にした場合に試料内部に発生する電場を計算し，測定時における電子の平均の速さを求めよ．

2) TTF と TCNQ をそれぞれ乳鉢で砕き，錠剤成型器を用いて錠剤とし，DMM のプローブで触れ，いずれも絶縁体であることを確認する．つぎに二つの錠剤を一緒に砕いて乳鉢で混合する．電荷移動によって色が変わるはずである．変色した粉末を錠剤とし，DMM のプローブで触れて伝導性を確かめる．電荷移動によって色が変わるのはなぜか．

3) 熱電対の冷接点を氷水に浸す．1) で使った銅線をインサートの試料室内にセットする．試料室内には温度測定用の熱電対の接点もあるので破損しないように注意する．試料室の外壁をかぶせ，外壁に巻いてあるヒーターの接続を行ったら，インサートをデュワー瓶にセットする．試料室などをポンプを使って 500 Torr 程度に排気する．熱電対の起電力を 1 台の DMM で，試料の抵抗をもう 1 台の DMM (4 端子測定できるもの) で測定できるよう，導線を結線する．測定できることが確認できたらデュワー瓶に適量の液体窒素を注ぎ，冷却を始める．1.5 時間で 150 K 程度まで温度が下がるのが望ましい．熱電対の起電力と試料の抵抗を温度の関数として記録する (パソコンを用いて自動測定してもよい)．1 分ごとに起電力と抵抗を交互に記録し，前後の起電力の平均値から得られる温度を抵抗測定時の温度とせよ．150 K 程度まで温度が下がったら試料室外壁のヒーターに通電して温度を室温に戻す．スライダックもしくは定電圧電源を用いて電流を調整する．1.5 時間程度で室温まで戻すのがよい．デュワー瓶に液体窒素がたまった状態で試料交換を行うとインサート内部が結露するので，翌日試料を半導体試料に交換し，実験を繰返す．金属試料と半導体試料の抵抗をそれぞれの室温における値で規格化し，その対数を温度に対してプロットせよ．どんな特徴が見いだされるか．半導体試料の抵抗の対数を温度の逆数に対してプロットし ΔE_g を求めよ．

❏ **測定用クライオスタットの例** ここで用いるクライオスタットの最低限の仕様は，1) 真空槽をもち内部の圧力を測定できること (1.5 時間で 150 K 変化する程度の圧力に調節する)，2)

9. 固体の電気伝導

真空槽内に試料室を配置できること（試料室は気密でなくてよい），3) 試料室外壁がヒーターを備えていること，4) 試料室内部の温度を測定できること，5) 試料室内にある試料の抵抗が4端子測定できること，である．簡単な例を図9・8に示す．

真空槽は上部のOリングを用いたフランジで気密とする．真空槽から2本のパイプを外部に導き，一方を排気，もう一方を圧力測定に用いる．試料室外壁には抵抗線を用い50Ω程度のヒーターを巻き，ワニスで固定する．ヒーターの保護と保温には木綿布を巻き付けるのが簡単である．ヒーターの導線は取扱いを容易にするため，真空槽内でコネクタを用いて接続する．試料からの導線は試料室内でねじ止めによって接続する．試料ホルダーの固定はねじ止めによるもののほか，仮りどめであるから適当な被覆導線を用いて縛ってもよい．

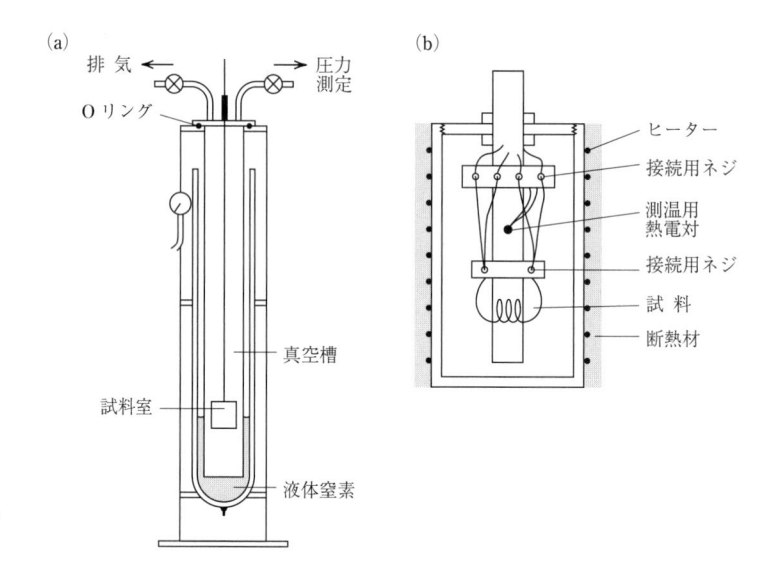

図 9・8 (a) クライオスタット，(b) 試料室

液体の蒸気圧 10

❏ **理 論**　一般に C 種の独立な成分（component）を含む系が P 種[*1]の異なる相（phase）から成る熱力学的平衡状態にあるとすれば，共存する相の数を変えることなく任意に変えることのできる示強変数（存在する物質の量に依存しない熱力学的状態変数）の数 f は

$$f = C - P + 2 \qquad (10\cdot 1)$$

で与えられる[*2]．f を系の自由度（degree of freedom）という．またこの関係式は相律（phase rule）といい，ギブズ（Gibbs）によって最初に導かれたものである．1成分系では $f=3-P$ であって，$P \geq 1$ であるから $f=2, 1$ または 0 である．

　1成分系の状態は圧力（p），体積（V），温度（T）を座標軸にとった空間内の曲面で表すことができる．定性的にその曲面を図示すれば図 10・1 のようになる．白で表された領域は1相（$P=1$），■で表された領域は2相共存（$P=2$）を表す．■の領域 a, b, c はそれぞれ（気体＋液体），（液体＋固体），（固体＋気体）の共存を示す．この図で最も重要なのは，■の曲面がすべて V 軸と平行になっていることである．したがって，T が一定の p-V 平面と曲面との交線（等温線）を考えると，2相共存領域では交線は V 軸に平行な直線になっている．白の領域においては p と T の両方を指定しなければそれに対応する状態は決まらないが（$f=2$），■の領域においては，p または T のどちらか一方を指定しただけで他方が一義的に決まってしまう（$f=1$）．領域 a, b, c が接する場所（三重点，$P=3$）は物質ごとにただ一点しか存在しない（$f=0$）．このように図 10・1 が相律と対応していることを理解すること．

　図 10・1 の曲面を p-T 平面に射影すると，よく見慣れた図 10・2 が得られる．■の曲面は V

図 10・1　状態方程式を表す曲面

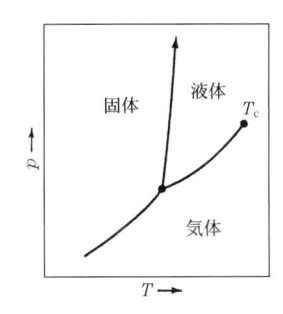

図 10・2　典型的な状態図

[*1]　圧力 p と混同しないこと．
[*2]　外部磁場，電場などの効果はないものとした．

10. 液体の蒸気圧

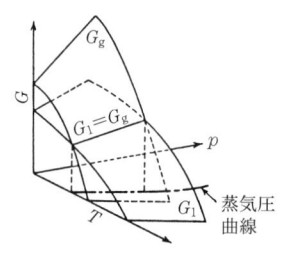

図 10・3 気相および液相のギブズエネルギー曲面

軸と平行であるので，p-T 平面上では曲線で表される．T_c は臨界温度で，この温度以上の領域では気液の 2 相共存が起こらない（すなわち液体と気体の区別がなくなる）．

液体の蒸気圧曲線 $p = p(T)$ の形を知るには液体と気体のギブズエネルギーを温度と圧力の関数として描き，二つのギブズエネルギー曲面の交線として共存条件を表現するのがわかりやすい（図 10・3）．

相平衡の条件は

$$G_g(p, T) = G_l(p, T) \tag{10・2}$$

で与えられる．ここに $G(p, T)$ は 1 mol あたりのギブズエネルギーである．g と l は気体と液体を示す添字である．状態 (p, T) の近傍 $(p+dp, T+dT)$ における平衡条件は同様に

$$G_g(p+dp, T+dT) = G_l(p+dp, T+dT) \tag{10・3}$$

で与えられる．それぞれのギブズエネルギーは p と T の滑らかな関数であるから，(10・3)式を p と T についてテイラー展開して次式を得る．

$$G_g(p+dp, T+dT) = G_g(p, T) + \left(\frac{\partial G_g}{\partial p}\right)_T dp + \left(\frac{\partial G_g}{\partial T}\right)_p dT + \cdots\cdots \tag{10・4}$$

$$G_l(p+dp, T+dT) = G_l(p, T) + \left(\frac{\partial G_l}{\partial p}\right)_T dp + \left(\frac{\partial G_l}{\partial T}\right)_p dT + \cdots\cdots \tag{10・5}$$

(10・3)式に (10・4)，(10・5)式を代入し，その結果から (10・2)式を減ずることによって，微少量 dp と dT が満たす関係式を得る．

$$\left[\left(\frac{\partial G_g}{\partial p}\right)_T - \left(\frac{\partial G_l}{\partial p}\right)_T\right]dp + \left[\left(\frac{\partial G_g}{\partial T}\right)_p - \left(\frac{\partial G_l}{\partial T}\right)_p\right]dT = 0 \tag{10・6}$$

つぎにそれぞれの相について成立する関係式

$$\left(\frac{\partial G}{\partial p}\right)_T = V, \quad \left(\frac{\partial G}{\partial T}\right)_p = -S \tag{10・7}$$

を (10・6)式に代入すれば，共存曲線の傾斜を与える関係として次式が得られる．

10. 液体の蒸気圧

$$\frac{dp}{dT} = \frac{\Delta_{vap}S}{\Delta_{vap}V} = \frac{\Delta_{vap}H}{T\Delta_{vap}V} \tag{10・8}*$$

ただし $\Delta_{vap}S = S_g - S_l$, $\Delta_{vap}H = T\Delta_{vap}S$, $\Delta_{vap}V = V_g - V_l$ は，それぞれ 1 mol あたりの蒸発のエントロピー変化，蒸発のエンタルピー変化（＝潜熱），蒸発の体積変化である．(10・8)式をクラペイロン-クラウジウス（Clapeyron-Clausius）の式という．この式は気相と液相の平衡に限らず，一次の相変化（潜熱を伴う相変化）を介して隣り合う任意の二つの相の平衡に対して成立する．

ここで各温度における気体と液体の熱容量の差を無視すれば $\Delta_{vap}H$ は一定とみなされ，さらに常圧以下の圧力では $V_g \gg V_l$ であることから液体の体積を無視し，また蒸気が理想気体の法則に従うものとすれば，(10・8)式は容易に積分できる．

$$\ln \frac{p}{p_0} = -\frac{\Delta_{vap}H}{RT} + \frac{\Delta_{vap}H}{RT_0} \tag{10・9}$$

ここで R は気体定数 $8.314\, J\, K^{-1}\, mol^{-1}$, p_0 と T_0 は圧力 p_0 における沸点が T_0 であるとして定められる積分定数である．特に，$p_0 = 1\, bar = 10^5\, Pa$ とすれば，T_0 は標準圧力 1 bar における沸点である．

$$\frac{\Delta_{vap}H}{T_0} = \Delta_{vap}S° \tag{10・10}$$

とおけば $\Delta_{vap}S°$ は標準沸点における蒸発のエントロピーに等しい．多くの物質について $\Delta_{vap}S°$ は $85 \sim 95\, J\, K^{-1}\, mol^{-1}$ というほぼ一定の値になることが知られている〔トルートン（Trouton）の法則〕．

(10・9)式に (10・10)式を代入して次式を得る．

$$\ln \frac{p}{p_0} = -\frac{\Delta_{vap}H}{R}\left(\frac{1}{T}\right) + \frac{\Delta_{vap}S°}{R} \tag{10・11}$$

この式によれば，液体の蒸気圧をいろいろの温度で測定し，その対数を $1/T$ に対してプロットす

---

* (10・8)式において記号 $\Delta_X Y$ は変化 X に伴って生じる物理量 Y の変化分である．

10. 液体の蒸気圧

ると, ある直線が得られるはずである. その傾きと $1/T=0$ における切片から $\Delta_{vap}H$ と $\Delta_{vap}S°$ が求められる.

[**実　験**] 　図 10・4 に示す装置を用いてシクロヘキサン, エタノール, テトラヒドロフランの蒸気圧を測定し, (10・11) 式に従って蒸発のエンタルピーとエントロピーを求める.

❏ **器　具** 　ガラスカラム, 水銀マノメーター (開放端型または封じ切り型), バラスト瓶, 水恒温槽, 温度計 0 ℃〜100 ℃ 範囲で 1/10 ℃ および 1/1 ℃ のもの各 1 本, アスピレーター (または回転真空ポンプ), ガラスコック 3 個, T 字ガラス管, コールドトラップ, デュワー瓶, 耐圧ゴム管, ゴム管 (冷却水用), スタンド・クランプ類, ヘアードライヤー, 沸騰石, 真空グリース

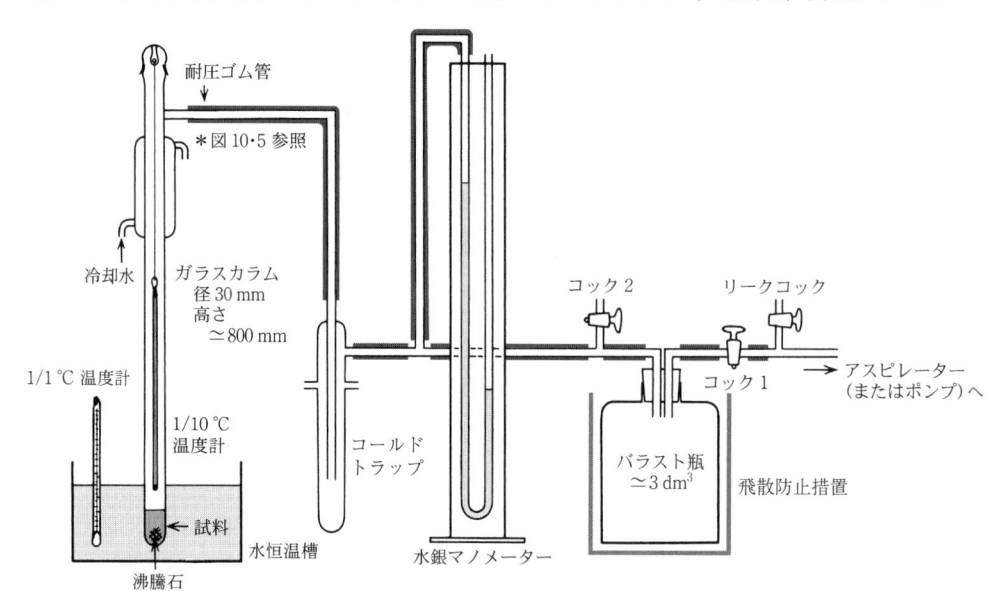

図 10・4　蒸気圧測定装置 全体図

10. 液体の蒸気圧

試料 シクロヘキサン，エタノール，テトラヒドロフラン．純度を高めるために時間があれば，モレキュラーシーブを加え，脱水したものを蒸留して精製した方がよい．時間がなければ特級試薬をそのまま用いる．その場合は，純度を確認しておく．

装置・操作 液体の蒸気圧測定には，アイソテニスコープなどを用いる静的測定法（さまざまな一定温度下で平衡蒸気圧を測定する）と沸点測定法（さまざまな一定圧力下で沸点を測定する）がある．一般に静的測定法の方が高精度だが，本実験では，実験が容易な沸点測定法を行う．

1) 装置の組立て　図 10・4 に従って装置を組立てる．ガラス管と耐圧ゴム管の間には真空グリースを塗る．系内に試料蒸気が拡散するのを気にしなければ，必ずしもコールドトラップを付ける必要はない．装置（特に水銀マノメーター）が転倒しないように，配置には十分気をつける．バラスト瓶には，ビニールテープを巻き付けるか，カバーを付けるなどして，割れたときにガラスが飛び散らないようにすること．本実験は，ガラス器具を減圧下で用い，マノメーターに水銀を用い，有機溶媒の蒸気を用いるので，ある程度の危険を伴う実験である．そのことを十分認識して実験を行うようにせよ．

2) 真空テスト　試料を入れずにコック 2 およびリークコックを閉じて系内を減圧する．圧力が 100 Torr（1 mmHg＝1 Torr）程度になったらコック 1 を閉じ，その後の圧力変化を観察する．圧力が時間とともに直線的に上昇するときは漏れがある証拠であるから，漏れの箇所を見つけて直す．10 分間に 1 Torr 以下の変化の場合は測定に影響がないので，無視してよい．

3) 本測定

① 系内を常圧に戻し，ガラスカラムに高さ 5 cm 程度の試料と沸騰石を入れる．この際，試料に真空グリースが入らないように注意する．温度計は先端が液面から 2〜3 cm 離れ，カラム側面に触れないようにつるす．水恒温槽の液面は試料液面より高くなるようにする．

② コールドトラップを使用するときは，外側のデュワー瓶に氷またはドライアイスを入れる．ガラスカラムに冷却水を流す．

③ テスト時と同じ要領で 100〜200 Torr 程度まで減圧する．圧力が冷却水温度における試料蒸気

10. 液体の蒸気圧

圧以下になると試料が還流せずになくなってしまうので，圧力を下げすぎないように注意する．減圧が完了したら，コック1を閉じて系内を一定圧力に保つ．

④ 恒温槽の温度を上げ，カラム内で試料の沸騰が十分さかんに起こる温度にする．あまり上げすぎると沸騰が激しすぎて測りにくい．沸点より 10～20℃ 高いぐらいが目安である．

⑤ 還流が十分さかんに起こり，圧力と温度が一定になれば，それを記録する．温度は 0.1℃，圧力は 0.1 Torr の精度で読みとる．沸騰石がはたらかなくなると試料が突沸するようになるが，その場合は，突沸時を避け，できるだけ温度・圧力を同時に読むようにする．試料液面が沸騰で泡だった状態になくても，圧力と温度が安定していれば問題はない．

⑥ コック2をゆっくり開いて，圧力を上昇させる．このとき，急激にコック2を開くと，マノメーター内の水銀が飛び出るので，特に注意する．沸騰がおだやかになると同時にカラム内の温度が上昇する．それに従って水恒温槽の温度も上げ，十分な還流速度を保つようにする．再び定常状態に達したならば，圧力と温度を記録する．通常は 1～2 分で定常状態に達するはずである．

⑦ 上の操作を大気圧になるまで繰返す．最低圧力から大気圧までの間に 10 点以上測定する．測定間隔をどのようにすればよいかあらかじめ考えておく．

⑧ ついで減圧方向で室温まで測定を行う．平衡蒸気圧を測定していれば圧力変化の方向に依存しないデータが得られるはずである．

⑨ 測定中にガラスカラムがくもるときには，ヘアードライヤーで加熱して温度計の目盛を読むのに必要な部分の液滴を蒸発させる．

⑩ 測定は $\ln(p/p_0)$ 対 $1/T$ のグラフにデータをプロットしながら行う．そうすれば，異常が発生したときにすぐにわかるし，実験の計画も立てやすい．

4) 後かたづけ　系内を常圧に戻し，カラムが常温近くまで冷えるのを待って，装置を分解する．試料は廃溶媒だめに入れ，有機溶媒の蒸気は空気より重いためカラムは逆さにしてスタンドに立てて乾燥させる．コールドトラップも常温に戻し，乾燥させる．

❏ **結果の整理**　$\ln(p/p_0)$ 対 $1/T$ のプロットが直線的であるかどうかを検討する．直線的な部分のデータを最小二乗フィットし，(10・11)式に従って $\Delta_{vap}H$ と $\Delta_{vap}S°$ を決定する．

10. 液体の蒸気圧

❏ **考 察**

1) 実験で得られた $\Delta_{vap}H$ と $\Delta_{vap}S°$ を文献値と比較する．差がある場合は，その理由を考える．(10・11)式の導出にいくつかの近似を用いたが，その確からしさを再検討する．気体と液体の熱容量は文献値があるし（一般に液体が大きい），気体の非理想性を考慮するには，理想気体の状態方程式の代わりに $pV/RT=z$（z は圧縮因子，$z<1$）を用いて，(10・11)式の導出を試みればよい．z の圧力と温度による変化はビリアル係数などから計算できる．

2) $\Delta_{vap}S°$ の実験値とトルートンの法則を比較する．シクロヘキサン，エタノール，テトラヒドロフランで違いがあれば，その理由を分子論的な観点から考察する．

❏ **参 考**　ガラスカラムの代わりにクライゼンフラスコと冷却管を用いて実験装置を組むことができる（図10・5参照）．また，マノメーターにはベロー管の伸縮などの原理によるデジタル式のものを用いてもよいし，温度測定にはガラス毛管に入れた熱電対などを用いてもよい．

❏ **応 用 実 験**

1) クロロホルム，n-ヘキサン，アセトン，メタノールなどについても蒸気圧の温度変化を測定し，トルートンの法則が成り立つかどうか調べてみよ．

2) 蒸気圧の静的測定法ではアイソテニスコープを用いる方法を推奨したい．アイソテニスコープは図10・6に示す構造のもので，これを空の状態で本題の装置と同じ圧力調節系に還流冷却器を介してつなぎ，水浴に浸す．初めに全系を接続して漏れテストをしたのち，アイソテニスコープを外して，A部に試料を入れ，再び還流冷却器を介して圧力調節系に接続する．圧力調節系（図10・4）のコック2を開けて，系内を大気圧に保ち，水浴の温度を上げて液体を沸騰させると，還流冷却器で冷却された試料が液体となって落下しB部にたまる．このとき十分に時間をかけて沸騰させれば，A部の試料とB部にたまった試料の間の空間の空気は完全に追出され，試料蒸気でこの部分を満たすことができる．B部にたまった液体は感度のよい一種のマノメーターで，両側の圧力（一方は試料の蒸気圧，他方は圧力調節系の圧力）の釣り合いを見る装置としてはたらくとともに，A部の試料が直接に空気と触れないようにしている．まず，液体が静かに沸騰しているときの水浴の温度を記録する．つぎに，水浴をゆっくり冷却しつつ，先ほど開いたコック2を閉じ，

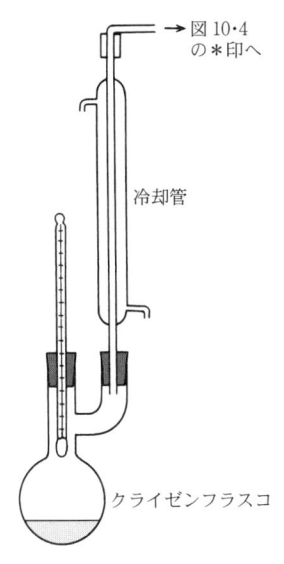

図 10・5　ガラスカラムの部分を既製クライゼンフラスコと冷却管で置きかえたもの（図10・4参照）

10. 液体の蒸気圧

コック1を開け，アスピレーターをはたらかせ，系内の圧力を少しずつ低下させて，B部の左右の液面が同じ高さに達するときの水浴の温度と圧力調節系の圧力を読みとり，記録する．このとき水浴を十分にかき混ぜることが必要であり，また冷却速度が遅すぎるようなら少量の水を水浴に加えてもよい．こうして，圧力と温度をしだいに低下させながら，B部の左右が釣り合うときの圧力と温度を室温まで記録していく．測定が終われば，アスピレーターを止め，コック1を閉じ，コック2を開いて系内に静かに空気を導入する．

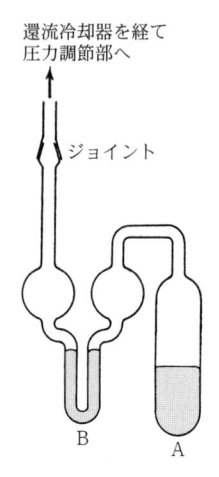

図 10・6 アイソテニスコープ

分 配 係 数　11

❏ **理　論**　　水と無極性有機溶媒のような互いに混合しない2種類の溶媒間で，ある単一の化学種 A が分配平衡にある状態を考える．水相および有機相での溶質 1 mol あたりの化学ポテンシャルは，それぞれの溶媒内で同じ形で存在する溶質の濃度 c_{aq} と c_{org} を用いて

$$\mu_{aq} = \mu_{aq}^{\circ} + RT \ln c_{aq}, \quad \mu_{org} = \mu_{org}^{\circ} + RT \ln c_{org}$$

と表される．μ_{aq}° と μ_{org}° は水相および有機相での基準濃度（$1\,\mathrm{mol\,dm^{-3}}$）における溶質の化学ポテンシャルである．したがって，対数の中の濃度は基準濃度で除したものであり無次元である．分配平衡では，$\mu_{aq} = \mu_{org}$ が成立するので，

$$\frac{c_{org}}{c_{aq}} = \exp\left(-\frac{\mu_{org}^{\circ} - \mu_{aq}^{\circ}}{RT}\right) = K_D \tag{11・1}$$

となり，K_D を分配係数（distribution coefficient）という．いずれかの相中で反応が起こり，溶質が他の化学種（たとえば，会合体や酸解離型）との平衡混合物となるとき，有機相と水相のそれぞれにおける全濃度の比は分配係数と異なる値となる．ここでは有機相中で溶質が n 分子会合体（n-mer）を生成し，水相では反応が起こらない，もしくは無視できる場合を考える．また，n-mer は二相間を移動せず単量体のみが分配平衡にある場合を考える．したがってこの場合，(11・1)式の c_{org} は有機相中の単量体の濃度である．有機相中での会合反応 $nA \rightleftarrows A_n$ の平衡定数 K_{ass} は，n-mer の濃度を $c_{n,org}$ とすれば，

$$K_{ass} = \frac{c_{n,org}}{c_{org}^n} \tag{11・2}$$

と表すことができる．K_D は温度が一定であれば定数なので，会合反応が起これば溶質は有機相の方に多く分配される．単量体と n-mer が有機相中に混在しているとき，n-mer のみを定量することは

11. 分 配 係 数

困難であり，溶質の全濃度を測定することになる．このような場合，分配平衡の挙動を示す値として分配比 D (distribution ratio) を用いる．D は以下の式により表される．

$$D \equiv \frac{c_{\text{org, total}}}{c_{\text{aq, total}}} = \frac{c_{\text{org}} + n c_{n,\text{org}}}{c_{\text{aq}}} \tag{11・3}$$

ここで，$c_{\text{org, total}}$ と $c_{\text{aq, total}}$ は有機相および水相中における溶質の全濃度である．分配比を K_D と K_{ass}, c_{aq} を用いて書き直すと

$$D = K_D(1 + nK_{\text{ass}}K_D{}^{n-1}c_{\text{aq}}{}^{n-1}) \tag{11・4}$$

となる．c_{aq} が十分低い場合，有機相中の n-mer 濃度は無視できるため，

$$\log D = \log K_D$$

となり，分配比は溶質濃度によらず分配係数と一致する．逆に c_{aq} が十分高いとき，有機相中の単量体濃度は n-mer 濃度に対して無視できるほど小さくなる．この場合，$K = K_{\text{ass}}K_D{}^n$ とおき，両辺の対数をとると

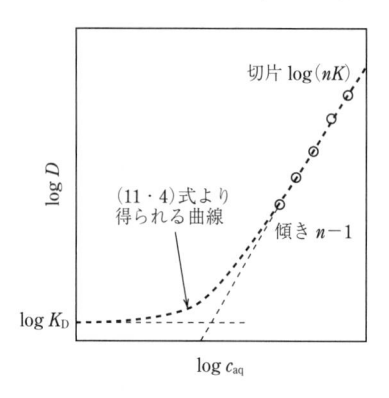

$$\log D = \log nK + (n-1)\log c_{\text{aq}}$$

となり，$\log D$ を $\log c_{\text{aq}}$ に対してプロットしたグラフの傾きより会合数 n が求まる．K は溶質の分配と会合反応を含めた平衡定数であり，切片から求めることができる．（図 11・1 参照）

❑ **実験計画上の注意**　溶質および溶媒の組合わせに対し，最も適した定量法を用いることが必要である．それぞれの極性により分配比が大きく変化する．濃度が低い場合，吸光光度法で定量するとよい．また，金属錯体の分配平衡を観測する場合には，原子吸光法も利用できる．

図 11・1　n と K の決定法

[**実　験**]　高濃度領域で水-トルエン間の安息香酸の分配平衡を調べよ．また水溶液ではこの酸は酸解離せず単量体で存在するものとし，有機相中での n と K を求めよ．

11. 分配係数

❏ **器具**　化学てんびん，恒温槽一式，秤量瓶，100 cm³ メスフラスコ，25 cm³ メスフラスコ 5，100 cm³ すり合わせ栓付き三角フラスコ 5，20 cm³ ホールピペット 2，10 cm³ ホールピペット，50 cm³ ビュレット*¹，100 cm³ ビーカー，200 cm³ コニカルビーカー

❏ **操作**　NaOH の 0.01 mol dm⁻³ 水溶液を調製する．この溶液で標準フタル酸水素カリウム溶液*² の滴定を行い，その終点から NaOH の濃度を決定しておく．つぎに 0.5～0.05 mol dm⁻³ の安息香酸のトルエン溶液を 5 種類調製する．このとき，溶解させる安息香酸は精秤し，25 cm³ メスフラスコを用いて調製，分配前のトルエン中の安息香酸濃度 $c_\text{org, init}$ を正確に求めておく．五つの栓付き三角フラスコに 5 種類の安息香酸トルエン溶液をホールピペットで 20 cm³ 測りとり，それぞれにイオン交換水 20 cm³ をホールピペットで加える．密栓して恒温槽に浸し*³，ときどき振り混ぜながら放置する．一定時間（2～3 時間）後，あらかじめイオン交換水を 50 cm³ 程度入れておいたコニカルビーカーに三角フラスコ内の水相 10 cm³ をホールピペットで移し（トルエン相が混入しないよう注意），0.01 mol dm⁻³ NaOH 水溶液で滴定して c_aq を決定する．c_aq と $c_\text{org, init}$ からトルエン中の安息香酸の全濃度 $c_\text{org, total}$ を求め，分配比を計算する．

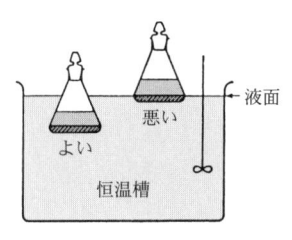

図 11・2　フラスコの浸し方

❏ **応用実験**

1）上の実験では，酪酸やコハク酸など他のカルボン酸の水と有機溶媒間の会合反応を含めた分配平衡を調べることもできる．

2）1-オクタノールと水の間の分配係数は物質の疎水性の指標として用いられる．安息香酸の 1-オクタノール/水系の分配平衡を調べよ．この際，安息香酸の初濃度は 1～0.1 mol dm⁻³ で実験を行うとよい．$\log D$ vs $\log c_\text{aq}$ プロットを描き，トルエン/水系との違いを考察せよ．

3）K_D と K_ass を求めるためには，低濃度領域での分配比を測定する必要がある．この場合，水相

---

*1　ガラス製コックはアルカリで固結する恐れがあるので，テフロン製コックのものを用いる．

*2　フタル酸水素カリウム約 1 g を秤量瓶に取り，110 ℃～125 ℃ で約 2 時間乾燥したのち，硫酸デシケーター内で放冷する．秤量瓶からフタル酸水素カリウムを 0.2 g 精秤し，イオン交換水に溶かしメスフラスコを用いて正確に 100 cm³ に調製する．実験時間が不足するときは市販の HCl 標準溶液を用いるとよい．

*3　フラスコ内の液体全部が恒温槽に浸されるようにする（図 11・2）．

11. 分配係数

にイオン交換水を用いるとカルボン酸の酸解離は無視できない．したがって，緩衝液で水相の pH を固定し，酸塩基滴定以外の方法で定量する必要がある．紫外吸光光度法は最もよく用いられる方法の一つである．たとえば酸解離していない安息香酸は，水溶液中で 229 nm に大きな吸収ピークを示す（モル吸光係数：$1.11 \times 10^4 \, dm^3 \, mol^{-1} \, cm^{-1}$）．ただし，この波長付近に吸収がある有機溶媒を使用する場合は，その有機溶媒と相互溶解した水でブランクを取らなければならない．このとき，安息香酸を定量するのに装置の分解能や感度が十分であるか注意が必要である．吸光光度法では，吸光度が 1 を超えると誤差が非常に大きくなる．

凝固点降下　12

❏ **理　論**　溶媒と溶質とが液相では完全に溶け合うが，固相では全く混合しない場合を考える．溶媒を添字 A で表すと，溶液中の A の化学ポテンシャル μ_A は近似的に，

$$\mu_A = \mu_l^* + RT \ln x_A \tag{12・1}$$

で与えられる．μ_l^* は A の純液体の化学ポテンシャル，x_A は液体中の A のモル分率である．固相と平衡にあるとき，$\mu_A = \mu_s^*$ (μ_s^* は A の純固相の化学ポテンシャル) であるから，

$$\mu_s^* - \mu_l^* = RT \ln x_A \tag{12・2}$$

となる．μ_s^* と μ_l^* は純相の化学ポテンシャルであるから，それぞれの相のギブズエネルギーに等しく，ギブズ-ヘルムホルツ (Gibbs-Helmholtz) の式，

$$\frac{\partial (G/T)}{\partial T} = -\frac{H}{T^2} \tag{12・3}$$

を使えば，(12・2) 式は，

$$\frac{d \ln x_A}{dT} = \frac{\Delta_{\mathrm{fus}} H^\circ}{RT^2} \tag{12・4}$$

となる．$\Delta_{\mathrm{fus}} H^\circ$ は純粋な A の標準モル融解エンタルピーである．(12・4) 式を積分 ($x_A = 1$ から x_A まで) すると，

$$\frac{\Delta_{\mathrm{fus}} H^\circ}{R} \left(\frac{1}{T_f} - \frac{1}{T} \right) = \ln x_A \tag{12・5}$$

となり，純粋な A の凝固点 T_f が得られる．ここで，溶質 B のモル分率 $x_B (=1-x_A)$ が 1 に比べて非常に小さいとして，(12・5) 式の対数を級数展開して第 1 項だけを残すと，

12. 凝固点降下

$$x_B = \frac{\Delta_{fus}H°}{RT_f^2}\Delta T \qquad (12\cdot6)$$

となる．$\Delta T = T_f - T$ が凝固点降下である．(12・6)式を導くとき，$T_fT = T_f^2$ として近似してある．x_B を質量モル濃度 m_B に換算すると，(12・6)式は，

$$\Delta T = \left(\frac{M_ART_f^2}{1000\Delta_{fus}H°}\right)m_B = \left(\frac{M_ART_f^2}{1000\Delta_{fus}H°}\right)\frac{m}{M_B} \qquad (12\cdot7)$$

となる．ここで，M_A, M_B はそれぞれ溶媒 A と溶質 B のモル質量(相対分子質量ともいう)，m は溶媒 1000 g 中の溶質 B の質量(単位：g)である．(12・7)式の括弧の中の量は溶媒だけに関係する量であるから，これを K_f とおけば，

$$\Delta T = K_f \frac{m}{M_B} \qquad (12\cdot8)$$

となり，ΔT と m を測定して M_B を求めることができる＊．ただし，K_f は溶媒 1000 g に対する値である．表 12・1 によく使われる溶媒を示す．

表 12・1 凝固点降下で相対分子質量測定によく使われる溶媒

溶 媒	凝固点/°C	K_f/K
水	0.00	1.853
ベンゼン	5.533	5.12
シクロヘキサン	6.544	20.2
ジメチルスルホキシド	18.52	3.847
四塩化炭素	−22.95	29.8
ショウノウ	178.75	37.7

＊ (12・7)式で ΔT を測定すれば，m_B がわかることから，不純物のモル濃度の決定にも利用される．

12. 凝固点降下

❏ **実験計画上の注意** 分子量を求める目的には K_f の大きな溶媒を使うのが有利である．ベンゼンは多くの有機溶質を溶かすので，凝固点降下でよく用いられてきたが，有害であるため，比較的無害なシクロヘキサンやジメチルスルホキシドを使うのが望ましい．蒸気圧や吸湿性の高い溶媒を使うときは，蒸発や水分の混入による濃度変化を防止する必要がある．また，(12・1)式が成り立つためには，溶液が理想溶液である必要があるので，x_B のなるべく小さい濃度領域を選ばなければならない．これは，(12・5)式の展開が許されるためにも必要である．この近似を成り立たせるためには，ある一つの濃度で ΔT を測定して (12・8)式に代入する代わりに，いろいろな濃度で ΔT を測定して ΔT と m のグラフを図 12・1 のようにつくり，その傾きが K_f/M_B であることから，M_B を求める方がよい．このために最小二乗法（付録 A1）を使って精度を上げることもできる．

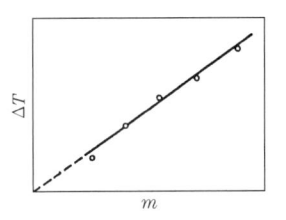

図 12・1 ΔT と m との関係

[**実　験**] シクロヘキサンを溶媒として用い，凝固点降下法によりナフタレンの相対分子質量を求める．

❏ **器　具** サーミスター抵抗温度計(付録 A13)，デジタルマルチメーターなどの抵抗計，枝付きガラス管，ガラス製外管（太い試験管），50 cm³ 栓付き三角フラスコ，コルクまたはゴム栓（大，中，小）各 1，かき混ぜ器 2，デュワー瓶または寒剤容器，氷，精製シクロヘキサン 100 cm³，ナフタレン 5 g

❏ **装　置** 実験装置を図 12・2 のように組立てる．枝付きガラス管にコルクまたはゴム栓を通してサーミスター抵抗温度計とかき混ぜ器を取付ける．サーミスター抵抗温度計は正しく温度校正されたものを使うか，白金抵抗温度計などの正しい温度目盛が刻まれた温度計を用いてあらかじめ自分で温度校正してもよい．サーミスター抵抗温度計とかき混ぜ器を取付けた枝付きガラス管を図 12・2 のようにガラス製外管に入れる．この二つの管の間の空気は，冷却を徐々に行うためのものである．デュワー瓶には砕いた氷と水を入れ，かき混ぜ器を付ける．

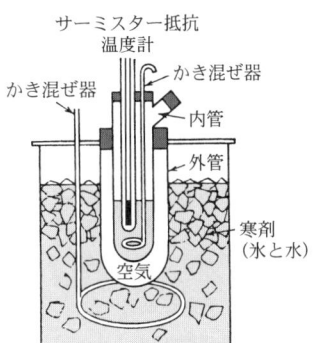

図 12・2 実験装置

12. 凝固点降下

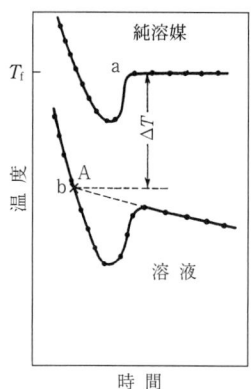

❏ 操 作　まず，純シクロヘキサンの凝固点を測定する．内管に秤量したシクロヘキサンを約 30 cm³ 入れる．シクロヘキサンの秤量は，50 cm³ 栓付き三角フラスコにシクロヘキサンを入れて秤量し，その一部を内管に入れて残った量を秤量して，その差から求めるのがよい．サーミスター抵抗温度計の感温部は完全に液体に浸っていなければならない．かき混ぜ器を動かしながら，30 秒ごとに抵抗計を用いてサーミスターの抵抗値（したがって温度）を読む．これをグラフ用紙にプロットすれば，図 12・3 の冷却曲線 a が得られる．ゆっくり冷却すると，はじめ過冷却して凝固点以下になるが，結晶ができ始めると，急に温度が上昇して一定温度 T_f になる．一定になった後も，数分間温度を追跡する．その後，シクロヘキサンを融解してこの操作を数回繰返し，T_f の平均値を求める．

つぎに，溶液の凝固点を測定する．内管の枝管から秤量したナフタレン約 50 mg を入れ，室温で完全に溶解させる．純シクロヘキサンのときと同様に，かき混ぜ器を動かしながら，30 秒ごとに温度を測定する．溶液の場合の冷却曲線は図 12・3 の曲線 b のように，過冷却が破れた後も一定温度にならず，しだいに温度が下がっていく．この領域の冷却曲線を図 12・3 のように補外して点 A の温度を求め，その濃度の溶液の凝固点とする（この補外は何を仮定したことになるかを考えよ）．この冷却曲線の測定を数回繰返して凝固点の平均値を求める．

溶液に，さらに秤量したナフタレンを約 50 mg ずつ追加して，それぞれの溶液の凝固点を測定する．少なくとも五つの異なる濃度で ΔT を測定し，(12・8) 式からモル質量を計算する．

❏ 応用実験　もし，溶質のモル質量がわかっていれば，(12・8) 式から K_f を求めることができ，溶媒の融解エンタルピーを計算することができる．

溶液の濃度があまり薄くない場合には，溶液の分析濃度は (12・6) 式の x_B に対応しない．つまり，x_B は濃度でなく，活量を表すものと考えなければならない．したがって，この方法は活量を求めるのに使うこともできる．

もし，溶質が電解質の場合には，ΔT から電離度を計算することができる．その方法を考えよ．たとえば，水を溶媒とし，塩化アンモニウム NH_4Cl を溶質として水溶液の凝固点降下を測定し，NH_4Cl の電離度を求めてみよ．

図 12・3　冷却曲線

12. 凝固点降下

安息香酸を溶質とし，シクロヘキサンを溶媒として凝固点降下を測定すると，安息香酸のモル質量はその分子式から求めたものと一致しない．これは，安息香酸分子が溶液中で，

$$2\,C_6H_5COOH \rightleftarrows (C_6H_5COOH)_2$$

の会合平衡を起こしているからである．この場合の (12・8) 式はどう変わるかを調べ，この会合の平衡定数を求める方法を考えよ．また，会合エンタルピーを凝固点降下実験から求めるにはどうすればよいかを考えよ．

13 示差熱分析と示差走査熱量測定

❏ **原理**　物質の状態変化にはほとんどの場合，熱の出入りが伴う．示差熱分析（differential thermal analysis, DTA）と示差走査熱量測定（differential scanning calorimetry, DSC）は，ある狭い温度範囲における比較的急激な熱の出入りを観測することによって，こうした状態変化を検出し，物質の熱的挙動を調べる迅速で簡便な方法である．

単位時間あたり一定の熱量が外部から試料に与えられていると，状態変化に伴って温度上昇の速度が変化する．一定の熱量が試料から外界へ奪われている場合も同様である．このため，試料の温度と基準物質の温度の差を追跡すると状態変化に対応した異常な変化が観測される．この関係を表した曲線では異常部分の山(谷)の面積（ピーク面積）と試料の状態変化に伴う発熱（吸熱）量の間には比例関係がある．古典的DTA(classical DTA, 図13・1a) では比例係数は実験条件に依存している．比例係数が実験条件に依存しないように工夫したDTA（定量DTA）は熱流束DSC（heat-flux DSC, 図13・1b）ともいう．温度差を記録する代わりに温度変化が一定の速度を保つのに必要な熱量の差を記録する方式を入力補償DSC(power-compensated DSC, 図13・1c) という．

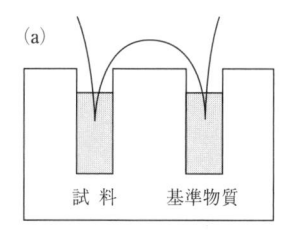

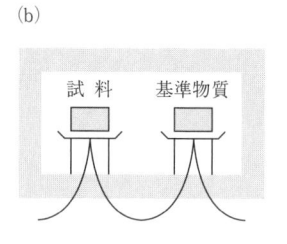

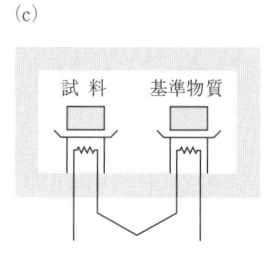

図 13・1　(a) 古典的DTA，(b) 熱流束DSC，(c) 入力補償DSC

13. 示差熱分析と示差走査熱量測定

　古典的 DTA で固体の融解を観測する場合を例にして，具体的に説明すると以下の通りである．固体試料と基準物質を対称的につくった電気炉に入れ加熱する．融解に至るまでは試料と基準物質の温度はいずれも電気炉とともに（遅れによる温度差 δ を伴いながら）上昇する（図 13・2 a）．試料の温度が融点に達すると，試料の温度は融解が終了するまでほぼ一定にとどまる．融解が終了すると電気炉との温度差が大きいので急速に熱が流入し，再び定常的な温度差になる．試料と基準物質の温度差を記録すると，融解の開始から定常的な状態に至るまでの間に山（または谷）が現れる（図 13・2 b）．相転移の温度としては補外開始温度（図 13・2 の A の温度）を用いることが多い．

　試料や基準物質内の温度分布を無視し，熱流が温度差に比例する（ニュートン則）とすると古典的 DTA における熱流は

$$\frac{1}{R}(T_\mathrm{h} - T_\mathrm{r}) = C_\mathrm{r}\frac{\mathrm{d}T_\mathrm{r}}{\mathrm{d}t} \qquad (13\cdot1)$$

$$\frac{1}{R}(T_\mathrm{h} - T_\mathrm{s}) = C_\mathrm{s}\frac{\mathrm{d}T_\mathrm{s}}{\mathrm{d}t} + \Delta_\mathrm{trs}H\frac{\mathrm{d}x}{\mathrm{d}t} \qquad (13\cdot2)$$

と表すことができる．ここで T は温度，C は熱容量，$\Delta_\mathrm{trs}H$ は転移エンタルピー（転移熱），x は試料中の相転移した部分の割合，t は時間，R は熱抵抗であり，添字の s, r, h はそれぞれ試料，基準物質，電気炉を表している．また，装置は対称的につくられていると仮定している．T_h が一定の速さ a で変化しているとき，熱的異常のない領域では定常状態として

$$T_\mathrm{r} - T_\mathrm{s} = aR(C_\mathrm{s} - C_\mathrm{r}) \qquad (13\cdot3)$$

という温度差が実現することになる．一方，(13・1)，(13・2)式を用いて温度差を熱的異常の前から後まで積分すると，熱容量に変化がなければ

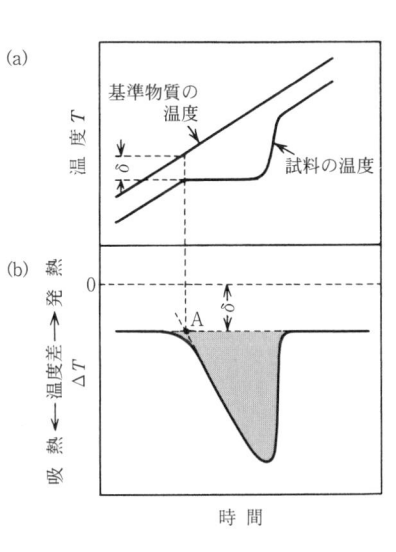

図 13・2　DTA 曲線

13. 示差熱分析と示差走査熱量測定

$$\Delta_{trs}H = \frac{1}{R}\cdot A$$

となる．A は図13・2bの ■ で示した異常部分の山（谷）の面積で，$\Delta_{trs}H$ に比例することがわかる．

　DTA，DSCは動的な測定法であり，平衡状態を実現しているわけではない．加熱（冷却）速度を極端に大きくしても，極端に小さくしても測定ができなくなる．状態変化の温度を正確に求めるためには加熱（冷却）は遅い方がよいが，状態変化の有無の検出には速い方がよい．最適の加熱（冷却）速度は使用する装置や試料により異なる．

　DTAとDSCの利用方法は多岐にわたるが，DSCではその定量性を利用した熱容量や転移エンタルピーの測定を目的と考えることが多い．相図がわかっていない場合は，まずDTA，DSCで相図を作成することが望ましい．ただし，DTAもDSCも動的測定であるから準安定相が存在する場合には平衡相図は得られない．加熱速度を変えたり，ある温度で停止して平衡になるのを待ってから加熱（冷却）を再開するなどの対策もある．

［**実　験**］　ここでは熱容量や転移エンタルピーの測定自体を目的とするのではなく，純物質の相関係の分析を行う．実験結果の検討を通じてつぎに行う実験を計画する．

　❑ **装置・試薬**　　DTAまたはDSC装置一式（DTA装置を自作する場合はp.104参照），試料容器1，試料（KNO_3），温度校正用インジウムを不活性気体とともに封入した試料容器2（2倍程度量が違うもの），基準試料（$\alpha\text{-}Al_2O_3$）を不活性気体とともに封入した試料容器．市販の装置などを利用する場合，チャートの横軸は時間とすること．

　❑ **操　作**

1) **温度校正と実験法**　　試料についての実験に先立って温度や熱量の校正を行う．亜鉛やインジウムなどの熱的性質がよくわかっている物質を用いる．装置から試料に至る熱伝導の全経路が測定結果に影響を及ぼすので，性質が目的の試料とできるだけ似ているものを用いるのが望ましい．ここではインジウムを用いた温度校正を行いながら，実験法についての理解を深める．基準物質と

質量が校正用インジウム（目的の試料とほぼ同じ質量）をそれぞれ試料容器に封入して装置にセットする．140 ℃ までまず +20 K min^{-1} で昇温し，それから +5 K min^{-1} で 170 ℃ まで加熱の後，−5 K min^{-1} で 140 ℃ まで冷却する．観測したすべての熱異常について温度（補外開始点）と面積を求め比較する．±5 K min^{-1} で観測した融解による熱異常の補外開始温度が融点（156.63 ℃）と ±0.3 K 以内で一致することを確認せよ．一致しなければ指導者に申し出て温度計の温度目盛が正しいかどうかを確認してもらう．

2) KNO$_3$ 試料についての実験　　適量の試料を試料容器に測りとり，充填状態を整える（実験台に沪紙を置き，試料容器をピンセットまたは指でつまんで，沪紙の上で軽くたたく）．試料についての実験はすべて 5 K min^{-1} で行う．試料容器を装置にセットし，150 ℃ まで昇温し，70 ℃ 付近まで冷却する．再現性を確認するために 150 ℃ と 70 ℃ の間で加熱と冷却を繰返す．得られたすべての熱異常について補外開始温度と面積を求める．面積を求める際に熱異常の前後で基線が食い違った場合，どのように面積を求めたか記録し，その妥当性についてもレポートで考察せよ．測定結果を検討し，冷却時にのみ現れる（加熱時にはない）状態についての情報を増やすための実験を計画する．この際には指導者の助言をもらう．

実験計画に従って実験を行う．実験結果をもとに相関係について考える．

❏ 解析と分析にあたって考慮すべきことの例
　1) 温度校正用インジウムについての実験
① 熱異常の温度・大きさの試料量・加熱（冷却）速度依存性
② 加熱時と冷却時の熱異常温度
　2) KNO$_3$ 試料についての実験
① 試料は純物質（1 成分系）である．
② 通常は（この実験も）界面の効果などは考えなくてよい．
③ 実験の再現性．
④ 相転移の次数とその性質．
⑤ 加熱時と冷却時の熱異常の大きさ．

13. 示差熱分析と示差走査熱量測定

13. 示差熱分析と示差走査熱量測定

❏ **結果の整理**　本実験は分析を目的としているので，実験で得られたすべてのデータについて吟味しなければならない．純物質の相関係を明らかにすることが最終的な目標であるが，どの実験結果から何がいえるかを明確にしながら，レポートを仕上げる．

❏ **DTA 装置の自作**　本実験には市販の DTA または DSC 装置を用いることができるが，つぎのような DTA 装置を自作することもできる．

試料容器を図 13・3 に示す．外径 8 mm のガラス管の中央に薄肉の毛管（外径 1 mm 程度）を A で溶接したものである．側管から試料粉末を入れる．封じる場合には側管を真空系につなぎ不活性気体を $\frac{1}{2}$ 気圧ほど入れて封じ切る．図 13・4 の金属ブロックにあけた直径 8 mm の穴に試料容器を挿入してから，熱電対を毛管に挿入して実験に用いる．この際，熱電対が毛管の底まで届いていることを確かめる．

熱電対としては起電力の大きい E タイプ（クロメル-コンスタンタン）が使いやすい．直径 0.1 mm 程度の素線のものを用いる．接点ははんだ付けしてもよいが，誤操作による融解と断線を避けるためスポット溶接するのが望ましい．基準物質側には温度測定用と温度差検出用の 2 対の熱電対

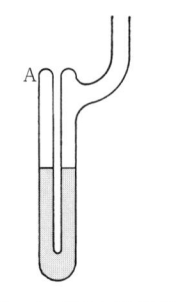

図 13・3　DTA 用試料管

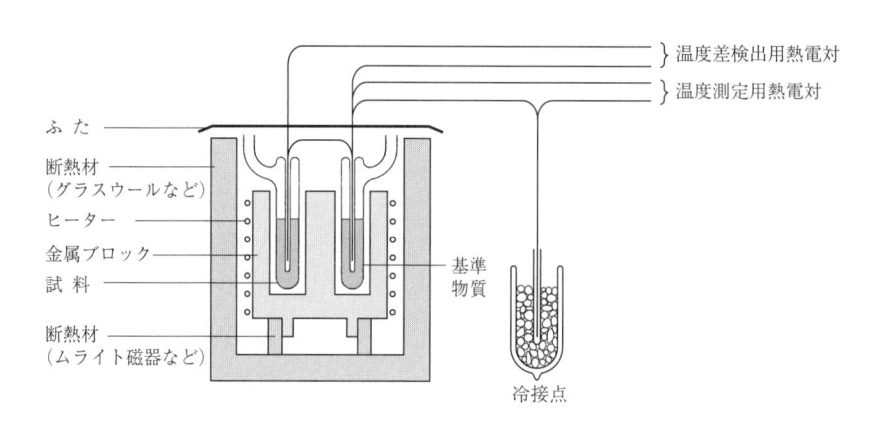

図 13・4　室温以上用の簡単な DTA 装置

を挿入するので，少なくとも一方の熱電対の接点を絶縁する必要がある．本実験の温度範囲ではGE7031などのワニスを使い，薄い紙で覆うのが簡単である．

　金属（銅またはアルミニウム）ブロックには150Ω程度の電気ヒーターを，できるだけ少量のワニスを用いてむらなく接着（無誘導巻き）する．接着が不完全であるとそこで発生したジュール熱がうまくブロックに伝わらず断線しやすくなる．このヒーターにスライダックを介して電流を流し加熱する．一定電流では加熱が一定とならないが，実験の原理上，加熱速度は一定でなくてもよいので，実験中は電圧を変化させない．冷却は放冷でよい．この場合，冷却速度を変える実験はできない．加熱条件を同じにするには，電圧を変化させず，電源プラグをスイッチに使うのがよい．ブロックまわりの空気の対流によるノイズを防ぐために，実験中はふたをする．専用のふたをつくらなくてもアルミホイルで覆うだけでも十分である．

　温度測定と温度差検出の信号は電圧として現れる．自動記録には2ペンレコーダーを用いるか，デジタルボルトメーターで測定しパソコンでデータを取込む．温度差検出用の信号は直流増幅器で1000倍程度に増幅するが，高分解能（$0.1\,\mu V$以上）のデジタルボルトメーターが使える場合には，増幅は必ずしも必要でない．

　0℃から200℃程度の温度範囲では熱電対の起電力は二次関数で十分近似できる．冷接点を校正点の一つに採用すれば，これ以外に二つの校正点があればよい．インジウム，スズの融点，水の沸点などを利用できる．

13. 示差熱分析と示差走査熱量測定

14 反応エンタルピー

❑ **理 論**　すべての化学反応または状態変化は，多かれ少なかれ熱の出入りを伴う．熱量変化を定量的に求め，それに基づいて結合エネルギーなど種々のエネルギー的考察を行うことは熱化学の主題であって，その測定には熱量計(calorimeter)が用いられる．熱量計は大別すると，熱容量，融解エンタルピー，蒸発エンタルピーなどの測定に用いられる非反応系熱量計と，燃焼エンタルピー，中和エンタルピー，加水分解エンタルピーなどの測定に用いられる反応系熱量計とに分類される．

熱力学第一法則によれば，系のエンタルピー H は状態の 1 価関数である．したがって，ある状態 A から他の状態 B への変化に付随するエンタルピー変化 ΔH は，初めと終わりの状態だけで決まり，途中の道筋には依存しない〔ヘス(Hess)の法則〕．すなわち，

$$\Delta H = H_B - H_A \qquad (14 \cdot 1)$$

となる．ここで，添字 A, B は初めと終わりの状態を示す．したがって，熱量測定を行うには，初めと終わりの状態を正確に指定することが必要である．

化学反応での反応熱 Q は，発熱反応では正の値，吸熱反応では負の値となるが，反応エンタルピー ΔH は生成物質のエンタルピーから反応物質のエンタルピーを差し引いたものとして定義されるので，発熱反応では負の値，吸熱反応では正の値となり，Q の符号とは逆になることに注意する．

過去においては，反応エンタルピーを測定するための熱量計をつくると，まず，その熱量計の水当量を決めることが問題となった．すなわち，熱量計を構成する容器，温度計，かき混ぜ器，反応物質，その他一切の付属物が，15℃の水の何 g と熱的に当量であるかを求めるのに，構成する成分の比熱容量と質量の積を加算して導出し，これを熱量の基準（いわば装置定数）とした．つまり，熱量計各構成成分の比熱容量と質量の積の合計を 15℃ の水の比熱容量で割ることにより，水当量

の値を求めた．この計算法は必ずしも実際の熱量計の熱容量と対応しない．

14. 反応エンタルピー

今日では，精密に測定できる電気的エネルギーを使って熱量計の熱容量を実験的に求める．すなわち，図 14・1 に示すように，測定しようとする反応熱によって熱量計の温度が T_A から T_B に変化したとすると，それと同じ温度変化を行わせるにはどれだけの電気的エネルギーが必要であるかを測定する．この方法で反応熱を求めるには，$T_B - T_A = \Delta T$ の絶対値は必ずしも必要でなく，したがって，用いる温度計は単なる指示計としての役割で十分である．

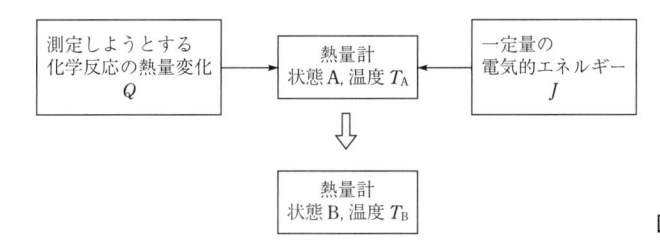

```
┌─────────────────┐      ┌─────────────┐      ┌─────────────┐
│ 測定しようとする  │      │   熱量計    │      │  一定量の    │
│ 化学反応の熱量変化 │ ───→ │ 状態A, 温度$T_A$ │ ←─── │ 電気的エネルギー │
│        $Q$       │      │             │      │     $J$      │
└─────────────────┘      └─────────────┘      └─────────────┘
                                │
                                ↓
                         ┌─────────────┐
                         │   熱量計    │
                         │ 状態B, 温度$T_B$ │
                         └─────────────┘
```

図 14・1　熱量計校正の原理

[実　験]　反応系熱量計を用いて塩酸と水酸化ナトリウムの中和エンタルピーを求める．

❏ 器具・試薬　反応系熱量計〔サーミスター抵抗温度計（付録 A13，校正済み），ガラス製反応容器，プラスチック製被反応容器，かき混ぜ器，ヒーター（図 14・2 参照）〕，ホイートストンブリッジまたは抵抗計，定電流か定電圧直流電源または電池，電流計，電圧計，ストップウォッチ，ゴム膜，1 mol dm^{-3} 水酸化ナトリウム 40 cm^3，0.25 mol dm^{-3} 塩酸 200 cm^3．

❏ 装　置　図 14・2 に反応系熱量計の全体図を示す．反応容器は外界との熱交換ができるだけ小さくなるように，断熱ジャケット，フェルト，スチロフォーム，金属製恒温槽によって熱的に遮断されている．しかし，このような簡単な構造では外界との熱交換を完全に防ぐことはできない．そこで，反応の前後で熱量計の温度が外界との熱交換によってどのような時間的変化を示すかを測定し，そのデータを使って熱交換の補正を施す必要がある．

14. 反応エンタルピー

A: 金属製恒温槽
B: プラスチック製被反応容器
C: 反応容器
D: ゴム膜
E: ガラス棒
F: ヒーター
G: サーミスター抵抗温度計
H: かき混ぜ器
I: かき混ぜ用モーターおよび回転伝達ワイヤー
J: 断熱ジャケット
K: スチロフォーム（断熱材）

図 14・2 簡単な反応系熱量計

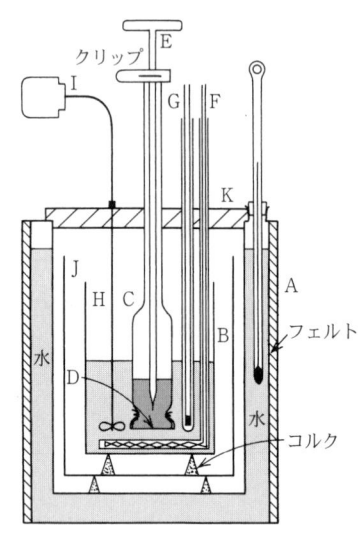

❏ **原理**　図14・3は発熱反応における反応エンタルピー測定時および熱容量測定時の温度-時間曲線の一例である．図14・3左図のb点で反応を開始させ，c点でほぼ反応が終了する．曲線abおよび曲線cdが傾斜しているのは外界との熱交換によるもので，熱量計と外界との温度差が小さい場合にはニュートン（Newton）の冷却則の式によって記述することができる（かき混ぜによって生じる熱は無視する）．すなわち，

$$\frac{dT}{dt} = K(T - T_s) \qquad K：比例定数 \qquad (14・2)$$

となる．ここで，Tは熱量計温度，T_sは外界温度を表す．(14・2)式を解くと，Tは時間tに対して指数関数的に変化するが，もし，TとT_sとの差が2～3K以内であれば，Tはtに対してほぼ直線的に変化する．反応エンタルピーによる温度変化ΔT_rを求めるには，反応中の温度が指数関数的に変化するので，図14・3左図のように反応開始後の温度が$T_{ri}+0.63(T_{rf}-T_{ri})$になる時間$t_{rm}$に前期熱交換曲線abと後期熱交換曲線cdを直線補外し，反応エンタルピーによる温度変化ΔT_rを算出する．熱量計温度と外界温度をできるだけ近い温度に設定しておくと，熱交換の補正を少なくすることができる．

　温度変化ΔT_rの測定から反応エンタルピーを算出するためには，反応物質または生成物質をも含めた熱量計全体の平均熱容量Cを知る必要がある．これを求めるためには，反応前後で熱量計のヒーターに既知量のジュール熱を発生させ，それに基づく温度上昇ΔT_cを正確に測定すればよい．電力Pはヒーターで加熱した時間の中間の時間でのヒーターに流れる電流I_hを電流計で，その時間でのヒーターにかかる電圧V_hを電圧計で測定し，次式により求められる．

$$P = I_h V_h \qquad (14・3)$$

14. 反応エンタルピー

図 14・3 反応系熱量計における温度-時間曲線 (ab, ef は前期熱交換曲線，cd, gh は後期熱交換曲線)

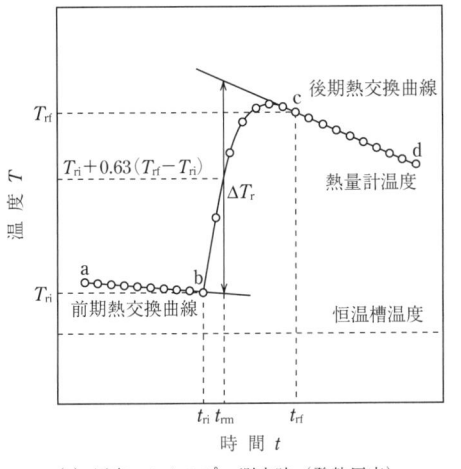

(a) 反応エンタルピー測定時（発熱反応）
(b) 熱容量測定時

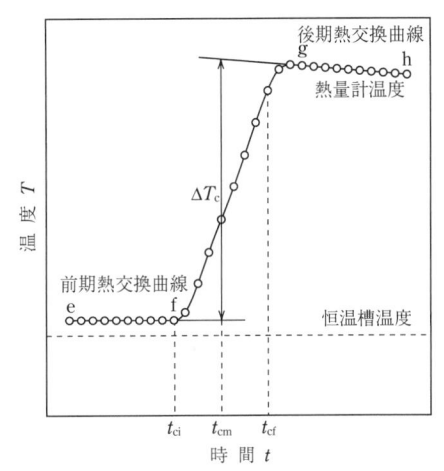

ヒーター加熱時間 t_h はストップウォッチで正確に測定する．温度上昇 ΔT_c は，ヒーター加熱中の温度が直線的に変化するので，図 14・3 右図のようにヒーター加熱開始時間 t_{ci} とヒーター加熱終了時間 t_{cf} の中間の時間 $t_{cm}=(t_{ci}+t_{cf})/2$ に前期熱交換曲線 ef と後期熱交換曲線 gh を直線補外し，ヒーター加熱による温度変化 ΔT_c を算出する．熱量計の熱容量 C は次式により求められる．

$$C = \frac{Pt_h}{\Delta T_c} = \frac{I_h V_h t_h}{\Delta T_c} \tag{14・4}$$

厳密には熱容量測定を反応前後で2回測定して，その平均値を用いるが，実際には反応前後での熱容量の値はほぼ等しい値になるので，反応後のみ熱容量測定を行う．また，反応エンタルピーの測定誤差を小さくするため，熱容量測定開始温度を反応エンタルピー測定開始温度とほぼ同じになるように調整し，熱容量測定時の温度変化を反応エンタルピー測定時とほぼ同じ大きさになるように，

14. 反応エンタルピー

ヒーター加熱時の電流・電圧・加熱時間を調整する．

吸熱反応の場合には，反応エンタルピー測定後すぐに熱容量測定を行うことができる．この場合，反応エンタルピー測定時の後期熱交換曲線を熱容量測定時の前期熱交換曲線として利用できる．

❏ **操　作**　上述の原理に従って塩酸と水酸化ナトリウムの中和エンタルピーを測定する．図 14・2 の被反応容器 B に 0.25 mol dm^{-3} 塩酸 200 cm^3 を入れる．他方，ゴム膜 D と輪ゴムにより封じた反応容器 C に正確に量りとった 1 mol dm^{-3} 水酸化ナトリウム 40 cm^3 を入れ，図 14・2 のようにセットする．この水酸化ナトリウムの濃度はあらかじめフタル酸水素カリウムなどで正確に決定しておく．水酸化ナトリウムの全量は 1×40/1000＝0.04 mol であるのに対し，塩酸の全量は 0.25×200/1000＝0.05 mol である．このように，塩酸の量は水酸化ナトリウムの全量が完全に中和するように過剰にあることが必要である．

試料を装置にセットして定常状態に達してから（約 2～3 分）温度測定を始める．かき混ぜ器で液をかき混ぜながら，30 秒ごとにホイートストンブリッジまたは抵抗計でサーミスターの抵抗（したがって温度）を読みとり，図 14・3 左図の前期熱交換曲線 ab に相当する部分を測定する．ほぼ直線になった前期熱交換曲線 ab を 5 分間ほど追跡したら，つぎに先端の尖ったガラス棒を落下させて反応容器 C のゴム膜 D を破り，中和反応を起こさせる．このときゴム膜 D を肉薄にしてほぼ完全に破れるようにしておかないと，反応時間が長くなり，測定誤差を生じやすい．反応期間の測定にひき続き，ほぼ直線になった後期熱交換曲線 cd を約 5 分間測定する．

この実験が終わった後，熱量計の温度を反応前の温度に戻してから熱量計の熱容量測定に移る．その操作は反応エンタルピー測定と全く同じ手順で，直線状の前期熱交換曲線 ef，ヒーター加熱によるジュール熱発生，直線状の後期熱交換曲線 gh の順に測定を行う．

中和エンタルピーは，それによる温度変化 ΔT_r と熱量計の熱容量 C との積で与えられる．この熱量は，x mol dm^{-3} の水酸化ナトリウム V cm^3，すなわち $xV/1000$ mol だけ中和するときに発生したものであるから，その 1 mol が中和するときに発生する熱量 Q は次式で与えられる．

$$Q = \frac{1000 C \Delta T_r}{xV} = \frac{1000 P t_h}{xV} \frac{\Delta T_r}{\Delta T_c} \tag{14・5}$$

したがって，モル中和エンタルピー ΔH は $\Delta H = -Q$ となる．

いっそう正確な中和エンタルピー測定を行う場合には，あらかじめ空測定（ブランクテスト）を行ってデータを補正する必要がある．また，中和エンタルピー測定時の平均温度がほぼ一定（たとえば 25 ℃）になるように，測定開始の温度を適切に調整する．

14. 反応エンタルピー

❑ **実 験 例**

気温 14.2 ℃，熱量計温度 13.1 ℃

x：0.9292 mol dm^{-3}　　　V：40 cm^3　　　ΔT_r：2.102 K

P：0.8009 A × 25.47 V ＝ 20.40 W

t_h：105.3 s　　　ΔT_c：2.179 K　　　Q：55.75 kJ mol^{-1}　　　ΔH：-55.75 kJ mol^{-1}

❑ **問 題**　塩酸のような強酸と水酸化ナトリウムのような強塩基が中和反応を起こす場合には，中和によって生じた塩も強電解質であり，希薄溶液ではいずれもほとんど完全に電離している．したがって，この中和反応はつぎのようなイオン式を用いて表すことができる．

$$\mathrm{Na^+ \, OH^- + H_3O^+ + Cl^- = Na^+ + Cl^- + 2\,H_2O}$$

それゆえ，このときに発生する中和エンタルピーは，

$$\mathrm{H_3O^+ + OH^- = 2\,H_2O}$$

の反応に対する反応エンタルピーにほかならない．水の電離平衡に対する平衡定数（水のイオン積）の温度変化から電離エンタルピーを計算し，これを中和エンタルピーの値と比較検討せよ．もし，両者が一致しないならば，その理由について考察せよ．

❑ **応 用 実 験**　硫酸ナトリウムの無水和物結晶と十水和物結晶の水に対する溶解エンタルピーを測定し，硫酸ナトリウムの水和反応に対する反応エンタルピー（水和エンタルピー）を求めよ．なお，硫酸ナトリウム無水和物結晶の溶解反応は発熱反応，十水和物結晶の溶解反応は吸熱反応である．

15 気体の音速と熱容量

　気体には剛性率はないが体積の変化に対する弾性率（体積弾性率）が存在する．そのために気体の一部に体積の周期的変化を与えると，それは疎密波（縦波）として伝播していく．これが音波である．われわれの会話が伝わるのもこの音波のおかげである．この実験では数種の気体中での音波の伝播速度すなわち音速を測定し，気体分子の運動の自由度と音速の関係を考察することを目的とする．

❏ **理論**　本実験では平面縦波の伝播を問題にするが，その音速 v は一般に以下のようになる．

$$v^2 = \frac{\kappa}{\rho} \tag{15・1}$$

ここで，κ は体積弾性率，また ρ は気体の密度である．κ は体積ひずみ（$-\Delta V/V$）あたりの圧力変化（Δp）で（15・2）式のように定義される．

$$\kappa = -V\frac{\partial p}{\partial V} \tag{15・2}$$

また，$\rho V = m$（m は気体の質量）より得られる，$\rho\partial V = -V\partial\rho$ なる関係を用いると（15・1）式は（15・3）式のように変形される．

$$v^2 = \frac{\partial p}{\partial \rho} \tag{15・3}$$

　音波のような速い振動の伝播は等温過程ではなく断熱過程によって行われる．この場合，

$$pV^\gamma = 定数 \quad または \quad p\rho^{-\gamma} = 定数 \tag{15・4}$$

という関係式が成り立つ．ここで γ は定圧熱容量 C_p と定容熱容量 C_V との比 $\gamma = C_p/C_V$ である．

15. 気体の音速と熱容量

(15・4)式を用いると，

$$\frac{\partial p}{\partial \rho} = \frac{\gamma p}{\rho} \tag{15・5}$$

となり，結局，(15・3)式は (15・6)式のように変形される．

$$v = \left(\frac{\gamma p}{\rho}\right)^{1/2} \tag{15・6}$$

ここで具体的な例をあげておく．0℃, 1 atm の空気では，$\gamma=1.4$, $p=1.013\times10^5$ Pa, $\rho=1.293\times10^{-3}$ g cm^{-3} であるから $v\approx330$ m s^{-1} が得られる．

圧力が低く気体が理想気体的にふるまう場合は気体定数を R，絶対温度を T とすると $pV=nRT$ が成り立ち，(15・6)式は気体の相対分子質量 M を用いて (15・7)式のようになる．

$$v = \left(\frac{\gamma RT}{M}\right)^{1/2} \tag{15・7}$$

(15・7)式は気体が理想気体的にふるまう場合，音速が圧力 p に依存しないという重要な理論的結論である．また γ がわかっている場合は相対分子質量 M が，逆に M がわかっている場合は γ がわかる．

定圧熱容量 C_p と定容熱容量 C_V との差 C_p-C_V は，一般に，

$$C_p - C_V = \left[p+\left(\frac{\partial U}{\partial V}\right)_T\right]\left(\frac{\partial V}{\partial T}\right)_p \tag{15・8}$$

と表される．U は気体の内部エネルギーである．気体が理想気体としてふるまうとき，U は気体の温度によって決まり，V および p に依存しないので $(\partial U/\partial V)_T=0$, または 1 mol の理想気体に対し $(\partial V/\partial T)_p=R/p$ であることから，(15・8)式は (15・9)式のように変形される．

$$C_p - C_V = R \tag{15・9}$$

γ がわかっていると，定容熱容量 C_V は

$$C_V = \frac{R}{\gamma-1} \tag{15・10}$$

15. 気体の音速と熱容量

となり，気体の音速を測定することによって，気体の定容熱容量 C_V を求めることができる．

γ は気体分子がもつ運動の自由度と関係している．気体の定容熱容量 C_V は，

$$C_V = C_{V,\text{el}} + C_{V,\text{trans}} + C_{V,\text{rot}} + C_{V,\text{vib}} \tag{15・11}$$

で表され，並進・回転・振動の各運動の自由度からの寄与（$C_{V,\text{trans}}, C_{V,\text{rot}}, C_{V,\text{vib}}$）と，電子エネルギーからの寄与（$C_{V,\text{el}}$）との和である．理想気体の並進・回転・振動の C_V は各運動の内部エネルギー U の温度変化から求められる．並進運動のみが自由度として考えられる単原子気体は γ が 1.67，また，分子の回転・振動も自由度になる二原子分子気体では γ が 1.40 になる．さらに複雑な気体分子では γ が異なった値をもつ．

[**実　験**]　単原子気体としてヘリウム He，二原子分子気体として窒素 N_2，さらに三原子分子気体として二酸化炭素 CO_2 を用い，それぞれの気体中での音速を測定し，γ と C_V の値を議論する．

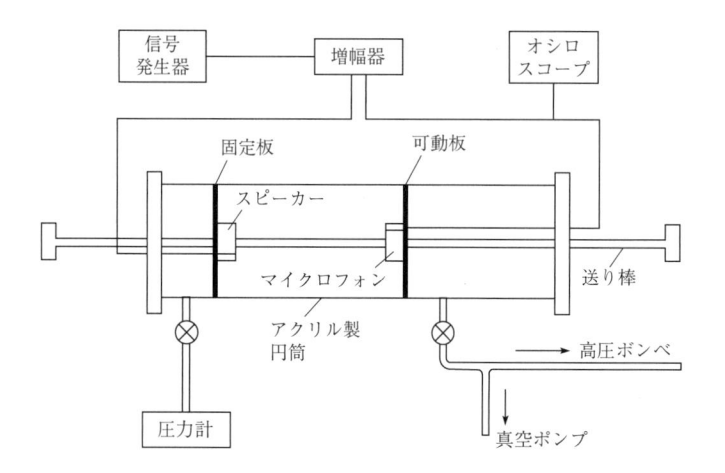

図 15・1　音速測定装置の概略

15. 気体の音速と熱容量

❏ **装 置**　気体の音速測定装置一式(オシロスコープを含む), 真空ポンプ, 高圧ボンベ (He, N_2, CO_2). 図 15・1 に音速測定装置を示す. 音速測定装置は, 測定気体を充満させるアクリル製の円筒, 信号発生器, 増幅器, オシロスコープ (付録 A5), 圧力計から成り立っている.

アクリル製の円筒の中には固定された小型スピーカーと送り棒によって位置が変えられる円盤に取付けられたマイクロフォンがある. スピーカーから発信された音波は円筒内の気体によって決まる音速で平面波として伝播する. 音圧をマイクロフォンで受信し, オシロスコープに送る. もし, スピーカーとマイクロフォンを取付けた円盤 (反射板) の距離が音波の波長 λ の半分の整数倍であれば発信音と反射音が干渉して定在波ができる. 定在波の生成はマイクロフォンで受信される音圧が極大を示す位置を調べることで確認できる.

まず, オシロスコープ, 信号発生器, 圧力計, 増幅器の電源を入れ, 正弦波信号がオシロスコープ上に現れるようにスピーカーのアンプを調整する. 以後ポンプの稼動, ガス導入ならびに真空設定操作のときには増幅器の電源を切っておく.

❏ **測 定**　本実験装置には図 15・2 に示すように合計 7 箇所にバルブがあり, 各バルブに B1〜B7 の番号を割り付ける. バルブ B1 は圧力計 (Torr 表示: 大気圧が 0 Torr となるように設定してある) につながっている. 円筒内の圧力を表しており, 測定中も含め, 常にバルブを開いておく. 測定中はバルブ B2 を閉じておく.

1) 空気中の音速の測定 (予備実験)　円筒内を空気で常圧にする. 初日の実験では, 前回実験したグループが空気でない気体を充塡している可能性があるので, 円筒内全体を排気し, つぎに円筒内全体に空気を充塡する. バルブ B4 を閉, B2 を開, B3 を主幹-ポンプ側にし (操作 4), ポンプ (付録 A11) のスイッチを入れる. 十分に円筒内が減圧され, 圧力計の指示が変化しなくなったら, バルブ B2 を閉め B3 を主幹-外界側にする. つぎに, B2 を少しずつ開け円筒内全体に空気を充塡する. つぎに, B3 を主幹-ポンプ側にすると, 円筒内の空気が排気される. この操作を 2〜3 回行い, 円筒内に空気を充塡した後, B2 を閉めポンプのスイッチを切り B3 をポンプ-外界にする.

信号発生器のモードを正弦信号で周波数を $f=4\,\mathrm{kHz}$ に設定し, マイクロフォンで受信される音圧をオシロスコープで観察する. このとき波形が正弦信号になるようにスピーカーのアンプを調節

15. 気体の音速と熱容量

する．円筒外側にある物差しのゼロ付近から少しずつ送り棒によって円盤を移動させてマイクロフォンの出力が極大を示す位置を数箇所記録する．それぞれの位置が定在波の腹に当たるので，腹の間隔の値をいくつか求め，その平均値を定在波の2分の1波長（$\lambda/2$）と決める．この操作を数回繰返す．$f=3, 2.3$ kHz などでも同様に測定を行う．以上の操作より空気中の音速は $v = \lambda f$ から求めることができる．

理論の項で述べたように空気中の音速は，すでにわかっている．測定された音速と比較してみよ．逆に音速がわかっていると音波の波長を計算することができる．円筒の各箇所で測定された波長 λ と比較してみよ．

つぎに周波数を 4 kHz に戻し，圧力を 560, 360, 160 Torr に設定してそれぞれの条件で音速を測定する．

2）ヘリウム中の音速の測定　ヘリウムなどの気体は高圧ボンベ（付録 A17）から供給する．取扱いは容易であるが，場合によっては事故につながるおそれがあるので，取扱いには注意すること．

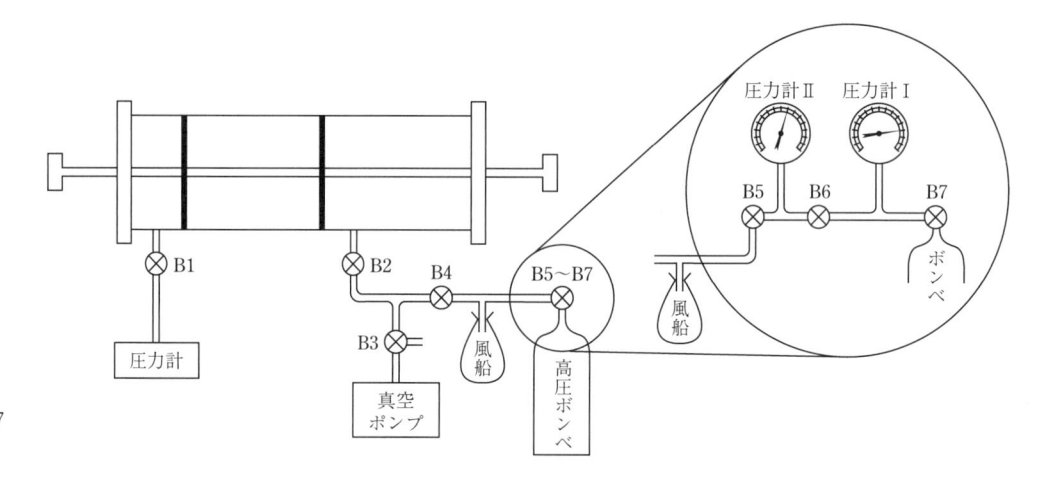

図 15・2　バルブ B1〜B7 の配置

15. 気体の音速と熱容量

バルブ B1 は圧力計につながっており，測定中も含め，常に開いておく．まず操作 3) に従って高圧ボンベから気体を供給できる状態にする．つぎに，操作 1) により円筒全体を排気する．操作 2) に従って円筒全体をヘリウムで充填する．円筒全体の気体を完全にヘリウムに置き換えるには 1) と 2) の操作を 2～3 回繰返す．

円筒をヘリウムで充填する操作が終了したら，B7 を閉，B6 を閉，B5 を閉にする．

空気の測定方法（測定 1）に従い 4 kHz で，大気圧と同じ 1 atm 以下の圧力（560, 360, 160 Torr）でヘリウム中の音速を測定する．低い圧力では音速が圧力に依存しないことを確かめる．

3) 二酸化炭素中の音速もヘリウムと同様にして測定を行う．

4) ヘリウムと同じ手順で窒素中の音速の測定を行う．

❏ 操　作

1) 円筒全体を排気する操作　　バルブ B2 を開，B4 を閉，B3 は主幹-ポンプ側にし（操作 4），ポンプのスイッチを入れる．十分に円筒内が減圧され，圧力計の指示が変化しなくなったら，バルブ B2 を閉めポンプのスイッチを切り，バルブ B3 をポンプ-外界にする（操作 4），このとき，B2 を閉めずに，B3 を主幹-ポンプ側のままでスイッチを切らないこと．

2) 高圧ボンベから円筒に気体を入れる操作　　バルブ B5 を少し開け，風船を気体で膨らませたのち，B5 を閉める．バルブ B4, B2 を開け，風船内の気体を円筒に送り込み，B2, B4 を閉じる．その後，円筒内の圧力を記録する．風船 1 回で 0.2～0.3 atm 程度が送り込まれる．さらに気体を送り込む場合はこの操作を繰返す．

3) 高圧ボンベの操作　　図 15・2 の拡大図に示す B5, 圧力計 II, B6, 圧力計 I, B7 は高圧ボンベに取付けられている（付録 A17 の図 A17・4 を参照）．バルブ B5, B6 が閉まっていることを必ず確認する．B5 と B7 は水道の蛇口と同じく右に回すと閉じ，減圧調整器のバルブ B6 は左に回す（緩める）と閉じる．B6 のみが特徴的なので注意すること．B7 を開く．このとき圧力計 I が 150 atm 程度を指す（これはボンベの中の圧力を示しており，値が異なる場合もある）．B6 を少しずつ締め，圧力計 II が 1～2 atm になるようにする（これは高圧ボンベから風船に至るガスの圧力を示しており，この値は守ること）．これらの操作でガスを供給できる状態になっており，B5 を開

15. 気体の音速と熱容量

図 15・3 三方コック（バルブ B3）の概略

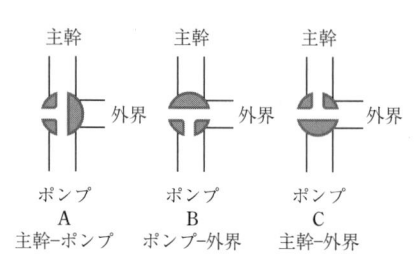

A 主幹-ポンプ
B ポンプ-外界
C 主幹-外界

くことによってガスを供給できる．気体を入れる操作が終わると，B5 を閉にする．気体の排気・充填の繰返し後，音速を測定する前に B7 を閉，B6 を閉，B5 を閉にする．

4) バルブ B3 の操作　　バルブ B3 は三方コックであり，図 15・3 に示すように三方の口に対し，回転方向により 2 方向をつなぎ 1 方向を遮断することができる．A は，主幹-ポンプ側が連結し外界が遮断されている．B は，ポンプ-外界が連結し主幹が遮断されている．C は，主幹-外界が連結しポンプ側が遮断されている．

❏ **操作上の注意**

真空ポンプ，高圧ボンベなど，種々の機器を使用するので注意事項をまとめておく．

1) ポンプの稼動，ガス導入ならびに真空設定操作のときには増幅器の電源を切っておく．
2) 真空ポンプをとめる際は，必ず，バルブ B2 と B4 を閉にしたのちポンプのスイッチを切り，バルブ B3 をポンプ-外界にする．
3) B7 を開けるときは B6 が閉まっていることを確認する．閉まっていないときは閉める．
4) B6 はねじ込んで締めることによって開く．
5) B7 を閉めれば高圧ボンベからの気体の流出は完全に止まる．
6) 帰宅時にはすべての電源を切ること．

❏ **結果の整理**　　測定されたデータをまとめ，気体の種類による音速の違いを分子構造に結びつけて考察し，レポートにまとめる．その際，つぎの諸点を考慮すること．

1) 各気体の定容熱容量 C_V を求め文献値と比較する．
2) 単原子気体では γ が 1.67，二原子分子気体では γ が 1.40 になることを理論的に導き，実験値と比較する．値にずれがある場合その原因を考察する．
3) 三原子分子気体 CO_2 の γ の理論値を導き，実験値と比較する．

2成分系の気液平衡 **16**

❏ **理論** AとBの2種の液体成分から成る二元混合物の気液平衡を考えよう．相律によれば系の自由度 (F) は

$$F = C - P + 2 \quad (16\cdot 1)$$

で与えられる．ここで，Cは系内の独立成分の数，Pは系内に共存する相の数である．液体混合物（液相）とその蒸気（気相）が共存している2成分2相系では$F=2$となるから，一定温度下では圧力と組成，一定圧力下では温度と組成の関係が一義的に決まる．ただし，共存する液体と蒸気の組成は必ずしも同じではないので，組成については液相と気相それぞれを区別して考慮する必要がある．

　液体混合物が理想溶液とみなせる場合には，ラウールの法則とドルトンの法則を使うことにより，温度一定下での圧力 (p) と組成の関係が下式で与えられる．

$$p = p_B^* + (p_A^* - p_B^*) x_A \quad (16\cdot 2)$$

$$p = \frac{p_A^* p_B^*}{p_A^* + (p_B^* - p_A^*) y_A} \quad (16\cdot 3)$$

ここで，x_Aは成分Aの液相中でのモル分率，y_Aは成分Aの気相中でのモル分率，p_A^*とp_B^*はそれぞれ純粋なAとBの蒸気圧である．(16・2)式と(16・3)式で表される曲線を一つの図にまとめると，図16・1(a)のようになる．ここで，組成軸はz_A

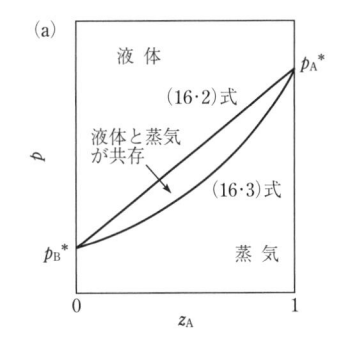

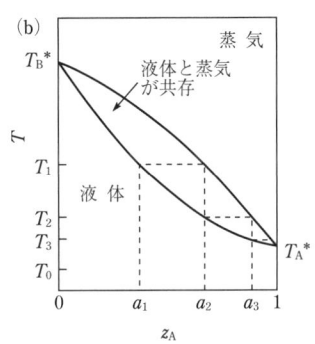

図16・1 (a) 理想溶液の圧力–組成図，(b) 温度–組成図．p_A^*，p_B^*は純粋なA，Bの蒸気圧．T_A^*，T_B^*は純粋なA，Bの沸点

16. 2成分系の気液平衡

とし，系全体の成分 A のモル分率を表す．図 16・1(a) において (16・2)式の直線よりも上の領域では系内には液体だけが存在し，(16・3)式の曲線よりも下の領域では蒸気だけが存在する．また，両線で囲まれた領域では液体と蒸気が共存する．つまり，(16・2)，(16・3)式は相境界線を表している．

一方，一定圧力下における理想溶液の温度と組成の関係は図 16・1(b) のようになり，気相の組成を示す曲線が液相組成を示す曲線（沸点の組成依存性曲線）よりも上になる．図 16・1(b) において，組成 a_1，温度 T_0 の溶液を加熱した場合を考える．溶液の温度が T_1 になると沸騰して組成 a_2 の蒸気が出てくるので，この蒸気を凝縮すれば揮発性成分にいっそう富む溶液を分取できる．これが単蒸留（simple distillation）であるが，このような一段階の操作では純粋な A 成分は取出せない．そこで分留（fractional distillation）といわれる過程が用いられる．この過程では凝縮した蒸気を再沸騰させて，さらに揮発成分含量の多い蒸気を発生させるという分離段階を繰返して行う〔図 16・1(b) 破線参照〕．これによって最終的には純粋な A 成分が分取できる．この過程は分留管（fractionating column）を用いることで実現される．

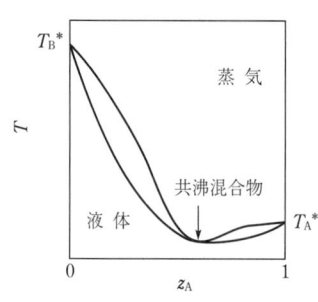

A と B の混合物が理想溶液とならず，理想性からのずれが大きい場合には，温度-組成図の相境界線に極大もしくは極小が現れる（図 16・2）．極大点または極小点では液相と気相の組成は一致する．そして，この組成の混合物を共沸混合物（azeotrope）という．

図 16・2　下部共沸混合物をつくる2成分系の温度-組成図

[実　験]　共沸混合物をつくる四塩化炭素-メタノール系について，大気圧下で気液平衡にある液体と蒸気の組成を求めて温度-組成図を作成する．つぎに分留を行い，得られた結果を温度-組成図に基づいて考察する．なお，試料の組成は屈折率を測定することによって求める．

❏ **実験上の注意**　四塩化炭素は揮発性で有毒である（蒸気の吸入，口からの摂取，または皮膚から吸収によって肝臓，腎臓，視力障害をひき起こす）．したがって取扱いには注意すること

16. 2成分系の気液平衡

(ドラフト内で実験操作を行うことを勧める)．また，四塩化炭素は下水道排除基準の対象物質であり，排水中の基準値 ($0.02~\mathrm{mg~dm^{-3}}$) が定められているので，廃液は下水に流さず回収する．

❏ **器具・試薬**　分留頭（流下流量調節コックおよび還流冷却器付き），分留管（充填式），ガラスビーズ，二口丸底フラスコ（温度計用封入管付き，$300~\mathrm{cm^3}$），温度計 2 本，沸石，メスシリンダー（$10~\mathrm{cm^3}$，$200~\mathrm{cm^3}$）各 1 本，漏斗，共通すり合わせ栓付き試験管 10 本，試験管立て，駒込ピペット（$1~\mathrm{cm^3}$）2 本，マントルヒーター，ラボラトリージャッキ，アッベ屈折計，循環恒温水槽，スライダック，四塩化炭素，メタノール

❏ **装置・操作**　まず，図 16・3 に従って装置を組立てる．四塩化炭素約 $150~\mathrm{cm^3}$ をメスシリンダーで測りとり，沸石とともに丸底フラスコに入れる．還流用冷却器に冷却水を流し，マントルヒーターで，60 V 程度の電圧で加熱し，5 分おきに温度計 A と B の読みを記録する．温度が上昇して沸騰後，温度計の読みが一定となったら値を読みとって記録する．（気液平衡状態では温度計 A および B はほぼ同じ値を示す．）流下流量調節コックを開き，受器（すり合わせ付き試験管）に蒸気が凝縮した留出液を $1~\mathrm{cm^3}$ 程度とる．ラボラトリージャッキを下げてマントルヒーターを外し，スライダック電圧を 0 にして沸騰がおさまるのを待つ．フラスコの側管から残留液を $1~\mathrm{cm^3}$ 程

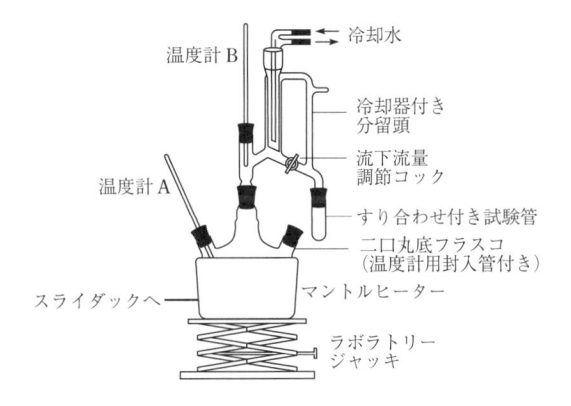

図 16・3　市販の冷却器付き分留頭を用いた気液平衡測定装置

16. 2成分系の気液平衡

度，駒込ピペットで試験管にとって栓をする．こうして採取した留出液および残留液の屈折率を測定する（"アッベ屈折計の操作法"参照）．つぎに，フラスコの側管から約 2 cm³ のメタノールと沸石を加え，再び加熱して沸騰させる．温度が一定になったら同様にして留出液と残留液を採取する．（一度使ったピペットは乾燥させてからつぎの試料に用いること．）同様にしてメタノールを 5，10，20，25 cm³ と順次加えていき，そのつど，留出液と残留液の屈折率を測定して組成を決定する．以上の操作が終わったら装置を注意深く分解し，フラスコ内や分留頭内にたまった液を廃液入れに捨て，メタノールで内部をすすいでから乾燥させる．

再び装置を組立てた後，今度は約 150 cm³ のメタノールを丸底フラスコに入れて加熱する．温度が一定になったら上記と同様に試料を採取して屈折率を測定する．さらに，フラスコに四塩化炭素を 10，15，40，50，100 cm³ と順次加えていき，留出液および残留液の組成を求める．

❏ **温度-組成図の作成** まず，留出液（気相）および残留液（液相）のメタノールモル分率を屈折率-組成曲線から読みとり，観測した気液平衡温度（すなわち沸点）とともに表にまとめる．これらのデータをプロットして滑らかな曲線で結び，温度-組成図を作成して共沸混合物の組成を求める．

❏ **分　留** メタノールのモル分率が約 0.9 の溶液の分留を試みてみよう．まず，メタノールおよび四塩化炭素の密度をそれぞれ $0.8\,\mathrm{g\,cm^{-3}}$ および $1.6\,\mathrm{g\,cm^{-3}}$ として約 200 cm³ の溶液を調製し，屈折率を測定して組成を確認する．分留は，ガラスビーズを詰めた分留管を丸底フラスコと分留頭の間に連結した装置で行う．分留頭の流下流量調節コックはあらかじめ開けておく．沸石とともに溶液を丸底フラスコに入れ，還流用冷却器に冷却水を流し，40～50 V 程度の電圧で穏やかに加熱する．沸騰後，留出液が受器に 1 cm³ 程度たまったらコックを閉じ，温度計 A, B の値を記録して加熱を停止する．残留液を組成測定用に採取した後，もう一度同様にして分留を行ってみる．以上の操作が終わったら，採取した留出液の屈折率を測定して組成を求める．先に作成した温度-組成図を参照し，どのような過程を経てその組成の留出液が得られたのかを考察する．

❏ **アッベ屈折計の操作法** 採取した流出液と残留液の組成は，屈折率を測定し，組成と屈折率との関係（表 16・1）を使って求める．ここでは少量の試料で簡単に屈折率の測定ができる

アッベ屈折計（Abbe's refractometer）を用いる．屈折率は温度に依存して変化するので，一定温度（30±0.1℃）の水を循環させて試料温度を一定に保つ．

16. 2成分系の気液平衡

表 16・1 四塩化炭素-メタノール系の30℃における屈折率 n_D^{30} （x はメタノールのモル分率）

x	0	0.1	0.2	0.3	0.4	0.5	0.6	0.7	0.8	0.9	1.0
n_D^{30}	1.4550	1.4509	1.4446	1.4372	1.4273	1.4169	1.4048	1.3892	1.3713	1.3480	1.3250

アッベ屈折計（図16・4）は図16・5に示すように光源，プリズム部分，望遠鏡とからできている．プリズム部分は2個の直角プリズム ABC（主プリズム）と DFF（副プリズム）が互いの斜面を向かい合わせてちょうつがいで連結されており，その中間に試料液体を挟む．面 EF はすりガラスになっており，光源から入射した光は面 EF で散乱されていろいろの方向から液体中に入射する．このうち，面 BC にほぼ平行に進んだ光の屈折角（γ）が最大で，それ以上の屈折角で主プリズムに入る光はないから，望遠鏡の視界は最大屈折角方向を境界として一方は暗く，一方は明るく

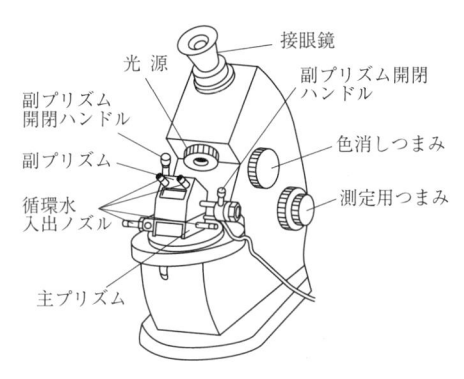

図 16・4　アッベ屈折計の外観

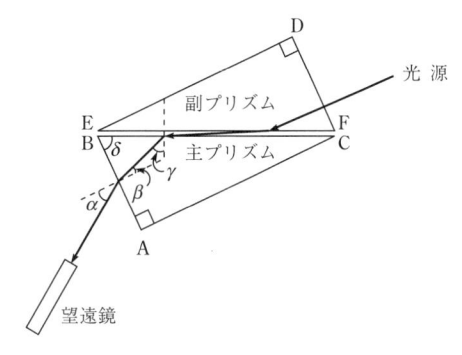

図 16・5　屈折率測定の原理

16. 2成分系の気液平衡

なる．この境界が観測される方向（α）を測定することにより，液体の屈折率が求められる．

アッベ屈折計の操作方法を述べる．まず，副プリズム開閉ハンドルを回してプリズム部分を開く．主プリズム面（BC）に試料を2～3滴滴下し，副プリズムを閉じる．光源のスイッチを入れ，接眼鏡をのぞきながら視野に明るい部分と暗い部分の境界が現れるまで測定用つまみをゆっくり回す．光源が白色光の場合には，光の分散によって明暗の境界付近が着色してぼやけるので，色消しつまみを回して境界が鮮明になるよう調節する．アッベ屈折計ではNaのD線（波長589.3 nm）に対する屈折率（n_D）が測定できるようになっている．再び測定用つまみを操作して境界線と視野に見えているクロス線の交点を一致させ，屈折率目盛りを読みとる．測定が終了したら副プリズムを開き，紙ワイパーで主プリズムと副プリズムを傷つけないように注意深く拭う．

試料の組成は，表16・1の四塩化炭素-メタノール系の屈折率の関係を使って屈折率-組成曲線を作成し，グラフ上で読みとる．

❑ **応用実験**　上部共沸混合物をつくるアセトン-クロロホルム系についても温度-組成図を作成し，分留を行ってみよ（あらかじめ，種々の組成の溶液の屈折率を測定して屈折率-組成曲線を作成しておくこと）．

3 成分系の相図　17

❏ **理論**　一般的に水と油はほとんど溶けあわず，水相と油相の 2 相に相分離する．しかし，この系に水にも油にも溶ける両親媒性物質を加えると，水と油は相互に溶解し始める．さらに両親媒性物質を加えていくと，系は 2 相分離せず 1 相になる．本実験では，このような相図を与える典型的な系として水-トルエン（油）-酢酸（両親媒性物質）の 3 成分系を取上げる．

3 成分系の相関係を表すには，一般に正三角形の三角座標が使われる．水-油-両親媒性物質の典型的な相図は，図 17・1 のようになる．ここで，水，油，両親媒性物質をそれぞれ，成分 A, B, C とした．以下に，具体例をあげ，この相図の読み方を説明する．

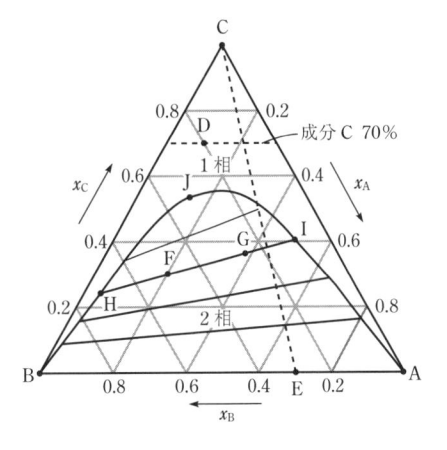

図 17・1　水＋油＋両親媒性物質の相図

三角座標における任意の 1 点は，一つの組成に対応している．成分 A, B, C の各分率 x_A, x_B, x_C は，その点から三角形の三辺へ引いた垂線の長さを h_A, h_B, h_C とすると（図 17・2 参照），以下のように表される．

$$x_A = \frac{h_A}{h}, \quad x_B = \frac{h_B}{h}, \quad x_C = \frac{h_C}{h} \quad （ただし，h は正三角形の高さ）$$

このような表現が可能なのは，正三角形において常に $h_A + h_B + h_C = h$ が成り立っているからである．一般的に，分率 x_A, x_B, x_C としては質量分率あるいはモル分率が使用される．図 17・1 におい

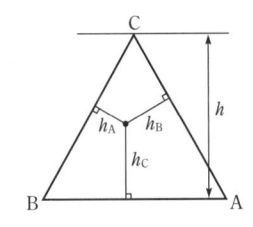

図 17・2　三角座標における組成点

17. 3成分系の相図

て，頂点 A, B, C はそれぞれ成分 A, B, C のみからなる．また，辺 AB 上の溶液には，成分 C は含まれない．点 D は（成分 A：10％，成分 B：20％，成分 C：70％）の組成を表している．点 D を通り，辺 AB に平行な線上では成分 C の組成は，常に 70％ である．点 E は（成分 A：70％，成分 B：30％，成分 C：0％）の組成を表しているが，これに成分 C を加えていくと，三角座標上では組成点は線分 EC 上を点 C に向かって移動する．

図 17・1 中の曲線 B-H-J-I-A は，1 相領域と 2 相領域の境界線を表したもので，溶解度曲線という．この曲線より上の部分では 3 成分は相互に溶解して 1 相になるが，下の部分では 2 相分離する．すなわち，点 D の溶液は 1 相だが，点 E, F, G の溶液は 2 相である．点 F の溶液は点 H および点 I（ともに溶解度曲線上にある）の組成をもつ 2 相に分離する．相分離した 2 相の組成点を結んだ線分 HI を連結線（tie line）という．線分 HI はもとの組成点 F を必ず通る．相分離した 2 相の相対量は，てこの原理（lever rule）によって決まる．

$$\frac{\text{H 相の量}}{\text{I 相の量}} = \frac{\text{FI の長さ}}{\text{FH の長さ}}$$

同一連結線上の溶液は，同じ組成の 2 相に分離する．たとえば，点 G の溶液も点 F の溶液と同様に，点 H および点 I の 2 相に分離する．ただ，てこの原理に従い，点 G の溶液の H 相は点 F の溶液の H 相より相対量が少なくなる．

連結線の長さは，成分 C の濃度が増えるとともに短くなる傾向がある．これは，成分 C を加えると，2 相分離した両相の組成が接近することを表している．点 J では連結線が消失し，2 相の濃度が等しくなる．点 J を等温臨界点（isothermal critical point）もしくはプレイトポイント（plait point）という．等温臨界点近傍では，相境界は消失するが，ミクロに見ると組成が場所によって異なる（組成の空間的ゆらぎが大きくなる）．このゆらぎのために光が散乱されて，臨界たんぱく光（critical opalescence，溶液全体が青みを帯びた薄い乳白色になる）が観測される．一般に，成分 C は一方の相に多く溶解するので連結線は水平ではなく，等温臨界点も極大点とは一致しない．

17. 3成分系の相図

[実　験]　25℃において水-トルエン-酢酸系の溶解度曲線および連結線を求め，相図を作成する．作成した相図を参考に等温臨界点の組成の溶液を調製し，臨界たんぱく光を観察する．

❏ 器具・試薬　　恒温槽，温度計，50 cm³ ビュレット 3，25 cm³ ビュレット（中和滴定用）2，ビュレット台，漏斗，10 cm³ メスピペット 8，安全ピペッター，200 cm³ メスフラスコ（シュウ酸滴定用）1，500 cm³ メスフラスコ（水酸化ナトリウム水溶液用，プラスチック製）2，100 cm³ 栓付き三角フラスコ 8，50 cm³ 三角フラスコ 2，三角フラスコ用おもり，トルエン，酢酸（脱水したもの），水酸化ナトリウム，シュウ酸，フェノールフタレイン，メタノール

❏ 操　作
1) 溶解度曲線の作成　　単一相の溶液にトルエン（もしくは水）を加えていくと，2相分離が始まって白濁する．この白濁が始まる組成は，相図上では溶解度曲線上の1点である．種々の組成の単一相溶液から出発して，トルエン（もしくは水）を滴下していき，白濁点の組成を求めれば，溶解度曲線を描くことができる．実際の実験では，種々の組成の単一相溶液を個別に準備するのは手間がかかるので，いったん白濁した溶液に酢酸を加えて単一相に戻し，連続してつぎの測定に入るようにする（図17・3参照）．具体的な実験手順は以下の通り．

　まず，水主成分側の溶解度曲線をつくる．100 cm³ 三角フラスコに水 10 cm³ と酢酸 5 cm³ をビュレットからとり，この三角フラスコを恒温槽に浸して混合液を 25℃ にする．ビュレットからトルエンをこの混合液に滴下していくと，最初トルエンは混合液に溶解するが，トルエンの滴下量の増加とともに溶解しにくくなり白濁してくる．しかし，これをよく振り混ぜると白濁は消える（ここはまだ 1 相領域）．この操作を繰返し，振り混ぜても白濁が消えなくなる点（すなわち，2 相分離が始まる点）で滴下を中止し，そのときのトルエンの滴下量を読みとる．この溶液に酢酸を 5 cm³ 追加すると透明に戻る．これに再びトルエンを滴下していき，白濁が消えなくなる点での滴下量を記録する．この操作を繰返し，溶解度曲線上の点を 5〜6 点求める．

　つぎに，トルエン主成分側の溶解度曲線をつくる．新しい 100 cm³ 三角フラスコにトルエン 15 cm³ と酢酸 5 cm³ を入れる．ビュレットから水をこの混合液に滴下し，白濁が消えなくなる点の組成を求める．この溶液に酢酸を 5 cm³ 追加して 1 相領域に戻す．この操作を繰返し，溶解度曲線上

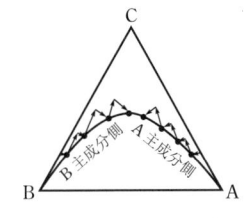

図 17・3　溶解度曲線の作成方法

17. 3成分系の相図

の点を5〜6点求める.

滴定の結果はトルエン,酢酸,水の密度の文献値を使って各成分の質量分率に換算し,三角座標に記入する.測定点をつないで溶解度曲線を引く.水主成分側とトルエン主成分側の溶解度曲線が一致しない,データ点がばらついているなどの問題があれば,必要な追試を行う.

2) 連結線の求め方　連結線は2相分離した両相の組成を結んだ線である.よって,さまざまな組成の2相領域の溶液を調製し,上相および下相の組成を求めれば,連結線を引くことができる.ただ,簡便な方法で濃度を測定できるのは酢酸だけ(中和滴定で可能)であり,3成分系の組成を求めるには情報が一つ足りない.そこで,2相分離した上相および下相の組成が溶解度曲線上にあるという事実を利用する.すなわち,上相および下相に含まれる酢酸の質量分率を示す直線と溶解度曲線との交点が各相の組成となる.ただし,この交点は上相,下相についてそれぞれ2点でき,どちらの交点が正しい組成にあたるかは一義的には決まらない.しかし本実験では,純液体の密度を考えればわかるように,上相がトルエンを多く含む相であるので,それに矛盾しないような上相,下相の組成の組合わせを選択できる.それでも決まらない場合は,もとの混合液の組成点が連結線上に乗るということを参考にする.具体的な実験手順は以下の通り.

表17・1に示した4種類の組成の混合液を$100\ cm^3$三角フラスコに約$60\ cm^3$調製する.表17・1において,組成は質量分率で与えられているが,各成分の必要体積を計算し,ビュレットを使用して調製する.これらの混合液の入った三角フラスコを密栓し,十分に振り混ぜた後,フラスコの首まで25℃の恒温槽に浸漬しておく.このとき,三角フラスコがひっくり返らないようにフラスコの首の部分におもりをのせる.しばらく恒温槽中にフラスコを静置し,混合液が完全に2相に分離するのを待つ.

つぎに,上相の酢酸濃度を測定する.まず,中和滴定用の0.5および$2\ mol\ dm^{-3}$の水酸化ナトリウム水溶液(正確な濃度をシュウ酸水溶液による中和滴定で測定したもの)を用意する.つぎに,ピペットを使って上相から5〜$10\ cm^3$をあらかじめ秤量しておいた三角フラスコにとり,質量を測定する.上相の量が少なく,ピペットによる吸い出しが困難な場合には,溶液を$100\ cm^3$三角フラスコから$50\ cm^3$三角フラスコに移し換える.取出した上相液中の酢酸量を中和滴定(水酸化

表 17・1 連結線を求めるための混合液の組成(単位は質量分率)

水	トルエン	酢酸
0.4	0.4	0.2
0.3	0.4	0.3
0.2	0.4	0.4
0.1	0.4	0.5

ナトリウム水溶液を使用，指示薬はフェノールフタレイン）により求める．溶液中の酢酸濃度が低いときには $0.5\ \mathrm{mol\ dm^{-3}}$，高いときには $2\ \mathrm{mol\ dm^{-3}}$ の水酸化ナトリウム水溶液を使用する．滴定中に溶液が2相に分離する場合は，メタノールを加えて1相にする．

つぎに，下相の酢酸濃度を測定する．まず，上相をピペットでできるだけ取除く．新しいピペットを用意し，上相の残液がピペットに入らないようにしながら，ピペットの先端を下相中に入れて，下相液を $5\sim10\ \mathrm{cm^3}$ 吸い上げる．ピペットの外面についた液を拭いとった後，ピペット内の下相液を秤量済みの三角フラスコにとり，質量を測定する．上相の場合と同様の方法で下相中の酢酸濃度を決定する．

初めに述べた方法で両相の組成を測定し，連結線を引く．もとの混合液の組成点が実際に連結線上に乗っているか確認する．著しくずれているようであれば，必要な追試を行う．

3）等温臨界点の求め方　　ここまで得られたデータを参考にし，等温臨界点の組成を求めるための方法を考えよ．必要なら追加の実験を行って，等温臨界点の組成の溶液を実際に調製し，臨界たんぱく光を観察せよ．

❏ **実験上の注意**　　混合液は，やむをえない場合を除き，常に恒温槽に浸しておくこと．温度が変わると相図も変わってしまう．調製した3成分系溶液から試料が蒸発するのを防ぐために，ガラス栓を使用する．水酸化ナトリウム水溶液は大気中の二酸化炭素を吸収するので，しっかり栓をして保存する．酢酸は水を吸収しやすいので，実験の間できるだけ栓をして大気になるべく触れないようにする．

❏ **応用実験**　　上記の実験をほかの温度（35 ℃，45 ℃）でも行う．異なる温度の結果を一つの三角座標上にプロットし，比較する．

18 気体の圧縮因子

❏ **理　論**　気体の圧縮因子 Z は pV_m/RT で与えられる．ここで，p は気体の圧力，V_m は気体のモル体積，R は気体定数，T は熱力学温度である．理想気体では $Z=1$ となるので，圧縮因子は実在気体の非理想性を表す指標となる．低圧ではすべての気体は理想気体のようにふるまうが，圧力が高くなるとしだいに圧縮因子は 1 からずれていく．特に臨界点付近では，圧縮因子は著しい減少を示す．

ファンデルワールス気体の状態方程式は，理想気体の状態方程式に，分子間相互作用を表す因子 a と，気体分子の排除体積に相当する因子 b を取込んでおり，臨界点付近の気体の性質もよく表すことができる．

$$\left(p + \frac{a}{V_m^2}\right)(V_m - b) = RT$$

図 18・1 に，臨界温度（$T_c=304.21$ K）における二酸化炭素の実在気体，理想気体，ファンデルワールス気体の圧縮因子をそれぞれ示す．物質の臨界挙動は，物質の種類によらない普遍的性質である．ファンデルワールス気体の状態方程式も，換算温度 τ，換算圧力 π，換算体積 ϕ（それぞれ臨界温度 T_c，臨界圧力 p_c，臨界モル体積 V_{mc} で，温度 T，圧力 p，モル体積 V_m を割ることで得られる）を使って，普遍的な状態方程式に書き換えられる．ファンデルワールス気体では，臨界点における圧縮因子 Z_c は，0.375（$=3/8$）である．

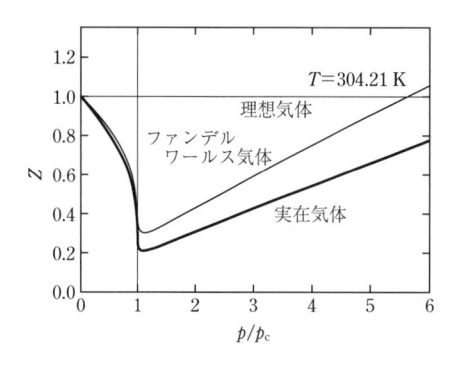

図 18・1　二酸化炭素の臨界温度（$T_c=304.21$ K）における圧縮因子（$p_c=7.3825$ MPa）

18. 気体の圧縮因子

$$\pi = \frac{8\tau}{3\phi-1} - \frac{3}{\phi^2}$$

[実 験] 等温条件下で，高圧ガス容器に充填した二酸化炭素の圧力，モル体積を測定し，圧力の関数として圧縮因子を求める．

❏ **器具・試薬** 高圧ガス容器（10 cm^3，ストップバルブ付），ダイヤフラム式圧力計（10 MPa），室温を測るための温度計，高圧ガス配管，直示てんびん（最大秤量 200 g，感量 0.1 mg），減圧調整器（ボンベ圧のガスの取出し口付），二酸化炭素およびアルゴンガスボンベ（それぞれ 10 dm^3），空気恒温槽（必要に応じて）．

❏ **操 作** 化学実験室では，しばしば種々のガスを，高圧ガスボンベ（シリンダー）から適当な圧力に減じ取出して利用する．高圧ガスボンベは，化学においては日常的に利用する実験器具であるが，操作を間違えると，甚大な事故につながる可能性もある．実験にあたっては，付録 A17 高圧ガスの取扱い を参照しながら操作を行う．

1) **高圧ガス容器の容積の測定** はじめに，高圧ガス容器を秤量する．ただし，気体を充填する前の容器にも室温，大気圧の気体が入っているので，理想気体であると仮定して，その質量を差し引き，空の容器の質量とする．つぎに，アルゴンガスボンベを高圧ガス配管に接続し（図 18・2），二酸化炭素の臨界圧力相当（約 7 MPa）のアルゴンガスを高圧ガス容器に充填する．このとき，容器と配管内の残留ガスをアルゴンに置換するために，アルゴンを 2 回充填放出してから，アルゴンを充填する．気体は，急激に圧力を変えると，断熱圧縮・断熱膨張によって，温度が大きく変動する．充填ガスの温度が室温

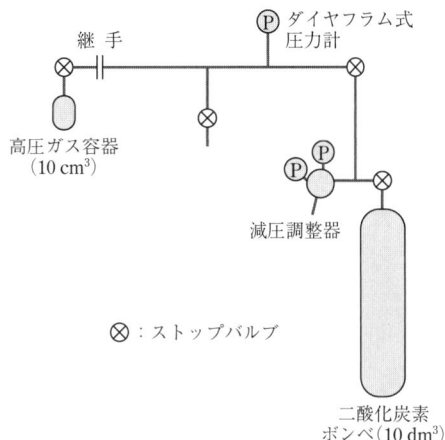

図 18・2 高圧ガス充填装置

18. 気体の圧縮因子

になるのを待って，圧力容器を圧力配管から切り離して秤量する．アルゴンの pV_mT の文献値[*1]から，測定された圧力，温度におけるモル体積を求め，測定したアルゴンの質量を使って，圧力容器の容積を導出する．

2) 室温における二酸化炭素の圧縮因子　　高圧ガス容器を高圧ガス配管に接続し，ボンベから二酸化炭素を容器に充塡する．容器から急激にガスを放出させると，容器の温度が下がる．冷たくなった容器に再び高圧の二酸化炭素を導入すると，容器内で二酸化炭素がすぐに液化してしまうので，注意を要する．たとえば，万一，容器内の二酸化炭素がすべて液体になってしまった状態で，容器のストップバルブを閉じてしまうと，液体が気化する空間を失うため，容器の温度変化によって二酸化炭素の圧力が容器の耐圧[*2]を越えてしまう可能性もあり危険である．したがって，容器へのガスの出し入れはゆっくりと行う．また，ガスを充塡して10分以上待ち，ガスが室温に戻ってから，圧力容器のストップバルブを閉じるようにし，閉じる直前の圧力を圧力計で読みとる．この実験操作の間に，室温が1K以上変動するようであれば，ガスの充塡操作は，空気恒温槽の中で行うべきである．

室温に戻った高圧容器を高圧配管から切り離し，てんびんで秤量する．空の容器からの増加分が，室温における充塡されたガスの質量である．この質量と高圧容器の容積を使って，ガスのモル体積を導出する．以上の操作を，二酸化炭素の飽和蒸気圧から大気圧まで，5〜6点くらいの圧力で行い，それぞれの圧力におけるガスのモル体積を求め，圧力の関数として，圧縮因子を表す．充塡するガスの圧力調整は，ボンベに接続した減圧調整器からガスを放出させることで容易に行える．

❏ 課　題　　実験で得られた二酸化炭素の圧縮因子をファンデルワールス気体の圧縮因子と比較せよ．

[*1] NIST Chemistry WebBook のデータベース (Thermophysical Properties of Fluid Systems: http://webbook.nist.gov/chemistry/fluid/) が便利である．

[*2] 圧力容器，圧力配管，圧力計，配管継手などの圧力装置部品にはすべて，耐圧が標記されているので，実験を始める前にそれを確認し，耐圧の範囲で実験を行う (付録 A17 参照)．また，ストップバルブは，高圧側と低圧側に接続する向きが決まっており，高圧側からの圧力に対して漏れがない構造になっている．

18. 気体の圧縮因子

❏ 応用実験

1) 圧力容器に約 5 cm^3 の水を入れておき，ここに二酸化炭素を充填して，高圧における二酸化炭素の水への溶解度を測定せよ．臨界圧力の二酸化炭素を導入しようとすると容器内で二酸化炭素が液化し，大きな測定誤差の原因となるので，臨界圧力以下のガスを導入するのがよい．また，水に二酸化炭素が溶解するには時間がかかる．二酸化炭素の圧力をかけて，20 分ごとに圧力容器を秤量し，一定に達したところで飽和したとみなす．

2) 圧力容器に二酸化炭素を充填した後，さらに高い圧力のアルゴンガスを押し込む．これによって，二酸化炭素・アルゴン混合物の圧縮因子を求め，純粋な成分の圧縮因子と比較せよ．その結果から，二酸化炭素とアルゴンの混ざり方について考察せよ．

19 一次反応の速度定数

❏ **理論**　化学反応の反応速度は温度，濃度などの影響を受けるが，温度が一定のときの反応速度は，反応物の濃度が時間に対して減少する割合で定義される．もし反応速度が反応物の濃度の1乗に比例するならば，その反応を一次反応という．すなわち，反応物 A の濃度を c_A とすると一次反応ではつぎの関係が成り立つ．

$$-\frac{dc_A}{dt} = kc_A \tag{19・1}$$

ここで比例定数 k を速度定数（rate constant）という．時間 $t=0$ および t における c_A の値をそれぞれ c_0, c とすると，（19・1）式より

$$\ln\frac{c}{c_0} = -kt \tag{19・2}$$

$$c = c_0 e^{-kt} \tag{19・3}$$

が得られる．c/c_0 は濃度比であるから，濃度に比例する量で置換することができる．

スクロース（sucrose）は水素イオンを触媒として加水分解し，次式に示すようにグルコース（glucose）とフルクトース（fructose）に転化する．

$$\underset{\substack{\text{スクロース}\\(+66.5)}}{C_{12}H_{22}O_{11}} + H_2O + H^+ \longrightarrow \underset{\substack{\text{グルコース}\\(+52.3)}}{C_6H_{12}O_6} + \underset{\substack{\text{フルクトース}\\(-92.3)}}{C_6H_{12}O_6} + H^+$$

なお，（　）内の数字は比旋光度（後述の説明参照）である．

この反応の反応速度は次式で表されることが知られている．

$$-\frac{dc_{\text{suc}}}{dt} = k' c_{\text{H}^+} \cdot c_{\text{suc}} \cdot c_{\text{H}_2\text{O}} \qquad (19 \cdot 4)$$

ここで，c_{suc}，c_{H^+}，$c_{\text{H}_2\text{O}}$ はそれぞれスクロース，水素イオン，水の濃度である．水を多量に使用すれば反応の間における水の濃度は一定と考えてよく，触媒濃度 c_{H^+} もその反応に関しては不変と考えられるので，結局，スクロースの転化反応速度はつぎのようになる．

$$-\frac{dc_{\text{suc}}}{dt} = k c_{\text{suc}} \qquad (19 \cdot 5)$$

一般に分子内に不斉炭素原子，あるいは分子不斉が存在する化合物の溶液は旋光性を示す．旋光性とは直線偏光した電磁波の偏光面を回転させる性質である．旋光角（偏光面の回転角度）の測定には旋光計（polarimeter）を用いるが，はじめブランクで消光位を求め，ついで光路に試料をおいたとき透過光に対して旋光計の解析偏光子（analyzer）を時計の針の進む方向に鋭角だけ回転して消光位を見いだした場合は（＋），逆方向に回す場合は（－）をつけて回転の方向を表し，消光位が（＋）の物質には右旋性（dextrotatory），（－）の物質には左旋性（levorotatory）と記す約束になっている．

旋光角を α，試料の濃度を c，光路の長さを l とすると，溶液の比旋光度 $[\alpha]$ はつぎのように定義される．

$$[\alpha] = \frac{\alpha}{lc} \qquad (19 \cdot 6)$$

$[\alpha]$ は温度，透過光の波長によって変化するので，たとえば 293.15 K（20 ℃）における Na-D 線による測定値は $[\alpha]_\text{D}^{20}$ と記載する．

さて，上記のスクロースの加水分解反応では，反応物，生成物のいずれもが旋光性をもち，旋光角はほぼ濃度に比例し，かつ溶液の旋光角は組成について加成性が成り立つので，反応開始後の時間が 0，t，∞ における旋光角を，それぞれ α_0，α_t，α_∞ とすれば，(19・3)式と (19・5)式から，つぎの関係が導かれる．

$$\ln(\alpha_t - \alpha_\infty) = \ln(\alpha_0 - \alpha_\infty) - kt \qquad (19 \cdot 7)$$

19. 一次反応の速度定数

19. 一次反応の速度定数   または

$$\log(\alpha_t - \alpha_\infty) = \log(\alpha_0 - \alpha_\infty) - \frac{kt}{2.303} \tag{19・8}$$

[**実　験**]　スクロースの転化速度を旋光計を用いて測定せよ．

❏ **器具・薬品**　検糖計（saccharimeter），20 cm の測定管（セル），恒温槽一式，スクロース，2 mol dm^{-3} 塩酸，100 cm^3 三角フラスコ 2，100 cm^3 メスシリンダー，Na ランプ，バーナー，上皿てんびん

❏ **装置・操作**　スクロース溶液の濃度測定に用いる偏光計を特に検糖計という．図 19・1 にリッピヒ（Lippich）検糖計の構造を示す．偏光子（polarizer）P と解析偏光子 A との間に試料を入れる測定管（セル）C があり，C と P との間に補助偏光子 N がある．試料をおかずに光を入れると，光は P により直線偏光となり，さらに A の偏光方向を P の偏光方向に直角におくと，完全に消光する．この状態で C に旋光性物質を入れて光路におくと，光は C によって偏光面が回転し，A を先の位置から左，右いずれかの方向に回転しなければ消光しなくなる．しかし消光位の正確な判定はかなりむずかしいので，実際の測定には補助偏光子を使用する．補助偏光子 N は P に対して偏光方向を角度 ε だけ傾けて設置され，かつ，視野の右半分にくる光は補助偏光子を通るようになっており，視野の右半分と左半分の明暗の比較から消光位が正確に求められる．比旋光度が

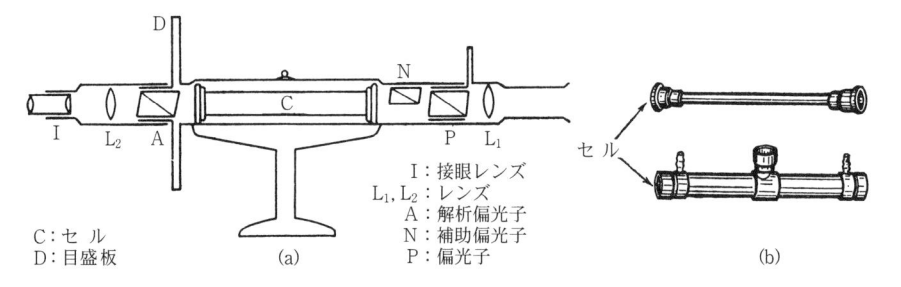

I：接眼レンズ
L$_1$, L$_2$：レンズ
A：解析偏光子
N：補助偏光子
P：偏光子
C：セル
D：目盛板

図 19・1　リッピヒ検糖計

0の物質をセルに入れた場合を例にとって消光位の求め方を説明しよう．Aを回転してPと直角におけば（図19・2a），AとPのみを通過する光は消光し，視野の左半分は暗黒になる．NはPとεの角をなすので，Nを通る光はある程度消光するが，右半分の視野は暗黒にならない．Aを回転していくと視野の左半分と右半分の明るさが等しくなり（図19・2b），さらにNとAの偏光方向が直角になると，右半分の視野が暗黒になる（図19・2c）．すなわち解析偏光子Aを(a)の位置からεだけ回転して(c)の位置へもってくると視野の暗黒の半円は左から右へ移る．視野の右半分と左半分が同じに明るく，また同じに暗くなった点を，求める消光位とするが，通常後者の方が判定しやすい．εを小さくすると(b)の位置を求める感度はよくなるが，視野の明るさの比較が困難になるので，εの大きさは測定しやすいように調節しておく．

19. 一次反応の速度定数

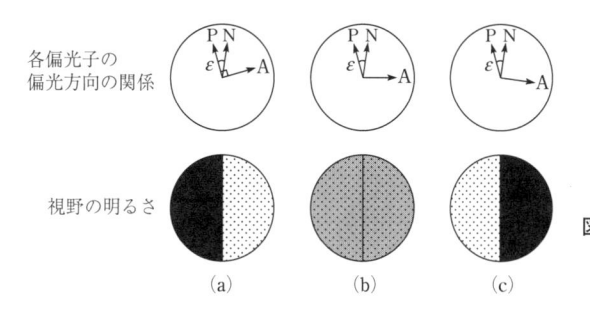

図19・2 補助偏光子による消光位の決定

測定は一定温度で行うべきで，セルに水が循環する装置が望ましいが，ここでは試料を入れたセルを恒温槽に浸し，旋光角測定のときだけ恒温槽より出す方法を説明する．スクロース10gを約20 cm³の水に少し温めて溶かし，メスシリンダーに移し，水を加え30 cm³にする．スクロース溶液，同体積の2 mol dm⁻³塩酸，および空のセルを恒温槽で一定温度にしておく．ナトリウムランプを点灯し，検糖計の中にセルを入れずにゼロ点を測定する．接眼レンズを前後させてピントを合わせてから，左右の半円が等しく暗くなる角度を求める．これを繰返し，すみやかに再現性良く測

19. 一次反応の速度定数

定できるようにしておく．装置が振動などの影響を受けるとゼロが変化することがあるので，反応途中でもときどき検糖計のゼロ点を測定し，その変動の有無を確かめる．糖および塩酸溶液を混合し，手早く移しかえて反応を開始させる（塩酸濃度が重要なので正確に希釈する）．少量の試料でセルを洗浄してから試料を入れて，旋光角 α を手際よく測定する．このとき少量の気泡をセルの太い部分にため，測定部分は液で満たす．セルのふたをするときは，力を入れすぎてセルを破損しないよう取扱いに注意する．セルの窓をよく拭いて測定する．セルの有無でピントが変化する．初めの 1 時間くらいは 10 分おきに時間 t における旋光角 α_t を測定する．A を止めてセルを恒温槽に戻すまでの操作はできるだけすみやかに行い，角度はそのあとでゆっくり読みとればよい．反応初期では A を止めた時刻を秒まで記録する．実験中に α_t を図に記入していくと異常をただちに発見でき，測定間隔も適当に設定することができる．またスクロースが半減するのに要するおよその時間から，反応完結に要する時間の目安をたてることができる（半減時間の 8 倍で 0.4% になる）．反応完結後に測定して α_∞ を決め，(19・7)式の対数プロットを行い，その傾きから k を求める．k には反応条件（温度および塩酸濃度）を併記する必要がある．

　もし，反応完結まで待てない場合，時間 T をおいて同じような 2 組の測定を行う．その結果がつぎのようになったとする．

時間	t_1	t_2	$\cdots$	t_i	$\cdots$	t_n	t_1+T	t_2+T	$\cdots$	t_i+T	$\cdots$	t_n+T
旋光角	α_{t_1}	α_{t_2}	$\cdots$	α_{t_i}	$\cdots$	α_{t_n}	α_{t_1+T}	α_{t_2+T}	$\cdots$	α_{t_i+T}	$\cdots$	α_{t_n+T}

(19・7)式より，

$$\alpha_t - \alpha_\infty = (\alpha_0 - \alpha_\infty)e^{-kt}$$

となるので，$t=t_i$, t_i+T を代入すると，

$$\alpha_{t_i} - \alpha_\infty = (\alpha_0 - \alpha_\infty)e^{-kt_i} \tag{19・9}$$

$$\alpha_{t_i+T} - \alpha_\infty = (\alpha_0 - \alpha_\infty)e^{-k(t_i+T)} \tag{19・10}$$

が得られる．(19・9)，(19・10)式より，

19. 一次反応の速度定数

$$a_{t_i} - a_{t_i+T} = (a_0 - a_\infty)\mathrm{e}^{-kt_i}(1 - \mathrm{e}^{-kT})$$
$$\ln(a_{t_i} - a_{t_i+T}) = -kt_i + \ln\{(a_0 - a_\infty)(1 - \mathrm{e}^{-kT})\}$$

または

$$\log(a_{t_i} - a_{t_i+T}) = -\frac{kt_i}{2.303} + \log[(a_0 - a_\infty)(1 - \mathrm{e}^{-kT})]$$

となるので，$(a_{t_i} - a_{t_i+T})$ の対数を t_i に対してプロットすれば，直線が得られ，その傾きから k が求められる．

測定を終了後，セルをただちに水洗し，スクロースの乾燥，固結を防ぐ．時間があれば，塩酸の濃度や温度を変えて測定を繰返し，速度定数を比較する．

❏ **実験上の注意** 　反応速度の測定には温度，触媒の存在などの影響が大きい．常に一定温度における測定が望ましく，また容器についている不純物が，たとえ少量でも触媒作用があるときは大きな影響を与えるので，容器内を清潔にする．この場合のような均一触媒反応では，触媒を反応物質と均一に混合することが非常に大事であるから，試料の調製のときに注意する．測定温度，実験に使える日数に応じて塩酸の濃度を変えて反応速度を調節すればよい．

❏ **参　考** 　比旋光度 $[\alpha]$ は一般に濃度，温度によって変化するが，スクロースの場合はこの変化は比較的小さく，つぎのような実験式で表される．

$$[\alpha]_\mathrm{D}^{20} = +66.412 + 0.01267c - 0.000376c^2 \qquad (c = 0 \sim 50\ \%)$$
$$[\alpha]_\mathrm{D}^{(T/\mathrm{K})-273.15} = [\alpha]_\mathrm{D}^{20} \times [1 - 0.00037\{(T/\mathrm{K}) - 293.15\}] \qquad (T = 287 \sim 303\ \mathrm{K})$$

上式の c はスクロースの質量％濃度で $[\alpha]_\mathrm{D}^{293.15\mathrm{K}}$ を求めるには $c = 5 \sim 30\ \%$ の溶液の値を $c \to 0$ に補外して求める．$[\alpha]$ はまた波長によっても異なる．これを旋光分散と称し，スクロースの場合はつぎのようなドルーデ (Drude) の式で表される．波長 λ の単位は μm である．

$$[\alpha]_\lambda = \frac{21.948}{\lambda^2 - 0.0213}$$

H^+ による触媒反応の速度は (19・4) 式に示したように H^+ の濃度に比例する．前述の速度定数と H^+ の濃度 $[\mathrm{H}^+]$ との関係は，$k = k_{\mathrm{H}^+}[\mathrm{H}^+]$ で表される．k_{H^+} を触媒係数といい，反応に特有な定

19. 一次反応の速度定数

数である．k_{H^+} が既知ならば反応速度を求めることによって，この中の $[H^+]$ を求めることができる．この方法は pH 測定の触媒法といい，最も精密に pH を測定できる方法の一つである．

❏ **応用実験**　スクロースの転化反応は反応の進行に伴い，水が消費され，全体の体積が収縮するので，膨張計を用いて時間の経過に伴う体積変化を測定しても，反応速度を求めることができる．膨張計としては，25 cm^3 の比重瓶とその栓に 0.1 cm^3 のメスピペットを接合させたものを用いるとよい（図 19・3）．ここでのスクロース濃度では，体積が約 0.3 ％ 減少する．水の熱膨張率は 30 ℃ で 0.0003 K^{-1} であり，膨張計は恒温槽中に保って測定する．反応開始時には膨張計の最上部まで液を満たさないといけないので，あらかじめ練習しておく．先の旋光角測定の代わりに膨張計の読み（V_t）を解析に用いる．反応完結時の読みを V_∞ とすると $V_t - V_\infty$ がスクロースの濃度に比例する．この場合は測定の間隔を旋光角の測定よりも短くできるので，温度を上げるなどによって，半減時間を 10 分未満になるようにした場合でも解析が可能である．

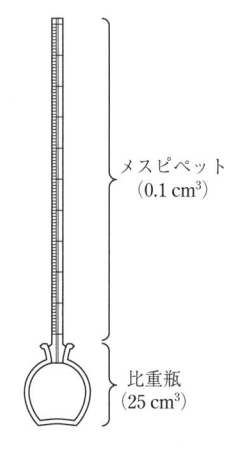

図 19・3　膨張計

メスピペット（0.1 cm^3）

比重瓶（25 cm^3）

二次反応の速度定数 20

❏ **理　論**　　液相中の反応物 A と B の濃度を [A], [B], 生成物 C と D の濃度を [C], [D] で表せば，反応

$$A + B \longrightarrow C + D$$

の進行速度，$v = -d[A]/dt = -d[B]/dt = d[C]/dt = d[D]/dt$ が，[A] と [B] の積に比例し，$v = k_2[A][B]$ と表せる場合，この反応は二次反応であるという．反応速度 v が，反応物の濃度に関して二次の項によって表されるという意味である．比例定数 k_2 はこの反応の与えられた温度における反応速度定数である．

測定開始時の各成分の濃度，一定時間後の各成分の濃度，および十分時間がたった後の各成分の濃度がそれぞれつぎのようであるとする．ただし，測定開始時の A 成分の濃度は B 成分に比べ過剰であるとする．

時間＼成分	A	B	C	D
0	b	$b - b_\infty$	0	0
t	$b - x$	$b - b_\infty - x$	x	x
∞	b_∞	0	$b - b_\infty$	$b - b_\infty$

二次反応速度式は，このような条件下では，

$$\frac{dx}{dt} = k_2(b - x)(b - b_\infty - x) \tag{20・1}$$

となる．この微分方程式は変数分離形であり，つぎのように容易に解くことができる．

20. 二次反応の速度定数

$$\int \frac{\mathrm{d}x}{(b-x)(b-b_\infty-x)} = \int k_2 \,\mathrm{d}t + C \qquad (20・2)$$

左辺の積分は

$$\int \mathrm{d}x \frac{1}{(b-x)(b-b_\infty-x)} = \int \mathrm{d}x \frac{1}{b_\infty}\left(\frac{1}{b-b_\infty-x} - \frac{1}{b-x}\right) = \frac{1}{b_\infty}\ln\frac{b-x}{b-b_\infty-x}$$

となる．(20・2)式の右辺の積分定数 C は，境界条件 $t=0$, $x=0$ より

$$C = \frac{1}{b_\infty}\ln\frac{b}{b-b_\infty}$$

と決まる．したがって (20・2)式よりつぎの関係が導かれる．

$$\frac{1}{b_\infty}\ln\frac{(b-b_\infty)(b-x)}{b(b-b_\infty-x)} = k_2 t \qquad (20・3)$$

二次反応速度定数 k_2 は図20・1に示すように (20・3)式の左辺を縦軸に，時間 t を横軸にプロットすれば直線の傾きとして求められる．

反応速度定数の温度依存性を表すアレニウス (Arrhenius) の式，

$$k = A\exp\left(-\frac{E}{RT}\right)$$

または

$$\ln k = \ln A - \frac{E}{RT} \qquad (20・4)$$

を用い，図20・2のようにいろいろな温度において測定された速度定数の対数を測定温度の逆数に対してプロットする．その直線の傾きから，気体定数 R の値を用いれば，反応の活性化エネルギー E が求められ，縦軸を切る点から頻度因子 A が求められる．アレニウス式は広い温度範囲にわたって必ずしも成り立つとは限らないので，E の値にはその決定を行った温度範囲を書き添えることが望ましい．

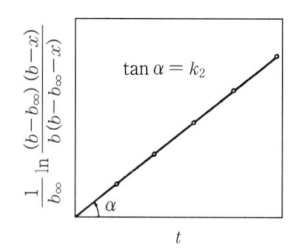

図 20・1 二次反応速度定数の決定

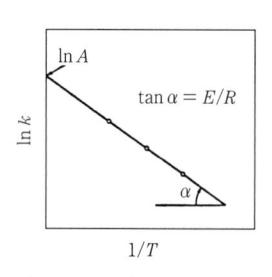

図 20・2 速度定数と温度の関係

20. 二次反応の速度定数

[**実験 1**]　二次液相均一反応の一例として，酢酸エチルのアルカリ水溶液中の加水分解反応が二次反応速度式に従って進行することを確かめる．さらに異なる温度における反応速度定数を測定して反応の活性化エネルギーを求める．

❏ **器具・薬品**　恒温槽（温度の変動±0.1℃），鉛板おもり付き 500 cm³ 三角フラスコ（図 20・3 を参照）2，300 cm³ ビーカー数個，ビュレット 1，50 cm³ ホールピペット 2，25 cm³ ホールピペット 1，1 cm³ ピペット 1，0.1 mol dm⁻³ 塩酸，0.1 mol dm⁻³ 水酸化ナトリウム，酢酸エチル，フェノールフタレイン指示薬，マグネチックスターラー（滴定用）1

❏ **実験上の注意**　反応物中のアルカリイオン濃度を，酢酸エチルに比べて大きくとれば (20・3) 式が適用され，アルカリイオン濃度の時間的変化から二次反応速度定数が求められる．

❏ **操　作**　実験としては，各時刻における水酸化ナトリウムの濃度を測定すればよい．ただし，この反応はかなり速いものであるから，各時刻に一定量の溶液を取出し，これを過剰の塩酸で中和して反応を止めてしまってから逆滴定して最初にあった水酸化ナトリウムの量を知るようにする．

500 cm³ の三角フラスコの一方に，ピペットを用いて約 200 cm³ の蒸留水と約 0.3 cm³ の酢酸エチルを入れ，また他方には同じく 200 cm³ の水酸化ナトリウム水溶液（約 1/40 mol dm⁻³）を入れ，恒温槽中に放置する．一方，300 cm³ のビーカーに 0.1 mol dm⁻³ の塩酸を 50 cm³ 正確にピペットで秤取し，これを数個恒温槽のそばに並べておく．酢酸エチルおよび水酸化ナトリウム溶液の温度が恒温槽の温度に等しくなったら両者を混合し，約 5 分放置してから，この混合液より 50 cm³ をピペットで吸い出し，塩酸の入っているビーカーに注ぎ込む．そしてピペットの中の液が約半分流れ出たとき時計を見て，この時刻を測定の開始時，$t=0$ とする．ビーカー中の残りの塩酸の量を水酸化ナトリウムで滴定して決め，これから $t=0$ のときの水酸化ナトリウムの濃度 b を求める．

このようにして $t=0$ での測定が終わったのち，約 5 分ごとに（測定温度が高いときには測定間隔を短く，また温度が低いときには長くとる），同様に反応液中の水酸化ナトリウム濃度を測定する．数回測定して三角フラスコ中に 100 cm³ くらいの溶液が残ったところで，実験を中止して三角

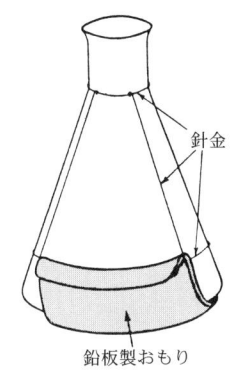

図 20・3　反応用器（500 cm³ 三角フラスコ）

20. 二次反応の速度定数

フラスコを密栓し,翌日まで放置する[*1].こうしておくとエステルは完全に加水分解されてしまうから,翌日残存する水酸化ナトリウム濃度を求め,これを b_∞ とする.

このような測定を 0 ℃~40 ℃[*2] の範囲において少なくとも三つの温度を選んで行う.

❏ **結果の整理**　必要な水酸化ナトリウム濃度の測定値がそろったら,すでに述べたように (20・3)式の左辺の値を求め,これを時刻 t に対してプロットして k を定める.あるいは最小二乗法[*3] を用いて k を計算する.

濃度の単位には mol dm^{-3},時間の単位には秒を選ぶのがふつうである.

つぎに異なる三つの温度において求められた k の値の対数を,これもすでに述べたように,測定温度(熱力学温度に換算しておく)の逆数に対してプロットすれば傾きと切片から E と A が求められる.

❏ **注　意**　この反応は温度が高いときにはかなりすみやかに進行する.そのため温度が高いときには,アルカリとエステルを混合したら,できるだけすみやかに実験を始めることが望ましい.

また,エステルの加水分解は酸によっても触媒される.それにもかかわらず,アルカリによって進行している反応系を過剰の酸の中に投入することにより反応を止めることができるのは,この反応に対する酸の触媒作用がアルカリに比べてはるかに小さいためである.ただし,反応が完全に停止したわけではないのであるから,逆滴定による酸の中和はできるだけ早く行った方がよい.

[**実験 2**]　ここでは,逆滴定により反応速度定数を求めるのとは異なった方法でエステルの加水分解反応の速度定数を求める.ここで取上げる方法では,pH メーターとパソコンの組合わせにより水酸化物イオン濃度 [OH$^-$] の時間変化を測定する.この方法の特色は,原理的には測定系の

　[*1]　測定温度が高い場合,必ずしも翌日まで放置しなくてもよい.数時間以内にほとんど反応が終了する場合もある.
　[*2]　室温以下での実験では氷冷した水を恒温槽の水に浸した銅製パイプ内にポンプで循環させ,0 ℃の実験はフレーク氷を用いて行う.
　[*3]　付録 A1 数値の処理 を参照のこと.

20. 二次反応の速度定数

電気応答とパソコンの読込みの処理速度で決まる速い測定が可能なことで,逆滴定の場合,試料取出しに 1～2 分要するのとは対照的である.したがって,高温あるいは高濃度条件下における速いエステルの加水分解を短時間の時間変化測定で求めることが可能であり,また測定後のデータ処理も容易となる利点がある.

❑ **理 論**　反応物の一つ,たとえば A を,ほかの成分 B に比べて大過剰濃度にすれば,[A] は反応中一定であるとみなせ,[B] の時間変化を知れば,ただちに反応速度定数を求めることができる.このような条件下の反応を擬一次反応といい,その速度定数 k_1' は,二次反応速度定数 k_2 とはつぎの関係がある.

$$v = k_2[\text{A}][\text{B}] = k_1'[\text{B}] \tag{20・5}$$

ここで $k_1' = k_2[\text{A}]$ である.時刻 $t=0$ および t における B の濃度を c_B および $c_\text{B}-x$ とすれば,その速度式は

$$\frac{\mathrm{d}x}{\mathrm{d}t} = k_1'(c_\text{B} - x) \tag{20・6}$$

となる.この微分方程式を解けば,

$$k_1't = \ln\frac{c_\text{B}}{c_\text{B} - x} \tag{20・7}$$

と書ける.よって,

$$k_2 t = \frac{1}{c_\text{A}}\ln\frac{c_\text{B}}{c_\text{B} - x} \tag{20・8}$$

となる.ただし,c_A は A の初期濃度である.

❑ **測 定**　pH メーターとパソコンによる測定法の概略図を図 20・4 に示す.恒温槽内に反応容器として用いる鉛板製おもり付きビーカー (300 cm^3) を三脚上に固定する.かき混ぜのためビーカー底面下方に水中用マグネチックスターラーを取付ける.水酸化ナトリウム濃度 [OH$^-$] は pH メーターのガラス電極で時間の関数として測定する.pH メーターの出力信号は,インター

20. 二次反応の速度定数

フェース（たとえば，RS232C）を経てパソコンに取込む．測定終了後，XY プロッター（またはプリンター）への出力あるいは，反応進行のシミュレーションなどのデータ処理を必要に応じて行う．pH メーターによる反応速度測定フローチャートを図 20・5 に示す．ただし，pH メーターからの信号を直接レコーダーに出力し，データ処理を行うことも可能である．

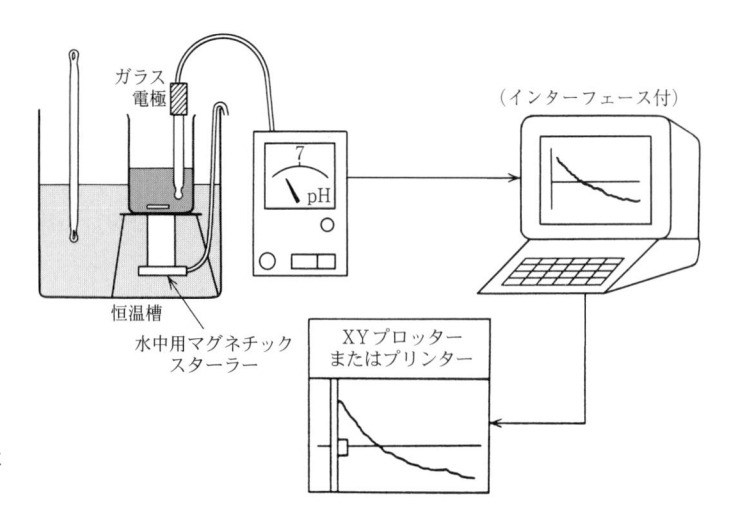

図 20・4　pH メーターによる反応速度測定の概略図

❏ **器具・薬品**　　pH メーター，インターフェース，制御用パソコン一式，XY プロッター（またはプリンター），水中用マグネチックスターラー，標準緩衝溶液（pH 9 と pH 7）

❏ **実験上の注意**　　強アルカリ性溶液はガラス電極には好ましくないので水酸化ナトリウムの初期濃度は $0.001\ \mathrm{mol\ dm^{-3}}$ 以下とし，エステル濃度は，反応速度を高めるために大過剰とすれば測定値の処理が容易となる．pH 値の読込み時間間隔は秒単位で入力する．1 秒以下の速い測定では，pH メーターの時定数の関係からあまり高い信頼性は得られない．

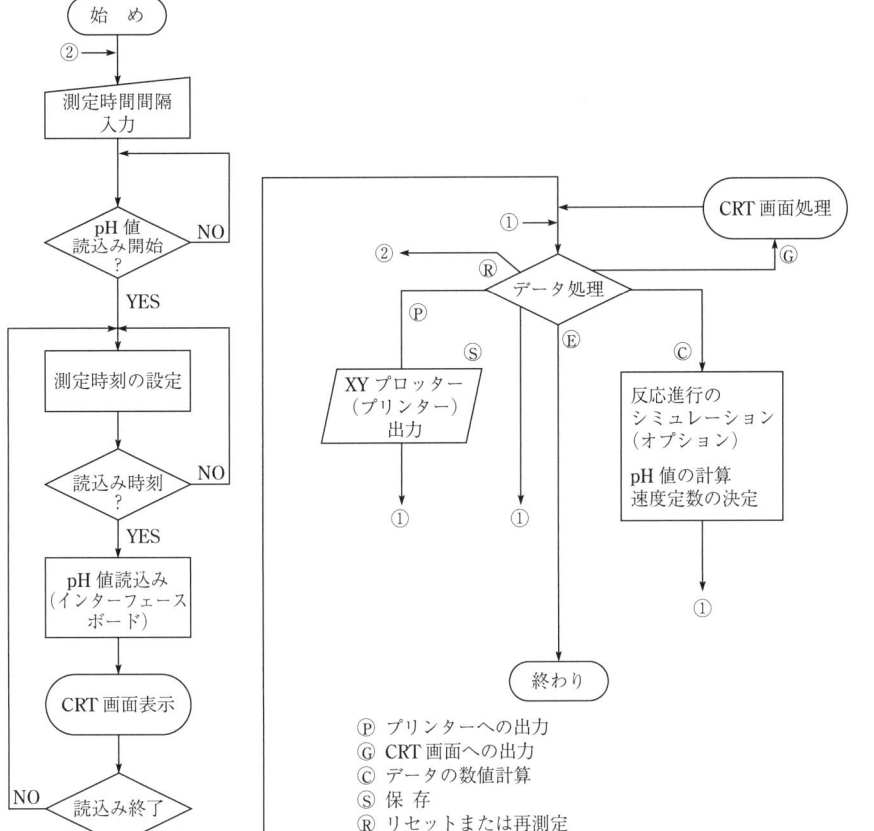

20. 二次反応の速度定数

図 20・5 pH メーターによる反応速度測定フローチャート

20. 二次反応の速度定数

❏ **操　作**　　酢酸エチルの濃度を正確に測定する．この際，その濃度は $0.1\, \mathrm{mol\, dm^{-3}}$ 程度が望ましい．この溶液 $100\, \mathrm{cm^3}$ を恒温槽内の反応容器ビーカーに入れる．他方，水酸化ナトリウム水溶液（約 $0.001\, \mathrm{mol\, dm^{-3}}$）$100\, \mathrm{cm^3}$ を三角フラスコに用意し，両成分ともに恒温槽内で一定温度に保っておくつぎに，pH メーターのガラス電極を反応容器にセットし，かき混ぜスターラーを回す．反応開始時刻を明確にするため，水酸化ナトリウム溶液を混合するまでに，測定時間を1〜数秒と定め図 20・5 に示したフローチャートに従って作成したプログラムを走らせておく．パソコンがはたらいている状態で，三角フラスコの水酸化ナトリウム $100\, \mathrm{cm^3}$ を反応ビーカーにすばやく加える．すると pH の上昇により出力画面上に急激な立上がりが見られる．以降測定を続け，反応速度計算に必要とする測定点数が得られた時点で測定を終了し，XY プロッター（またはプリンター）へ出力する．つぎに，理論で述べた解析方法に従い，反応速度定数を求める．逆滴定の実験 (p. 143, 実験 1) で得られた結果と比較検討する．また，温度を変えて反応速度定数を求めることにより，この方法から反応の活性化エネルギー E と頻度因子 A を求めることもできる．

❏ **注　意**　　pH メーターの感度は最大にし，ゼロ点調整つまみにより測定に適した pH 範囲に設定する．pH メーターの校正は2種類の標準緩衝溶液を用いてあらかじめ行う．

光触媒反応　21

❏ **理　論**　　一般に触媒反応の駆動力は熱であり，触媒の作用によって反応速度は大きくなる．一方，光触媒反応では半導体や錯体に光を照射することにより電子の温度だけが高くなった非平衡状態，すなわち電子励起状態が生じて反応は進行する．つまり，光を用いることにより局所的に温度の高い部分をつくることができるため，温和な条件下であっても熱力学的に起きにくい反応が進行するのである．平衡状態に近い状態で進行する通常の触媒反応とはこの点において大きく異なっている．また，光触媒反応は増感という点以外に特異な反応選択性という点からも注目される．光触媒にはさまざまなタイプのものが存在するが，本章では，光照射により電子的励起状態にある触媒物質が反応系に作用し，熱力学的に起きにくい反応をひき起こす例を取上げて，その反応機構について理解する．

　光触媒としては，半導体がよく用いられる．半導体では図 21・1 に示すように価電子バンド（valence band）と伝導バンド（conduction band）の間に禁止帯という領域がある．真性半導体では，この禁止帯中に電子が占有できるエネルギー準位は存在しない．この点で導体である金属と

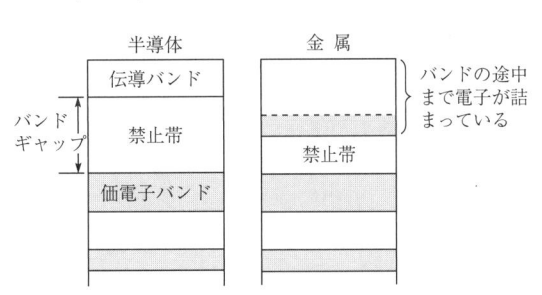

図 21・1　半導体ならびに金属のエネルギーバンド

21. 光触媒反応

は大きく異なっている.金属では図 21・1 に示すように電子が途中までしか詰まっていないエネルギーバンドをもっている.半導体において伝導バンドの下端と価電子バンドの上端のエネルギー差をバンドギャップといい,半導体の電気的・光学的特性がそれで決まる.つまり,バンドギャップは光触媒反応の特性を決める重要な量となっている.

さて,このような半導体にバンドギャップよりも大きなエネルギーをもつ光が照射された場合にどうなるであろうか.光の照射により,図 21・1 の価電子バンドから電子が伝導バンドに励起される.この励起により電子(e_{cb}^-)と正孔(h_{vb}^+)が生成する.生成した電子・正孔が半導体-溶液界面で起こる化学反応に寄与するためには,それが半導体内部から界面に拡散してくる必要がある.多くの半導体の場合,光の照射によって半導体表面から半導体バルク内部の $10^2 \sim 10^3$ nm 程度のところまで電子・正孔励起が起こっていると考えられている.電子・正孔がこの領域から化学反応の起こる界面に到達する過程は拡散過程であり,主として半導体のバンドの特性により決まる.また,この拡散過程は電子・正孔が格子欠陥サイトなどへ捕捉される程度にも支配されている.捕捉サイトの濃度が高いときには電子と正孔の再結合の確率も大きくなり,表面に到達して化学反応に寄与する電子と正孔の数は減少するため光触媒反応の反応効率は低下することになる.また,再結合の確率すなわち光触媒反応の効率は半導体微粒子の粒径にも依存している(応用実験 4)参照).

半導体-溶液界面では,半導体の特性(n 型,p 型など)や溶液の酸化還元電位に応じて図 21・2 に示されるような空間電荷層が生じる.この図 21・2 に示されるように空間電荷層ではエネルギーバンドが曲がっており,表面近くで起こる光励起により生じた正孔や電子は電位勾配に従って,それぞれ表面や固体内部の方に移動する.したがって図 21・2 のような場合には正孔が反応系に加えられた酸化剤と反応する確率は増大する.反対に固体内部に移動する電子では界面で起こる化学反応に寄与する機会が減少することになる.反応効率の良い半導体光電極反応のような例では,電子は外部回路を経て金属電極に導かれてそこで還元反応に寄与することとなる.つまり,酸化反応(正孔の寄与する反応)は半導体-溶液界面で,還元反応(電子の寄与する反応)は金属電極上で起こるわけである.半導体ならびに空間電荷層の特性により酸化還元の起こる場所が入れ替わることもある.このように電荷分離が効率良くひき起こされる点が光電極反応における反応の高効率性を

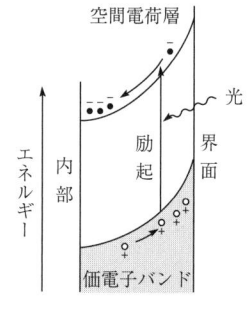

図 21・2 半導体表面にできる空間電荷層

もたらしている．このような反応の高効率性をもたらす好条件は，本章で取扱う粉末状の半導体光触媒の場合には容易に達成されない．しかし，微粒子光触媒系であっても半導体粉末に微量の金属を添加すると電荷分離がある程度実現する（応用実験3）参照）．図21・3に示すように微粒子による場合には半導体微粒子の光照射面では溶液との界面に拡散してきた正孔により酸化反応が起こり，金属部分では拡散してきた電子により還元反応が起こるわけである．

本章では，光触媒としてn型半導体の二酸化チタン（TiO_2）を取上げ，酢酸（CH_3COOH）/酢酸ナトリウム（CH_3COONa）混合水溶液の光分解反応について調べる．二酸化チタン粒子-溶液界面ではつぎのような素反応が起こっていると考えられる．

$$h_{tr}^+ + CH_3COO^- \longrightarrow CH_3\cdot + CO_2$$
$$e_{tr}^- + CH_3COOH \longrightarrow H_{ads} + CH_3COO^-$$
$$e_{tr}^- + CH_3\cdot + CH_3COOH \longrightarrow CH_4 + CH_3COO^-$$
$$2\,CH_3\cdot \longrightarrow C_2H_6$$
$$2\,H_{ads} \longrightarrow H_2$$
$$CH_3\cdot + H_{ads} \longrightarrow CH_4$$

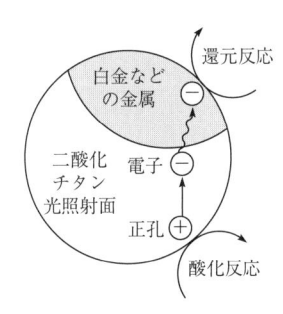

図 21・3　二酸化チタン粉末光触媒における電荷分離

h_{tr}^+：表面に捕捉された正孔，e_{tr}^-：表面に捕捉された電子，H_{ads}：表面に吸着したH原子

バンドギャップが3.0〜3.3 eVのn型半導体二酸化チタン粉末にバンドギャップより大きなエネルギーをもつ光を照射すると，前述したように

$$(TiO_2) + h\nu \longrightarrow e_{cb}^- + h_{vb}^+$$

により伝導バンドに電子（e_{cb}^-）が，価電子バンドに正孔（h_{vb}^+）が生じる．図21・2で説明したバンドの曲がりにより電子・正孔は分離拡散する．表面に捕捉された正孔（h_{tr}^+）・電子（e_{tr}^-）がこの一連の反応素過程に寄与するわけである．

この酢酸/酢酸ナトリウム混合水溶液の光分解反応の初期ステップでは

$$CH_3COO^- + h_{tr}^+ \longrightarrow CH_3COO\cdot \longrightarrow CH_3\cdot + CO_2$$

という反応が起こっている．本章ではこの初期ステップで生じる二酸化炭素に着目し，種々の反応条件下での二酸化炭素生成量を比較し，光触媒反応の機構について理解する．

21. 光触媒反応

[実 験] 酢酸/酢酸ナトリウム混合水溶液ならびに酢酸水溶液におけるアナタース型二酸化チタン粉末触媒による光分解反応について調べよ．

❏ **装置・薬品** 反応装置（図 21・4），スターラー，ヒーター，水銀キセノンランプ，ガスクロマトグラフ，アナタース型二酸化チタン，酢酸，酢酸ナトリウム，純水

❏ **装置・操作** 反応装置一式は図 21・4 に示してある．

1) 反応容器に，pH が 3～4 となるように調製した酢酸/酢酸ナトリウム水溶液 100 cm^3 とアナタース型二酸化チタン（バンドギャップ 3.0 eV）粉末 600 mg ならびにスターラー用の撹拌子を入れ，反応装置にセットし，よくかき混ぜる．酢酸/酢酸ナトリウム水溶液は，酢酸ナトリウム三水和物 13.61 g を水に溶かし，これに酢酸 60 cm^3 および水を加えて 1000 cm^3 に調製すると pH 約 3.7 となる．恒温槽に温水を入れ，反応容器を浸し，溶液の温度が 55 ℃ 程度になるように設定しておく．反応容器ならびに恒温槽の露光面は光を透過できるようになるべく薄くしておく．水銀キセノンランプを点灯する．点灯後数分間たって光度が一定になるのを待つ．待っている間，反応容器に光が当たらないようにシャッターを入れておく．また，ランプは，光がまわりに散乱しないようにランプハウジングに入れ，覆っておく．実験中，裸眼で水銀キセノンランプを見ないように注意する．さらに，ランプ点灯時には電極に高電圧を印加しており，点灯中にはランプがかなりの高温となるので，感電ややけどなどに注意をし，ランプを取扱う必要がある．つぎに，安定化した水銀キセノンランプのシャッターを開き，反応容器に集光照射し，一定時間露光する．二方コック 2 を閉じたまま，二方コック 1 を開きポンプにより排気する．気体取出し容器を真空にしたのち，二方コック 1 を閉じる．露光終了後ランプの

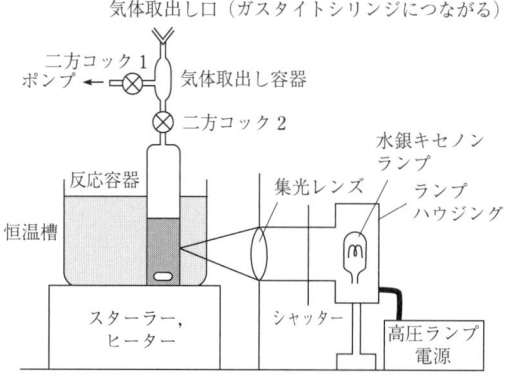

図 21・4 光触媒反応装置

シャッターを閉めて反応により生じた気体を二方コック2を開き気体取出し容器に移す．気体取出し口にはガスタイトシリンジが接続されている．生成物をガスタイトシリンジを用いて一定量取出してガスクロマトグラフにより二酸化炭素を定量する*．ガスクロマトグラフのカラム充填剤にはPorapak Qなどの二酸化炭素を分離できるものを用いる．以上の操作を露光時間を1～4時間の範囲で変えて繰返すことにより二酸化炭素生成量の露光時間依存性を測定する．

ブランク（対照実験）として，本実験で調製した酢酸/酢酸ナトリウム混合水溶液 $100\ cm^3$ を反応容器に入れ，二酸化チタン粉末を加えないで，上述の方法と同じように一定時間露光し，二酸化炭素の生成量を調べる．光触媒を入れる場合と入れない場合を比較し，光触媒の役割を確認する．

2) 反応容器に酢酸 $90\ cm^3$ と純水 $10\ cm^3$ の混合水溶液を入れ，二酸化チタン粉末 $600\ mg$ を加えてよくかき混ぜる．その後，1)と同様にして二酸化炭素生成量の露光時間依存性を測定する．1)の結果と比較し，溶液のpHなどによる反応性の違いがあるかどうかを調べる．

❏ 応 用 実 験

1) 操作1)において露光時間を1～4時間の範囲内で一定にして加える二酸化チタン粉末の量を変えてみて二酸化炭素の生成量を調べる．

2) ルチル型の二酸化チタン（バンドギャップ $3.2\ eV$）粉末を用意できれば操作1)と同様の実験を行い，触媒の構造により反応性の違いがあるのかどうかについて検討する．ルチル型の二酸化チタンは，アナターゼ型二酸化チタンを空気中において $1100\ ℃$ で26時間加熱することにより生成する．

3) 白金原子を数％含有するアナターゼ型二酸化チタン粉末が用意できれば，それを用いて操作1)と同様の実験を行い，理論で述べた電荷分離の程度により反応性がどのように変化するかを検討する．

4) 粒径の異なるアナターゼ型二酸化チタン粉末が用意できれば，粒径による光触媒反応性の違いについて検討する．

＊ 生成したガスを，水酸化バリウムで飽和した $1\ mol\ dm^{-3}$ 水酸化ナトリウム水溶液中に通し，沈殿した炭酸バリウムを沪過定量する方法もある．

22 表面張力

❏ **理論** 雨滴や水銀滴の例からもわかるように,空気と接する液体はその自由表面の面積をできるだけ減少させようとする傾向がある.この現象は,液体内部の分子は四方八方から統計的に均一な引力を受けているが,これに対して表面の分子にとっては液体の外側からの引力に比べて液体内部からの引力の方が強いために起こる.したがって液体と気体の界面の面積を増加させるためには,界面の分子を液体内部へ引き込んで界面の面積を減少させようとする力に抗して仕事をしなければならない.逆にいえば液体の自由表面は,液体内部よりも大きなギブズエネルギーをもつことになる.この過剰のギブズエネルギーを表面ギブズエネルギー (surface Gibbs energy) といい,SI 単位では [J m^{-2}] で表す.すなわち,界面の単位面積あたりの過剰のギブズエネルギーであるが,これは次元のうえでは [N m^{-1}] を単位にとることと同等であるので,液体表面の単位長さに作用し,界面に平行で,界面の拡張に反抗する応力という意味で表面張力 (surface tension) ともいう.表面張力を γ とすると,液体の表面積 A を dA だけ拡張するときに表面に対してなされる仕事 dw は表面のギブズエネルギーの変化 dG に等しく,つぎの関係が成り立つ.

$$dG = dw = \gamma dA \qquad (22 \cdot 1)$$

溶媒に溶質を溶解させると,溶質の種類によって溶液の表面張力が純溶媒のそれより減少する場合と,増加する場合とがある.表面張力を減少させる溶質を界面活性物質,表面張力を増加させる溶質を界面不活性物質という.2 相の界面におけるある物質の濃度(存在割合)が相の内部と異なる場合に,その物質は界面に吸着されたという.界面での濃度が相の内部よりも大であれば正吸着,小であれば負吸着という.一般に界面活性物質は界面に正吸着している.界面活性物質の分子は極性(親水性)部分と非極性(疎水性)部分から成り立っており,水溶液中では溶液の内部で周囲を水分子に囲まれているよりも界面に移った方が安定であるから,正吸着するものと考えられる.界

面不活性物質としては無機塩類，糖類があり，界面に負吸着している．

界面活性物質の水溶液の界面付近の各成分の濃度を界面に垂直な方向の距離の関数として模式的に表すと図22・1のようになる．溶質の吸着は有限の厚さをもつ界面領域で起こる．図に示すように界面相の位置を定義すれば，溶質の濃度曲線の下の斜線の部分の面積が吸着量を表している．界面相は厚さが0の面から成る仮想的な相で，実際は界面領域にわたって存在する溶質物質が，あたかも界面相だけに存在するものとして理論的取扱いを簡単にするのである．添字1は溶媒，添字2は溶質，添字σは界面を表すものとする．界面全体における吸着量をn_2，界面の大きさをAとすれば，表面過剰濃度c_2^σはn_2/Aによって与えられる．

界面活性物質の水溶液を，各成分が二つの相とその境界の界面相に分布する系で近似すれば，界面相のギブズエネルギーの微少変化dG^σは，つぎのように表される．

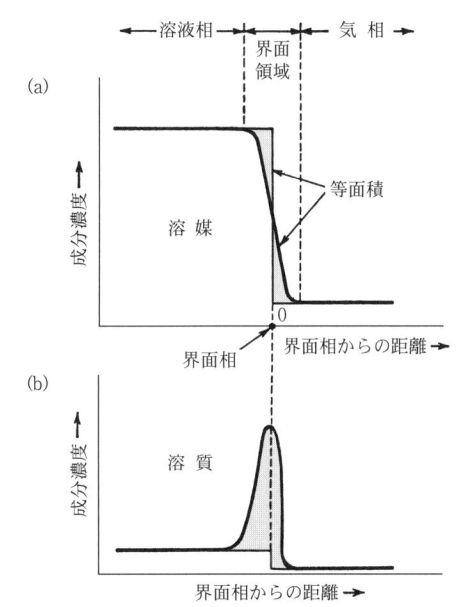

$$dG^\sigma = -S^\sigma dT + \gamma dA^\sigma + \mu_1 dn_1 + \mu_2 dn_2 \qquad (22 \cdot 2)$$

ここでμは各成分の化学ポテンシャルである．一定温度のもとでは，$dT=0$であり，(22・2)式にオイラー (Euler) の定理を適用して積分すれば，

$$G^\sigma = \gamma A^\sigma + \mu_1 n_1 + \mu_2 n_2$$

となる．したがって完全微分は，

$$dG^\sigma = \gamma dA^\sigma + A^\sigma d\gamma + \mu_1 dn_1 + n_1 d\mu_1 + \mu_2 dn_2 + n_2 d\mu_2$$

22. 表面張力

図 22・1 (a) 界面相の定義，(b) 吸着量の定義

22. 表面張力

となり、これを (22・2) 式 (ただし、$dT=0$) と比較すれば、つぎの関係が求められる.

$$A^\sigma d\gamma = -n_1 d\mu_1 - n_2 d\mu_2 \qquad (22\cdot3)$$

あるいは

$$d\gamma = -c_1^\sigma d\mu_1 - c_2^\sigma d\mu_2 \qquad (22\cdot3')$$

界面相では定義により $c_1^\sigma=0$ であるから、あらためて $c_2^\sigma \equiv \Gamma_2$ とおけば (22・3') 式は、

$$d\gamma = -\Gamma_2 d\mu_2 \qquad (22\cdot4)$$

となる. Γ_2 は表面過剰濃度である. 一方, μ_2 は溶液中の溶質の活量 a_2 を用いて

$$\mu_2 = \mu_2^\circ + RT \ln a_2 \qquad (22\cdot5)$$

で与えられる. ここで μ_2° は標準状態 ($a_2=1$) における化学ポテンシャルである. (22・5) 式を (22・4) 式に代入すれば,

$$d\gamma = RT\Gamma_2 d\ln a_2$$

となり、したがって,

$$\Gamma_2 = -\frac{1}{RT}\frac{d\gamma}{d\ln a_2} \qquad (22\cdot6)$$

が得られる. この式をギブズの吸着等温式 (adsorption isotherm) という.

界面活性物質の水溶液では濃度が CMC* 以下ならば、活量と濃度の間につぎの関係がある.

$$\frac{d\ln a}{d\ln c} = 2(1-0.6\sqrt{c}) \qquad (22\cdot7)$$

ここで濃度 c はモル濃度 (molarity, 単位: $\mathrm{mol\ dm^{-3}}$) で表すものとする. したがって、(22・7) 式を (22・6) 式に代入すれば,

$$\Gamma_2 = -\frac{1}{2\times 2.303 RT(1-0.6\sqrt{c})}\frac{d\gamma}{d\log c} \qquad (22\cdot8)$$

---

* CMC は臨界ミセル濃度 (critical micelle concentration), すなわち界面活性物質水溶液の濃度の増加による表面張力の低下がもはや急激ではなくなる濃度のことで、この濃度以上ではミセルが生成し始める. 温度と物質の種類によって決まり、ふつうは $0.001 \sim 0.1\ \mathrm{mol\ dm^{-3}}$ 程度である.

22. 表面張力

となり，種々の濃度で表面張力を測定することによって表面過剰濃度 Γ_2 を求めることができる．Γ_2 の逆数は吸着分子の占有面積を表し，通常 [nm²/分子] を単位に用いて表される．

　液体，溶液の表面張力の測定法には数種の異なる方法があるが，本実験では液適法の一種である滴重法 (drop-weight method) を用いる．図 22・2 に示すように外径 $2r$ の毛管から質量 m の液滴がまさに落下せんとする瞬間を考えると，液滴にかかる重力と管の先端の周囲にわたって鉛直方向に上向きにはたらく表面張力が釣り合っているとみなせるから，つぎの式が成り立つ．

$$mg = 2\pi r \gamma \qquad (22 \cdot 9)$$

ここで，g は自然落下の加速度である．しかし実際には，管の先端における液滴の表面は鉛直ではなく，また生じた液滴の一部が落下するにすぎないので，これを補正するためにハーキンス (Harkins) の補正因子 ϕ を用いると，表面張力は次式から求められる．

$$\gamma = \frac{mg}{2\pi r}\phi \qquad (22 \cdot 10)$$

ϕ は $r/V^{1/3}$ の関数であって，毛管上昇法による結果と比較して決められる．V は液滴 1 個の体積である．ϕ の値を表 22・1 に示す．

表 22・1 ハーキンスの補正因子

$r/V^{1/3}$	ϕ	$r/V^{1/3}$	ϕ	$r/V^{1/3}$	ϕ
0.00	1.0000	0.70	1.6412	1.15	1.5608
0.30	1.3780	0.75	1.6578	1.20	1.5302
0.35	1.4263	0.80	1.6667	1.225	1.5255
0.40	1.4645	0.85	1.6688	1.25	1.5335
0.45	1.4994	0.90	1.6672	1.30	1.5622
0.50	1.5349	0.95	1.6572	1.35	1.6051
0.55	1.5718	1.00	1.6398	1.40	1.6575
0.60	1.6000	1.05	1.6183	1.45	1.7102
0.65	1.6205	1.10	1.5923	1.50	1.7627

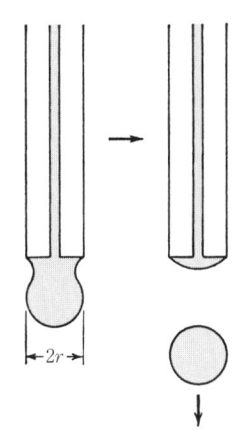

図 22・2 液滴の落下

22. 表面張力

[実験] ドデシル硫酸ナトリウム (SDS) 水溶液の表面張力を種々の濃度で測定し，表面過剰濃度 Γ_2 を算出する．

❏ 器具・薬品　マイクロメーター1，注射器1，20 cm^3 秤量瓶6，ゴム栓（大）1，同（小）1，100 cm^3 メスシリンダー1，100 cm^3 共栓フラスコ6，500 cm^3 ビーカー2，50 cm^3 ビーカー2，漏斗2，肉厚毛管（内径0.5 mm，外径7 mm 程度）1，ガラス管（直径8 mm くらい）1，SDS 0.5 g，カーボランダム（No. 800 と No. 3000）少量，研磨用ガラス板1

❏ 準備　まず測定装置を自作する．ガラス器具はあらかじめ十分清浄しておく．ガラス肉厚毛管を20 cm くらいの長さに切取り，切り口の突出した部分をやすりで落としてから水で湿らせたカーボランダムで，軽やかな力を均等にかけながら時間をかけて磨き，長さの方向に垂直な面をきれいに仕上げる．力を入れすぎると，周囲が欠けて管の外側まで濡らすことになり，管の外径が不正確になるから注意する．

つぎにこの肉厚毛管を用いて図22・3に示す装置を組立てる．A, A′ は 20 cm^3 の秤量瓶で，図のように2箇所で曲げた毛管Bと2本のガラス管をゴム栓で取付ける．毛管の下端の高さの差は2 cm 程度にする．左側のガラス管には注射器をゴム管で連結し，クランプで固定する．本体はCの位置で，クランプで固定する．

精秤した SDS を蒸留水に溶かして一定体積の水溶液にすることによって，約 0.015 mol dm^{-3} の SDS 水溶液をつくり，これを順次希釈して約 0.002, 0.001, 0.0005, 0.00025, 0.0001 mol dm^{-3} の

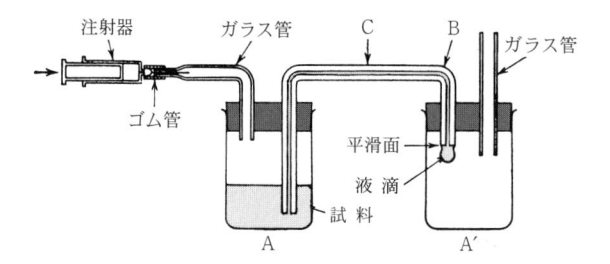

図 22・3　測定測置

水溶液を 50 cm³ ずつつくる．イオン交換水には有機不純物が残っている可能性があり，これは水の表面張力を著しく低下させるので，必ず蒸留水を使わねばならない．また，SDS 溶液を希釈する場合，起泡すると体積測定が不正確になるので，起泡しないよう注意する．

❏ **測 定**　測定を始める前に装置内部を蒸留水で洗浄する．毛管の内部を洗浄するには A に蒸留水を入れ，注射器で A′ へ押し出せばよい．毛管の水分を沪紙でよく拭きとり，A, A′ の秤量瓶を新しいものに取替え，A の方に蒸留水を入れる．これは水の表面張力から毛管の外径を実験的に正確に決めるためである．A′ の秤量瓶はあらかじめ秤量しておく．注射器を押して毛管の先端に水滴をつくる．このとき，落下直前の状態まではふつうに操作してよいが，いったん落下直前の状態になれば 5 分間放置し，静かに滴下させる．これを 10 回繰返して A′ の秤量瓶を秤量し，10 滴分の質量を求める．新しい秤量瓶を A′ につけて同様の滴下を 5 回繰返し，5 滴分の質量を求める．先の 10 滴分の質量からこれを差引けば，5 滴分の正確な質量が求まる．つぎに毛管の切り口の外径をマイクロメーターで測定して r を求め，これと先の水滴の重さと水の密度の文献値から求めた 1 滴分の体積 V とから ϕ を表 22・1 で求め，純水の表面張力の文献値と 1 滴の質量とともに (22・10) 式に代入して r を求める．この r ははじめにマイクロメーターで測って求めた値とは若干異なるはずである．つぎにこの新たに求めた r を用いて同様の手続きを繰返し，r の値がもはや変化しなくなれば，この r を以下の測定の計算に用いる．

A と A′ を新しいものに取替え，A には最も濃度の低い試料を入れ，水の場合と同様に 10 滴と 5 滴の質量を求める．測定前に毛管の内部の水分は注射器で空気を送って除いておくのはもちろんであるが，念のため試料を通過させて残った水分の影響をなくしておく．測定は薄い試料からしだいに濃い試料へと進めていく．

こうして，濃度 c の関数として 1 滴の質量 m が決まれば，試料は非常に薄いので密度は純水のそれに等しいと仮定して 1 滴の体積を算出し，ϕ を求め，表面張力 γ を求める．γ を $\log c$ に対してプロットし (22・8) 式によって Γ_2 を計算する．

❏ **実験上の注意**　$1/\phi$ を $r/V^{1/3}$ に対してプロットしたとき，$1/\phi$ が極小近くになるような $r/V^{1/3}$ の範囲 (0.76〜0.95) に実際の $r/V^{1/3}$ がくるように毛管を選ぶことができれば，$r/V^{1/3}$ の

22. 表　面　張　力

変化による $1/\phi$ の変動が小さいので最もよい結果が得られる．

　器具類の界面不活性物質による汚染を避けることはもちろんであるが，本実験では特に界面活性物質が混入しないように注意しなければならない．

　試料を落下直前に5分間放置するのは液滴を熟成させるためである．時間をかけて液滴の形が一定になるのを待ってから落下させる．熟成に要する時間は溶液の種類によって違いが大きい．

　❏ **応用実験**　　本実験よりさらに濃度の高い範囲まで表面張力を測定すれば，CMC を決めることができる．

表　面　圧　23

❏ **理　論**　　清浄な水面上にステアリン酸のような長鎖脂肪酸の溶液を1滴落とすと，すぐに広がって，溶媒は蒸発し，後にステアリン酸の薄膜ができる．水面の面積が十分に広ければ，この薄膜を1分子の厚さまで薄くすることができ，この極限の薄膜を単分子膜（monomolecular film）という．ステアリン酸のように親水基と疎水基から成り，親水性と疎水性とが適当に釣り合っている物質は水面上で安定な単分子膜を形成する．

　水面の面積を変えられるように図23・1のような仕切板abをおき，左側は清浄な水面，右側は薄膜ができた水面とし，表面張力をそれぞれγ_Wとγ_Fとする．表面張力は，単位長さあたりにはたらく水面に平行な力であるから，γ_Wとγ_Fに差があれば，仕切板は，

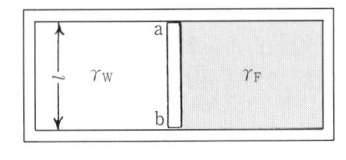

図 23・1　表面圧と表面張力

$$(\gamma_W - \gamma_F)l$$

の力を受ける．lは仕切板の長さである．一般に$\gamma_W > \gamma_F$なので，図23・1中，仕切板は左の方へ，つまり膜が広がる方向に力を受ける．単位長さあたりのこのような力，

$$\Pi = \gamma_W - \gamma_F \tag{23・1}$$

を表面圧（surface pressure）という．これはちょうど通常の三次元の気体の圧力と類似の量であって，薄膜は薄い極限では二次元的な気体であると考えてもよい．そして膜物質1 molあたり$pV=RT$と同様な$\Pi A=RT$の状態方程式が成り立つ．ここでAは薄膜の面積である．ΠをAに対してプロットすれば，三次元の場合と同様な状態図（図23・2）が得られる．この図ではGは気体に相当する状態で気体膜（gaseous film）という．圧縮すると二次元的な液化または固化が起こり，温度が高い領域では液体拡張膜（liquid expanded film）L_1となり，さらに圧縮すると液体凝縮膜（liq-

23. 表 面 圧

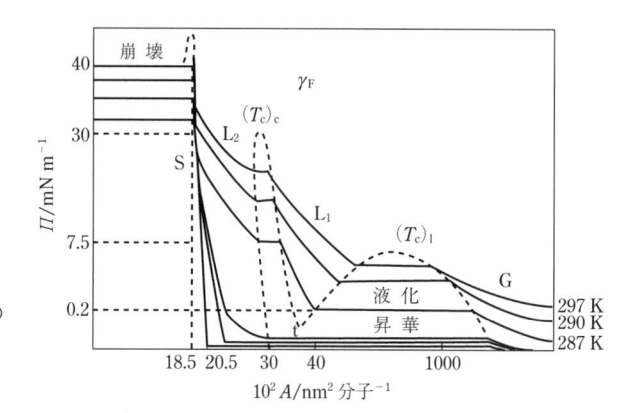

図 23・2 水面上の薄膜の状態図(ミリスチン酸の例)

uid condensed film) L_2 を通って固体膜（solid film）S に転移する．ただし，膜物質や温度によって，これらの状態がすべて現れるとは限らない．三次元の場合と同様に臨界点があり，液体に二つの状態がある場合は，図 23・2 のように二つの臨界点 $(T_c)_l$，$(T_c)_c$ が存在する．点 t は気体膜，液体拡張膜，液体凝縮膜が共存する三重点（triple point）である．図 23・2 において，固体膜 S の領域を $\Pi=0$ に補外して得られる面積 $A_{\Pi \to 0}$ は，ステアリン酸の場合，純粋な固体のステアリン酸について X 線回折によって求められた分子断面積に非常に近い値になる．このことから，固体膜ではステアリン酸分子が伸びた形で水面にほとんど垂直に立っていることがわかる．$A_{\Pi \to 0}$ を極限面積という．

さて，Π の測定方法については，図 23・1 の仕切板が受ける力をうき型表面圧計によって直接測定する方法か，(23・1) 式によって表面張力の差をつり板型表面圧計によって測定する方法の二つがある．この実験では，後者を用いる．その原理を図 23・3 に示す．S が水槽，B が面積 A を決めるための固定仕切板，P がつり板である．P はねじりばかりにつってある．表面張力によって P が受ける力を，ねじりばかりで測定する．P が上下方向に動くと，はかりの腕の支点に取付けた鏡 M が

回るので，光源 L からの光を M で反射させ，それでスケール R を照らせば，はかりのゼロ点は R 上の読み R から知ることができる．はかりの腕の他端の分銅皿 W に質量 W の分銅を載せ，R がゼロ点を示すように W を調整してもよいが，W は固定しておいてスケールの読みの差によって $\gamma_W - \gamma_F$ を直接知ることもできる．この場合は，R と W との関係を検定しておけばよい．すなわち

$$Wg = KR + C \tag{23・2}$$

の K と C を決定しておく．ここで g は重力加速度である．この検定は清浄な水面について一度行えばよい．つり板 P と液体との界面の長さを L (板の表裏があるので，板の長さの 2 倍) とすれば，

$$\Pi L = \frac{l_2}{l_1}\Delta Wg \tag{23・3}$$

であるから，

$$\Pi = \frac{l_2 K}{l_1 L}\Delta R \tag{23・4}$$

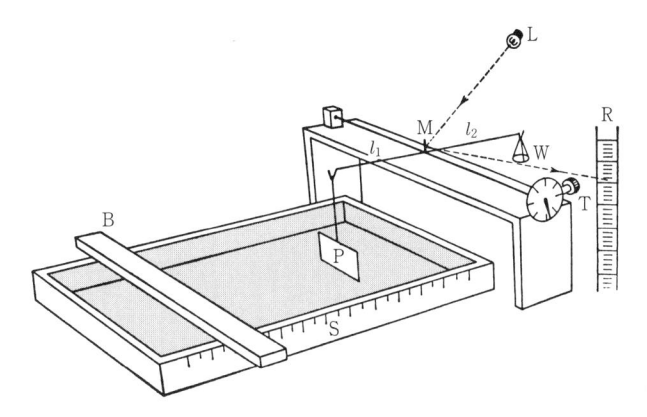

23. 表　面　圧

S: 水　槽
B: 仕切板
L: 光　源
M: 鏡
R, S: スケール
P: つり板
W: 分銅皿
T: ねじり角変化用把手

図 23・3 つり板型表面圧計

23. 表面圧

によって Π を計算できる．ここで，l_1, l_2 は，はかりの腕の長さ，ΔW と ΔR は，それぞれ，純水面のときと表面膜があるときの W と R の差である．

❏ **実験計画上の注意** うき型表面圧計は精密測定に適しているが，操作にやや熟練を要するので，本実験ではつり板型表面圧計を用いることとする．つり板型表面圧計を用いる場合は低圧部の精密測定よりも，高圧部の測定の方が重要であるから，30 mN m^{-1} 程度まで圧力を測定できるようにしておく．

溶媒は水面に展開した後はただちに蒸発するか，水中に溶解するかして，それ自身で表面をつくらないものでなければならない．よく用いられる溶媒を表 23・1 にあげておく．

表 23・1 溶媒の性質

溶媒	融点/K	沸点/K	298.15 K での水に対する溶解度/g kg(H$_2$O)$^{-1}$
ヘキサン	179	342	0.01
シクロヘキサン	279.7	354	0.07
ベンゼン	278.7	353	1.8
クロロホルム	209	334	8

[**実 験**] ステアリン酸とパルミチン酸の表面圧-面積（Π-A）曲線を求め，その極限面積（分子断面積）を決定する．

❏ **器具・薬品** つり板型表面圧計 1 式，水槽 1，仕切板 3，マイクロメーター付き注射器〔またはブロジェット（Blodgett）のピペット〕1，25 cm^3 メスフラスコ 2，温度計 1，ステアリン酸 13 mg，パルミチン酸 13 mg，精製溶媒（ヘキサンなど）50 cm^3，蒸留水 数 dm^3

❏ **準 備**

1) 水   水槽の水は，微量の有機物や金属イオンなどの混入に対して特に注意する必要がある．たとえば，10^{-8} mol dm^{-3} の Al^{3+} でも脂肪酸単分子膜に著しく影響することが知られている．した

がって，石英製またはガラス製蒸留器によって精製した再蒸留水を用いるのが望ましい．脱イオン水は界面活性物質が入っていることがあるので，使用を避けるべきである．なお活性炭は界面活性物質を除去するのに有効である．

  2) 溶媒　　展開物質を十分に精製すべきことはもちろんであるが，溶媒の精製も特に入念に行わなければならない．溶媒のみでは表面圧が現れないことをあらかじめ確かめておく必要がある．

  3) 水槽と仕切板　　水槽の大きさは $60 \text{ cm} \times 15 \text{ cm} \times 1 \text{ cm}$（深さ）程度が適当である．水槽の縁の厚さは 1 cm 程度がよい．簡単につくるにはメタクリル樹脂，またはガラスの板を接着剤（アラルダイトなど）ではり合わせればよい．縁全体を一つの平面に仕上げること，内側の縁の角に丸みをもたせぬこと，幅が均一であることに注意する．仕切板は $28 \text{ cm} \times 3 \text{ cm} \times 0.5 \text{ cm}$（厚さ）程度のガラス板が適当である．

　水槽および仕切板はパラフィンを塗布して撥水性にする．水槽および仕切板に熱湯を流しながら，きれいな布または脱脂綿でこすって清浄にし，暖かいうちに，高純度，高融点のパラフィンをベンゼンに溶解したものをきれいな筆で塗り，一夜，ごみのつかない場所で乾燥させる．このようにした水槽，仕切板は使用前に水道水を流しながら 20 分以上洗い，さらに蒸留水で洗ってから用いる．実験終了後ただちに水道水を流してよく洗浄する．水槽，仕切板が実験中あるいは水洗中に濡れやすくなったら，先に述べた操作でパラフィン付けをやり直す．

  4) つり板　　つり板としては薄いガラス板（顕微鏡のカバーガラス），表面を磨いた $20 \text{ mm} \times 20 \text{ mm} \times 0.2 \text{ mm}$（厚さ）程度の白金板などが用いられる．ガラス板はフッ化水素酸を用いて上端に孔をあけ，細い白金線でつるすか，同質の細いガラス棒を溶接する．白金板の場合は孔をあけ，白金線を板の上端につなげばよい．

　つり板は使用中常に水と接触角を 0 に保っていることが必要なので，その清浄には特に注意する．ガラス板は濃硝酸，または三リン酸ナトリウム水溶液などで洗浄し，蒸留水中に保存しておく．取出すには炎で焼いて清浄にしたピンセットを用いる．白金板は炎で焼くだけで清浄になる．

　つり板型表面圧計は，つり板と水の前進接触角は一定にならず，しかも正の値になるので，後退接触角を示す方向，つまり膜を圧縮する方向の測定にしか使用できない．

23. 表　面　圧

23. 表　面　圧

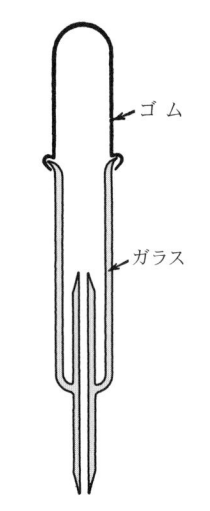

図 23・4　プロジェットのピペット

5) **膜の展開**　展開溶液の濃度はできるだけ希薄である方がよい(一般に 0.05% 以下)．最初の測定では，水槽面積の約 1/3 程度の圧縮で表面分子が最密充填面積になるようにする．一定容量を正確に広げるには図 23・4 に示したプロジェットのピペットを，任意の量を正確に広げるにはマイクロメーター付き注射器を用いる．

6) **その他**　単分子膜の実験は，ごく微量の不純物の存在によって，結果が著しく左右されるので，界面を汚染しないように細心の注意を払わなければならない．使用するガラス器具類は十分に清浄にし，実験準備中といえども水槽水に接する部分は直接手で触れてはならない．測定はちりよけの箱の中で行う．タバコの煙や油浴から出る蒸気は水面に膜をつくる性質があるから避けねばならない．振動のない静かな場所が実験に適している．

❏ **装置・操作**　展開物質約 12.5 mg を正確に秤量し，表 23・1 中のいずれかの溶媒に溶解した溶液 25 cm³ をあらかじめつくっておく．

まず水槽に蒸留水を満たし，縁からわずかに盛り上げる．水槽には温度計を入れておき，実験開始前と終了後の水温を測定する．水面は何らかの原因で汚れているおそれがあるので，つぎの手順で清浄にする．仕切板を水槽の一端（圧力計の側）に渡し，縁の上を静かにすべらせて他端へもってくる．第二，第三の仕切板で同様な操作を繰返して水面を掃き清める．不純物による表面圧が表面積を 1/5 まで圧縮したときに 0.2 mN m^{-1} 以下になる程度に清浄でなければならない．

ついで清浄にしたつり板を図 23・3 に示すようにつるして釣り合わせた後，分銅皿 W に分銅を載せ W と R の関係を求め，(23・4)式の K と C の値を決定する．

マイクロメーター付き注射器（またはプロジェットのピペット）に試料溶液をとり，静かに所要量の溶液を広げる．膜を展開するには，注射針の先端を水面につけてから，わずかに引き上げて，先端がまさに水面から離れようとする状態で，ゆっくりと溶液を水面に押し出す．または注射針の先端に溶液のしずくをつくり，つぎに針を下げてしずくを水面に接触させ，またこれを水面から離して，その先にしずくをつくってこれを水面に接触させるという操作を繰返してもよい．展開後 15～30 分たってから圧縮を開始する．膜を広げる前にスケールの読み R_0 を記録し，漸次膜の圧縮に伴う R の値を読みとり，$R_0-R=\Delta R$ から (23・4)式により Π を求める．圧縮に伴う膜面積の変化

は水槽に付属したスケール S により求める．圧縮はできるだけゆっくりと行うのがよい．圧縮を間欠的に行う場合には圧縮して一定の時間後（0～1分）に測定する．連続的に圧縮するときには標準の水槽で 1 cm min^{-1} 程度の速度で圧縮するのが適当である．表面圧の変化が大きくなってきたら，0.5 cm またはそれ以下の間隔で仕切板を移動して測定を行う．

以上のようにして求めた Π を展開物質の占有面積に対してプロットする．ステアリン酸，パルミチン酸は常温で凝縮膜をつくるので，図 23・5 に示すような Π-A 曲線が得られるはずである．

Π-A 曲線の高圧部分 a を $\Pi \to 0$ に補外した面積 $A_{\Pi \to 0}$（極限面積）を求め，これから最密充填状態における直鎖脂肪酸分子の水面における配向を考えよ．

❏ **応用実験**　種々の異なった pH の水槽水上にステアリン酸単分子膜を広げ，pH の影響を調べよ．pH を調節するには，HCl, NaOH（または NaHCO$_3$）を用いる．脂肪酸単分子膜は多価金属イオンと強く相互作用することが知られている．種々の異なった pH のもと，10^{-4} mol dm^{-3} BaCl$_2$, CaCl$_2$, CoCl$_2$, CuCl$_2$ などの水溶液上に，ステアリン酸単分子膜を広げて金属イオンの影響を調べ，どのような相互作用が起こっているかを考えよ．

同じ炭素数の不飽和脂肪酸は，二重結合が分子の中心部近くにあれば，一般に，シス型は拡張膜を，トランス型は凝縮膜を生じる．エルカ酸（シス型）と，ブラシジン酸（トランス型）の 10^{-3} mol dm^{-3} HCl 上における Π-A 曲線を求め，それらが著しく異なる理由を考えよ．

23. 表　面　圧

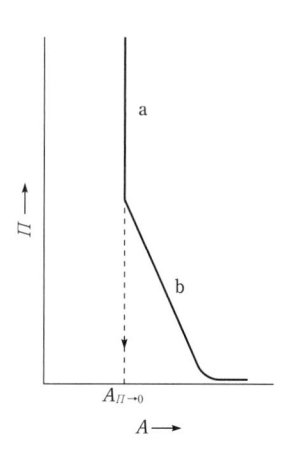

図 23・5　凝縮膜の表面圧-面積曲線

24 固体の表面積

　固体触媒を用いる接触反応では反応の場が触媒表面に限られるので,触媒活性を評価するためには触媒の表面積を知らねばならない.また吸着剤の能力を比較するときも表面積測定が必要である.
　そこで石油の接触分解の触媒や強力乾燥剤として用いられているゼオライトのうちで,ガスクロマトグラフ用の吸着剤として利用されているモレキュラーシーブ 5A の表面積を BET 法で測定する.

　❏ **理 論**　気体を固体に接触させ,一定温度で吸着平衡に到達させたときの吸着量(1気圧,25℃における体積)v と平衡圧 p との関係を吸着等温式という.代表的なものにラングミュア(Langmuir)の式がある*.

$$v = \frac{\alpha\beta p}{1+\alpha p} \qquad (24\cdot1)$$

α, β は定数である.(24・1)式は単分子層吸着を仮定して導かれたもので,後にブルナウアー(Brunauer),エメット(Emmett),テラー(Teller)(BET)が,これを多分子層吸着に対して以下のように拡張した.

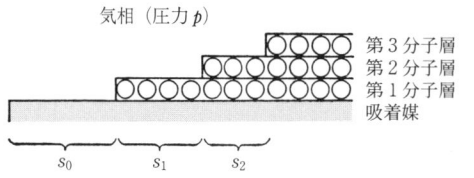

　いま気体と吸着媒が図 24・1 に示す状態で吸着平衡にあるものと考える.分子は積み重なって無限に吸着しうるものとして,吸着分子間に相互作用はないとする.各層に対してラングミュア式が成立すると仮定し,i 個の層で覆われている部分

図 24・1　BET 理論の吸着モデル

＊ ラングミュアの吸着等温式については,25 章の (25・2) 式を参照のこと.

の面積を s_i とする．s_0 は吸着分子が全くない裸の部分の面積である．第1層について考えると，気相から吸着して第1層に参加する確率は気相の圧力 p に比例するから，

$$a_1 p s_0$$

と書ける．一方，第1層の分子が気相に逃げる確率は，第1層の吸着エネルギーを E_1（これは気体分子と第1層分子とのエネルギー差である）とすると，

$$b_1 s_1 \exp\left(-\frac{E_1}{RT}\right)$$

である．平衡状態ではこの両者が等しいから，

$$a_1 p s_0 = b_1 s_1 \exp\left(-\frac{E_1}{RT}\right) \tag{24・2}$$

同様な式が他の層についても成り立つ．

$$a_i p s_{i-1} = b_i s_i \exp\left(-\frac{E_i}{RT}\right) \tag{24・3}$$

固体の全表面積 A は

$$A = \sum_{i=0}^{\infty} s_i \tag{24・4}$$

で与えられ，吸着気体の全体積 v は，

$$v = v_0 \sum_{i=0}^{\infty} i s_i \tag{24・5}$$

である．v_0 は表面がちょうど単分子層で覆われたときの単位面積あたりに吸着した気体の標準状態における体積である．$A v_0 = v_\mathrm{m}$ とおくと，

$$\frac{v}{A v_0} = \frac{v}{v_\mathrm{m}} = \frac{\sum i s_i}{\sum s_i} \tag{24・6}$$

v_m は単分子層をつくるのに必要な吸着量である．(24・6)式の和を計算するためつぎの仮定をおく．

$$E_2 = E_3 = \cdots\cdots = E_i = E_\mathrm{L} = 液化エネルギー \tag{24・7}$$

24. 固体の表面積

24. 固体の表面積

$$\frac{b_2}{a_2} = \frac{b_3}{a_3} = \cdots\cdots = \frac{b_i}{a_i} = g \quad (一定) \tag{24・8}$$

そうすると，

$$s_1 = ys_0 \quad ただし，\ y = (a_1/b_1)\,p\exp(E_1/RT)$$
$$s_2 = xs_1 \quad ただし，\ x = (p/g)\exp(E_\mathrm{L}/RT)$$
$$s_3 = xs_2 = x^2 s_1$$
$$s_i = xs_{i-1} = yx^{i-1}s_0 = cx^i s_0$$
$$ただし，\ c = y/x = (a_1 g/b_1)\exp\{(E_1 - E_\mathrm{L})/RT\}$$

これらを (24・6) 式に代入して無限級数の和をとれば，

$$\frac{v}{v_\mathrm{m}} = \frac{cx}{(1-x)(1-x+cx)} \tag{24・9}$$

これを BET 吸着式という．この無限層吸着のモデルによれば p が飽和蒸気圧 p_s になれば $v \to \infty$ にならねばならない．したがって $p = p_\mathrm{s}$ のとき $x = 1$ だから，$(p_\mathrm{s}/g)\exp(E_\mathrm{L}/RT) = 1$．ゆえに，

$$x = \frac{p}{p_\mathrm{s}}$$

(24・9) 式を実験的検討に便利なつぎの形に変える．

$$\frac{x}{v(1-x)} = \frac{1}{v_\mathrm{m} c} + \frac{c-1}{v_\mathrm{m} c} x \tag{24・10}$$

左辺を相対圧 x に対してプロットすれば直線を得る．その傾きは $(c-1)/v_\mathrm{m}c$，縦軸との交点は $1/v_\mathrm{m}c$ である．したがって v_m と c とが求められる．一般に BET 式は $0.05 < x < 0.35$ の範囲で実験とよく合い，$c \sim 100$ である．

　この多分子層吸着の形式は沸点付近における N_2, O_2, CO_2 など毛管凝縮を伴わない吸着について成立し，吸着媒の種類に関係しない．そこでゲル，粉体などの表面積の最も簡便で正確な測定法として用いられる．

　実験は液体窒素の大気圧における沸点で窒素の吸着量と平衡圧を測定するだけである．p_s は窒素

の沸点における飽和蒸気圧だから大気圧である．一連のデータを (24・10) 式に合わせて求めた v_m と窒素の分子断面積とから表面積が算出できる．

24. 固体の表面積

[**実　験**]　モレキュラーシーブ5Aおよび4Aに対する窒素ガスの吸着量を測定し，BET 式を使って表面積を求める．

❏ **器　具**　定容法吸着測定装置，窒素ガスだめ1，ヘリウムガスだめ1，デュワー瓶3，試料のモレキュラーシーブ5Aと4A，電気炉1，スライダック (10 A) 1，温度計2 (100 ℃ と 500 ℃)

❏ **装置・操作**　定容法吸着測定装置を図24・2に示す．吸着管Aはパイレックスガラスを用いて自作する．なおAの下部の吸着媒を入れるふくらんだ部分の真上には，液体窒素の液面を一定に保つための目印をつけておく．定容法は吸着前に装置内に取入れた窒素ガス量と吸着後に吸着されないで装置内に残った窒素ガス量を，吸着前後に測定した圧力より求め，その差から吸着量を求める方法である．したがって装置内の容積，すなわち死容積を正確に測定しておかなければならないが，これは吸着測定の後で行う方が簡単であるから，吸着測定から先に述べる．

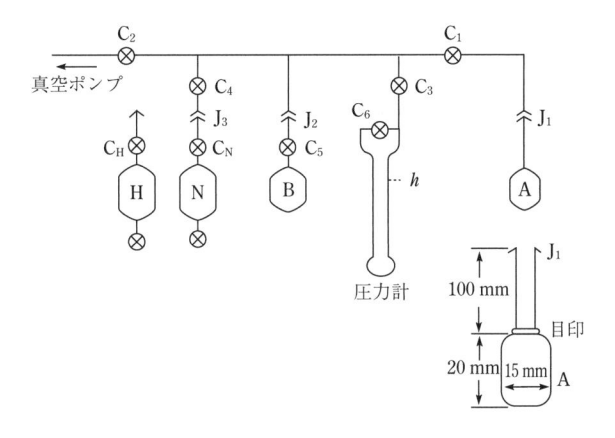

A：吸着管
B：ガスだめ
N：窒素ガスだめ
H：ヘリウムガスだめ
C：コック
J：ジョイント

図 24・2　定容法吸着測定装置

24. 固体の表面積

吸着管 A に約 0.5 g のモレキュラーシーブ 5A を入れ，ジョイント J_1 につなぐ．つぎに C_1 を開き J_2 を開放したまま電気炉を用いて吸着管を 400 ℃ で 1 時間加熱する．これはモレキュラーシーブに吸着している水を追い出すためで，この操作が不完全であると，排気の際に水蒸気のためモレキュラーシーブが飛散し，測定不能となる．ガスだめ B の容積（コック C_5 より下の部分）を水で測定し，乾燥してから J_2 につなぐ．つぎに，あらかじめ容器内の空気を排気し窒素ガスを充塡した窒素ガスだめ N を J_3 につなぐ．

A 内のモレキュラーシーブがすでに吸着している気体を脱着するため，以下の操作を行う．排気に先だって全部のコックが閉じてあることを確かめる．C_2, C_3, C_4, C_5, C_6 を開き排気する．C_2, C_4, C_5, C_6 を閉じる．つぎに C_1 を開き，水銀圧力計を見ながらできるだけゆっくりと A 内の空気を膨張させる．このとき，モレキュラーシーブが飛散しないよう C_1 は特に少しずつ開く注意が重要である．つぎに C_1 を閉じてから C_2 を開く．この操作を繰返して，ガイスラー管に気体による発色が見られなくなってから，再び吸着管を 400 ℃ で 2 時間排気して，すでに吸着している気体を完全に脱離させる．このとき C_3 は閉じておく．排気が終われば C_1 を閉じて電気炉をとり，吸着管を放冷する．

吸着管を目印のところまで液体窒素に浸し，以後液面が変わらないようにする．C_3 を開き，続いて C_N, C_4 の順にゆっくり開きながら，C_1, C_2, C_5 および水銀圧力計の水銀面で区切られた導入系に窒素を約 27 kPa 入れて C_4, C_N を閉じ，その圧力を読む．気体を導入すると水銀面の位置が変わり，導入系の体積が変化するので，圧力だけでなく気体が入っている側の水銀面の位置 h も忘れずに記録する．つぎに C_1 を開いて吸着媒に窒素ガスを吸着させ，平衡圧を読む．平衡に達するには時間がかかるが，30 分後とさらに 5 分後の圧力が等しければ，それを平衡圧としてよい．C_1 を閉じ，同じ操作を繰返し，相対圧にして 0.3（つまり 0.3 atm）くらいまで 4, 5 点測定する．

測定後はただちに排気する．吸着している窒素が脱離すると大気圧以上になるから，A を液体窒素で冷却したまま排気し，真空度が良くなってから，A を室温に戻し，さらに排気する．排気のときの操作は前述の通りである（C_6 は閉じたままでよい）．排気後は C_1 を閉じる．

つぎに，死容積を測定するために窒素ガスだめをはずし，ヘリウムガスの入ったヘリウムガスだめ H に変える．（窒素ガスだめ N をはずす前には，N の下側についているコックと C_N の両方を開

けて，C_4 と C_N の間を大気圧に戻す．）C_2, C_3, C_4, C_5 を開き排気する．C_2 を閉じ，続いて C_H をゆっくり開き，導入系と容積既知のガスだめ B にヘリウムを約 67 kPa とり，C_H を閉じてから，その圧力 p_1 を読む．C_4, C_5 を閉じて導入系のヘリウムを排気する．C_2 を閉じて C_5 を開き，圧力 p_2 と水銀面の位置 h を読む．水銀柱の特定の位置に対する導入系の容積 V_1 は，

$$p_1 V_B = p_2(V_1 + V_B)$$

から求められる．V_B はガスだめ B の容積である．つぎに再び C_5 を閉じて導入系を排気し，同様の測定を繰返せば，V_1 を水銀柱の位置の関数として求めることができる．この関数をグラフにしておく．つぎに導入系に約 27 kPa のヘリウムをとり，圧力と水銀柱の位置を読み，C_1 を開く．V_1 がわかっているから，この膨張の前後の圧力から，C_1 で区切られた吸着系内の全死容積 V_2 が計算できる．ヘリウムは室温では固体表面に吸着せず，理想気体の法則に従うものとして計算する．

　最後に吸着管をはずし，すばやく栓をして，空の吸着管の重量との差を求める．つぎにメスシリンダーに水を入れ，この中にモレキュラーシーブを沈ませて，水面の上昇からその体積を知る．そして吸着管の目印より下の部分に水を満たして吸着室の容積を測定し，試料の体積を差引けば吸着室の死容積 V_3 が求まる．

　なお測定中に室温と大気圧を測っておく．

❏ **結果の整理**　　まず死容積の計算を先に行ってから，窒素の吸着量の計算を行う．吸着のときは，V_3 の部分だけが窒素の沸点（77 K とせよ）にあって，その他の気体部分は室温にあるから，吸着量を 1 atm に換算した体積で得るためには，各部分に存在する気体の量を理想気体の法則に基づいて求めるのが便利である．初め C_1 を閉じた状態で導入した窒素の量を計算し，つぎに C_1 を開いて吸着平衡に達したときに気相に残存する量を求め，その差として吸着量を算出する．導入系に窒素をつぎたしたときには，そのつど追加された吸着量を積算していく．BET 式を適用するときは，測定した大気圧を飽和蒸気圧 p_s として相対圧に換算し，(24・10)式の左辺を算出して相対圧に対して，いわゆる BET プロットをとる．v_m が求まれば窒素の分子断面積を $0.162\ \text{nm}^2$ として表面積を計算する．得られた表面積〔単位：m^2g^{-1}〕を BET 表面積または比表面積という．

24. **固体の表面積**

24. 固体の表面積

❏ 参 考

1) 固体への気体吸着において吸着機構や細孔体積を調べる場合には，相対圧が1に近い範囲まで吸着等温線を測定する必要がある．図24・2に示す定容法吸着測定装置では，V_3の部分が液体窒素の沸点で，相対圧が1に近いときには，理想気体の法則からのずれが予想されるから，V_3が大きい場合にはベルテロー（Berthelot）の式，

$$\frac{pV}{n} = RT + \frac{9R}{128}\frac{pT_c}{p_c}\left(1 - 6\frac{T_c^2}{T^2}\right)$$

によって，気相に残存する窒素の量を補正する．窒素に対しては臨界圧 $p_c=3.39\,\mathrm{MPa}$，臨界温度 $T_c=126.2\,\mathrm{K}$ である．

2) モレキュラーシーブは水熱合成によってゲル状アルミノケイ酸ナトリウムを結晶化したもので，実験式 $\mathrm{M}_{12/n}[(\mathrm{AlO}_2)_{12}(\mathrm{SiO}_2)_{12}](27\sim30\,\mathrm{H}_2\mathrm{O})$ の組成をもつ．M がナトリウムであるものが 4A，ナトリウムの 1/3 以上がカルシウムで置換されたものが 5A である．4A の表面積は 5A のそれの約 1/50 である．4A の表面積測定には 5g を用いるとよい．また，金属板のように小さな表面積の試料の測定には吸着気体として窒素の代わりにクリプトンなどを用いるとよい．その理由を考察せよ．

吸着平衡：溶液から固体表面への吸着　25

❏ **理　論**　気相と固相あるいは液相と固相の間に界面（interface）が存在するとき，この界面付近に気体，液体あるいは溶質の分子が集まり，局所的に濃度が高くなる現象を吸着（adsorption）といい，逆に吸着していた分子が気相あるいは液相に戻る現象を脱着（desorption）という．吸着や脱着を受ける固体を吸着媒という．

　吸着や脱着現象は自然界のいたるところで観察され，実用的な面でも物質を精製する重要な手法の一つとして応用されている．今までに吸着現象を定量的に扱った研究の多くは経験式や現象論的理論に基づいたものが多い．ここでは一定温度で固体の吸着媒が溶液中の溶質分子を吸着して平衡に達した場合の溶液内の溶質濃度 c_e，吸着媒質量 m，および吸着している溶質量（吸着量）x_e の間に成立する関係，すなわち吸着等温線（adsorption isotherm）について考察する．

　フロイントリッヒ（Freundlich）は吸着媒単位質量あたりの吸着量 x_e/m が c_e の n 乗に比例することを経験的に見いだし，吸着等温式

$$\frac{x_e}{m} = kc_e^n \quad \text{あるいは対数にすると} \quad \log\left(\frac{x_e}{m}\right) = \log k + n \log c_e \quad (25・1)$$

を導いた．ここで k と n は実験から決められるパラメーターで，分子論的な意味は明らかではない．この式は分子論的な根拠はないが，多くの吸着現象で成立することが知られている．実験結果の $\log(x_e/m)$ を $\log c_e$ に対してプロットして直線関係が得られれば，(25・1)式が成立することがわかり，プロットの傾きと切片から n と $\log k$ がそれぞれ実験的に決められる．

　また，ラングミュア（Langmuir）は分子論的に吸着等温式

$$\frac{x_e}{m} = \frac{abc_e}{1+bc_e} \quad \text{あるいは両辺逆数にして} \quad \frac{m}{x_e} = \frac{1}{a} + \frac{1}{ab}\left(\frac{1}{c_e}\right) \quad (25・2)$$

25. 吸着平衡：溶液から固体表面への吸着

を導いた．ただし，a と b はそれぞれ飽和吸着量と吸着エンタルピーに関係した定数である．この式はつぎのような二つの仮定をもとに導かれた．すなわち，1) 吸着媒の上に吸着分子の一層吸着のみを許す，2) 吸着分子間に相互作用が存在しないことである．

　液体に接している吸着媒の表面積のうち，すでに溶質分子が吸着している分率を θ，吸着していない部分の分率を $1-\theta$ とする．溶質分子の濃度が c のとき，吸着速度は $ac(1-\theta)$，脱着速度は $a'\theta$ で表される．ここで，a と a' は c に依存しない定数である．吸着平衡の状態 ($c=c_e$) では吸着速度と脱着速度が等しいので，$ac_e(1-\theta) = a'\theta$ より次式が得られる．

$$\theta = \frac{ac_e}{ac_e + a'} \tag{25・3}$$

ところで，吸着媒の比表面積（1 g あたりの表面積）を s とすれば，m [単位: g] の吸着媒は sm の表面積を有する．一方，1 mol の溶質分子が吸着したとき，吸着媒上で占める面積を β とすると，x [単位: mol] の吸着では βx の面積が占められる．したがって，$\theta = \beta x/(sm)$ と表すことができ，(25・3) 式より次式

$$\frac{x_e}{m} = \frac{s}{\beta}\theta = \frac{abc_e}{1 + bc_e} \tag{25・4}$$

すなわち (25・2) 式が得られる．ただし，$a = s/\beta$，$b = a/a'$．

　実験で得られた m/x_e を $1/c_e$ に対してプロットして直線が得られれば，(25・2) 式が成立することがわかり，定数 a および b を決めることができる．

[実　験]　酢酸水溶液に活性炭を加えた場合の酢酸分子の活性炭への吸着等温線を求め，フロイントリッヒの式(25・1) およびラングミュアの式(25・2) と比較検討せよ．

　❏ 器具・試薬　　乳鉢，乳棒，恒温槽一式，100～200 cm³ 三角フラスコ 5，ゴム栓 5，500 cm³ メスフラスコ 1，200 cm³ メスフラスコ 6，100 cm³ ビーカー 6，マイクロビュレット 1，ビュレット台 1，漏斗 7，漏斗台 1，沪紙 多数，500 cm³ ポリエチレン製細口瓶 2，活性炭保存瓶，10 cm³ ホー

ルピペット 6, 25 cm³ ホールピペット 5, 指示薬 (フェノールフタレイン), ガラス棒, NaOH, CH₃COOH, 活性炭, 0.2 mol dm⁻³ 塩酸

25. 吸着平衡：溶液から固体表面への吸着

❏ 装置・操作
1) 実験の準備
① 約 10 g の活性炭を乳鉢でよくすりつぶし (30 分程度), 保存瓶に詰める.
② 0.1 mol dm⁻³ の NaOH 水溶液を 500 cm³ 程度調製してポリエチレン製の細口保存瓶に保存したのち, その溶液の正確な濃度を 0.2 mol dm⁻³ (標準) 塩酸で決定しておく. それには, 10 cm³ ホールピペットで 0.2 mol dm⁻³ 塩酸をビーカーに吸い取り, 約 50 cm³ の水と指示薬を数滴加え, 調製した NaOH 水溶液を用いマイクロビュレットで滴定する.
③ 約 0.024 mol dm⁻³ の酢酸水溶液を 500 cm³ 調製してポリエチレン製の細口保存瓶に保存したのち, その溶液を前述の 0.1 mol dm⁻³ NaOH 水溶液で滴定し, 正確な濃度(初濃度 c_0)を決定しておく.

2) 吸着平衡に至る時間の決定
① 恒温槽を目的温度 (室温より高い, たとえば 30 ℃) に設定する.
② 先に調製した約 0.024 mol dm⁻³ の酢酸水溶液を正確に 50 cm³ ずつ五つの三角フラスコに入れる. また, すりつぶした 1 g 程度の活性炭を 5 組, 正確に秤量する.
③ 酢酸水溶液を含んだそれぞれの三角フラスコに活性炭を加えゴム栓をし, 手早く混ぜ合わせてから恒温槽に入れる. (この時刻を吸着時間の基準にする. また, 三角フラスコが転倒しないように工夫する.) ときどき三角フラスコを振り, 5 分後に恒温槽から取出す. ただちに活性炭を沪過し*, 10 cm³ ホールピペットで酢酸水溶液をビーカーに吸い取り, 水約 50 cm³ と指示薬数滴を加え, 0.1 mol dm⁻³ NaOH 水溶液で滴定する. この操作で, 吸着時間 5 分での酢酸濃度 $c_{(5)}$ が求まり, $(c_0-c_{(5)})\times 0.05$ dm³ より吸着量 $x_{(5)}$ を求めることができる. 同様の操作を 10, 20, 40, 80 分につい

---
* 吸着反応を止めるために活性炭と酢酸を沪過によって分ける. 沪過後は反応が止まっているので, 適当な時期に落着いて滴定すればよい. 沪紙をセットする際, 水で濡らすと, 滴定結果に影響を与える.

25. 吸着平衡：溶液から固体表面への吸着

ても行い，単位質量あたりの吸着量 $x_{(t)}/m$ と吸着時間 t の関係から吸着平衡に達するのに必要な時間を求める*．

3) 吸着等温線の作成

① 恒温槽を目的温度（たとえば 30 ℃）に設定する．

② 0.5 mol dm^{-3} の酢酸水溶液を 200 cm^3 調製する．さらに，メスフラスコを用いて 2 倍ずつに薄めて，1/4, 1/8, 1/16, 1/32, 1/64 mol dm^{-3} 酢酸水溶液をそれぞれ 200 cm^3 調製し，正確な（初）濃度 c_0 を前述の 0.1 mol dm^{-3} NaOH 水溶液で滴定しておく．

③ これらの酢酸水溶液を 50 cm^3 ずつ五つの三角フラスコに入れる．また，1 g 程度のすりつぶした活性炭を 5 組，正確に秤量する．

④ 酢酸水溶液を含んだそれぞれの三角フラスコに活性炭を加えゴム栓をし，手早く混ぜ合わせてから恒温槽に入れる．ときどき三角フラスコを振り，前日に求めた吸着平衡時間後に恒温槽から取出す．ただちに活性炭を沪過し，0.1 mol dm^{-3} NaOH 水溶液で滴定することにより，吸着後の平衡濃度 c_e を求める．

⑤ $c_0 - c_e$ から平衡吸着量 x_e が求められるので，二つの式 (25・1) および (25・2) に実験結果を適用し，n と k さらに a および b を求める．

❏ 考察・発展

1) ラングミュアの式は高濃度側で実験結果からずれることが知られているが，その理由を考察せよ．

2) 異なる温度での吸着等温線を求め，比較せよ．

---

* $x_{(t)}/m$ を t に対してプロットし，どこで吸着平衡に達しているかを考察する．異なる時間のものを，開始時間をずらして同時進行させると効率が良い．

液体および固体の密度　26

❏ **理　論**

　[密度と比重]　　密度（density）は単位体積あたりの物質の質量をいう．すなわち，t °C における質量 m，体積 V の物質の密度 d^t は

$$d^t = \frac{m}{V}$$

で与えられる．密度の単位は SI 単位では［kg m^{-3}］または［g cm^{-3}］を用いる．［g mL^{-1}］という単位も古くから用いられているが，リットル L という体積の単位については 1964 年の第 12 回国際度量衡総会で，なるべく使用しないよう勧告されており，したがって［g mL^{-1}］の使用は避けるべきである．

　ある物質の水に対する相対密度（relative density）d_{t_s/t_w} は

$$d_{t_s/t_w} = \frac{\text{温度 } t_s \text{ における物質の密度}}{\text{温度 } t_w \text{ における水の密度}}$$

によって定義される．水に対する相対密度は比重（specific gravity）ともいい，無次元の量である．便覧などには d_4^t として $d_{t°C/4°C}$ の値が記載されているが，これに 1 atm，4 °C における水の密度 0.999 972 を乗ずれば d^t となる．

　[密度あるいはモル体積測定の意義]　　物質の密度，あるいはその逆数（比容）と分子量の積であるモル体積（molar volume）は比較的地味な物理量であるため，われわれはその重要性を見失いがちである．しかし，本テキストでも，測定値から必要な物理量を計算する過程で，種々の液体の密度を用いる多くの例に出会うはずである．純物質の密度は物質の種類によってかなり敏感に変化する量であり，一方，密度を ±0.01 ％ の正確さで測定することはそんなにむずかしいことではないの

26. 液体および固体の密度

で，物質同定の有力な手段の一つとなりうる．密度測定による同位体存在比の決定は，この一つの例である．たとえば，25℃において純粋な H_2O, D_2O それぞれの密度は 0.9970, $1.1043\,\mathrm{g\,cm^{-3}}$ とかなりの差があるので，1% の D_2O を含むだけで水の密度は通常の存在比の水よりも $0.0011\,\mathrm{g\,cm^{-3}}$ だけ大きくなる．この程度の密度の差を検出することはそれほどむずかしいことではない．

2成分系では，液体混合物の部分モル体積 (partial molar volume) が密度に関係する量として熱力学的に重要である．

[部分モル体積] 一つの相において，成分の物質量がそれぞれ $n_1, n_2, n_3, \cdots$ mol であるとき，この相の示量変数（体積 V，エントロピー S，ギブズエネルギー G など）の各成分の物質量に関する偏微分量を一般に部分モル量という．たとえば，多成分系の混合物の体積を V とすれば，その部分モル体積は，

$$V_1 = \left(\frac{\partial V}{\partial n_1}\right)_{T,p,n_2,n_3,n_4,\cdots} \quad V_2 = \left(\frac{\partial V}{\partial n_2}\right)_{T,p,n_1,n_3,n_4,\cdots} \quad V_3 = \left(\frac{\partial V}{\partial n_3}\right)_{T,p,n_1,n_2,n_4,\cdots} \tag{26・1}$$

などによって与えられる．温度と圧力を一定に保てば，V は $n_1, n_2, n_3, \cdots$ に関する一次の同次関数であるから，V と $V_1, V_2, \cdots$ の間には

$$V = \sum_i n_i V_i \tag{26・2}$$

の関係がある．部分モル体積 $V_1, V_2, \cdots$ は各成分の物質量[単位：mol] $n_1, n_2, n_3, \cdots$ の関数であり，V_i は $n_1, n_2, n_3, \cdots$ が十分大きい場合に，成分 i を 1 mol 追加したときの全体の体積の増加を表す．

溶液の各成分の化学ポテンシャル $\mu_i (i=1, 2, \cdots)$ が各成分のモル分率 x_i に対して，

$$\mu_i = \mu_i^\circ + RT \ln x_i \tag{26・3}$$

の関係を満たすとき，この溶液を理想溶液 (ideal solution) という．μ_i° は純粋な i 成分の化学ポテンシャルである．すべての溶液は十分希薄な状態で理想溶液に近づく．あらゆる濃度範囲でほぼ理想溶液になる溶液を特に完全溶液 (perfect solution) という．

熱力学の関係式により，

$$V = \left(\frac{\partial G}{\partial p}\right)_T = \frac{\partial}{\partial p}\sum_i n_i \mu_i = \sum_i n_i \frac{\partial \mu_i}{\partial p} \tag{26・4}$$

であるから，(26・2)式と (26・4)式とから

$$V_i = \frac{\partial \mu_i}{\partial p}$$

を得る．(26・3)式を p に関して微分すれば，

$$V_i = V_i^\circ$$

が得られる．つまり，理想溶液ではすべての成分の部分モル体積はその成分が純粋に存在する場合のモル体積 V_i° に等しい．したがって全体の体積 V は，

$$V = \sum_i n_i V_i^\circ \tag{26・5}$$

となり，成分物質を混合しても体積の変化はない．したがって，部分モル体積をいろいろの混合比について測定すれば，理想溶液の近似が成り立つ範囲，あるいは程度を知ることができる．
　液体混合物の密度の測定値から部分モル体積を求める方法を 2 成分系について説明しよう．
1) 図的方法(I)　　m_1 [g] の成分 1 と m_2 [g] の成分 2 を混合して密度 d [g cm^{-3}] を得たとき，1000 g の成分 1 に対する同濃度の溶液の体積 V [cm^3] は，

$$V = \frac{m_1 + m_2}{m_1} \times \frac{1000}{d}$$

によって与えられるので，V を成分 2 の質量モル濃度 (molality)，すなわち $1000 m_2/(m_1 M_2)$ に対してプロットする．ここで，M_2 は成分 2 のモル質量である．こうして得られた曲線の任意の点における傾きは，対応する混合比における成分 2 の部分モル体積 V_2 を与える．
2) 図的方法(II)　　混合物の密度を比容に換算し，これを成分 2 の質量 % 濃度に対してプロットして図 26・1 のような曲線を得たとする．いま，成分 1 (溶媒) を m_1 [g] と成分 2 (溶質) を m_2 [g] 混合して，体積 V [cm^3] の溶液を得て，その密度が d [g cm^{-3}] であるとする．溶液の比容 v [cm^3 g^{-1}] は，

$$v = \frac{1}{d} = \frac{V}{m_1 + m_2}$$

であるから，v の完全微分 dv は m_1 と V を独立変数にとれば，

26. 液体および固体の密度

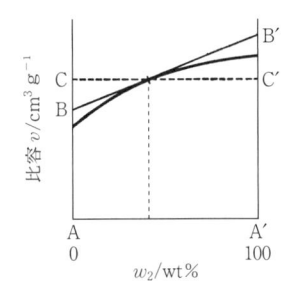

図 26・1　部分モル体積の求め方

26. 液体および固体の密度

$$dv = \frac{dV}{m_1 + m_2} - V\frac{dm_1}{(m_1 + m_2)^2} \tag{26・6}$$

となる．一方，この溶液の質量％濃度を w_2 とすれば，

$$w_2 = \frac{m_2}{m_1 + m_2} \times 100$$

であるから，

$$\frac{dw_2}{dm_1} = -\frac{m_2}{(m_1 + m_2)^2} \times 100 \tag{26・7}$$

となり，(26・6)式と(26・7)式とから，

$$w_2 \frac{dv}{dw_2} = -\frac{dV}{dm_1} + \frac{V}{m_1 + m_2} = -\frac{dV}{dm_1} + v \tag{26・8}$$

を得る．ところで，図 26・1 において，

$$AB = AC - BC$$
$$= v - w_2 \frac{dv}{dw_2}$$

であるから，(26・8)式をこれに代入すれば，

$$AB = \frac{dV}{dm_1}$$

となり，成分 1 の分子量を M_1，部分モル体積を V_1 とすれば，

$$AB \times M_1 = \frac{dV}{d(m_1/M_1)} = V_1 \tag{26・9}$$

となる．つまり，AB に成分 1 の分子量を乗じると，その部分モル体積が得られる．同様に，A′B′ に成分 2 の分子量 M_2 を乗じると，その部分モル体積 V_2 が得られる．

3) 図的方法(III)　成分 2（溶質）の見かけのモル体積（apparent molar volume）φ は次式で定義される．

26. 液体および固体の密度

$$\varphi = \frac{V - n_1 V_1^\circ}{n_2} \tag{26・10}$$

V_1° は成分 1（溶媒）の純粋な状態におけるモル体積である．(26・1)式と (26・10)式を用いると，V_2 が φ によって，

$$V_2 = \varphi + n_2 \left(\frac{\partial \varphi}{\partial n_2}\right)_{T, n_1} \tag{26・11}$$

と表される．(26・2)式，(26・10)式および (26・11)式から，V_1 は

$$V_1 = \frac{1}{n_1}\left\{n_1 V_1^\circ - n_2{}^2 \left(\frac{\partial \varphi}{\partial n_2}\right)_{T, n_1}\right\} \tag{26・12}$$

となる．電解質溶液の場合には (26・11)式を

$$V_2 = \varphi + \frac{1}{2}\sqrt{n_2}\left(\frac{\partial \varphi}{\partial \sqrt{n_2}}\right)_{T, n_1} \tag{26・13}$$

と書き改めて実験データの解析に用いると便利である．ここで n_1 を 1000 g の溶媒の物質量とすれば，n_2 は溶質の質量モル濃度（molality）m に一致する．このとき φ は

$$\varphi = \frac{1}{m}\left(\frac{1000 + mM_2}{d} - \frac{1000}{d_1}\right) \tag{26・14}$$

から計算できる．d_1, d は溶媒および質量モル濃度 m の溶液の密度である．したがって，密度測定から得られる φ 対 m，あるいは φ 対 $\sqrt{m}$ のグラフを図上微分して $(\partial \varphi/\partial m)$ あるいは $(\partial \varphi/\partial \sqrt{m})$ を求めれば (26・11)～(26・13)式を用いて V_1, V_2 を計算することができる．

［固体の密度］　固体の密度は，結晶格子中での原子や分子の充塡の程度（疎密）を直接反映し，同じ化合物でも，とりうる結晶構造の違いによって相当異なる（たとえば炭酸カルシウムの場合，斜方晶構造で $d^{25} = 2.94 \text{ g cm}^{-3}$，六方晶構造で 2.72 g cm^{-3}）．密度は X 線回折で結晶構造を決定する際の重要なデータでもある．密度から結晶中の分子の相対分子質量を求めることもよく行われる．また格子点に空孔などが存在すると，密度は減少し，実際の密度値と X 線的に決めた（理想結晶の）密度値との比較から，格子欠陥の数や種類についての知識も得られる．高分子固体は結晶

26. 液体および固体の密度

領域と非晶領域から成り立っているが，密度測定法はこの結晶領域の存在する割合，すなわち結晶化度を求める一つの有力な方法である．

[実験 A] 液体の密度

25 °C における水-メタノール混合物の密度を測定し，メタノールの質量分率と密度の関係を図示せよ．また，水，メタノールの部分モル体積を組成の関数として図示せよ．

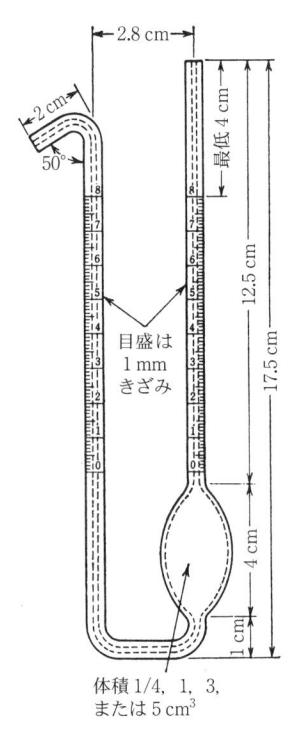

❏ **実験計画上の注意** 水は室温付近で温度が 1 °C 上昇するごとに密度が約 0.03 % ずつ減少する．多くの有機液体は水の 2～5 倍の密度変化がある．したがって絶対誤差を 1×10^{-4} 以内におさめようとすれば，恒温槽の温度を ±0.06 °C 以内に正確に保たなければならない．本実験のように ±0.03 °C にしておけば十分である．大気圧の 2666 Pa（＝20 Torr）の変化に対して，密度の絶対値は小数第 6 位で 3 変化する程度であるから，大気圧の変化は測定結果にはあまり影響しない．空気の飽和の影響は，20 °C の水では 4×10^{-7} だけ絶対値を小さくする程度であるが，トルエンの場合には，25 °C，101 325 Pa で 0.01 % も密度を減少させる．有機液体は測定前に沸騰させて脱気することが必要である．ピクノメーターの校正に用いる水は新鮮な蒸留水を用いる．長い期間連続運転している蒸留装置では重水が濃縮されていることがあるので，蒸留水の原水にも新鮮な水を用いることが望ましい．

❏ **器具・薬品** リプキン-デビソン（Lipkin-Davison）型ピクノメーター（図 26・2），恒温槽，化学てんびん，デシケーター（シリカゲルを入れておく），100 cm³ 共栓付き三角フラスコ 6，アスピレーター，ガーゼ，ルーペ，メッキ線，メタノール，蒸留水

❏ **装置・操作** 密度測定の最も一般的な方法は，容器の形状で決まる一定容積を占める液体の重さを測定する方法である．その容積はその部分を満たす純水の重さから求める．本実験に用いるリプキン-デビソン型ピクノメーターは図 26・2 に示す構造をもち，蒸発を防ぐために両方の口が毛管になっている．その一方は 130°に曲げてサイホン効果で液体が自己流入するようになっている．両側の毛管には細かく目盛が入っていて，毛管部を鉛直にしたときの両側の目盛の和の関数として容積をあらかじめ各温度で求めておけば，試料を任意の高さまで入れたときの体積が求めら

図 26・2 リプキン-デビソン型ピクノメーター

26. 液体および固体の密度

れるようになっている．また，これを浸す恒温槽の温度を変えて一定量の液体に対する目盛の読みの和を求めれば，狭い温度範囲なら膨張計としても使用できる．また，同一の試料についてこのピクノメーターによる測定を多数の研究室で行った結果，ペンタンの混合物のような揮発性の高い試料でも密度の絶対値で $1×10^{-4}$〜$2×10^{-4}$ 以内の誤差であった．本実験で行う方法は ASTM (American Society for Testing Materials) から炭化水素の密度決定法として推奨されている．

　恒温槽を $25±0.03$ ℃ に調節する*．ピクノメーターにメッキ線のかぎを取付け，恒温槽中につるして 15 分間以上温度平衡を待った後，取出してガーゼや沪紙などで付着している水分を完全に除く．そしてデシケーター中に 15 分間放置してから，ピクノメーターの"空の質量"を測る．これをピクノメーターの外側のガラス表面の標準的な乾燥状態とする．したがって以下の秤量はすべてこの手順で行う．

　ピクノメーターに蒸留水を入れて恒温槽に浸し，15 分間放置してからルーペを用いて左右の毛管内のメニスカス曲面の下端を 1/10 mm まで読み，その和を記録する．ピクノメーターを恒温槽から取出して上記の手順に従って秤量する．水を入れる前後の質量の差と，25 ℃ における水の密度 $d^{25}=0.997\,047\,\mathrm{g\,cm^{-3}}$（浮力の補正をしないときは $0.995\,99\,\mathrm{g\,cm^{-3}}$）を用いて，その目盛の和に対する容積を求める．水の量を変えて少なくとも 4 種類の水面の高さについて容積を測定し，上記の手順に従って秤量する．ふつう，容積を目盛の和に対してプロットして得られる校正曲線はほぼ直線となる．

　ピクノメーターに液を入れるには，図 26・2 の右側の毛管の先端にゴム管をつけ，左端を液中に浸して静かに少量を吸い入れ，あとはサイホン効果で自己流入させる．多量に入れすぎた場合には左端に沪紙を当てて傾け，余分の液を沪紙に吸収させて除く．ピクノメーターを乾燥させるのに高温の乾燥器を用いてはならない．ピクノメーターにメタノールを入れたのちアスピレーターで空気

---

　*　恒温槽の取扱いについては 付録 A9 恒温槽 を見ること．実験室によっては部屋の温度が高く，恒温槽を 25 ℃ にセットすることがむずかしい場合がある．このようなときは，たとえば恒温槽の温度を 30 ℃ にセットするなど臨機応変にすること〔結果を標準値と比較する際，熱膨張について考慮する必要がある（検討事項 3）参照）〕．

26. 液体および固体の密度

を吸引し，これを 3 回程度繰返して乾燥させる．

つぎにメタノールおよびメタノール-水混合液について同様な操作によって目盛の和および質量を測り，前者から先の校正曲線を用いて体積を求め，密度を算出する．得られた密度をメタノールの質量分率に対してプロットするか，もしくは見かけのモル体積を計算し，それをメタノールの質量モル濃度に対してプロットする．つぎに，先に述べた図的方法のいずれかを用いて，両成分の部分モル体積を求める．

❏ **応用実験**　二硫化炭素-アセトンおよびクロロホルム-アセトン系についても 25 °C で密度の測定を行い，各成分の部分モル体積を算出せよ．

[実験 B]　固体の密度

塩化ナトリウムおよび塩化アンモニウムの密度を測定し，結晶構造から得られる計算密度と比較せよ[*1]．

❏ **器具・薬品**　比重瓶（図 26・3），恒温槽，化学てんびん，デシケーター（シリカゲルを入れておく），ガーゼ，メッキ線，塩化ナトリウム，塩化アンモニウム，トルエン，蒸留水，NaCl 単結晶（手に入るとき）

❏ **操作**　塩化ナトリウムおよび塩化アンモニウムの結晶は乳鉢でよく粉砕したのち約 120 °C で 1 晩乾燥しておく．気温の高いときは，それに応じて乾燥温度を高めにする．恒温槽[*2]を 25 ± 0.03 °C に調節する．

使用する比重瓶を図 26・3 に示す．この比重瓶は中栓をとれば広口になるので，液体にも固体にも使用でき，外栓をすれば液体の蒸発は少ない，などの特徴がある．中栓はストンと落とすように入れ，力を入れて押しこまないようにする．中栓の向きは一定にする方が望ましい．

1）比重瓶の質量を測定する．そのとき比重瓶（中栓をつけて）をいったん恒温槽に浸し，取出してからガーゼで水をぬぐい，デシケーター中に 15 分間放置してから秤量する．これを比重瓶の

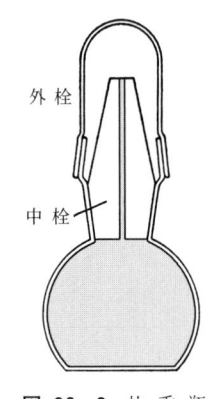

図 26・3　比重瓶

[*1]　［実験 A］と関連が深いので，［実験 A］の部分もよく読むこと．
[*2]　恒温槽の取扱いについては　付録 A9 恒温槽　を見ること．

外側のガラス表面の標準的な乾燥状態とする．したがって以下の秤量はすべてこの手順で行う．なお，比重瓶を恒温槽に浸すには，メッキ線でかぎをつくり，それに比重瓶をかけて比重瓶のくびの下まで水中につかるように固定する．

2) 比重瓶に蒸留水を満たし，中栓をつけて恒温槽に浸し，15分後に取出してあふれ出た余分の液を沪紙でぬぐいさってから外栓をつけて秤量する．蒸留水を入れる前後の質量差と恒温槽の温度における純水の密度を用いて比重瓶の容積を求める．

3) 比重瓶をよく乾燥させたのち*，比重瓶に浸漬液のトルエンを満たし，2)と同様の操作を行う．その質量 w_1 を測定して，トルエンの密度 d' を計算する．

4) 乾燥させた比重瓶中に w_2 [g] の固体試料を入れる．このとき試料の粉末が，中栓と比重瓶の接触部分に付着しないように注意する．試料の粉末の間に入り込んでいる空気を十分に除くために，試料がつかる程度まで浸漬液を入れ，これを真空デシケーター中において徐々に減圧する（突沸しないように注意）．気泡が出なくなったのを確かめてから取出し，トルエンを補充する．そして，2)と同様の操作を行った後，質量 w_3 [g] を求める．

固体試料の密度 d^t は次式によって算出される．

$$d^t = \frac{w_2 d'}{w_1 + w_2 - w_3}$$

以上の操作をそれぞれの固体試料について2回以上繰返し，平均値を求める．

26. 液体および固体の密度

❏ 検討事項

1) 脱ガスの操作を行わずに測定した場合，および単結晶試料を用いて脱ガスせずに測定した場合，密度の値が上記の実験結果とどの程度異なるかを調べ，脱ガス操作の役割を検討せよ．

2) 比重瓶を恒温槽に浸している間に，中栓の液面の高さが下がってくることがよくある．中栓の液面の高さを，わざと (a) トップまで，(b) 2/3，(c) 1/5 とした状態で水の秤量を行い，比重瓶の容積や最終的な密度の値に及ぼす影響を考察せよ．

---

* 当然のことながら，乾燥に高温乾燥器を使うことはできない．メタノールやアセトンを使用すること．

26. 液体および固体の密度

3) 化学便覧などに記載されているトルエンや結晶の密度は，たいてい 25 °C の値 d^{25} である．恒温槽の温度をそれ以外で行った場合，実測値と文献値を比較するには熱膨張の効果を補正する必要がある．補正の仕方を検討せよ．なお，熱膨張率を α，25 °C からの温度差を $\Delta t (= t - 25$ °C$)$ とすると，t [°C] での密度は近似的に $d^t \fallingdotseq d^{25}(1 - \alpha \Delta t)$ となる．

4) 結晶構造を調べ，密度を計算して，実測値と比較せよ．単位格子の体積 V，単位格子に含まれる分子数 Z，その相対分子質量 M，アボガドロ定数 N_A を用いて，密度は

$$d = \frac{MZ}{N_A V}$$

と与えられる．

❏ 応用実験

1) **浮遊法による固体密度の測定**　互いに任意の割合に混じり合い，一方は固体より密度が高く，他方は固体より密度が低い 2 種の液体を用意する．共栓付きシリンダー中で両者を適当な割合に混合して恒温槽に浸し，その中に固体試料の小片を数個入れて 30 分間放置する．このとき固体表面に気泡が付着しないように注意する．もし混合液の密度が固体の密度と一致すれば，固体は液中で浮きも沈みもせず，途中に止まるはずである．液の組成を調節してこのような状態が得られたら，実験 A の方法で混合液の密度を測定する．

2) **高分子物質の結晶化度の決定**　結晶領域と非晶領域の 2 相系で取扱いができると仮定する．試料に含まれるそれぞれの質量を w_c，w_a，体積を v_c，v_a とすると，質量比で定義される結晶化度は $p_w = w_c/(w_c + w_a)$，また体積比で定義される結晶化度は $p_v = v_c/(v_c + v_a)$ となる．試料全体の密度を d，結晶の密度を d_c，非晶の密度を d_a とすると，

$$d = d_c p_v + d_a (1 - p_v) \quad \text{または} \quad \frac{1}{d} = \frac{p_w}{d_c} + \frac{1 - p_w}{d_a}$$

となる．d_c は通常 X 線回折で決めた単位格子の大きさから算出する．d_a はリプキン-デビソン型ピクノメーターで，液体状態の各温度で測定し，密度対温度曲線を常温まで補外して過冷却液体の密度として求める．d は比重瓶を用いるか，浮遊法で測定する．

液体の相互溶解度　27

❏ **理　論**　2種類の液体を混合すると，エタノール-水系のように，どの混合比でも均一な溶液ができる場合と，フェノール-水系のように，混合比によっては分離した二つの液相を生じる場合とがある．二つの液相を生じるのは，理想溶液からのずれが大きい場合であるが，この場合でも温度が変化すると理想溶液に近づき，均一な単一の液相となることがある．

定圧下で2種類の液体（成分1,2）の混合物が二つの液相を生じる場合の状態図は，たとえば図 27・1 のようになる．曲線 ACB の外側の組成と温度では一つの液相であるが，内側では単一の液相としては存在できず，分離した二つの液相となる．温度 T_1 において，全体の見かけの組成が点 x で示される混合物は，曲線 ACB 上の点 a, b で表される組成の二つの液相に分離し，この二つの液相の質量比は $\overline{bx}$ と $\overline{ax}$ の長さの比で与えられる（てこの原理，lever rule）．点 a で表される溶液は，温度 T_1 において成分 2 に成分 1 が溶けた飽和溶液，点 b で表される溶液は，温度 T_1 において成分 1 に成分 2 が溶けた飽和溶液である．これらの溶液を共役溶液（conjugate solutions）といい，点 a, b における一方の成分の濃度（たとえば図 27・1 の w_a, w_b）をその温度における，他成分に関する相互溶解度（mutual solubility）という．T_c より高い温度ではどのような混合比でも相分離（phase separation）を起こすことはない．点 C を臨界共溶点，温度 T_c を臨界共溶温度（critical solution temperature）という．

状態図が図 27・1 のようになる 2 成分系の相互溶解度を測定するには，原理的には平衡にある二つの共役な液相の濃度を測定すればよい．しかし，つぎのようにすれば濃度測定をせずに状態図を作成することができる．すなわち，全体としての見かけの組成が点 x で表される 2 相混合物を加熱していくと，成分 1 に関して低濃度の液相（曲線 AC）と，成分 1 に関して高濃度の液相（曲線 BC）の組成がしだいに接近し，同時にてこの原理によって後者の存在比が 0 に近づいて，やがて温度 T_2

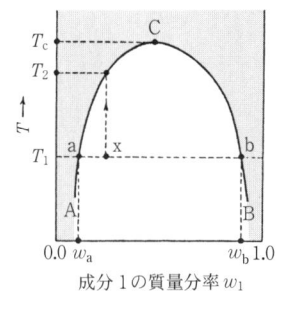

図 27・1　相互溶解度曲線

27. 液体の相互溶解度

に達すれば成分1に関して低濃度の溶液だけになってしまう．逆に，同じ溶液をさらに高い温度から冷却すれば温度 T_2 で相分離がはじまる．このようにして T_2 を決めれば曲線 ACB 上の 1 点が求まり，組成を変えて同様な実験を繰返せば曲線 ACB ができる．

[実　験]　　フェノール-水系の相互溶解度曲線をつくる．

❏ **器具・試薬**　　1 dm³ ビーカー，大型・中型試験管各 1，100 ℃ 温度計 2，黄銅製かき混ぜ器大小各 1，電子てんびん（感量 0.01 g），水浴，スポイト 2，コルク栓，ゴム管，ガスバーナー，フェノール，蒸留水，200 cm³ 栓付き三角フラスコ，三脚，金網，トールビーカー

❏ **装置・操作**　　フェノール（融点 314.1 K）を試薬瓶のまま水浴に入れて加温・融解し，約 50 cm³ のフェノールを三角フラスコに移し，密栓する．中型試験管を転倒しないようにトールビーカーに入れたまま，電子てんびんにのせる．てんびんの風袋を 0 に合わせ，必要量のフェノールもしくは蒸留水をスポイトで中型試験管に滴下して測りとる．冷たいスポイトを用いるとスポイト中でフェノールが固化するおそれがあるので，あらかじめヘアドライヤーなどで温めておくとよい．フェノールと水の混合比をつぎに示す．

表 27・1　試料溶液の混合比の一例

試料番号	1	2	3	4	5	6	7	8
フェノールの質量/g	1.0	1.5	2.5	3.0	4.0	4.5	6.5	7.0
水の質量/g	9.0	8.5	7.5	7.0	6.0	5.5	3.5	3.0

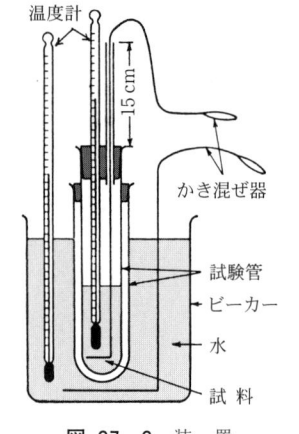

図 27・2 装置

図 27・2 に示すような装置を三脚の上の金網上におき，下から静かにバーナーで加熱する．二つの液相が共存する間はかき混ぜにより白濁する．ゆっくり加熱しながら白濁の消失する温度を読む．つぎに試料をこの温度より少し高めの温度まで加熱してからバーナーを除き，試験管内外をよくかき混ぜながら放冷し，試料が白濁し始める温度を読む．白濁の消失温度と出現温度は必ずしも一致せず，0.5 K 程度の差を生じることがある．あまり大きい差があるときには，冷却過程の方に重きを

おいて測定すべきである．自然放冷による冷却にあまり時間がかかりすぎるならば，冷水を少量ずつ加えるとよい．図27・1のC点付近では，界面が消失するとき青みを帯びた散乱光（臨界たんぱく光）が見られる．これは共役な2液相の組成がきわめて近くなってフラクタル的な構造（自己相似構造）を生じ，その密度のゆらぎによって光が散乱されるためである．

❏ **実験上の注意**　秤量により組成を確定したのち，その組成を変化させないように，実験中は試料の蒸発を防ぐように心がける．フェノールの純度も状態図作成に与える影響が大きいので，できればあらかじめ蒸留精製して用いる．平衡系を得るために界面消失温度付近での温度変化をできるだけゆるやかにする．一般に，相の出現・消失温度に関しては，冷却過程の方が加熱過程よりも信用度が高い（この理由を考えてみよ）．

❏ **応用実験**　フェノール-水系は上に凸の相互溶解度曲線を示し上部臨界共溶点（文献値：フェノール濃度 36.6 %，T_c = 339.6 K）をもつ例であるが，下に凸の相互溶解度曲線を示し下部臨界共溶点をもつ例としてはトリエチルアミン-水系がある（文献値：トリエチルアミン濃度 32 %，T_c = 291 K）．ニコチン-水系は上下に臨界共溶点をもつ（文献値：ニコチン濃度 36 %，T_c = 334 K；ニコチン濃度 40 %，T_c = 506 K）．フェノール-水系の代わりに表 27・2 に掲げた系も実験テーマに選ぶことができる．

表 27・2　上部臨界共溶点をもつ系

成分1	成分2	臨界共溶温度/K	成分1の質量分率
アニリン	ヘキサン	343	0.53
メタノール	シクロヘキサン	319	0.29
アセトニトリル	シクロヘキサン	349	0.35

28 固体の溶解度

❑ **理 論**　ある温度で純粋な固体物質が，その溶液と平衡にあるとき，その溶液を飽和溶液（saturated solution）という．飽和溶液中における溶質の濃度を溶解度といい，実用的には溶媒 100 g 中の溶質の質量 [単位：g]，または溶液 100 g 中の溶質の質量 [単位：g] で表す．

飽和溶液中の溶質の活量を a，溶質と飽和溶液の平衡定数を K とすれば，つぎの関係が成り立つ．

$$K = \frac{a}{a_0} \tag{28・1}$$

ここで，a_0 は溶質の固相における活量である．化学ポテンシャルの基準として固相の溶質をとると，$a_0=1$ である．また，活量 a は活量係数 γ_s，濃度 m_s（質量モル濃度で表す）の積として与えられるから，結局，

$$K = a = \gamma_s m_s \tag{28・2}$$

となる．ここで添字 s は飽和溶液における値であることを示す．

一定の圧力の下での平衡定数 K の温度依存性は，ファントホッフ（van't Hoff）の式，

$$\frac{\partial \ln K}{\partial T} = \frac{\Delta H}{RT^2} \tag{28・3}$$

によって与えられる．ここで，ΔH は一定の温度，圧力のもとでの飽和溶液に対する微分溶解熱，すなわち，溶質を追加して溶解させてもその濃度に何ら影響を受けないほど大量の飽和溶液に，1 mol の溶質をさらに溶解させた場合のエンタルピー変化である．さて，(28・2)式を (28・3)式に代入すれば，

$$\left\{1 + \left(\frac{\partial \ln \gamma}{\partial \ln m}\right)_{T,p,m=m_s}\right\}\frac{d \ln m_s}{dT} = \frac{\Delta H}{RT^2} \tag{28・4}$$

となり，飽和濃度近くの濃度では m による γ の変化が少ないことを考慮すれば，(28・4)式は，

$$\frac{\mathrm{d} \ln m_{\mathrm{s}}}{\mathrm{d}T} \fallingdotseq \frac{\Delta H}{RT^2} \tag{28・5}$$

あるいは，

$$\frac{\mathrm{d} \log m_{\mathrm{s}}}{\mathrm{d}(1/T)} \fallingdotseq -\frac{\Delta H}{2.303R} \tag{28・5′}$$

28. 固体の溶解度

となる．この関係は非電解質溶液についてほぼ成り立つことが知られている．

いま，固体溶質 S と水の 2 成分系の状態図が図 28・1 で与えられたとしよう．A と C は純粋成分の融点である．図で点 X で示される組成と温度の水溶液を冷却すると，その状態は点線に沿って変化し，点線が曲線 AB に交わった点で凝固し始めて氷を析出し，溶液の組成は AB 上を B に向かって変化する．一方，点 Y で示される組成と温度の水溶液を冷却すると，Y から点線に沿って状態が変化し，点線が曲線 BC に交わった点で凝固し始め，固体成分 S を析出し，溶液の組成は曲線 BC 上を B に向かって変化していく．曲線 BC で表される組成，温度をもつ溶液は溶質固体と常に平衡にあり，飽和溶液である．したがって，曲線 BC を温度に対する組成の関係としてみれば，溶質 S の水に対する溶解度曲線にほかならない．

Na_2SO_4–H_2O 系のように固相が水和物結晶になる系では事情が少し複雑である．図 28・2 はこの系の 1 atm における状態図のあらましである．Na_2SO_4 と H_2O は含水塩 $Na_2SO_4 \cdot 10H_2O$ をつくる．通常，分子錯体は図 28・2 の点線の曲線の極大 E で表されるような定組成融点 (congruent melting point) をもつ．しかし，実際には $Na_2SO_4 \cdot 10H_2O$ はこの温度より低い 305.53 K (101 325 Pa のもとで) 以下でしか安定に存在することができない．$Na_2SO_4 \cdot 10H_2O$ を加熱すると 305.53 K で分解し Na_2SO_4 と点 C に対応する組成の飽和溶液を生じる．305.53 K より高温で飽和溶液と共存しうるのは Na_2SO_4 である．点 C では Na_2SO_4，$Na_2SO_4 \cdot 10H_2O$，および飽和溶液が 101 325 Pa のもとで平衡にあり，系は不変系となる．点 C を非定

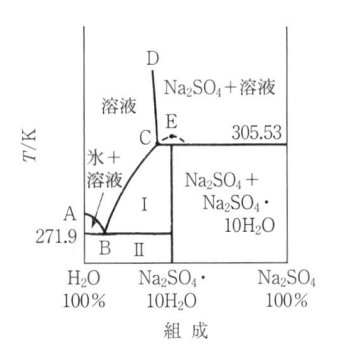

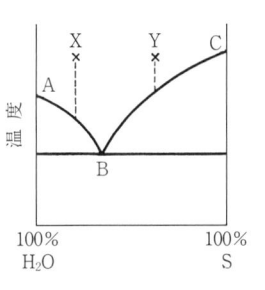

図 28・1 2 成分系状態図

Ⅰ：$Na_2SO_4 \cdot 10H_2O$ + 溶液
Ⅱ：氷 + $Na_2SO_4 \cdot 10H_2O$

図 28・2 Na_2SO_4–H_2O 系状態図のあらまし

組成融点（incongruent melting point），または包晶点（peritectic point）という*．BC は $Na_2SO_4\cdot 10H_2O$ の溶解度曲線，CD は Na_2SO_4 のそれであって，点 C で屈曲する．水和物結晶の溶解度は図 28・2 のような形になるものが多く，低級水和物および無水物の溶解度はほとんど温度に依存しないか，温度の上昇とともに減少する．

❏ **実験計画上の注意**　ある温度で溶解度を求めるには，液相と固相中の溶質が平衡状態になっていることが必要である．溶質が溶媒に対して未飽和の状態から溶質の溶解により到達した飽和の濃度と，過飽和の状態から溶質の析出により到達した飽和状態の濃度とは，溶質と溶液が平衡状態にあるならば，一致する．しかし一般に，後者の反応速度が前者より速いので，後者の実験から溶解度を求める．

[**実　験**]　Na_2SO_4-H_2O 系の相図のうち，図 28・2 の BC，CD に対応する部分を溶解度測定により作成し，点 C の温度を求めよ．

❏ **器具**　恒温槽一式，大型試験管，小型モーター，プーリー，太目のたこ糸，ガラス棒，スタンド，クランプ，ホルダー，ガラス製かき混ぜ棒，$10\,cm^3$，$20\,cm^3$ ピペット各1，ガラス管，脱脂綿，ゴム管，砂皿，舟型蒸発乾燥器（通称 アヒル）数個，綿入沪過球 数個，アスピレーター，デシケーター，ガスバーナー，三脚

❏ **装置・操作**　まず恒温槽を調節して，一定温度になったらその温度を正確に読んでおく．蒸留水を大型試験管にとり，これにボウ硝（$Na_2SO_4\cdot 10H_2O$）を加えて溶解させ，さらにボウ硝を加えて固相としてボウ硝が常に過剰に存在するようにする．測定温度よりも高い温度の水浴中でボウ硝を溶解し，これを恒温槽につける．小型モーターからプーリーによって連絡したかき混ぜ棒でよく混合して飽和溶液をつくる．図 28・3 に示すように，大型試験管に蒸発を防ぐためにコルク栓をするが，コルク栓には孔をあけてかき混ぜを妨げないようにする．約30分かき混ぜてしばらく静置し，上澄み液から沪過球付ピペット（図 28・4）でほぼ一定量の溶液を吸い上げる．沪過球付

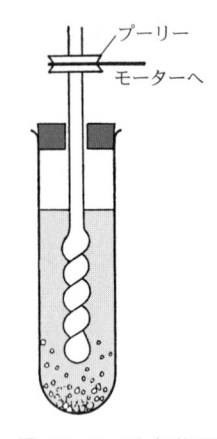

図 28・3　測定装置

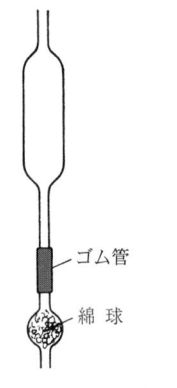

図 28・4　沪過球付ピペット

---

* 転移点（transition point）というよび方をすることもあるが，相転移とまぎらわしいので避けた方がよい．

28. 固体の溶解度

ピペットは図 28・4 に示すようにピペットの先端を切り落とし, 切り口を丸めたものと, 長さ 3~4 cm 程度のガラス管の中央を球形にふくらませて球内に脱脂綿を入れたものとをゴム管で連結したもので, 飽和溶液を吸い上げるとき, 固体が同時に吸い上げられるのを防ぐ. 沪過球をはずして, あらかじめ秤量しておいた舟型蒸発乾燥器 (図 28・5) に入れる. この操作はピペットが冷却して結晶が析出せぬように, すばやくする. もし室温と測定温度の差があまり大きいときは, ピペットを電熱器の上にかざしてあらかじめ温めておくとよい.

アヒルに入れた溶液は蒸発を防ぐために, すばやく栓をして秤量する (図 28・5). アヒルは水を蒸発させるとき固体が飛散せぬように容器の口は狭くしてある. アヒルを砂皿の上で加熱して, 水を蒸発させる過程で, 過熱を防ぐために, 図 28・6 のように砂皿の数 cm 上に針金でつるす. このとき, ガラス管で煙突をつけると蒸発が早められ, 煙突の先をアスピレーターに連結するとその効果はいっそう増す. 蒸発が完了したと判断した後も, 念のためしばらく温め, その後デシケーターに入れて放冷する. 冷えたならば, アヒルに再び栓をして秤量する. つぎに同じ飽和溶液をさらに 30 分かき混ぜて同様な操作をして得た結果が, 初めに得た溶解度と, 誤差の範囲で一致するならば, 固相と液相とは平衡状態, すなわち完全な飽和溶液をつくっていたと認め, つぎの温度の実験に進む. もし一致しなければ, さらに 30 分かき混ぜをつづけ, 同様な操作をせねばならない. 溶解度の測定はつぎの各温度で行う.

25 ℃, 28 ℃, 30 ℃, 32 ℃, 34 ℃, 36 ℃, 40 ℃, 45 ℃

実験を能率的に行うには, アヒルの内容を蒸発乾固している間につぎの実験の溶液のかき混ぜをつづける. アヒルおよび綿入沪過球は数個用意して, 沪過がすみしだい, 脱脂綿は捨て, アヒルと沪過球を水洗乾燥してつぎの実験に備える. 恒温槽の温度調節は低温から順次高温に進む方が容易である. 秤量精度は 0.01 g 程度でよい. 溶解度に入る測定誤差の原因としては, 溶液と溶質が完全には平衡になっていないこと, 溶媒の蒸発過程で溶質が失われること, 蒸発による脱水が不完全なこと, などが考えられる.

❏ **結果の整理** 飽和溶液の濃度 (質量モル濃度) に対して温度をプロットし, 図 28・2 の曲線 BC, CD の形を定め, 融点 C の温度と組成を測定する. つぎに $\log m_s$ を $1/T$ に対してプ

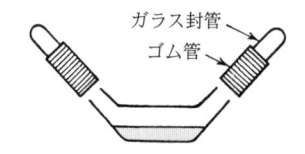

図 28・5 舟型発蒸乾燥器 (通称 アヒル)

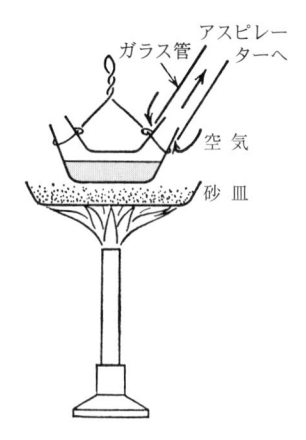

図 28・6 溶媒の蒸発

28. 固体の溶解度　　ロットし，(28・5′)式と比較せよ．

❏ **実験上の注意**　　Na_2SO_4 と平衡な飽和溶液をしだいに冷却すると，305.53 K で 10 水和物が沈殿し始めるのが正常であるが，図 28・2 の点 C を通過してから $Na_2SO_4 \cdot 7H_2O$ を析出し始めることがある．$Na_2SO_4 \cdot 7H_2O$ は $Na_2SO_4 \cdot 10H_2O$ に対して準安定の状態である．準安定な 7 水和物の方が，安定な 10 水和物よりも溶解度が高い．

拡 散 係 数　29

❏ **理 論**　溶液中において，ある成分の濃度勾配が存在するとき，その成分は希薄側に向かって拡散を起こす．これは分子のブラウン運動（Brownian motion）に由来する現象である．拡散流が x 方向に一次元的に起こる場合，拡散成分の濃度 c の時間 t による変化は現象論的に

$$\frac{\partial c}{\partial t} = D\frac{\partial^2 c}{\partial x^2} \qquad (29\cdot1)$$

と書ける．D を拡散係数（diffusion coefficient）という．(29・1)式では D は c によらない定数と仮定している．D と 1 個の拡散分子の摩擦係数 f の間にはアインシュタインの関係

$$D = \frac{k_\mathrm{B}T}{f} \qquad (29\cdot2)$$

が近似的に成立つ．k_B はボルツマン定数，T は温度である．f は拡散分子の大きさ，形，および媒体の粘性率などによって決まる．拡散分子を半径 R の巨視的な球と仮定すると，この球が粘性率 η の媒体中を動くときの摩擦係数 f はストークスの法則により $f=6\pi\eta R$ と与えられる．

拡散係数 D を正確に測定するのは一般にはむずかしいが，系によっては簡便に測定することも可能である．拡散分子が媒体と反応し，それ以降拡散過程に関与しなくなる場合，媒体中に明瞭な境界線が現れ，それが時間とともに拡散方向に進行していく．境界線は反応が速いほど鋭い．このような現象が起こるときは，境界線の位置の時間変化を測定することによって D をかなり正確に求めることができる．

チオ硫酸イオン $S_2O_3{}^{2-}$ がヨウ素 I_2 を含んだゲル中を拡散する場合を考える．遊離した I_2 のため青紫色を呈していたゲルは，$S_2O_3{}^{2-}$ イオンがその中に拡散するにつれて青紫色を失い，肉眼でも観察可能な鋭い境界線が移動していく．これは拡散律速で起こる反応

29. 拡散係数

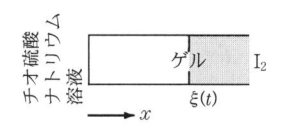

図 29・1 境界線の移動

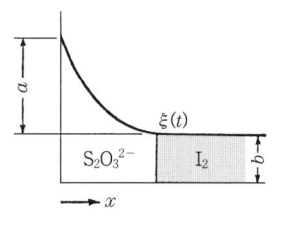

図 29・2 $S_2O_3^{2-}$ の濃度分布

$$2S_2O_3^{2-} + I_2 = 2I^- + S_4O_6^{2-} \tag{29・3}$$

の結果，I_2 が I^- に変化したためである．チオ硫酸ナトリウム $Na_2S_2O_3$ を含む溶液とゲルが接する面を x 軸の原点とし，時間 t において $x=\xi$ のところまで境界線が進んだとしよう（図29・1参照）．ξ の位置では (29・3)式の反応が起こり I_2 はただちに I^- になる．このため ξ の左側には遊離した I_2 は存在せず，$S_2O_3^{2-}$ イオンは自由に拡散できる．他方 ξ の右側には遊離した I_2 のみが存在する．したがって，$0 \leq x \leq \xi$ の任意の場所 x における $S_2O_3^{2-}$ イオンの濃度 $c(x,t)$ は拡散方程式(29・1)で与えられる．一方，$x \geq \xi$ では

$$c(x,t) = 0 \qquad (x \geq \xi) \tag{29・4}$$

となる．この状況を模式的に表すと図29・2のようになる．ただし，溶液中の $S_2O_3^{2-}$ 濃度 a は一定であるとし，ゲル中の I_2 濃度を b で表す．

$x=\xi$ では (29・3)式の反応に伴うもう一つの境界条件が加わる．微小時間 Δt の間に ξ が $\Delta \xi$ だけ移動したとする．このとき $x=\xi$ の線を越えて拡散した $S_2O_3^{2-}$ の量 $-D(\partial c/\partial x)_{x=\xi}\Delta t$ は，I_2 と反応した量 $2b\Delta\xi$ に等しいので，

$$D\left(\frac{\partial c}{\partial x}\right)_{x=\xi} = -2b\left(\frac{d\xi}{dt}\right) \tag{29・5}$$

となる．また (29・4)式から

$$dc = \left(\frac{\partial c}{\partial x}\right)_{x=\xi} dx + \left(\frac{\partial c}{\partial t}\right)_{x=\xi} dt = 0$$

であるから，この式は境界条件

$$D\left(\frac{\partial c}{\partial x}\right)_{x=\xi}^2 = 2b\left(\frac{\partial c}{\partial t}\right)_{x=\xi} \tag{29・6}$$

を与える．

境界条件 $c(0,t)=a$ を満たす (29・1)式の解は

$$c(x,t) = a - A\,\mathrm{erf}\left(\frac{x}{2\sqrt{Dt}}\right) \tag{29・7}$$

と書ける*．ただし A は定数であり，$\mathrm{erf}(y)$ は次式で定義されるガウスの誤差関数である．

$$\mathrm{erf}(y) = \frac{2}{\sqrt{\pi}}\int_0^y \mathrm{e}^{-s^2}\,\mathrm{d}s \qquad (29\cdot 8)$$

境界条件（29・4式）より，$A\,\mathrm{erf}(\xi/2\sqrt{Dt}) = a$ となるが，この関係が t によらず成立するには $\xi/2\sqrt{Dt}$ は定数でなければならない．したがって

$$\frac{\xi}{2\sqrt{Dt}} = Z \quad (\text{定数}) \qquad (29\cdot 9)$$

定数 Z は境界条件（29・6式）より，濃度 a, b とつぎの関係がある．

$$Z\mathrm{e}^{Z^2}\,\mathrm{erf}(Z) = \frac{a}{2\sqrt{\pi}\,b} \qquad (29\cdot 10)$$

(29・9)式は，境界線の位置 ξ を $\sqrt{t}$ に対してプロットすれば直線となり，この勾配が $2Z\sqrt{D}$ となることを示している．したがって，溶液中の $S_2O_3^{2-}$ 濃度 a とゲル中の I_2 濃度 b がわかれば，(29・10)式より求めた Z を用いて拡散係数 D を得ることができる．(29・10)式によると，a/b が小さくなるほど Z の値は小さくなり，ξ の変化も遅くなる．これは a/b が小さいほど $S_2O_3^{2-}$ と反応する I_2 の量が相対的に多くなることから容易に理解できる．

[実　験]　　I_2 を指示試薬として，寒天ゲル中における $S_2O_3^{2-}$ イオンの拡散係数を測定する．
　❏ 器具・試料　　読みとり顕微鏡（cathetometer）1，恒温槽1，ストップウォッチ1，外径 8～10 mm 長さ約 15 cm のガラス管（パスツールピペットでもよい），試験管（内径 12～15

＊　(29・1)式が成立するのは $0 \leq x \leq \xi$ の範囲であり，$t = 0$ ではこの領域が存在しないことに注意せよ．$y = x/2\sqrt{Dt}$ とおくと，(29・1)式は常微分方程式

$$\frac{\mathrm{d}^2 c}{\mathrm{d}y^2} = -2y\frac{\mathrm{d}c}{\mathrm{d}y}$$

となり，一般解は，

$$c = B\int_0^y \mathrm{e}^{-s^2}\,\mathrm{d}s + C \qquad (B, C \text{ は定数})$$

で与えられる．境界条件 $c(0, t) = a$，$t > 0$ を用いると (29・7)式が得られる．

29. 拡 散 係 数

mm)，太い試験管（内径 20 mm 程度），メスフラスコ（20 cm³, 50 cm³, 100 cm³, 200 cm³），メスピペット（5 cm³, 25 cm³），ビーカー（100 cm³, 300 cm³），寒天，$Na_2S_2O_3$，KI，I_2，NaCl，デンプン（水溶性のもの），コルク栓（試験管の大きさ），ゴム栓（太い試験管の大きさ）

❏ 操 作

1) 1 日目　まず濃度 b の I_2 を含む寒天ゲルをつくる．$b=0.04$, 0.05, 0.06 mol dm^{-3} の場合のうち一つの濃度だけについて測定を行えばよい．例として，$b=0.04$ mol dm^{-3} の場合の調製法を説明する．寒天 0.1 g を量りとる．これは体積にして 0.055 cm³ に相当する．これに I_2 および蒸留水を加えて I_2 の濃度が 0.04 mol dm^{-3} になるようにする．ただし，I_2 は水に難溶なので，あらかじめ 10 %（質量 %）の KI 溶液 30 g を準備する．0.0020 mol の I_2 にこの KI 溶液を加え，全体が 20 cm³ になるようにすれば濃度 0.1 mol dm^{-3} の I_2 溶液ができる．つぎに可溶性デンプン約 2 g を水とともに練って柔らかい泥状とし，これに 200 cm³ の沸騰水を加えてかき混ぜ，静置し，その上澄み液をとって試供デンプン水とする．さらに，4 mol dm^{-3} の NaCl 水溶液を 100 cm³ つくる．これを加えるのは $S_2O_3^{2-}$ イオンの拡散によって生じる拡散電位を抑えるためである．

試験管に 0.1 g の寒天，2 cm³ の KI-I 溶液（濃度 0.1 mol dm^{-3}），2.44 cm³ のデンプン水および 0.5 cm³ の NaCl 溶液を入れ，90 °C 以上の湯浴中で手早く約 5 分間撹拌する．これを冷却してできる寒天ゲルは $b=0.04$ mol dm^{-3}，寒天濃度約 2 %，NaCl 濃度 0.4 mol dm^{-3} になっているはずである．

測定に用いる原液である 0.5 mol dm^{-3} の $Na_2S_2O_3$ 溶液 200 cm³ を用意する．$Na_2S_2O_3$ 溶液も NaCl 水溶液も 3 日目まで使うので，水の蒸発を防ぐため密栓をして保管する．

実験に使う毛管として必要な長さを見積もるために，$S_2O_3^{2-}$ イオンを球と考え，さらに η として水の粘性率を用い，実験を行う条件における境界の移動距離を，拡散開始から 1, 5, 10, 60 分後について，2 日目の実験開始までに計算しておく．

2) 2 日目　洗浄乾燥しておいたガラス管（長さ 15 cm 程度）をガスバーナーで熱して引き伸ばしガラスの毛管（内径 0.5～1.5 mm）をつくる．1 m 程度に引き伸ばすと適当な内径になるはずである．真ん中で切って 2 回の測定に使えるので（図 29・3），最低 2 本のガラス管を引き伸ば

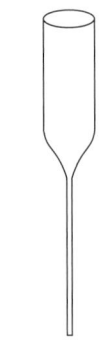

図 29・3　ガラス管を引き伸ばしたもの．下部を毛管として使う

す．または市販のパスツールピペット（先端部分の長いもの）で代用することもできる．

1日目につくった（寒天＋I_2）溶液を温水浴で溶かし，ガラス毛管の先端をつけて吸入して室温で1時間冷却する．

実験に用いる濃度 a の $Na_2S_2O_3$ 溶液のつくり方を述べる．一例として $a=0.2\ mol\ dm^{-3}$ の液を $50\ cm^3$ つくるとすると，濃度 $0.5\ mol\ dm^{-3}$ の $Na_2S_2O_3$ 溶液 $20\ cm^3$ に $4\ mol\ dm^{-3}$ の NaCl 溶液 $5\ cm^3$ を加え，さらに水を加えて $50\ cm^3$ とする．このようにすれば $a=0.2\ mol\ dm^{-3}$，NaCl 濃度 $0.4\ mol\ dm^{-3}$ となる．本実験では $a=0.20,\ 0.16,\ 0.10,\ 0.08,\ 0.05$ および $0.04\ mol\ dm^{-3}$ のうちの四つの濃度について測定を行う．いずれの場合も NaCl 濃度はゲル中の濃度と同じく，$0.4\ mol\ dm^{-3}$ になるように調製する．

毛管中のゲル内にできる境界の位置は読みとり顕微鏡で測定する．毛管は正しく垂直に保持されていなければならない．装置全体の様子を図29・4に示す．なお，顕微鏡の焦点の調整には慣れが必要なので，ゲルの冷却中に十分練習しておく．

所定の濃度 a に調製した $Na_2S_2O_3$ 溶液をコルク栓のついた試験管に入れ，恒温槽につけた支持台に固定する．試験管内の温度を恒温槽の温度と同じにするために10分間放置した後，コルク栓にあけた穴からゲルの入った毛管をすばやく $Na_2S_2O_3$ 溶液中に浸し，ゲルが溶液につかった瞬間を時間の原点にとって測定を開始する．毛管の中に透明部分と青紫色部分の明瞭な境界ができるのが認められるはずである．この位置 ξ を読みとり顕微鏡で追跡していく．境界の位置は副尺を用いて $1/100\ mm$ まで読みとる必要がある．毛管が動いてしまう事故の可能性を考慮し，毛管の先と境界の位置を組で測定する．こうして ξ を時間 t の関数として求め，約1時間測定を続ける．

3) 3日目　2日目と同様にして毛管に寒天ゲルを吸引して冷やし，残りの二つの I_2 濃度について実験を行う．実験終了後，器具を洗浄する．

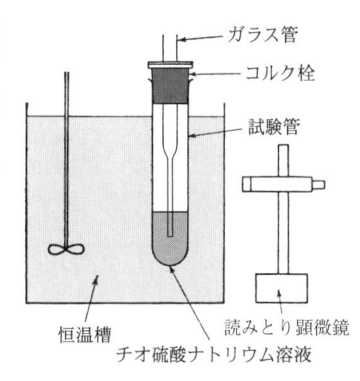

図29・4　装置の見取り図

29. 拡散係数

❏ **結果の整理**　拡散方程式の物理的意味と実験方法について説明せよ．

　得られたデータから ξ 対 $\sqrt{t}$ のプロットをつくる．それが原点を通る直線になれば実験は成功である．もし原点を通らなければ，これは ξ の原点の位置を測るときの誤差 $\Delta\xi$（ξ 軸を切る点の原点からのずれ）に基づくか，拡散が始まってから一定時間を経るまでは定常な拡散条件が達成されないことによるか，いずれかであろう．前者の場合なら $(\xi-\Delta\xi)$ 対 $\sqrt{t}$ のプロットをつくる．後者の場合ならいったん t に対して ξ をプロットし，t 軸を切る点の原点からのずれ Δt を t に加えて，$\sqrt{t+\Delta t}$ に対して ξ をプロットすればよい．いずれの場合も，誤差の要因について十分検討する．求めた直線の傾きから $Na_2S_2O_3$ のゲル中での拡散係数 D を求めよ．a および b の値から $(29 \cdot 10)$ 式によって Z を求めるには表 $29 \cdot 1$ をグラフに表し，図上で補間すればよい．

　拡散方程式を導出する際の仮定通り，拡散係数が濃度に依存しないかどうか検討せよ．実験は一次元の拡散方程式を仮定しているが，これが妥当になるための条件について考察せよ．実際に使ったガラス毛管ではどうか．また，1 日目に概算した拡散係数と実測値を比較，検討せよ．

表 29・1　$(29 \cdot 10)$ 式より計算した Z 対 $\dfrac{1}{\sqrt{\pi}} \cdot \dfrac{a}{2b}$

Z	$\dfrac{1}{\sqrt{\pi}} \dfrac{a}{2b}$	Z	$\dfrac{1}{\sqrt{\pi}} \dfrac{a}{2b}$	Z	$\dfrac{1}{\sqrt{\pi}} \dfrac{a}{2b}$
0	0	0.6	0.51932	1.10	3.24963
0.1	0.01136	0.7	0.77447	1.15	3.86741
0.2	0.04636	0.8	1.12590	1.20	4.61059
0.3	0.10787	0.9	1.61224	1.25	5.50364
0.4	0.20109	1.0	2.29070	1.30	6.58039
0.5	0.33417	1.05	2.72726	1.35	7.88312

ブラウン運動　30

❏ **理　論**　体積 V の気体や液体が熱平衡状態にあるとき，この体積中にある分子の集団としての平均速度 $\langle v \rangle$ は 0 であり，その体積内では巨視的な熱エネルギーの流れは存在しない（記号 $\langle\ \rangle$ は統計平均を表す）．しかし，個々の気体（もしくは液体）分子は激しく熱運動しており，各瞬間で位置と速度を変えている．ここで，熱平衡状態にある流体中におかれた微粒子の運動を考えてみよう．その微粒子には，流体を構成するたくさんの分子が四方八方から衝突してくる．微粒子がマイクロメートル程度の大きさで，十分小さいとき（たとえばコロイドなど），その衝突によって微粒子は四方八方から乱雑な力を受けるので不規則に移動することになる．この微粒子の不規則運動（酔歩もしくはランダムウォークという）は，水に浮かんだ花粉から出る微粒子の動きについて詳細な観察記録を発表した植物学者 R. Brown にちなんでブラウン運動（Brownian motion）といわれており，その後，アインシュタイン（A. Einstein）の理論，ペラン（J. Perrin）の実験，ランジュバン（P. Langevin）による運動方程式の導出により，その物理的根拠が研究・解明された．以下には簡単化のため一次元系のブラウン運動について説明しよう．

　流体中におかれた質量 M の微粒子が速度 v で動いているとき，微粒子にはその速度と逆向きの粘性抵抗力がはたらく．粘性抵抗力は粒子の速度があまり大きくないときは速度に比例する．また，衝突する多くの分子によって微粒子が受ける力の合力の大きさと向きは瞬間瞬間で不規則に変化する．この不規則な力（揺動力）によって粒子は酔歩するわけである．ある時刻 t での粒子速度を $v(t)$ とすると，粒子の運動方程式は下式で与えられる．

$$M\frac{\mathrm{d}v(t)}{\mathrm{d}t} = -fv(t) + F(t) \qquad (30\cdot 1)$$

右辺の第一項は粘性抵抗力（f は摩擦係数），第二項は揺動力であり，この方程式をランジュバン

30. ブラウン運動

方程式という．ここで，$F(t)$ は確率変数なので，$v(t)$ も確率変数である．そのため，(30・1)式を直接積分して解くことはできない．そこで，両辺に時刻 $t=0$ での速度 $v(0)$ をかけて統計平均をとることにする．$F(t)$ と $v(0)$ の間には時間的な隔たりがあるから，両者は統計的に独立となる．そのため $\langle F(t)v(0)\rangle = 0$ が成り立ち，(30・1)式より下式が得られる．

$$\frac{d\langle v(t)v(0)\rangle}{dt} = -f\frac{\langle v(t)v(0)\rangle}{M} \tag{30・2}$$

これを積分すると，以下のようになる．

$$\langle v(t)v(0)\rangle = \langle v^2(0)\rangle \exp\left(-\frac{ft}{M}\right) \tag{30・3}$$

さて，流体中の微粒子は熱平衡状態にあるので，運動の自由度ごとにエネルギー等分配の法則が成り立つ．すなわち $\langle (1/2)Mv^2(0)\rangle = k_B T/2$ が成り立つ（k_B はボルツマン定数，T は温度）．ゆえに，

$$\langle v^2(0)\rangle = \frac{k_B T}{M} \tag{30・4}$$

となる．(30・3)，(30・4)式より

$$\langle v(t)v(0)\rangle = \left(\frac{k_B T}{M}\right)\exp\left(-\frac{ft}{M}\right) \tag{30・5}$$

となる．(30・5)式の物理的意味は，"時間が t だけ隔たった2時点での粒子の速度の間の相関は，t の増加に伴い指数関数的に減少する"ということである．つまり時間がたつにつれて $t=0$ の状態の記憶が失われていく．

つぎに，微粒子の位置の変化を考えよう（ここでは一次元系を想定しているので，x 軸方向の位置のみを考える）．位置の変化は速度 $v(t)$ の時間積分で与えられるが，先述したようにこの積分を直接解くことはできない．そこで，時刻 0 から t の間に粒子が動く距離 $x(t)$ の2乗の統計平均 $\langle x^2(t)\rangle$ を考える．$\langle x^2(t)\rangle$ は下式で与えられる．

$$\langle x^2(t)\rangle = \left\langle \left[\int_0^t v(\tau)d\tau\right]^2\right\rangle \tag{30・6}$$

(30・6)式を t で2階微分し，(30・1)，(30・4)式を使って整理すると

$$\frac{{\rm d}^2 \langle x^2(t) \rangle}{{\rm d}t^2} = \frac{2k_{\rm B}T}{M} - \frac{f}{M}\frac{{\rm d}\langle x^2(t) \rangle}{{\rm d}t} \tag{30・7}$$

となる．この微分方程式を解き $t \gg M/f$ とすると，下式が得られる．

$$\langle x^2(t) \rangle = \frac{2k_{\rm B}Tt}{f} \tag{30・8}$$

この結果は $\langle x^2(t) \rangle$ が時間と温度に比例して増加することを示しており，これは実験的にも確かめられる．(30・8)式は単一微粒子のブラウン運動の特徴を表しているが，多数の粒子が存在する系の拡散現象（たとえば，液面上に落としたインクが広がっていくありさま）と密接に関連している．

流体中に分散した微粒子の濃度が不均一なとき，希薄側に向かって微粒子は拡散していく．この拡散流の速さは拡散係数 D で規定され，アインシュタインの理論によれば以下の関係が成り立つ*．

$$D = \frac{k_{\rm B}T}{f} \tag{30・9}$$

微粒子が球状の場合，その半径を a，流体の粘性率を η とすると，ストークスの法則より摩擦係数 f は下式で与えられる．

$$f = 6\pi\eta a \tag{30・10}$$

また，(30・8)，(30・9)式より

$$D = \frac{\langle x^2(t) \rangle}{2t} \tag{30・11}$$

となる．すなわち，ブラウン運動している微粒子が時間 t の間に動く距離の2乗の統計平均を実測すれば，その微粒子の拡散係数が算出できる．

---

* 拡散現象の詳細については，29章 拡散係数 を参照せよ．

30. ブラウン運動

[実 験] 粒径のそろったポリスチレンラテックス懸濁液を光学顕微鏡で観察し，ラテックス粒子のブラウン運動を調べる．一定時間間隔ごとの粒子位置を記録・整理して移動距離の2乗の統計平均を求め，ラテックス粒子の拡散係数 ($D_{\exp}$) を算出する．得られた値を，(30・9) および (30・10) 式によって計算される拡散係数 (D_{cal}) と比較する．

❏ **器 具** テレビモニター付き光学顕微鏡，粒径既知のポリスチレンラテックス懸濁液（粒径 1 μm および 0.6 μm），マイクロシリンジ，凹穴付きスライドガラス，カバーガラス，ストップウォッチ，セロテープ，厚手透明シート（OHP シートなど），温度計

❏ **装置・操作** ポリスチレンラテックス懸濁液（粒径 1 μm，分散媒は純水）をスライドガラス中央のくぼんだところにマイクロシリンジを使って数滴たらし，気泡が入らないようにカバーガラスをかぶせる．懸濁液をスライドガラスのくぼみとカバーガラスの間に図 30・1 のようにはさみこむようにして，カバーガラスの周囲をセロテープで接着して試料の蒸発を防ぐ．これを顕微鏡の標本台にのせて固定し，まず，20 倍の対物レンズをセットして光量とピントの調整を行う．ガラス壁に付着してブラウン運動を行わないラテックス粒子もあるので，水中に漂って不規則に動いている粒子を見つける．また，視野の中に 2〜3 個の粒子が見える場合が適当であり，極端に多すぎたり少なすぎたりするときは試料の濃度が不適当なので標本台を動かして適当な濃度の部分を探してみる．適当な濃度のところが見つからなければ，懸濁液の濃度を変えて新たにプレパラートを作成する．つぎに対物レンズを 40 倍に換え，注目する粒子が視野中央に見えるようにしてから粒子位置の測定を開始する．なお，テレビモニター画面上での正確な拡大率は，あらかじめ対物マイクロメーターを観察して決定しておく（本実験は 1000 倍程度の倍率が適している）．

測定は，厚手透明シート（OHP シートなど）をテレビモニターに貼りつけ，極細サインペンで 20 秒ごとの粒子の位置を番号を付してマークしていくことで行う*．この間，粒子は深さ方向にも運動するためしだいにピントがずれる．したがって，随時，粒子に追随させてピントを調整する．一つの粒子についてこのような位置変化の様子を 30 点記録する．また，1 試料に対して少なくと

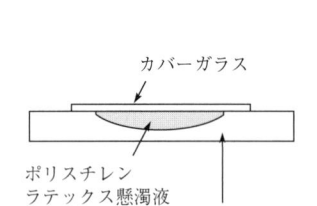

図 30・1 ブラウン運動観察用プレパラート（側面図）

---
* テレビモニターのビデオ信号をパソコンに取込み，市販の画像解析ソフト（VideoPoint™ など）を使って粒子位置を記録し，さらに，表計算ソフトを利用すれば以降のデータ解析を効率的に行える．

も3個の異なる粒子について測定を行う．測定が終了したら標本台上に温度計をおき，温度検出部を光路において温度を測る．以上と同様の操作を粒径 0.6 μm のラテックス粒子についても行う．

このようにして粒子位置を記した透明シートをグラフ用紙に貼りつけ，20秒ごとに動いた距離の x 軸方向と y 軸方向の変位成分（x_i および y_i）を読みとる（$i=1\sim29$, 図 30・2 参照）．読みとった x_i および y_i は拡大率を考慮して換算し，図 30・3 のような分布ヒストグラムを3個の異なる粒子それぞれについて作成する．移動距離 $=0$ を中心としたほぼ左右対称のグラフが得られるはずである（したがって x_i および y_i の平均値はほぼ0になる）が，中心位置が大幅に0からずれている場合は試料内に巨視的な流れが生じているので測定をやり直す．

つぎに，3個の粒子について得られたデータをすべて使って移動距離の2乗平均（$\langle x^2 \rangle$ および $\langle y^2 \rangle$）を算出する（x_i および y_i のデータ総数はそれぞれ $29\times 3=87$ 点になる）．得られた $\langle x^2 \rangle$ および $\langle y^2 \rangle$ の値から (30・11) 式を使ってラテックス粒子の拡散係数（D_{exp}）を計算する．一方，(30・9) および (30・10) 式から計算される拡散係数（D_{cal}）を粒径 1 μm および 0.6 μm 粒子それぞれについて算出し，実験から求めた値と比較してみる．ただし，η の値は温度とともに変化するので，下式を使って測定温度における水の粘性率を算出して使用する．

$$\eta = A\exp\left(\frac{1+BT}{CT+DT^2}\right) \tag{30・12}$$

ここで，A は 1.257187×10^{-5} Pa s，B は -5.806436×10^{-3} K^{-1}，C は 1.130911×10^{-3} K^{-1}，D は -5.723952×10^{-6} K^{-2}，T は温度である．

❏ **応用実験** 水溶性高分子であるポリエチレングリコールの水溶液にポリスチレンラテックス粒子を分散させ，同様の操作によって粒子の拡散係数を算出する．さらに，(30・9) および (30・10) 式から溶液の粘性率を算出する．同じ溶液の粘性率を粘度計によって別途求め，両者の値を比較してみよ*．

---

* 溶液の粘性率の測定法については，31章 粘性率 を参照せよ．

30. ブラウン運動

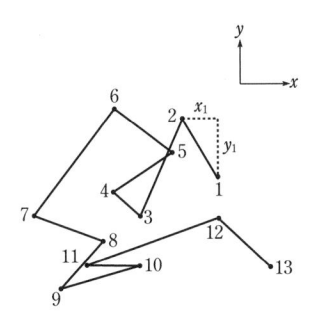

図 30・2 20秒ごとの粒子の位置を直線でつなぐ

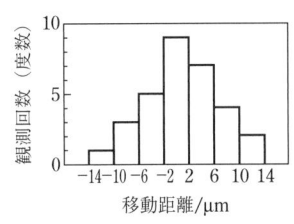

図 30・3 粒子が20秒間に移動する変位（x あるいは y 成分）の分布を表すヒストグラム（例）

31 粘 性 率

❏ 理 論

1) 粘性率の定義　2枚の平板をその距離が d になるように平行に配置し，その平板間に流体を満たした場合について考える．面に垂直な軸を y 軸とし，片方の平板を面方向に動かすと，平板間の流体のある点には速度勾配 $\partial u/\partial y$ が生じ，それに比例したせん断応力 $\eta(\partial u/\partial y)$ が発生する．この比例係数 η を粘性率（coefficient of viscosity）あるいは粘度（viscosity）という．粘性率の測定は，拡散，熱伝導と並ぶ輸送現象測定の一つであり，物質中の運動量の輸送に関する情報を与える．ここで，図 31・1 に示すように，半径が r，長さが l の毛管中を液体が流れているとする．このとき，毛管内の流体には図中に示す速度勾配が生じるため，体積 V の液体を一定の流速で時間 t の間に流すためには管の上流側と下流側に一定の圧力差 Δp を与える必要がある．この Δp と η の間には次式の関係がある．

$$\eta = \frac{\pi \Delta p r^4 t}{8 V l} \tag{31・1}$$

純溶媒の粘性率 η_0 と，その溶媒に溶質を溶かした溶液の粘性率 η との違いは，次式で定義される相対粘度（relative viscosity）η_r，あるいは比粘度（specific viscosity）η_{sp} によって表される．

$$\eta_r = \frac{\eta}{\eta_0} \tag{31・2}$$

$$\eta_{sp} = \frac{\eta - \eta_0}{\eta_0} = \eta_r - 1 \tag{31・3}$$

ある一定の温度において，同一の毛管内を同じ体積の溶媒と溶液が流れ落ちるのに要する時間を，それぞれ t_0 と t とする．毛管を鉛直に立てた場合には Δp が溶液密度 ρ，液面差 h，および自然落下

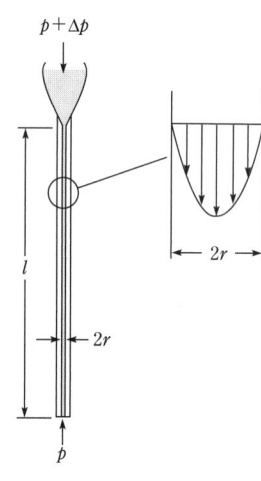

図 31・1　毛管内を流れる液体

の加速度 g の積 $\rho g h$ に等しいことを利用すると，(31・1) および (31・2)式より η_r は

$$\eta_r = \frac{\rho t}{\rho_0 t_0} \tag{31・4}$$

と書ける．ただし，ρ_0 は溶媒の密度である．溶質の濃度が十分低く，かつ t が t_0 に比べて十分大きいとき，ρ は ρ_0 で近似できるので，(31・4) と (31・3)式より，η_r と η_{sp} はそれぞれ

$$\eta_r = \frac{t}{t_0} \qquad \eta_{sp} = \frac{t}{t_0} - 1 \tag{31・5}$$

と書け，それらは t_0 と t の実測値より計算できる．

2) **高分子の固有粘度**　低分子の溶媒に高分子を微量溶かすと，一般に粘性率が著しく増大することが知られている．この高分子の希薄溶液の粘性率から，その高分子の相対分子質量あるいは分子サイズを見積もることができるので，粘度測定は高分子の分子特性解析に利用される．

毛管内での溶媒は，図31・1に描いたような流れの勾配をもっている．このような溶媒の流れの中で，溶質高分子は回転しながら流れ落ち，その回転運動によって生じる高分子と溶媒との分子的な摩擦が溶液粘度が大きくなる原因である．

高分子の質量濃度（溶液 $1\,\mathrm{cm}^3$ に溶けている溶質の質量）c を単位濃度だけ増加させたときの溶液の相対粘度の増加分，すなわち η_{sp}/c は

$$\frac{\eta_{sp}}{c} = [\eta] + k'[\eta]^2 c + k''[\eta]^3 c^2 + \cdots \tag{31・6}$$

という展開式の形で表すことができる．この式中右辺の第 1 項 $[\eta]$ は固有粘度といい，溶液中で孤立した 1 本の高分子鎖の相対分子質量とサイズに関係した重要な量である．これに対して，第 2 項以降は 2 本以上の高分子鎖の（流体力学的な）相互作用と関係している．展開係数（$k', k'', \cdots$）の中で，特に k' はハギンス（Huggins）定数とよばれ，高分子の種類や相対分子質量，溶媒条件にほとんどよらず，0.3〜0.6 の値をとることが経験的に知られている．

濃度の異なる数種の高分子の希薄溶液について粘度測定を行い，η_{sp}/c 対 c のプロット（これをハギンスプロットという）をつくれば一般に曲線が得られ，(31・6)式を使って，その曲線の切片と初

31. 粘 性 率

期勾配（濃度0での接線の傾き）より $[\eta]$ および k' が求められる．

高分子溶液に対するハギンスプロットでは，相当濃度が低くても，c の二次以上の項が無視できないことが多く，その結果 $[\eta]$ および見積もりにあいまいさが生じやすい．この点を改善するために，ミード (Mead)-フォス (Fuoss) プロットとよばれる $\ln\eta_r/c$ 対 c のプロットをハギンスプロットと併用して，$[\eta]$ および k' を見積もる方法が提案されている．(31・3) と (31・6) 式より，

$$\frac{\ln\eta_r}{c} = \frac{\ln(1+\eta_{sp})}{c} = [\eta] - \left(\frac{1}{2} - k'\right)[\eta]^2 c + \left(\frac{1}{3} - k' + k''\right)[\eta]^3 c^2 + \cdots \quad (31・7)$$

と書けるので，(対数関数のテイラー展開式を用いた), ミード-フォスプロットの切片と初期勾配からも $[\eta]$ と k' が得られる．実際のデータ解析には，図31・2 に示すように，両プロットを1枚のグラフ用紙に描き，共通の切片を与えるような直線あるいは曲線を引き，それらの直線の共通切片と傾きから，(31・6) と (31・7) 式を用いて $[\eta]$ および k' を決めることが望ましい．測定濃度範囲が適切ならば（次ページの"実験計画上の注意"参照），両プロットから求めた k' は，誤差範囲内で一致するはずである．

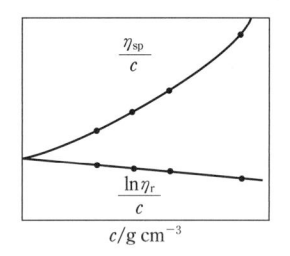

図 31・2 ハギンスおよびミード-フォスプロット

3) 固有粘度と高分子の相対分子質量との関係　汎用の合成高分子の多くは，溶液中でランダムに曲がりくねった屈曲性に富む主鎖構造をとっている．この屈曲性高分子という範ちゅうに属する高分子については，相対分子質量の非常に低い領域を除いて，$[\eta]$ と相対分子質量 M との間にマーク (Mark)-ホーウィンク (Houwink)-桜田の式と名付けられた

$$[\eta] = KM^a \quad (31・8)$$

表 31・1　高分子-溶媒系についての K および α の値

高分子	溶媒	温度/°C	相対分子質量範囲/10^4	K/cm^3 g^{-1}	α
ポリスチレン	トルエン	25	2〜2000	0.012	0.72
ポリスチレン	シクロヘキサン	35	0.4〜5700	0.088	0.50
ポリ酢酸ビニル	アセトン	30	6〜150	0.010	0.73
ポリビニルアルコール	水	30	1〜80	0.045	0.64

31. 粘 性 率

なる関係が成立することが知られている．ここで，K と a は高分子と溶媒の種類および温度によって定まる定数である．これらの定数が既知ならば，$[\eta]$ の測定値より (31・8) 式を使って，M を得ることができる．高分子-溶媒系に対する K と a の例を表 31・1 に掲げる．

4) 固有粘度と高分子のサイズとの関係　例として炭素原子が単結合で連なった主鎖から成る屈曲性高分子を考えよう．炭素-炭素の単結合まわりの回転は比較的自由に起こり，高分子鎖はランダムに曲がりくねった形をとる．この屈曲性高分子鎖のサイズは，次式で定義される二乗平均回転半径 $\langle S^2 \rangle$ によって特徴づけられる．

$$\langle S^2 \rangle = \frac{1}{n} \sum_{i=1}^{n} \langle \boldsymbol{S}_{G,i}{}^2 \rangle \tag{31・9}$$

ここで，n は主鎖を構成している炭素原子の数，$\boldsymbol{S}_{G,i}$ は図 31・3 に示すように，高分子鎖の重心と i 番目の炭素原子を結ぶベクトル，$\langle \cdots \rangle$ は十分長い時間にわたる時間平均を表す（溶液中での高分子鎖の形は時々刻々変化している）．$\langle S^2 \rangle$ の平方根は単に回転半径といい，主鎖原子が鎖の重心から平均的にどの程度離れた位置に存在するかを表す量である．

アインシュタイン (Einstein) は球状粒子の $[\eta]$ が粒子体積を M で割った量に比例することを理論的に証明した．屈曲性高分子が溶液中で球状粒子と同じようにふるまう場合，その固有粘度は以下のフローリー (Flory)-フォックス (Fox) の式に従うと考えられる．

$$[\eta] = 6^{3/2} \varPhi_0 \frac{\langle S^2 \rangle^{3/2}}{M} \tag{31・10}$$

この式は，高分子のモノマー単位どうしの相互作用がない理想状態（シータ状態*）にある屈曲性高分子の固有粘度をよく再現することが実験的に知られている．式中の $\varPhi_0$（フローリーの粘度定数）は高分子鎖の化学構造や溶媒にもいくぶん依存する．シクロヘキサン中 35 ℃（シータ溶媒）でのポリスチレンの $\varPhi_0$ については $2.6 \times 10^{23}\,\mathrm{mol}^{-1}$ が得られている．

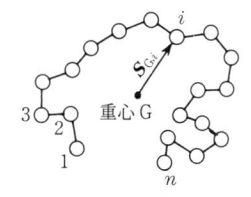

図 31・3　n 個の炭素原子（○）が線状に連なった高分子の鎖．各炭素原子に結合した水素原子や側鎖は省略してある

---

*　高分子溶液の浸透圧の第 2 ビリアル係数が 0 の状態．その状態を与える溶媒をシータ溶媒，またその状態になる温度をシータ温度という．これは分子間相互作用がないとみなせる状態に相当する．

❏ **実験計画上の注意**　　高分子の固有粘度を測定するには，溶媒の流下時間が約 2 分（またはそれ以上）の粘度計を選択するのがよい．また，溶液と溶媒の流下時間の差が 10～70 s（すなわち η_{sp} が約 0.1～0.6）になるように測定溶液の濃度範囲内を選ぶと，精度良く固有粘度が測定できる．この差が 10 s 以下の場合，流下時間測定の誤差（0.1 秒程度）が問題となり，またこの差が大きすぎると η_{sp} の値が大きくなり，(31・6)，(31・7)式中の濃度の高次項の寄与が重要となって，濃度補外のあいまいさが増す．測定すべき試料の固有粘度の概略値がわかっていれば，その値を濃度の一次項まで考慮した (31・6) あるいは (31・7) 式に代入し，$\eta_{sp}=0.6$，$k'=0.5$ とおいて方程式を解けば，実験に適切な高分子の初濃度を見積もることができる．

[**実験 1**]　シクロヘキサンを溶媒として，ポリスチレン試料の固有粘度をこの系のシータ温度である 35 ℃で決定し，(31・8)式を使って，その試料の相対分子質量を求めよ．さらに(31・10)式を用いてこの高分子の回転半径を見積もれ．

❏ **器具・準備**　　恒温槽一式，ユベロード (Ubbelohde) 型毛管粘度計と同支持金具 1（図 31・4 参照；粘度計の必要液量は 6 cm³ とする），連結用三方ガラス管と約 15 cm の上質ゴム管 3 本（図 31・5 参照），クリップ 1，3 cm³ と 10 cm³ のホールピペット各 1，ストップウォッチ 1，ガラスフィルター 2，20 cm³ と 200 cm³ の栓付き三角フラスコ各 1，シクロヘキサン 50 cm³，トルエン 100 cm³，アセトン 200 cm³，ポリスチレン（再沈殿，乾燥させた試料）0.2 g．

粘度計とピペットは，ポリスチレンの良溶媒であるトルエンに一晩浸して付着した高分子を溶解後，新しいトルエンでよく洗浄する．（新しい粘度計とピペットを使用するときは洗剤に一晩浸しておいた後，水でよく洗浄する．）　図 31・4 の毛管および D の部分を洗浄するには，つぎのような操作を行う．まず，粘度計のガラス管 C から液だめ E の部分に溶媒を少量入れ，A, B, C 部と図 31・5 の粘度計上部のゴム管 A′, B′, C′ をそれぞれ連結する．つぎにゴム管 A′ をクリップで挟んだ状態で，ゴム管 B′ の a 部分を片手の指でつまみ，もう一方の手でそれより少し上の b 部分をつまんだ後に a 部分を放す．放した手で今度は b 部分よりも少し上の c 部分をつまみ，さらに b 部分をつまんでいた手を放して，d 部分をつまむ．この操作を繰返すと，D の部分がしだいに減圧状態となり，溶

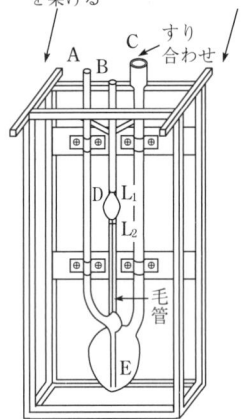

図 31・4　ユベロード型毛管粘度計と支持金具

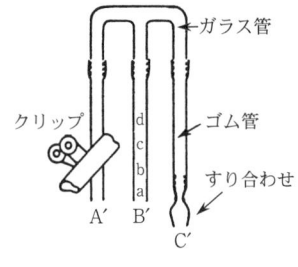

図 31・5　粘度計の上部

媒がEからDへ上がってくる．(ゴム管B'が完全に密封状態になるようにつままないと，液が上がらない．また，ゴム管A'のクリップの挟み方が不十分だと，ガラス管Aの根元部分から泡が毛細管側へ入る．)

溶媒をD部の上まで満たした後，今度はゴム管B'をd, c, b, aと逆向きにつまんでいき，D部分を加圧して，溶媒をDからEへ押し出す．粘度計を軽く振って溶媒を撹拌してから，再び溶媒をD部へ上げて洗浄を繰返す．

溶液の測定の場合には，粘度計を乾燥させる必要がある．沸点が高い溶媒（トルエンなど）を使用した場合には，まず低沸点のアセトンなどで置換する(その操作は上述の洗浄と同じ)．そしてゴム管B'とC'を粘度計のBとC部に連結し，ゴム管A'はクリップで挟んだ状態で，粘度計のA部をアスピレーターにつなぎ，粘度計内を減圧にして乾燥する．

粘度計内あるいは溶液内にごみ（たとえば衣服などから出る数mm程度の長さの繊維状のごみ）が存在すると，粘度測定中に毛管にひっかかり，流れを乱すため正しい流下時間の測定が困難になる．これを防ぐために，洗浄用のアセトンやトルエン，測定溶媒であるシクロヘキサンをあらかじめガラスフィルターで沪過して，ごみを除去しておくべきである．この操作により粘度測定がスムーズに行える．

31. 粘　性　率

❏ 操　作

1) 溶液の調製　　秤量した $20\,\mathrm{cm}^3$ の栓付き三角フラスコにポリスチレン試料を入れ，試料の質量を正確に秤量する．ポリスチレンのシクロヘキサン溶液は低温で白濁・相分離するため，適当量($10\,\mathrm{cm}^3$)の溶媒を加え，40℃の湯浴中でゆるやかに撹拌し，試料が完全に溶けた均一な溶液とする．なお，相分離が進行すると透明な濃厚相がフラスコの底面に付着し，一見すると均一な溶液に見えるため注意する必要がある．

粘度測定の直前に溶液の質量を測定し，高分子の質量分率 w を求める．さらに w と溶液密度 ρ の積として高分子の質量濃度 c を計算する．ただし，ρ は w と以下の関係がある．

$$\rho = \frac{\rho_0}{1-(1-\bar{v}\rho_0)w} \tag{31・11}$$

31. 粘 性 率

ここで，シクロヘキサンの ρ_0 は 35 ℃ で 0.7645 g cm^{-3}，ポリスチレンの部分比容 $\bar{v}$ は 0.93 cm^3 g^{-1} である．なお，高分子濃度が十分に低い場合には，溶液の密度を溶媒の密度で代用することも可能である．

　2) **粘度測定**　　まず，粘度計にシクロヘキサンを必要量入れて粘度計上部を連結後，粘度計を恒温槽内に鉛直にしっかりと設置し，温度平衡の達成（10～15 min）を待つ．つぎに，上記の洗浄の際と同じ操作によって，シクロヘキサンを D の上の刻線 L$_1$（図 31・4 参照）の少し上まで満たした時点で指を放し，さらにすぐにゴム管 A′ のクリップをはずして液を自然流下させる．シクロヘキサンの液面が刻線 L$_1$ を通過するときにストップウォッチをスタートさせ，刻線 L$_2$ を通過するときに止めて，流下時間 t_0 を測定する．数回の測定を行って平均値をとるが，各測定の t_0 値は 0.1～0.2 s 以内で一致するはずである．（流下時間が一定しない場合は，ごみの影響と恒温槽の温度の変動を確認せよ．）

　シクロヘキサンの測定を終えたら，前述の方法で粘度計を乾燥後，ガラス管 C からポリスチレン溶液の原液を 3 cm^3 のピペットを使って正確に 6 cm^3 入れる．溶媒と同様にしてこの溶液の流下時間 t を測定後，同一の 3 cm^3 ピペット（トルエンで洗浄後，乾燥させたもの）を使ってシクロヘキサン 3 cm^3 を粘度計内の溶液に加え，濃度を 2/3 に希釈する．このとき，シクロヘキサンを加えてから液をよく振り混ぜ，さらに液を刻線 L$_1$ の上まで二，三度上下させて，溶液濃度を均一にする．この希釈した溶液についても同様にして t を測定後，さらに 3 cm^3 ならびに 6 cm^3 のシクロヘキサンを加えて希釈した溶液についても，t の測定を繰返す．すべての測定が終了した後は，トルエンで粘度計をよく洗浄する（あるいは粘度計をトルエンで満たしておく）．

［**実験 2**］　水とエタノールの混合液体の一定温度における粘性率の組成依存性を調べよ．
　混合液体の粘性率は，水を標準物質として，(31・4)式より計算する．その際必要な水の粘性率と密度および混合液体の密度は表 31・2 に掲げる．この表の値から補間法によって測定混合液体の密度を求める．

この混合液体系の粘性率は，組成によって大きく変化し，中間の組成で極大を示す．温度が低いほどこの極大値は大きくなる．測定液は，はじめ数種類の組成について測定してから，極大値付近の組成の液をさらに数種つくって測定した方がよい．

表 31・2 水-エタノール混合物の密度と水の粘性率

エタノールの濃度 （質量%）	10 °C	15 °C	20 °C	25 °C	30 °C
	$\rho/\mathrm{g\ cm^{-3}}$				
0	0.9997	0.9991	0.9982	0.9970	0.9956
10	0.9839	0.9830	0.9818	0.9804	0.9787
20	0.9725	0.9707	0.9686	0.9664	0.9639
30	0.9597	0.9568	0.9538	0.9506	0.9474
40	0.9424	0.9388	0.9352	0.9315	0.9277
50	0.9216	0.9178	0.9138	0.9098	0.9058
60	0.8992	0.8952	0.8911	0.8867	0.8828
70	0.8760	0.8718	0.8676	0.8634	0.8591
80	0.8519	0.8477	0.8434	0.8391	0.8347
90	0.8265	0.8223	0.8179	0.8136	0.8092
100	0.7978	0.7935	0.7893	0.7850	0.7807
	$\eta_0/10^{-3}\ \mathrm{Pa\ s}$				
0	1.3069	1.1383	1.00202	0.8902	0.7973

31. 粘　性　率

32 ゴム弾性

❏ **理論** ゴムは金属などの固体に比べるときわめて柔軟で，小さな外力で大きな変形を起こすが，外力を除くとほとんど元の形に戻る弾性体である．ゴムが示す弾性（これをゴム弾性(rubber elasticity)という）は，ほかの固体にはない分子レベルでの構造上の特性によって生じる．ゴムは一般に屈曲性の高分子鎖がところどころで架橋されて三次元の網目を形成したものである．網目を構成する高分子鎖が，無秩序に熱運動するので，ゴムは伸張などの変形に対する復元力すなわち弾性力を生じる．高分子鎖の熱運動が激しい高温ほどこの復元力が強いので，同じ変形に対してゴムはより大きな復元力を生じる．そのため，ゴムの弾性は温度が上がるほど強くなる．熱力学の言葉でいえば，変形に伴う高分子鎖のエントロピーの減少がゴム弾性の起源の本質である*．

　この実験では，架橋天然ゴムがもつ弾性の特徴を調べる．ゴムの木から採れる天然ゴムの主成分は cis-1,4-イソプレンの重合体である．硫黄を用いた架橋によって三次元的な網目構造ができ，硫黄の添加量を調整することでゴムの硬さが調節されている．

　[**熱力学**] 無荷重状態（自然状態）で断面積が a，長さ（自然長）が l_0 の一様なゴムに外部から力 F で可逆的に引張るとき，ゴムの長さが dl だけ伸びたとすると，ゴムのギブズエネルギーの変化は，$dG = dH - Fdl - TdS$ で与えられる．外界はこのとき系に $|Fdl|$ の仕事をする．外力 F は平衡状態ではゴムが生じる復元力 f と釣り合っている（力の向きは反対で $f = -F$）ので，$dG = dH + fdl - TdS$ と書いてもよい．したがって，温度 T，圧力 p が一定の条件で復元力 f は

$$f = \left(\frac{\partial G}{\partial l}\right)_{T,p} = \left(\frac{\partial H}{\partial l}\right)_{T,p} - T\left(\frac{\partial S}{\partial l}\right)_{T,p} \qquad (32\cdot 1)$$

---

* ゴムの示す弾性をエントロピー弾性ということがある．一方，金属やガラスなどの弾性は，おもに変形に伴う内部エネルギーの増加に由来するので，エネルギー弾性という．

32. ゴム弾性

と表される.ここで H と S は,それぞれゴムのエンタルピーとエントロピーである.(32・1)式は,T と p が一定の条件下でのゴムの復元力 f がエンタルピー成分 $(f_H)_{T,p}$ $[\equiv(\partial H/\partial l)_{T,p}]$ とエントロピー成分 $(f_S)_{T,p}$ $[\equiv -T(\partial S/\partial l)_{T,p}]$ の和から成ることを示す.このうち $(f_S)_{T,p}$ は,熱力学におけるマクスウェル(Maxwell)の関係式を用いることで

$$(f_S)_{T,p} = -T\left[\frac{\partial}{\partial l}\left(-\frac{\partial G}{\partial T}\right)_{l,p}\right]_{T,p}$$
$$= -T\left[\frac{\partial}{\partial T}\left(-\frac{\partial G}{\partial l}\right)_{T,p}\right]_{l,p} = T\left(\frac{\partial f}{\partial T}\right)_{l,p} \qquad (32\cdot 2)$$

と表される.したがって,l と p を一定に保ち f を T の関数として測定すれば $(f_S)_{T,p}$ が求まり,さらに $(f_H)_{T,p}=f-(f_S)_{T,p}$ の関係からエンタルピー成分 $(f_H)_{T,p}$ を求めることができる.

つぎに,T とゴムの体積 V が一定の条件下での復元力について考える.この場合は,ゴムのヘルムホルツエネルギー A の l に関する微分として f を

$$f = \left(\frac{\partial A}{\partial l}\right)_{T,V} = \left(\frac{\partial U}{\partial l}\right)_{T,V} - T\left(\frac{\partial S}{\partial l}\right)_{T,V} \qquad (32\cdot 3)$$

と表すことができる.ここで,U はゴムの内部エネルギーである.第1項 $(f_U)_{T,V}[\equiv(\partial U/\partial l)_{T,V}]$,第2項 $(f_S)_{T,V}$ $[\equiv -T(\partial S/\partial l)_{T,V}]$ は,T と V 一定の条件下での U および S の変化による復元力である.

$(f_S)_{T,V}$ は (32・2)式と同様にマクスウェルの関係式を用いて

$$(f_S)_{T,V} = T\left(\frac{\partial f}{\partial T}\right)_{l,V} \qquad (32\cdot 4)$$

と書ける.(32・4)式は l と V が一定の条件下で,f を T の関数として測定することを要求する.ところが,一般にゴムは温度の上昇に伴い熱膨張するので,このような実験は非常に困難である.しかし,ゴムのような等方的な試料では近似的に次式

$$(f_S)_{T,V} \cong T\left[\left(\frac{\partial f}{\partial T}\right)_{l,p} + \alpha_T\lambda\left(\frac{\partial f}{\partial \lambda}\right)_{T,p}\right] = (f_S)_{T,p} + T\alpha_T\lambda\left(\frac{\partial f}{\partial \lambda}\right)_{T,p} \qquad (32\cdot 5)$$

32. ゴム弾性

が成立する．式中の第二項は，熱膨張によって系が外界にする仕事に相当する補正項である．式中の α_T はゴムの線膨張率 $(1/l)(\partial l/\partial T)_p$ である．T と p が一定の条件下で f を l (すなわち λ) の関数として測定すれば，$(\partial f/\partial \lambda)_{T,p}$ が求められる．これと先に求めた $(f_S)_{T,p}$ を (32・5) 式に代入すれば，$(f_S)_{T,V}$ が近似的に求められる．一般的なゴム試料では，$\alpha_T = 2.2 \times 10^{-4}\,\mathrm{K}^{-1}$ 程度の値である*．これによって，復元力の内部エネルギー成分は $(f_U)_{T,V} = f - (f_S)_{T,V}$ から計算できる．

[統計理論] 自然状態での平均二乗末端間距離が $\langle R^2 \rangle_0$ の高分子鎖で，末端間距離を R にしたとき取りうる形態の数が，$w(R) \propto \exp(3R^2/2\langle R^2 \rangle_0)$ で与えられるものをガウス鎖という．統計力学によると，末端間距離が R のガウス鎖がもつエントロピー $S(R)$ は，ボルツマン定数 k_B を用いて，$S(R) = k_\mathrm{B} \ln w(R)$ と与えられる．したがって，伸張することによって高分子鎖の末端間距離 R を伸ばすと，エントロピーは減少する．

ゴムを構成する架橋点間の高分子鎖を網目鎖といい，それらはガウス鎖の統計に従うと仮定する．また，ゴムに対して一軸方向の伸張などの巨視的な変形を与えたとき，ゴムを構成している網目鎖もそれと線形的 (affine) に変形すると仮定する．からみ合いなどの網目鎖間の相互作用を考慮しない古典的な統計理論によれば，T と V が一定の条件で，伸長比 λ まで一軸伸張された等方的なゴムのエントロピー S は

$$S = -\frac{g\nu V k_\mathrm{B}}{2}\left(\lambda^2 + \frac{2}{\lambda} - 3\right) + S_0 \tag{32・6}$$

と計算される．ここで ν は単位体積中の網目鎖の数，S_0 は自然状態 ($\lambda=1$) でゴムがもつエントロピーである．また，g は無次元の定数で，その値は 1 に近いことが知られている．ゴムの体積 V は断面積 a と自然長 l_0 を用いて，$V = al_0$ と表される．それを用いると，ゴムの復元力のエントロピー成分 $(f_S)_{T,V}$ が (32・6) 式より

$$(f_S)_{T,V} = -T\left(\frac{\partial S}{\partial l}\right)_{T,V} = ag\nu k_\mathrm{B} T\left(\lambda - \frac{1}{\lambda^2}\right) \tag{32・7}$$

---

* α_T は変形を与えない自然状態 ($\lambda=1$) でのゴムに二つのしるしを付け，その距離 l を温度の関数として測定することによって実験的に測定することも可能である．その場合，測定される α_T は $p=1\,\mathrm{atm}$，$\lambda=1$ における値であるが，α_T は λ に依存しないと考える．

と計算される[*1]．ρ をゴムの密度，M_c を網目鎖の架橋点間がもつ平均モル質量，さらに R を気体定数として，(32・7)式は

$$(f_S)_{T,V} = \frac{ag\rho RT}{M_c}\left(\lambda - \frac{1}{\lambda^2}\right) \tag{32・8}$$

と書き換えられる．

　[力と応力]　ゴムを一軸方向に伸張したときに生じる復元力 f を自然状態での単位断面積あたりに換算した量，$\sigma = f/a$ [単位：Pa＝N m^{-2}] を一軸伸張応力（uniaxial tensile stress）という[*2]．f は試料の大きさに依存するが，σ は T, p, λ のみで記述されるゴムの内部状態で決まり，試料の大きさによらない量である．一般に，試料ごとに断面積は異なるので，f を σ に換算してから実験結果を解析する方が簡便である．(32・1)式を用いれば σ を $(\sigma_H)_{T,p} \equiv (f_H)_{T,p}/a$ と $(\sigma_S)_{T,p} \equiv (f_S)_{T,p}/a$ に，一方，(32・3)式を用いれば σ を $(\sigma_U)_{T,V} \equiv (f_U)_{T,V}/a$ と $(\sigma_S)_{T,V} \equiv (f_S)_{T,V}/a$ に分離できる．また，(32・8)式は

$$(\sigma_S)_{T,V} = \frac{g\rho RT}{M_c}\left(\lambda - \frac{1}{\lambda^2}\right) \tag{32・8'}$$

と書き直される．

[実　験]　ゴムを一軸伸張する際に生じる復元力 f を T と l の関数として測定し，σ を $(\sigma_H)_{T,p}$ と $(\sigma_S)_{T,p}$，あるいは，$(\sigma_U)_{T,V}$ と $(\sigma_S)_{T,V}$ に分離する．また $(\sigma_S)_{T,V}$ に(32・8')式を適用して M_c を求める．

　❑ 試　料　　断面が 1 mm×1 mm 程度の，ねじれなどのくせがないアメ色のゴムひも（架橋天然ゴム）をゴム試料として用いる．このような試料が入手できない場合は市販の輪ゴムを切断して用いてもよい．

---

　*1　ここで計算された力 $(f_S)_{T,V}$ と $(f_S)_{T,p}$ の違いに注意．
　*2　もっと正確には工業的一軸伸張応力（engineering uniaxial tensile stress）という．一方，一般的な応力の定義は，変形状態における単位面積あたりの力である．

32. ゴ ム 弾 性

❏ **器 具**　デジタル張力計(最大計測荷重が 200 重力(力)グラム[単位：gf]*程度のもの)，スタンド，クランプ，読みとり顕微鏡，恒温槽一式(ガラス窓が付き槽の内部が見えるもの)，温度計(1/10 ℃ 目盛)，細いステンレス針金(直径 0.3 mm 程度)，ノギス，ゴム試料支持台，ゴム試料固定用治具 2，油性サインペン

❏ **測定・解析**　実験装置の概略を図 32・1 に示す．大気圧下で測定を行うと，圧力一定の条件 ($p=1$ atm) が自動的にかつ良い精度で満たされる．

1) T, p 一定の条件下での σ の λ 依存性

① 長さ約 2 cm のゴム試料の幅と厚さをノギスで測定し，自然状態での断面積 a を求める．ゴムの中央に約 1 cm 間隔で二つのしるしをサインペンで付けておく．つぎに，試料の一端を上側治具に固定して恒温槽の水中につり下げ，この状態で張力計の読みをゼロにする．その後，ゴム試料の

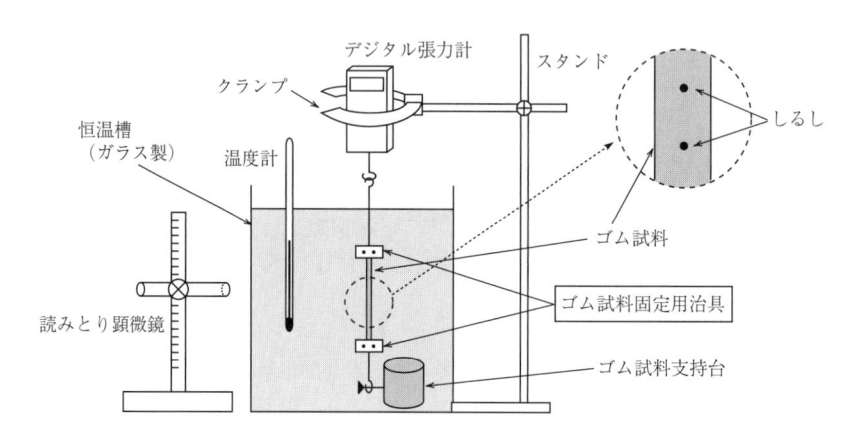

図 32・1　実験装置の概略

＊　張力計は試料の質量ではなく，力を測定する．測定された力を重力加速度 (9.807 m s^{-2}) 下での荷重に換算したものが重力(力)グラムであり，1 gf$=9.807\times10^{-3}$ N なる関係がある．

他端を下側治具に固定し，針金とゴム試料が鉛直になるように張力計の位置を調整する．

② 室温に近い一定温度 T_0 に恒温槽を保ち，伸張比 λ が3程度になるように張力計の位置を動かしてゴムを伸ばす．このときのしるし間距離 l を読みとり顕微鏡で測定し，張力計の読みとともに記録する．張力 f の値が時間経過とともに減少する（この現象を応力緩和という）場合は，一定値になるまで待って値を記録する．張力計を下に移動することで f を1〜3 gf 刻みで減少させ，そのつど f と l を記録する．

自然長付近の l を σ に対してプロットし，$\sigma = 0$ に l を外挿することによって自然長 l_0 を求める．こうして得られた伸張比 $\lambda (= l/l_0)$ の変化に伴う σ の変化をグラフにまとめる（図 32・2）．

2) l, p 一定の条件下での σ の T 依存性

① 1) ① と同じ操作でゴム試料を測定装置に装着し，恒温槽の温度を 60 ℃ 以上まで上昇させる（恒温槽の水をくみ出し熱湯を入れる）．λ の値が3程度となるようにゴムを伸ばす．ただし 1) ② の最大伸張比よりもやや小さくする．このときのしるし間隔 l_1 を読みとり顕微鏡で測定した後，l_1 を一定に保ったまま放冷する．2〜3 ℃ 冷却するごとに温度と張力を記録し，1) での T_0 以下になるまで測定を続ける．早く冷却させるために氷を投入してもよいが，測定時に恒温槽の温度の不均一がないように注意する．σ の T 依存性をグラフにまとめる（図 32・3）．ゴム試料の切断などの理由で，1) と異なるゴム試料を用いた場合は放冷終了後，1) ② と同じ測定を自然長付近で行い，$T = T_0$ での自然長 l_0 を求め，改めて $T = T_0$ における伸張比 $\lambda_1 = l_1/l_0$ を計算する．できるだけすべての実験に同じゴム試料を用いる．

$T = T_0, \lambda = \lambda_1$ における $(\sigma_H)_{T,p}, (\sigma_S)_{T,p}, (\sigma_U)_{T,V}, (\sigma_S)_{T,V}$ をつぎのようにして求める．まず，$T = T_0$ での図 32・3 の直線の傾きから $(\sigma_S)_{T,p}$ を求める（32・2 式）．この $(\sigma_S)_{T,p}$ と $\lambda = \lambda_1$ での図 32・2 の接線の傾きから $(\sigma_S)_{T,V}$ を求める（32・5 式）．ただし，$\alpha_T = 2.2 \times 10^{-4} \mathrm{K}^{-1}$ を用いる．さらに $T = T_0, \lambda = \lambda_1$ における σ（図 32・2）から $(\sigma_S)_{T,p}$ または $(\sigma_S)_{T,V}$ を引き算して $(\sigma_H)_{T,p}, (\sigma_U)_{T,V}$ を求める．

② 伸張比 λ_1 が 20% 程度小さくなるようにゴムの長さを変えて 2) ① の測定，解析を行う．これを繰返し，異なる5〜6種類の伸張比 λ_1 についてデータを採取する．

32. ゴム弾性

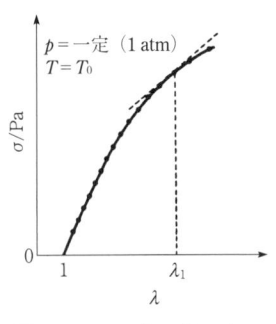

図 32・2 T と p が一定の条件下での σ の λ 依存性の模式図

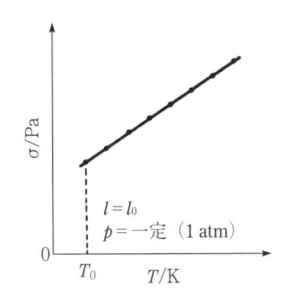

図 32・3 l と p が一定の条件下での σ の T 依存性の模式図

32. ゴ ム 弾 性

得られた $(\sigma_H)_{T,p}$, $(\sigma_S)_{T,p}$, $(\sigma_U)_{T,V}$ および $(\sigma_S)_{T,V}$ の λ_1 に対するグラフを描き，ゴム弾性の特徴について考察せよ．$(\sigma_S)_{T,p}$ と $(\sigma_S)_{T,V}$ の違いは何に起因するかも考えよ．さらに，$(\sigma_S)_{T,V}/(\lambda_1-\lambda_1^{-2})$ の λ_1 依存性をグラフに示し*，これに (32・8′) 式を適用して M_c を求めよ．ただし，$g=1$，$\rho=0.95\,\mathrm{g\,cm^{-3}}$ とする．

❏ **実験上の注意**　ゴム試料はできるだけ太さが均一な部分を切り取る．ゴム試料は治具からのすべりがないようにしっかりと固定する．水を吸って膨れ上がったり，強く引張ったりした試料は取替える．デジタル張力計を水中に落とさないように注意する．

---

* これをムーニー-リブリン (Mooney-Rivlin) プロットという．

電離平衡と伝導滴定　33

❏ **理　論**　電解質は溶液中でカチオンとアニオンに電離し，溶液に電気伝導性を与える．溶液の電気伝導性にも，金属導体と同様にオームの法則が成立する．すなわち，溶液に浸した1組の電極の間に電位差を与えたとき，流れる電流は溶液の抵抗の逆数に比例する．長さl，断面積Sの溶液の抵抗をRとすると，一般に

$$R = \frac{l}{S}\rho \tag{33・1}$$

が成り立つ．ここでρを抵抗率，その逆数ρ^{-1}を電気伝導率といい，κで示す．Rとκの関係は

$$\kappa = \frac{l}{S}\frac{1}{R} \tag{33・2}$$

である．κを電解質のモル濃度cで割った量をモル伝導率といい，Λで表す．

$$\Lambda = \frac{\kappa}{c} \tag{33・3}$$

　溶質がすべてイオンに解離している強電解質溶液では，濃度が高いとイオン間の相互作用が著しい．これを薄めると，イオン間の平均距離が増加して相互作用が弱くなり，個々のイオンが独立して動くようになるのでΛは増大する．やがて希釈度がある程度以上になると，イオン間の相互作用はごく弱いものになり，Λはある一定値に近づく．

　弱電解質の場合には，分析濃度がかなり高くてもイオンの濃度は低いので，その相互作用はあまり大きくないが，これを薄めると質量作用の法則*によって溶質分子がイオンに解離する割合がし

---

* 一定温度では平衡定数が一定であるという法則．

33. 電離平衡と伝導滴定

だいに増大するので，Λもやはり増大する．この場合は強電解質に比べて収束性は悪いが，それでも濃度が低くなるにつれてΛは一定値に収束する傾向を示す．したがって電解質溶液を無限に希釈した極限においては，強電解質，弱電解質を問わず，Λはある有限の値をとることになる．この値を極限モル伝導率といい，Λ^∞で表す．この極限においては電解質は完全解離しており，かつイオン間の相互作用も全くないから，Λ^∞と存在するイオン種の極限モル伝導率の間には加成性が成り立つ．たとえば，塩ABの溶液の極限モル伝導率$\Lambda^\infty(AB)$はその成分イオンA^+，B^-の極限モル伝導率$\lambda_{A^+}{}^\infty$，$\lambda_{B^-}{}^\infty$の和として表すことができる．

$$\Lambda^\infty(AB) = \lambda_{A^+}{}^\infty + \lambda_{B^-}{}^\infty \qquad (33\cdot 4)$$

イオンの極限モル伝導率は，それぞれのイオンに固有のもので，共存イオンに無関係である．表33・1に各イオンの各温度における極限モル伝導率を示す．

表 33・1　イオンの極限モル伝導率 $\Lambda^\infty/10^{-4}\,\mathrm{S\,m^2\,mol^{-1}}$ [†1, †2]

イオン	温度 $t/°C$				イオン	温度 $t/°C$			
	0	18	25	50		0	18	25	50
H^+	225	315	349.8	464	Cl^-	41.0	66.0	76.3	117.1
Na^+	26.5	42.8	50.1	82	Br^-	42.6	68.0	78.1	124.8
K^+	40.7	63.9	73.5	114	I^-	41.4	66.5	76.8	180.8 (45 °C)
NH_4^+	40.2	63.9	73.5	115	NO_3^-	40.0	62.3	71.5	106.7
$\frac{1}{2}Ba^{2+}$	34.0	54.6	63.6	104	OH^-	105	171	198.3	284
$\frac{1}{2}Ca^{2+}$	31.2	50.7	59.8	96.2	CH_3COO^-	20.0	32.5	40.9	67
$\frac{1}{2}Mg^{2+}$	27.2	44.9	53.3	89.8	$\frac{1}{2}C_2O_4^{2-}$	39	—	72.7	115
$\frac{1}{2}Cu^{2+}$	28	45.3	53.6	—	$\frac{1}{2}SO_4^{2-}$	41	68.4	80.0	125
$\frac{1}{2}Pb^{2+}$	37.5	60.5	69.5	—					

†1　S（ジーメンス）＝ Ω^{-1}
†2　"化学便覧 基礎編Ⅱ"，改訂3版，日本化学会編，p. 460, 461, 丸善 (1984)．

[実験 A] 電離平衡の測定

酢酸の希薄溶液の電離定数を測定し，さらにその温度依存性を調べて解離エンタルピーを求めよ．

❏ **原　理**　オストワルド（Ostwald）は水溶液中における電解質の電離平衡に対して質量作用の法則を適用し，電気伝導率と電解質濃度との間に一定の関係があることを導いた．二元弱電解質 AB の希薄溶液を例にとると，その電離度 α と電離定数 K の関係は次式のようになる．

$$\underset{c(1-\alpha)}{\mathrm{AB}} \rightleftharpoons \underset{\alpha c}{\mathrm{A^+}} + \underset{\alpha c}{\mathrm{B^-}}$$

$$K = \frac{\alpha^2 c}{1-\alpha} \tag{33・5}$$

ここで，c は溶液のモル濃度である．厳密には c は c/c_0 とすべきで c_0 は標準状態濃度（1 mol dm^{-3}）である．これによって K は無次元となる．つぎに電離度 α がモル伝導率 Λ と極限モル伝導率 Λ^∞ の比で表せるというアレニウス（Arrhenius）の関係 $\alpha = \Lambda/\Lambda^\infty$ を (33・5) 式に代入すれば，つぎの関係式が導かれる．

$$K = \frac{\Lambda^2 c}{\Lambda^\infty(\Lambda^\infty - \Lambda)} \tag{33・6}$$

電解質濃度が高くなれば，上式中の濃度は活量に置き換えなければならないが，ここでは (33・5) 式が成立する十分に希薄な溶液に限って考えることにすると，与えられた溶液について電気伝導率 κ を測定し，(33・3) 式から Λ を求め，Λ^∞ を表 33・1 より求めれば，(33・6) 式よりただちに平衡定数 K が計算できる．

❏ **器具・薬品**　電気伝導率測定容器，恒温槽（±0.1 ℃ 以内），電圧可変直流電源（～5 V），コールラウシュブリッジ，10 cm^3 ピペット 2，クランプ，スタンド，濃硫酸＋濃硝酸 (1:1) 混合液 100 cm^3，白金メッキ液（塩化白金酸 3 g と酢酸鉛 0.02～0.03 g を水 100 cm^3 に溶解したもの），希硫酸 100 cm^3，伝導度水*，0.1 mol dm^{-3} 塩化カリウム溶液，0.05 mol dm^{-3} 酢酸（あらかじめ標定しておく）100 cm^3．

---

* 伝導度水については，付録 A16 水銀と水の精製 を参照せよ．

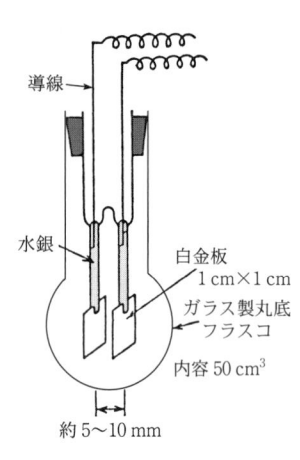

33. 電離平衡と伝導滴定

❑ 装置・操作

1) **測定容器の準備と容器定数の決定**　最も簡単な電気伝導率測定容器は図33・1に示すように，約1 cm²の白金板2枚をそれぞれガラス管の先端に封入し，向かい合わせて固定し，ガラス容器中に入れたものである．

白金板の表面積を広げて感度を良くするために表面に白金黒を付ける．まず容器中に濃硫酸＋濃硝酸（1:1）混合液を入れて，これに電極を浸し，一昼夜放置して電極表面の汚れを酸化して除く．熱蒸留水で繰返し洗ってから白金メッキ液を入れ，直流電源に接続し，電流密度約 $0.03\ \mathrm{A\ cm^{-2}}$ で電気分解を行う．これでアノードに白金黒が付着する．1分ごとに電流の向きを変え，両極に一様に白金黒が付着するまでこのような電気分解を数回繰返す．新しい白金板であればこの操作を約10分間行う必要があるが，いったん白金黒付けしたものを補修する場合には，2～4分間で十分である．うまく白金黒付けされた電極は，一様でむらがなく，黒ビロード状に見える．白金黒の付着後，電極を熱蒸留水でよく洗い，さらに希硫酸で同様の電気分解操作を行い，白金黒に吸着している塩素を還元して除く．白金黒付けしたのちは，蒸留水中に保存し，電極を乾燥させないよう注意する．測定する前に容器を伝導度水で2～3回洗浄した後，伝導度水を電極の上端より約1～2 cm上まで満たし，恒温槽に浸して温度が一定になるまで放置する．

溶液の抵抗を測定する場合に，直流を用いると電解分極が起こり，溶液の組成が変化するので，普通は低周波の交流を用いる．このような目的に用いる抵抗測定用のブリッジ回路をコールラウシュブリッジという．コールラウシュブリッジは，ホイートストンブリッジの変形であり，図33・2の原理図に示すように，ゼロ検出器の両端の電位差が0となるとき，4個の抵抗 R_0, R_x, R_1, R_2 の間に

$$\frac{R_x}{R_0} = \frac{R_1}{R_2} \qquad (33\cdot 7)$$

の関係が成立する．これを簡単につくるには，低周波電源

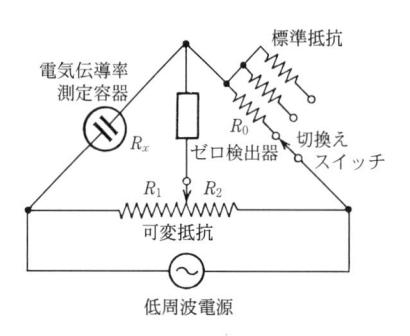

図33・1 電気伝導率測定容器

図33・2 コールラウシュブリッジの原理

として 1000 Hz 前後の低周波発振器を，ゼロ検出器としてヘッドホンを使用し，また R_1+R_2 の可変抵抗に微動ダイヤル付き巻線型精密可変抵抗器を用いればよい．標準抵抗 R_0 は測定試料の抵抗値 R_x に応じて適当な値のものに切換えて接続し，可変抵抗の接点を移動して受話器の音が最小になるようにする．このときの可変抵抗の接点の位置から R_1 と R_2 との比がわかれば，(33・7)式から試料の抵抗値 R_x を算出することができる．

伝導度水を満たした電気伝導率測定容器の抵抗をブリッジを用いて測定するとき，一度測定した後，ブリッジの電源を切り，5分～10分間放置した後，再び測定して前の値と一致すればよいが，もし抵抗が減少しているようならば，それは電極の水洗が不十分で，吸着されていた電解質が溶け出してきたことを示すものであるから，水洗をし直す．つぎの抵抗測定の操作を行ってから，伝導度水の電気伝導率を計算してみて，その値がだいたい $1～2×10^{-4}$ S m^{-1} 程度となれば十分である．

電気伝導率の測定にあたって，測定容器について固有の量 S/l を標準物質を用いてあらかじめ決定する．この量を容器定数といい，容器の形と大きさ，温度，電極の形と表面積，表面の状態などによって決まる．電気伝導率測定容器を 0.1 mol dm^{-3} KCl 溶液で 2～3 回洗い，容器および電極に付着している水を KCl 溶液で完全に置換する．0.1 mol dm^{-3} KCl を電極の上端より 1～2 cm 上方に付けたしるしの位置まで満たし，恒温槽に浸して一定温度になるまで放置する．標準抵抗 R_0 を，いろいろ切換えて R_1 と R_2 との比を測定し，KCl 溶液の抵抗値 R_x を決めれば，表 33・2 に示した KCl 溶液の電気伝導率の値から容器定数が求められる．

33. 電離平衡と伝導滴定

表 33・2　KCl 標準水溶液[†1]の電気伝導率 κ [†2]

溶液組成（真空中秤量）	κ/S m^{-1}		
g(KCl)/kg(溶液)	0 ℃	18 ℃	25 ℃
7.47458	0.7134	1.1164	1.2853
0.745819	0.07733	0.12202	0.14085

†1　ただし KCl の密度は 1.99 g cm^{-3} である．
†2　"化学便覧 基礎編 II"，改訂 5 版，日本化学会編，p. 555，丸善（2004）．

33. 電離平衡と伝導滴定

2) **酢酸の電気伝導率およびその温度依存性の測定** 測定容器を $0.05\,\mathrm{mol\,dm^{-3}}$ 酢酸で2～3回繰返して洗ったのち，$0.05\,\mathrm{mol\,dm^{-3}}$ 溶液を上述の印の位置まで満たし，恒温槽中に放置し，一定温度に達してから抵抗値を測定する．$0.05\,\mathrm{mol\,dm^{-3}}$ 溶液を2倍あるいは4倍に希釈した酢酸溶液についても同様な操作を行い，抵抗値を測定する．合計3種の異なる濃度について電気伝導率を求める．

つぎに30～50℃の温度範囲について，三つの温度を選び電離定数を測定し，その対数を温度の逆数に対してプロットすれば，以下の式に示す通り直線が得られ，その傾きより酢酸の解離エンタルピー ΔH を求めることができる．

$$\frac{\mathrm{d}\ln K}{\mathrm{d}T} = \frac{\Delta H}{RT^2}$$

または， $\quad \ln K = \ln C - \left(\dfrac{\Delta H}{RT}\right) \hspace{2em} (33\cdot 8)$

ここで C は定数である．また酢酸の電離定数はあまり大きくないので，この実験から得られる ΔH の確度はあまりよくない．

❏ **応 用 実 験** 難溶性塩類の溶解度の測定は一般に困難であるが，電気伝導率の測定によって比較的容易に行うことができる．難溶性塩の飽和溶液について測定したモル伝導率 Λ が，極限モル伝導率 Λ^∞ とほとんど変わらないと仮定すれば，

$$\Lambda^\infty \fallingdotseq \Lambda = \frac{\kappa}{s}$$

$$s = \frac{\kappa}{\Lambda^\infty}$$

となる．ただし，s は溶解度を表す．Λ^∞ は，表33・1のイオンの極限モル伝導率から求めることができるから，飽和溶液の電気伝導率を測定すれば溶解度を決めることができる．

測定を行うに先立って，試料をビーカーに入れた伝導度水中に投入し，よく振り混ぜ，可溶性不純物を溶出させて取除く．さらに2～3回伝導度水で洗浄した後，新しく伝導度水を加えてかき混

ぜながら恒温槽中に30分～1時間放置し，溶解平衡に達してから，溶液部分をとり，電気伝導率測定容器に入れて抵抗を測定する．

33. 電離平衡と伝導滴定

[実験 B] 伝導滴定

塩酸および酢酸を試料として，水酸化ナトリウムによる伝導滴定を行い，塩酸および酢酸の濃度を求める*．

❏ **原 理** 表33・1に示したように水素イオンおよび水酸化物イオンの極限モル伝導率は他のイオンのそれに比べて著しく大きい．したがって水酸化物イオンを含むアルカリ溶液に酸溶液を滴下していくと，初めに存在した水酸化物イオンは，加えた水素イオンのために中和され，水酸化物イオンの減少とともにしだいに電気伝導率は低下していく．中和点では水素イオンおよび水酸化物イオンは互いに当量で，電気伝導率は極小となる．さらに酸を滴下すると，水素イオンが増加するために再び電気伝導率は大きくなる．このように滴定の際に電気伝導率の変化を追跡すれば，滴定の終点を求めることができる．この方法を伝導滴定（conductometric titration）という．

❏ **実験計画上の注意** この方法は着色あるいは不透明な液の中和滴定など，指示薬が使えないときに特に有効であり，指示薬による誤差もなく，中和点確認のための1滴ごとの注意もいらないという長所がある．

❏ **器具・薬品** 電気伝導率測定用電極，コールラウシュブリッジ，恒温槽，$0.1\,\mathrm{mol\,dm^{-3}}$ 水酸化ナトリウム水溶液（標定ずみのもの），$0.1\,\mathrm{mol\,dm^{-3}}$ 塩酸，$0.1\,\mathrm{mol\,dm^{-3}}$ 酢酸，ビュレット1，ピペット3，ビーカー4

❏ **装置・操作** コールラウシュブリッジは［実験A］に用いたものと同じである．電極は［実験A］の電気伝導率測定容器に用いたものと全く同じものでよい．これをビーカーにセットし，極板が覆われるまで $0.1\,\mathrm{mol\,dm^{-3}}$ 水酸化ナトリウム溶液を入れる．その量はピペットを用いて正確に決めておく．電極をコールラウシュブリッジに接続し，無音点を求めて可変抵抗のダイヤ

---

* この実験の操作は［実験A］と共通する部分が大きいから，［実験A］の部分もよく読んでから実験を行う．

33. 電離平衡と伝導滴定

ルの読みを記録する．つぎにビュレットを用いて，約 $0.1\,\mathrm{mol\,dm^{-3}}$ の塩酸または酢酸を少量ずつ滴下し，よくかき混ぜ，そのたびごとに無音点の位置を可変抵抗のダイヤル上で読みとる．無音点の読みを，滴下した酸の体積に対してプロットすれば，図 33・3 の曲線 a または b を得る．a は強酸と強塩基の場合，b は一方が弱電解質の場合である．折点の付近は特に細かく測定する．b が a ほど折目が鋭くないのは緩衝作用のためである．また塩酸（強酸）と酢酸（弱酸）の混合溶液を水酸化ナトリウム（強塩基）溶液で伝導滴定すると図 33・4 のようになり，それぞれの酸の中和に対応する折点を見いだすこともできる．

　与えられた試料について，その濃度を折点の位置から決定し，フェノールフタレインを指示薬として滴定を行った場合の結果と比較せよ．

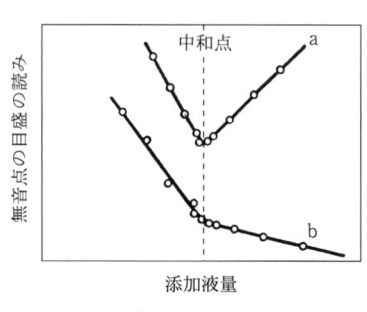

図 33・3 伝導滴定曲線の二例．a は強酸と強塩基の場合，b は一方が弱電解質の場合を示す

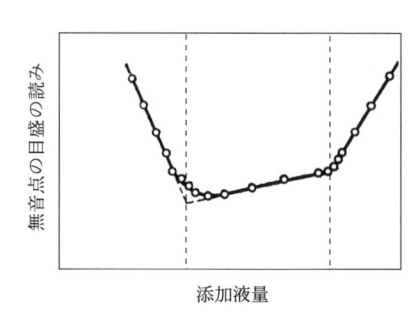

図 33・4 強酸と弱酸の混合物の伝導滴定曲線

電 池　34

❏ **理　論**　電池の一例としてダニエル電池をとって考えてみよう．ダニエル電池は図 34・1 に示すように，金属亜鉛を硫酸亜鉛水溶液に浸した電極系と金属銅を硫酸銅水溶液に浸した電極系から成り立ち，つぎの図式で表される．

$$\text{Zn} \mid \text{Zn}^{2+} \parallel \text{Cu}^{2+} \mid \text{Cu} \qquad (34\cdot1)$$
$$\text{I} \qquad \text{II} \qquad \text{III} \qquad \text{IV}$$

溶液相 II と III は多孔性の隔膜を介して接し，両者の間には電気的接触はあるが溶液が混じりあうことはない（∥は異種の溶液間の接触，｜はその他の相間の接触を示す）．この電池の起電力の大きさと符号は，電池を (34・1) 式のように表し，左から I, II, … と，相の番号をつけ，I と IV に同じ金属導線を接続したとき，右側の導線の電位から左側の導線の電位を差引いたものとして定義される．

電池の内部で，正の電荷を相の番号順の方向に動かしたときの反応を電池反応と決めている* ので，(34・1) 式で示されるダニエル電池の場合には，電池反応は

$$\text{Zn(I)} + \text{Cu}^{2+}(\text{III}) + 2\,\text{e}^{-}(\text{I}') \longrightarrow \text{Zn}^{2+}(\text{II}) + \text{Cu(IV)} + 2\,\text{e}^{-}(\text{I}) \qquad (34\cdot2)$$

で表される．電池の回路を閉じて，(34・2) 式の反応を進行させると，それに伴って外側の回路を通って端子 I から IV へ電子が移動し，電位差は正である．また，正電荷が金属相から溶液相に移動している金属相をアノードといい，逆に溶液相から金属相に移動しているときはカソードという（かつてファラデーが定義したアノード，カソードと違い，電極の電位の正負によって定義されていないことに注意）．

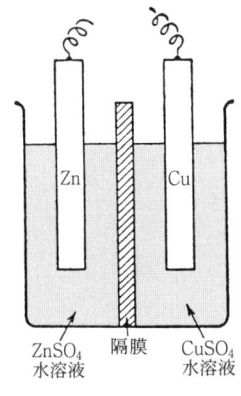

図 34・1　ダニエル電池

---

*　IUPAC 第 17 回会議（ストックホルム，1953 年）の勧告．

34. 電 池

ダニエル電池の両端子をきわめて内部抵抗の高い電圧計に接続して電池内部を流れる電流を事実上 0 にすれば，電極の重量も溶液の組成も変化しない．この場合には電池は電気化学平衡状態にある．同じことは，ダニエル電池を外部電源と接続し，その電圧を調節して電池内部に電流が流れないようにすることによっても実現できる．外部電源の電圧をこの値から微小量だけ増加させたり減少させたりすると，電池反応は準静的に互いに逆の方向に進行し，したがって変化は可逆変化となる．外部電圧を調節して，電池から無限小の電流が取出される極限において端子間電圧は絶対値が最大となる．その電圧を起電力といい，記号 E を用いる．

起電力を正確に測定するには，電池から電流を取出さないように，電位差計*を用いるか，入力インピーダンスの大きな（$>10^9\,\Omega$）電子電圧計を用いなければならない．

[実験 A] 電位差滴定

❏ **電極反応と電極電位**　ある電極（半電池）の電極電位は左側に標準水素電極をもち，右側にその電極をもつ電池の起電力をいう．たとえば亜鉛電極の電極電位は，下記の電池

$$\text{Pt, H}_2\,|\,\text{H}^+\,\|\,\text{Zn}^{2+}\,|\,\text{Zn}$$

の起電力である．この電池の亜鉛電極では，反応

$$\text{Zn}^{2+} + 2\,\text{e}^- \longrightarrow \text{Zn}$$

が起こるが，これは電池反応：

$$\text{Zn}^{2+} + \text{H}_2 \longrightarrow \text{Zn} + 2\,\text{H}^+$$

を簡略化したものである．この電池の起電力は 298 K，1 bar の標準状態において -0.763 V であるので，亜鉛電極の電極電位は -0.763 V となる．

ここで本書で用いられる重要な電極系について説明しよう．

---

* 電位差計の使用法については，付録 A4 電位差計・ホイートストンブリッジ を参照のこと．

34. 電　池

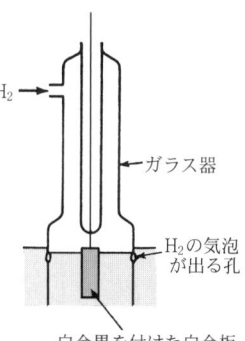

1) 水素電極 (hydrogen electrode), Pt-Pt(I)｜H_2(II)｜H^+(III)

溶液中の H^+ または OH^- と水素ガスとの酸化-還元反応に基づく電極系で，図 34・2 に示すように H^+ を含む溶液に白金黒付けして触媒活性をもたせた白金電極（Pt-Pt）を挿入し，その表面に水素ガスを通じたものである。酸性溶液での電極反応は，

$$2H^+(III) + 2e^-(I) \rightleftharpoons H_2(II)$$

である。電極電位は相 II の水素圧と相 III の pH によって決まる．

2) カロメル電極 (calomel electrode), Hg(I)｜Hg_2Cl_2(II)｜KCl(III)

水素電極は必ずしも使いやすくないので，カロメル電極が基準電極として用いられることが多い．カロメル電極は図 34・3 に示す構造をもち，その電極反応は，

$$Hg_2Cl_2(II) + 2e^-(I) \rightleftharpoons 2Hg(I) + 2Cl^-(III)$$

で表され，電極電位は相 III の Cl^- の活量によって決まる．相 III に KCl の飽和溶液を用いたものを飽和カロメル電極 (saturated calomel electrode: SCE) といい，起電力は 25 ℃ において -0.241 V である．

3) キンヒドロン電極 (quinhydrone electrode), Pt(I)｜H_2Q, Q, H_2(II)｜

キンヒドロンはキノン O=〈 〉=O とヒドロキノン HO-〈 〉-OH の 1：1 分子錯体であって，その飽和水溶液に白金電極を挿入すれば，キンヒドロン電極ができる．キノンを Q, ヒドロキノンを H_2Q で表せば，電極反応は，

$$2H^+(II) + Q(II) + 2e^-(I) \rightleftharpoons H_2Q(II)$$

で表され，電極電位は溶液の pH の関数である．

4) アンチモン電極 (antimony electrode), Sb(I)｜Sb_2O_3(II)｜H_2O(III)

金属アンチモンの表面を酸化物 Sb_2O_3 の被膜で覆ったもので，その電極反応は酸性溶液中では，

$$Sb_2O_3(II) + 6H^+(III) + 6e^-(I) \rightleftharpoons 2Sb(I) + 3H_2O(III)$$

で表される．電極電位は，相 III の pH の関数である．

図 34・2　水素電極

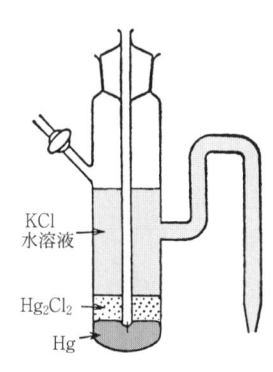

図 34・3　カロメル電極

34. 電池

5) 銀-塩化銀電極 (silver-silver chloride electrode : SSCE), Ag(I)|AgCl(II)|KCl(III)

白金線の外側を銀メッキし，さらにその表面を電気分解で AgCl に変えたもので，安定性および再現性が良く，有害物質を用いていないのでよく用いられる．電極反応は

$$AgCl(II) + e^-(I) \rightleftharpoons Ag(I) + Cl^-(III)$$

で表され，電極電位は相 III の Cl^- の活量の関数で，相 III に飽和 KCl 溶液を用いたときの電極電位は，25℃ において -0.197 V である．

また，水素電極，キンヒドロン電極，アンチモン電極，それに後で述べるガラス電極の可逆電極電位は溶液相の pH に関する一次関数として与えられる．したがって，水素イオンの活量に無関係な基準電極，たとえばカロメル電極を用いてガルバニ電池を構成させれば，その可逆電圧は水素イ

表 34・1 中和滴定用の指示電極とその特徴[†]

指示電極	長所	短所
水素電極	1) pH 全範囲にわたって測定可能 2) 共存塩類による誤差がない	1) 酸化剤，還元剤の影響を受けやすい 2) 硫黄，ヒ素の化合物によって白金触媒が被毒する 3) 操作が複雑である（水素ガスが必要）
キンヒドロン電極	1) 忌避物質が比較的少ない	1) pH が 8 以上の場合は測定できない 2) 検液がキンヒドロンで汚染される
アンチモン電極	1) 丈夫で長期間の使用に耐える	1) pH が 3 以下の場合が測定できない 2) 強酸化剤，アンチモンと反応する物質があると使用できない 3) アンチモンの表面状態により起電力が変動する
ガラス電極	1) あらゆる共存物質に影響されにくい 2) 長期間の使用に耐える	1) 高インピーダンスであるため，電位差測定に直流増幅器を必要とする

[†] 対向電極はいずれもカロメル電極を用いる．

34. 電 池

オンの活量の関数となる．電位差滴定はこの原理を中和滴定に応用したものである．

本実験では，アンチモン電極とカロメル電極を用いて，HCl(0.1 mol dm^{-3})-NaOH(0.1 mol dm^{-3})，NaOH(0.1 mol dm^{-3})-CH$_3$COOH(0.1 mol dm^{-3})，HCl(0.1 mol dm^{-3})-NH$_3$aq(0.1 mol dm^{-3})，NH$_3$aq(0.1 mol dm^{-3})-CH$_3$COOH(0.1 mol dm^{-3}) の四つの中和滴定を行い，一定量の塩基（または酸）に対し，添加した酸（または塩基）の量と電圧の関係を表すグラフをつくり，これを考察せよ．またこの曲線の微分曲線をつくれ．最後に，この方法で得た中和点と指示薬法で得た中和点を比較せよ．

❏ **実験計画上の注意**　上にあげた電位差滴定用の4種の指示電極には，それぞれ表 34・1 に示す長所および短所がある．簡単に中和滴定を行うにはアンチモン電極，一般の pH 測定用にはガラス電極，原理を理解しやすい点では水素電極が適当である．

❏ **器 具**　電位差計あるいは電子電圧計，カロメル電極，アンチモン電極，50 cm^3 ビュレット 1，20 cm^3 ピペット 1，100 cm^3 ビーカー 1，溶液調製用器具（てんびん，メスシリンダー，メスピペット，ビーカーなど）一式

❏ **アンチモン電極の作製**　適当な大きさのアンチモンのかたまりがあれば，これに銅線をはんだ付けし，ガラス管の下部に付け，はんだ付けした部分を封ろうで埋めこむ（図 34・4）．適当な大きさのかたまりがなければ，アンチモンを加熱して融解させ（融点 630 ℃），適当なガラス管に流し込んで，凝固後ガラス管を割ってアンチモンの棒を取出し，これに銅線をはんだ付けすればよい．

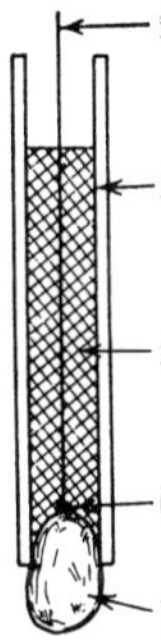

❏ **カロメル電極の作製と取扱い**　図 34・3 に示した形のガラス器*^{1} を用意し，清浄にしたうえ，乾燥する．あらかじめ 1 mol dm^{-3} KCl 水溶液をつくり，つぎに甘コウ泥をつくる．甘コウ（Hg$_2$Cl$_2$）と水銀*^{2} を乳鉢に入れ，KCl 溶液を少量加えてよく練り，つぎにやや多量の KCl 溶液を加えてかきまわし，放置して甘コウ泥が沈殿してから，上澄み液を捨てる．KCl 溶液による洗浄を数回繰返し，可溶性不純物を洗い流す．

図 34・4 アンチモン電極

---

*1　この型の容器のないときは小型広口瓶，6〜8 mm ガラス管，ゴム管，ピンチコックを用いて，十分役立つものをつくることができる．
*2　水銀の取扱いについては，付録 A16 水銀と水の精製 を参照せよ．

34. 電 池

つぎに容器の底に水銀[*1]を入れ，甘コウ泥をその上にのせてふたをする．側管の先端から甘コウで飽和した $1\ \mathrm{mol\ dm^{-3}}$ KCl 溶液を吸込み，コックを閉める．

使用中に側管部の溶液が汚れるから，ときどきコックを開けて KCl 溶液を捨てるとよい．ある程度 KCl 溶液が少なくなったら，新しい KCl 溶液を補充する．このため甘コウで飽和した KCl 溶液を常に準備しておくと便利である．

❑ **装置・操作** メスシリンダーなどを用い約 $0.1\ \mathrm{mol\ dm^{-3}}$ の HCl, NaOH, $\mathrm{CH_3COOH}$ および $\mathrm{NH_3}$ の水溶液を調製しておき，そのうち少なくとも一つは濃度を標定しておく．用意すべき量は各 $500\ \mathrm{cm^3}$ もあれば十分である．

つぎに電位差計，カロメル電極，アンチモン電極，滴定用ビーカーおよびビュレットを図 34・5 のようにセットする．

ピペットを用いて $0.1\ \mathrm{mol\ dm^{-3}}$ NaOH $20\ \mathrm{cm^3}$ をビーカーにとり，ビュレットより $0.1\ \mathrm{mol\ dm^{-3}}$ HCl を $1\ \mathrm{cm^3}$ ずつ加え，よくかき混ぜて[*2]，電位差を測定する．HCl を約 $40\ \mathrm{cm^3}$ 加え終わったら，滴定を中止し，図 34・6 のグラフをつくる．つぎに同様の滴定実験を詳しく行うが，この回は HCl を機械的に $1\ \mathrm{cm^3}$ ずつ加えてはならない．第1回の予備測定の結果をもととして，曲線の変化の著しいところほど細かく測定点をとる（図 34・6 参照）．同様にして他の系についても滴定曲線をつくる．これらのデータより微分曲線（図 34・7）をつくり，中和点を求める．

最後にフェノールフタレインおよびメチルオレンジを用いた中和滴定を行い，その中和点を電位差滴定より求めた中和点と比較する．

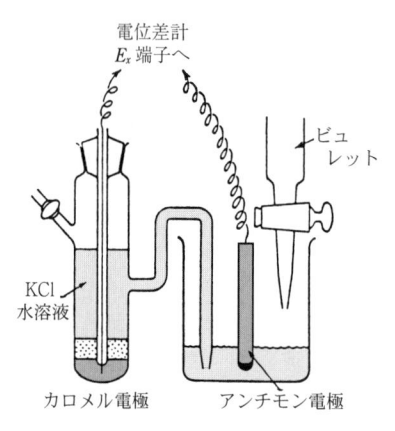

図 34・5 実験装置
（電位差計 E_x 端子へ，ビュレット，KCl 水溶液，カロメル電極，アンチモン電極）

[*1] 水銀に白金線が接する深さまで入れる．
[*2] アンチモン棒は折れやすいから，これでかきまわしてはならない．

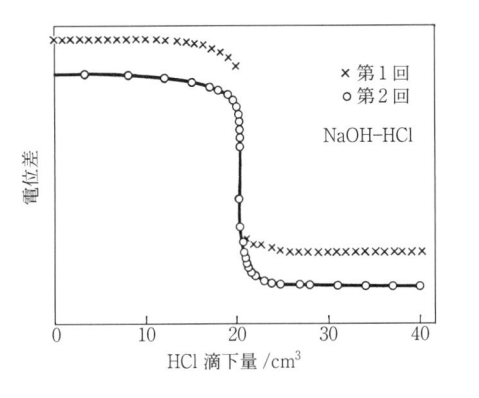

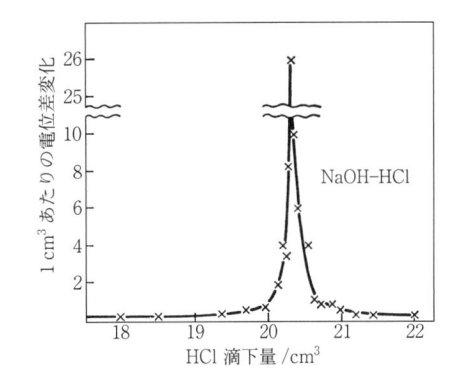

図 34・6（左） 電位差滴定曲線（第 1 回測定の結果と第 2 回測定の結果はみやすくするために縦方向にずらしてプロットしてある）

図 34・7（右） 微分曲線

34. 電　池

[実験 B] 濃淡電池

❏ **濃淡電池**　電池にはこれまで述べてきた化学反応ギブズエネルギーに基づく化学電池 (chemical cell) のほかに，二つの電極系が同じ金属相と溶液相から成り，ただ溶液相の濃度が異なるために生じるギブズエネルギー差に基づく濃淡電池 (concentration cell) がある．ここでは液-液界面をもつ液濃淡電池として

$$\mathrm{Ag} | \mathrm{AgNO_3}(c_1) \| \mathrm{AgNO_3}(c_2) | \mathrm{Ag} \quad (c_1 \neq c_2) \quad (34 \cdot 3)$$
$$\text{I} \quad \text{II} \qquad \text{III} \qquad \text{IV}$$

を例にとって考えることにする．

電極反応

$$\mathrm{Ag(I)} \longrightarrow \mathrm{Ag^+(II)} + \mathrm{e^-(I)}$$
$$\mathrm{Ag^+(III)} + \mathrm{e^-(IV)} \longrightarrow \mathrm{Ag(IV)}$$

が進行する．（　）内は相の番号を示す．液-液界面の現象を無視した場合には，閉回路反応は，

$$\mathrm{Ag(I)} + \mathrm{Ag^+(III)} \longrightarrow \mathrm{Ag(IV)} + \mathrm{Ag^+(II)}$$

となり，起電力は

34. 電　　池

$$E = -\frac{RT}{F} \ln \frac{a_{Ag^+}{}^{II}}{a_{Ag^+}{}^{III}} \qquad (34 \cdot 4)$$

となる．ここで，a は各相の Ag^+ の活量，F はファラデー定数である．

実際にはこの電池の起電力には相 II と相 III の界面層におけるカチオンとアニオンの輸率*の差（拡散速度の差）に基づく液間電位差（liquid junction potential）の寄与が加わる．

液-液界面を有する電池は化学電池でも濃淡電池でも一般に液間電位差が存在するので，純粋に化学親和力に基づく起電力を求めるには，液間電位差を除去することが必要である．このための方法の一つとして塩橋（salt bridge）の使用がある．塩橋は

$$II \parallel S \parallel III \qquad (34 \cdot 5)$$

で示されるように，二つの溶液相（II, III）の間に介在させるもう一つの溶液相（S）で，その成分イオンの輸率がほぼ 0.5 に等しいものが選ばれ，界面 II∥S，および S∥III の液間電位差を減少させるとともに，これらの液間電位差が反対符号であることを利用してさらに部分的に相殺させることによって，全体として液間電位差の影響を減少させるものである．KCl 飽和溶液，KNO_3 飽和溶液などがよく用いられる．

本実験ではつぎの銀イオン濃淡電池の起電力を測定し，理論値と比較する．

$$Ag \mid AgNO_3(c_1) \parallel 0.25 \text{ mol dm}^{-3} \text{ KNO}_3 \parallel AgNO_3(c_2) \mid Ag$$

❏ **器具・薬品**　　電位差計，計器付き直流増幅器，直流定電圧電源，標準電池，0.1 mol dm^{-3}，0.05 mol dm^{-3}，0.005 mol dm^{-3} の硝酸銀水溶液各 100 cm^3，銀電極，2.1 mol dm^{-3} 硝酸カリウム溶液 50 cm^3，寒天，電極液容器数個，50 cm^3 ビーカー数個

❏ **装置・操作**　　図 34・8(a) または (b) のように装置を組立てる．銀電極は，細いガラス管の中に純銀線（径約 1 mm）を挿入し，先端を封ろうまたは密ろうで封じ，外に出ている部分（約 5 cm）をらせん状に巻いてつくり，電極液中に浸す．純銀が得られないときは，硝酸銀を電解して金属線に銀をメッキしたものを用いる．

---

*　ある電解質溶液中に一定量の電気量を通すとき，あるイオン種によって運ばれる割合をそのイオンの輸率（transport number）という．関係するイオン種すべての輸率の和は 1 である．

34. 電 池

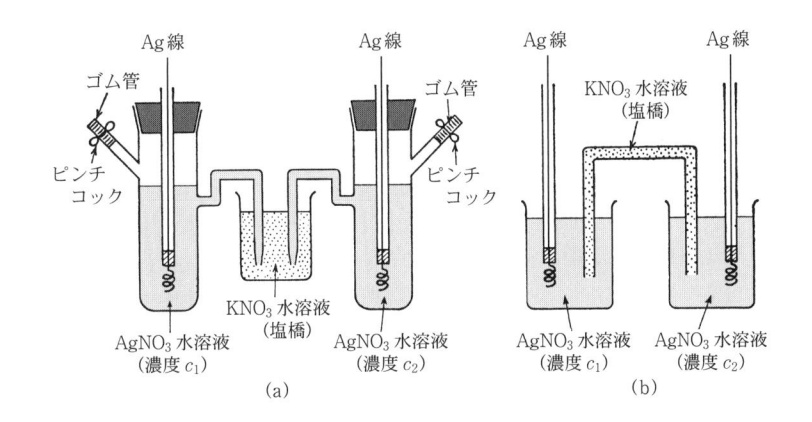

図 34・8 装　置

図 34・8(b) の塩橋をつくるには、寒天 0.5 g を水 25 cm³ を溶かし、これに 1 mol dm⁻³ 硝酸カリウム溶液 8 cm³ を加え、かき混ぜてから U 字管の中に入れて固まらせる。

硝酸銀溶液の濃度は、いずれも ±1% 以内の正確さで決めておく。

硝酸銀 0.005 mol dm⁻³ 溶液と 0.05 mol dm⁻³ 溶液および 0.005 mol dm⁻³ 溶液と 0.1 mol dm⁻³ 溶液の組合わせについて銀イオン濃淡電池をつくる。両電極を電位差計の E_x 端子に接続し、電池の起電力を測定する[*1]。

表 34・2 の平均活量係数[*2] の値を用い、(34・4)式によって起電力を理論的に算出し、実験結果と比較せよ。5% 以内で一致すればよい。実験は 25 ℃ で行うことが望ましいが、もし温度が異なる場合には、25 ℃ の値に換算して比較せよ。

表 34・2　平均活量係数

濃度 c /mol dm⁻³	平均活量係数 $\gamma_\pm = \dfrac{a}{c}$ (25 ℃)	
	HCl	AgNO₃
0.1	0.799	0.733
0.05	0.833	0.795
0.02	0.878	0.858
0.01	0.906	0.892
0.005	0.930	0.922

[*1] 電位差計の取扱いについては、付録 A4 電位差計・ホイートストンブリッジ を参照せよ。
[*2] 電解質溶液ではイオン間の強い相互作用のため理想溶液からのずれが大きいが、カチオンとアニオンの活量係数を別々に求めることができないため、カチオンとアニオンが非理想性を平等に引き受けていると仮定して求めた値（実験 C 参照）。

34. 電池

表 34・3 難溶塩の水に対する溶解度 (25 ℃)[†]

	溶解度/g dm^{-3}
AgCl	0.00193
AgBr	0.000135
AgI	0.000034 (20 ℃)
PbSO$_4$	0.0452
BaSO$_4$	0.0023

[†] "化学便覧 基礎編 II", 改訂 5 版, 日本化学会編, p. 149, 丸善 (2004).

❏ **応用実験**　濃淡電池のいずれか一方のイオン濃度が既知であれば，起電力を測定することにより，他方の液のイオンの濃度を知ることができる．このことを利用して難溶塩の溶解度を求めることが可能である．

　つぎの組合わせの電池について，起電力の測定によって，塩化銀の溶解度を求めうる理由を考えよ．図 34・8 の装置を用いてこの電池を組立て，塩化銀の溶解度を測定せよ．

$$\text{Ag}\,|\,0.1\ \text{mol dm}^{-3}\ \text{KCl, AgCl}\,\|\,0.25\ \text{mol dm}^{-3}\ \text{KNO}_3\,\|\,0.1\ \text{mol dm}^{-3}\ \text{AgNO}_3\,|\,\text{Ag}$$

塩化銀の沈殿は硝酸銀と塩化カリウム溶液からつくり，よく水洗し，0.1 mol dm^{-3} 塩化カリウム溶液で洗ったのち，0.1 mol dm^{-3} 塩化カリウム溶液を加え，よくかき混ぜてから使用する．計算のときには，0.1 mol dm^{-3} 塩化カリウムの平均活量係数は 25 ℃ で 0.770 とし，0.1 mol dm^{-3} 硝酸銀のそれは表 34・2 の値を用いよ．

　表 34・3 に 25 ℃ において，水 1 dm^3 に溶解する難溶塩の量を示してある．硫酸鉛，硫酸バリウム，塩化銀などの溶解度は伝導率の測定によっても求められるが，これらよりもさらに溶解度の小さい臭化銀，ヨウ化銀などについては伝導率法は用いられず，上記の起電力測定法によってのみ求めることができる．

[実験 C] イオンの活量係数

❏ **序論**　イオンの活量 (activity) または活量係数 (activity coefficient) の測定にはいくつもの方法がある．本実験では多少厳密さには欠けるが，最も簡単でしかもコロイド溶液や高分子電解質溶液に対しても適用できる膜電極法を用いて活量係数を求める．この方法は溶液内に低分子カチオン（またはアニオン）が 1 種類だけ存在するとき，すなわち各塩が共通のカチオンをもつ場合にのみ使うことができる．しかしどんなイオン種に対しても測定できるという特徴がある．

❏ **膜電位**　組成が異なる二つの電解質溶液（溶媒は同種）を

$$\text{溶液(I)}\,|\,\text{膜}\,|\,\text{溶液(II)} \tag{34・6}$$

のように膜で隔てると，二つの溶液の間に電位差を生じる．膜の細孔が比較的大きい場合には生じる電位差は通常の液間電位差に等しいが，細孔が小さくなったり膜が電荷をもつと，イオンの輸率

が膜中と溶液中で異なるため，生じる電位差は液間電位差とは別の膜電位（membrane potential）となる．

膜中のイオンの移動に対して液間電位差の理論を拡張し，膜中のイオン種 i の輸率を T'_i，z_i を電荷数とすれば，膜電位 g_m は一般に，

$$g_m = \frac{RT}{F} \int_{a_i{}^\mathrm{I}}^{a_i{}^\mathrm{II}} \sum_i \frac{T'_i}{z_i} \mathrm{d}\ln a_i \tag{34・7}$$

と書くことができる．

いま，つぎのような系を考え，その膜電位を求めてみよう．

$$\underset{\mathrm{I}}{\mathrm{K^+Cl^-}(0.5\ \mathrm{mol\ dm^{-3}})}|膜|\underset{\mathrm{II}}{\mathrm{K^+A^-}(c')} \tag{34・8}$$

ここで用いる膜はカチオン交換膜すなわち，それ自体は負に荷電した高分子電解質であって，カチオンはよく通過させるが，アニオンはほとんど通過させない膜である．上の系の膜電位は（34・7）式から

$$g_m = \frac{RT}{F}\left(T'_{\mathrm{K^+}}\ln\frac{a_{\mathrm{K^+}}{}^\mathrm{I}}{a_{\mathrm{K^+}}{}^\mathrm{II}} - T'_{\mathrm{Cl^-}}\ln a_{\mathrm{Cl^-}}{}^\mathrm{I} + T'_{\mathrm{A^-}}\ln a_{\mathrm{A^-}}{}^\mathrm{II}\right) \tag{34・9}$$

で与えられる．もし，膜がアニオンを全然通過させない理想的カチオン交換膜であれば，$T'_{\mathrm{K^+}}=1$，$T'_{\mathrm{Cl^-}}=T'_{\mathrm{A^-}}=0$ であるから，膜電位は，

$$g_m = \frac{RT}{F}\ln\frac{a_{\mathrm{K^+}}{}^\mathrm{I}}{a_{\mathrm{K^+}}{}^\mathrm{II}} = \frac{RT}{F}\ln\frac{a_\pm{}^\mathrm{I}}{a_\pm{}^\mathrm{II}} \tag{34・10}$$

となり，膜電位は膜透過性のイオンに対して濃淡電池の起電力の式（34・4）に似た形で与えられる．このような系を膜電極という．

さて，もう一度，一般の場合に戻り，相 II のアニオンの種類，および濃度をいろいろに変えるものとしよう．$a_{\mathrm{K^+}}{}^\mathrm{II}=a_{\mathrm{A^-}}{}^\mathrm{II}=a_\pm{}^\mathrm{II}$ とおいて（34・9）式を整理すると，

$$g_m = g_{m0} + \frac{RT}{F}(T'_{\mathrm{A^-}} - T'_{\mathrm{K^+}})\ln a_\pm{}^\mathrm{II} \tag{34・11}$$

34. 電池

34. 電池

となり，溶液相 II の活量の関数として g_m が与えられる．ここに，g_m0 は

$$g_\mathrm{m0} = \frac{RT}{F}(T'_{\mathrm{K}^+} - T'_{\mathrm{Cl}^-})\ln a_{\pm}^{\mathrm{I}}$$

（ただし $a_{\pm}^{\mathrm{I}} = a_{\mathrm{K}^+}^{\mathrm{I}} = a_{\mathrm{Cl}^-}^{\mathrm{I}}$ とおく）

である．膜がカチオン交換膜であるから，$T'_{\mathrm{K}^+} \gg T'_{\mathrm{A}^-}$，$T'_{\mathrm{Cl}^-}$ であり，(34・11)式の右辺は二つの項とも T'_{K^+} の寄与が大きく，A^- の種類が変化しても $T'_{\mathrm{K}^+} - T'_{\mathrm{Cl}^-}$，$T'_{\mathrm{K}^+} - T'_{\mathrm{A}^-}$ の値にたいして変化がないと考えられるので，これらを一定とおけば g_m0 は定数となり，結局 (34・11) 式は，

$$g_\mathrm{m} = g_\mathrm{m0} + \alpha \frac{RT}{F} \ln a_{\pm}^{\mathrm{II}} \tag{34・12}$$

の形に書きかえられる．α は定数である[*1]．したがって，g_m0 と α を活量がわかっている塩溶液を用いて測定し，g_m を $\log a_{\pm}^{\mathrm{II}}$ に対してプロットしておけば，同種のカチオンをもつ任意の電解質溶液を溶液 II に用いて電位差を測定することにより，その溶液内のイオンの活量を補間によって図的に求めることができる．これは水素イオンの活量を測定するのに，イオンに対して可逆なガラス電極を用いるのと同じ原理である．

ここで用いるセルはつぎのようなものである．

$$\mathrm{Hg}\left|\mathrm{Hg_2Cl_2}\left|\begin{array}{c}\text{飽和}\\\mathrm{KCl}\end{array}\right|\begin{array}{c}\text{溶液 I}\\0.5\,\mathrm{mol\,dm^{-3}\,KCl}\end{array}\right|\text{膜}\left|\begin{array}{c}\text{溶液 II}\\\mathrm{K^+A^-}\end{array}\right|\begin{array}{c}\text{飽和}\\\mathrm{KCl}\end{array}\left|\mathrm{Hg_2Cl_2}\right|\mathrm{Hg}$$

$$\underbrace{\hspace{10cm}}_{g_\mathrm{m}}$$

塩橋で溶液とつないだ二つのカロメル電極間の電位差を電位差計と直流増幅器で測定する．

❏ **器具・薬品**　セル 1 組，電位差計および直流増幅器 1，標準電池 1，モーターとかき混ぜ器 1 組，カロメル電極 2，蓄電池 1，塩橋 2，カチオンおよびアニオン交換膜[*2]，メスフラスコ，

[*1] (34・12) 式の α はもともと経験的な因子であって，これが必要となる原因は一つだけではないかもしれない．

[*2] 市販の膜としては，フェノールスルホン酸-ポリスチレンスルホン酸膜およびアルキルアミン系（第四級アンモニウム塩基型）-ポリスチレン膜がよい．

ビーカー，パッキング，その他，KCl，KNO₃，K₂SO₄

❏ **操作・測定**　セルは図 34・9 のように対称的に組む．用意してある市販のカロメル電極は飽和 KCl の塩橋がすでに内蔵されているので，直接溶液中に挿入すればよい．ただし溶液が希薄で塩橋からの KCl のもれが問題になるような場合には，別のもっとよい塩橋を使う必要がある．つぎに測定操作を順に追って説明する*．

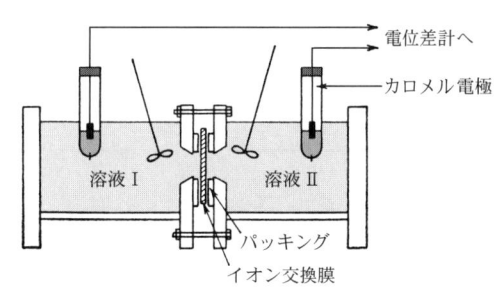

溶液Ⅰ：0.5 mol dm^{-3} KCl
溶液Ⅱ：試験溶液
図 34・9 セルの構造

溶液Ⅱとして KCl 水溶液を用い順次 KCl 水溶液を入れ換えて，その濃度を 0.01 mol dm^{-3} から増加させていき，各場合について g_m を測定する．表 34・4 にあげた KCl の $\gamma_\pm$ を用い，各濃度における KCl の活量を計算して，測定値 g_m を $\log a_\pm^\mathrm{II}$ に対してプロットする．

つぎに溶液Ⅰ（0.5 mol dm^{-3} KCl）はそのままにして，ある濃度の KNO₃ 溶液を溶液Ⅱとして用い，その間の電位差を測定すれば，先の操作によって得られた図を用いて KNO₃ の活量 $a_\pm^\mathrm{II}$ を求めることができる．そのとき KNO₃ の濃度 c_II がわかっているから，$a_\pm^\mathrm{II}/c_\mathrm{II} = \gamma_\pm$ として KNO₃ の活量係数を求めることができる．

上記の操作を繰返し，KNO₃ の活量係数の濃度依存性を求め，得られた $\gamma_\pm$ を表 34・4 に示した文献値と比較してみよ．

なお時間に余裕があれば同様のことを K₂SO₄ について行ってみよ．

---

* 電位差計の原理，使い方および操作上の一般的注意は，付録 A4 電位差計・ホイートストンブリッジを参照のこと．

34. 電 池

表 34・4　種々の電解質の平均活量係数 $\gamma_\pm$ (25 °C)

$c/\mathrm{mol\ dm^{-3}}$	$\gamma_\pm$(KCl)	$\gamma_\pm$(KNO$_3$)	$\gamma_\pm$(NaCl)	$\gamma_\pm$(K$_2$SO$_4$)
0.01	0.901	0.899	0.904	0.715
0.02	0.868	0.851	0.876	0.632
0.05	0.816	0.794	0.829	0.529
0.1	0.769	0.739	0.789	0.436
0.2	0.718	0.663	0.742	0.356
0.5	0.649	0.545	0.683	0.243
1.0	0.603	0.443	0.659	0.210
1.5	0.588			

❏ **実験上の注意**　溶液IIを入れ換えたのち，約10分間かき混ぜて，電位差が安定したことを確かめた後の g_m を求めること．一般に溶液から膜へのイオンの吸着平衡には多少時間がかかるものである．また試験溶液は希薄溶液から順次濃厚溶液に入れ換えなければならない．これは膜内イオンの脱離平衡が吸着平衡よりも時間がかかるためである．同じ理由で，一系列の実験が終わったら必ず膜およびセルを蒸留水につけておかなくてはならない．

電 子 回 路 35

[実験 A] 安定化直流電源の製作

❏ **直流電源と接地** 物理化学実験では，一つの物理量を適当な素子を用いて変換した電気信号として測定することが多い．一般に，変換されたままの電気信号はきわめて小さいので，増幅器を通して測定可能な大きさまで増幅した電気信号を測定する．通常，増幅器を作動させるためには直流電源が必要である．極微少電力消費機器の場合は電池を直流電源として用いることも可能である．しかし，普通の測定器では電池の消耗が激しく，電池を使用することは適切でないので，交流を整流した直流電源が用いられる．

実験室や一般家庭などに供給されている商用交流電源（AC 100 V）は常に負荷の変動に応じてある程度電圧が変動しているので，整流しただけの直流の電圧も常に変動し微小信号の増幅器の電源としては利用できない．そこで，交流電源電圧の変動の影響を受けにくくした安定化直流電源が利用される．

ところで，商用電源（単相）の2線のうちの片側は一般に図35・1のように接地されている．したがってコンセントに差込む電源プラグの向きや電源トランスの一次巻き線側が等価的にどこでトランスの接地側に漏えいしているかによって，機器と大地との間に生ずる交流電圧が異なってくる．機器が接地されていなければ，著しい場合は機器と大地の間で100 V近い電圧が発生して，保安上危険である．機器類を強制的に接地すれば，漏えい電流がわずかながら常時流れるが，大地と等電位になり安全である．商用交流電源につながれた測定機器類や冷蔵庫，電子レンジ，洗濯機などを接地（アース）する第一の理由は以上のような危険を避けるためである．

さらに，商用交流電源には電気的ノイズを発生する器具類が他所でつながれている．それらのノイズが商用交流電源ラインを通じて測定器に入り込み，測定精度が低下する（小さな信号がノイズ

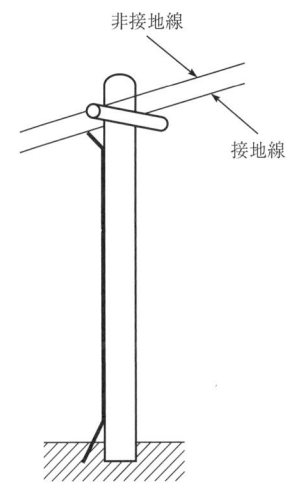

図 35・1 電線の接地

35. 電子回路

に隠れる) 障害が発生することがある．逆に使用中の器具類から生じたノイズがラインを通じて他の測定器のノイズ源になることもある．測定器類を接地することによってこのようなノイズを大地に逃がせば，ノイズによる障害が相対的に軽減される．測定器類を接地する第二の理由はこのようなノイズ対策である．

本実験は，直流安定化IC 7809を使った安定化直流電源 (図35・2の点線部分) を製作することを通して，はんだ付けの修得と接地効果の確認を目的とする．

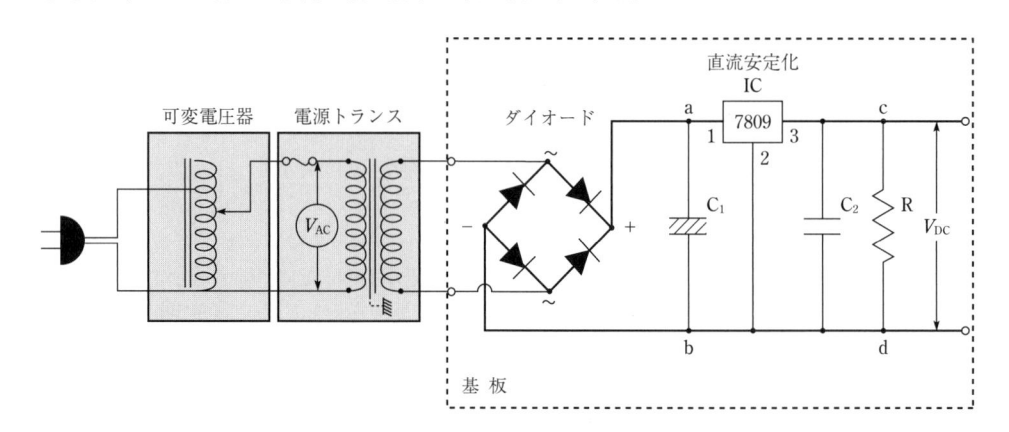

図 35・2　配線図

❏ **器具・部品**　はんだごて，こて台，ニッパー，ラジオペンチ，電源用降圧トランス (100 V → 12 V)，可変電圧器 (スライダック)，オシロスコープ，テスター (電圧計として利用)，孔あき基板 (40 mm×70 mm)，三端子直流安定化IC (7809)，整流用ダイオード (ブリッジタイプ)，電解コンデンサー C_1 (25 V, 50 μF)，セラミックコンデンサー C_2 (25 V, 0.01 μF)，抵抗 R (10 kΩ)，スズメッキ線，はんだ，導線類

❏ **製作**　図35・3, 図35・4を参考にして，図35・2の点線部分を基板にはんだ付けする．はんだ付けをする際は，はんだと母材 (基板や電子部品のリードなど) をよくなじませることが重

35. 電子回路

要である．まず，はんだごてで母材をよく加熱する．その後，はんだをリードなどの根元にあて溶かす．はんだの量が多すぎたり，母材を加熱せずに，はんだを塗布するだけではうまく接合できず，また接合したと思ってもすぐにはがれたりしてしまう．はんだの形状が図 35・5 に示すような

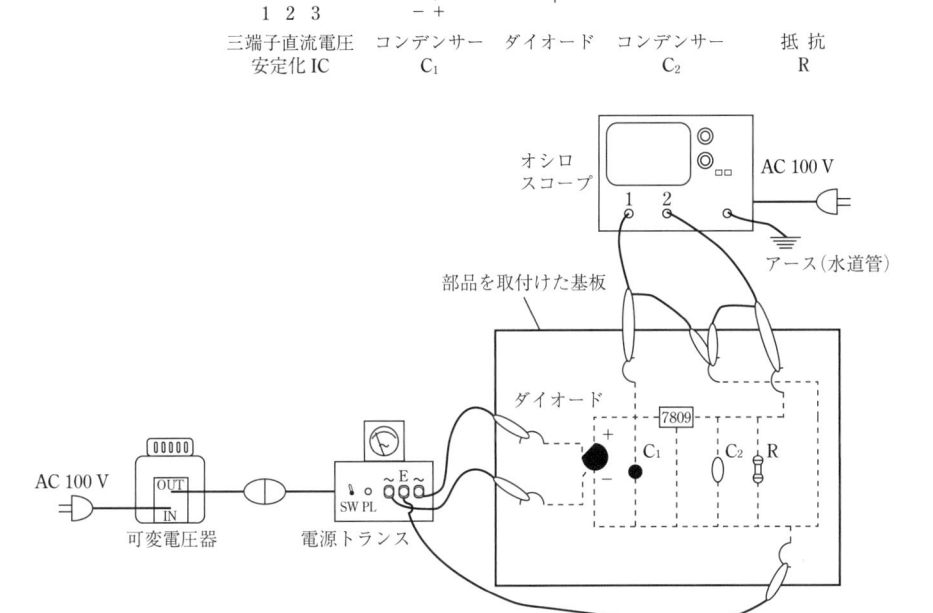

図 35・3 部品

図 35・4 結線．---- は基板裏側配線

35. 電子回路

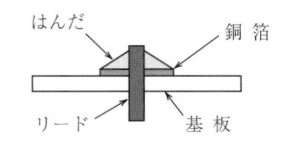

図 35・5 良いはんだ付けを行った場合のはんだの形状

形になっているのが良いはんだ付けである．

熱に弱い電子部品をはんだ付けする際は，電子部品のリードをピンセットなどの熱伝導性の良いものでつまみ，熱が電子部品に伝わるのをできるだけ抑える．

❏ **課　題**

1) 図35・4の通り結線し，単巻変圧器を用いて降圧用電源トランスの入力電圧 V_{AC} を変化させ(75〜115 V)，それに伴う出力直流電圧 V_{DC} の変化をテスターで測定し，V_{AC} と V_{DC} との関係をグラフにプロットして，V_{AC} の大きな変化に対して V_{DC} はほとんど変化しないことを確認せよ．

2) オシロスコープの入力端子を AC 結合にして，入力交流電圧 V_{AC} を100 V にしたときの図35・2の ab 間の電圧の交流部分の大きさの概略値をオシロスコープで測定せよ．さらに，同様にして図35・2の cd 間の交流成分の大きさを測定して測定不能であること（ab 間で観察された，電源周波数の2倍の周波数の小さな電圧変動もなくなっている）を確認せよ．（付録A5 オシロスコープ 参照）

3) 入力交流電圧 V_{AC} を100 V にして，オシロスコープのアース線を外し，オシロスコープのアース端子と水道管との間の交流電圧をテスターで測定する．つぎに，単巻変圧器のコンセントの向きを変えて差込み，同様の測定をする．さらに，オシロスコープのコンセントの向きを変えて差込み，同様の測定をする．4通りのコンセントの差込み方のうち，最高，最低電圧はそれぞれ何 V か（最も低い電圧の組合わせにすると安全であり，漏えい電流も最も少なくなる）．

[実験 B] 演算増幅器の基礎

❏ **演算増幅器の特徴**　　物理化学の実験では，ある一つの物理量を測定しようとするとき，その物理量をそれに比例する電気信号に変換し，その信号を読みとり（または観測）可能な大きさにまで増幅して測定する．従来，いくつものトランジスターを用いて，その電気信号の性質に応じた増幅器を組立ててきた．ところが，近年エレクトロニクス技術，特に集積回路（integrated circuit，略して IC）の発達によって，演算増幅器（operational amplifier，略して OP アンプ）という万能増幅器が市販されるようになった．演算増幅器についての基本的な事柄を知れば，実験

目的に合った装置を自作するのは容易である．

本実験では，OP アンプについての基礎的な事柄について学び，反転増幅器を製作し，その動作特性を確認する．

❏ **演算増幅器の取扱い**　　いろいろな受動素子（抵抗，コンデンサーなど）を一つの増幅器に取付けることによって，信号の加算・減算・微分・積分などの演算が可能となる増幅器のことを，一般に演算増幅器という．

現在市販されている OP アンプの大きさは数 mm～数 cm であるが，内部には数十個～数百個のトランジスターや抵抗などが組込まれており，それらの電気的なはたらきを理解することは容易ではない．しかし，入力端子と出力端子をもつ一つのブラックボックスとして考えるならば，トランジスターより取扱いやすい．

OP アンプを図 35・6 に示した．最も多いパッケージの型は TO-5 型とよばれている直径約 1 cm，厚さ 5～8 mm のメタルカン入りと，ディップ型とよばれる薄い直方体（3～5 mm×6～7 mm×約 10 mm）の樹脂に封入されたタイプである．いずれも，回路図では横向きの三角形（▷）で OP アンプであることを表す．

汎用型 OP アンプである 741 型の端子配置を図 35・7 に示した．メタルカン型ではカンの 1 箇所に突起があり，この直下のピンが 8 番ピンで，他のピン番号は図 35・7(a) の通りである．ディッ

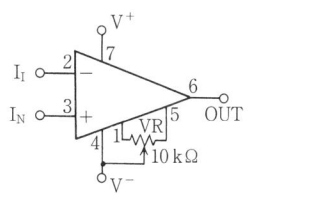

35．電 子 回 路

(a) メタルカン型

10 mm

(b) ディップ型

図 35・6

VR: オフセット調整用抵抗
(a) 表示法

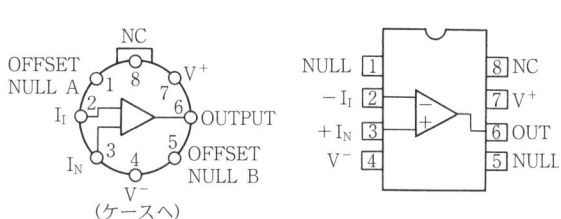

メタルカン型
(b) ピン接続（上から見た図）

ディップ型

図 35・7　OP アンプの表示法とピン接続図

35. 電 子 回 路

プ型では，ICの上側の一端に凹部があり，それを基準にして図35・7(b)の通り，上から見て左まわりの端子配置になっている．メタルカン型の741型OPアンプの場合，4,7番ピンは正負電源端子V^+, V^-，2,3番ピンは入力端子，6番ピンは出力端子である．入力端子2番ピンに正の信号を入力したとき，出力6番ピンには負の出力，すなわち位相の反転した出力が現れ，入力端子3番ピンに信号を入力した場合は同位相の出力が現れるので，それぞれ反転入力端子I_I（inverting input），非反転入力端子I_N（non-inverting input）という．入力信号がない場合でも出力端子6番ピンに出力電圧（オフセット電圧 offset voltage）が現れることがある．これはOPアンプの内部の電気的な不平衡によって生じるのであるが，1, 5番ピンを適当な電位に保つことによって打消すことができる．

　上記のようにOPアンプには多数の端子があり，それぞれの機能を有するが，簡単に表す場合，図35・8のように入・出力端子のみを表示する．

　OPアンプの基本的な増幅回路例を図35・9に示した．回路(a), (b)をそれぞれ反転(増幅)回路，非反転(増幅)回路といい，適当な条件のもとでは回路の電圧利得Gはそれぞれ次式で与えられる（詳細については，付録A6 演算増幅器・記録計 参照）．

$$G = -\frac{R_f}{R_I} \quad (反転増幅回路) \tag{35・1}$$

$$G = 1 + \frac{R_f}{R_I} \quad (非反転増幅回路) \tag{35・2}$$

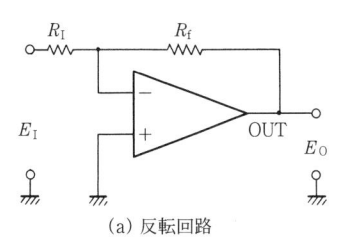

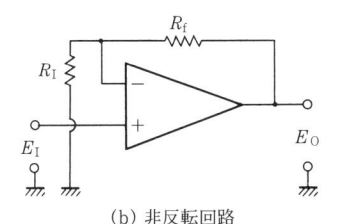

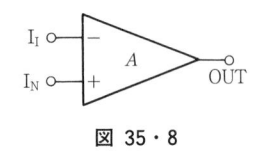

図 35・8

図 35・9　OPアンプの基本的な回路

(a) 反転回路　　　(b) 非反転回路

35. 電子回路

以上のように OP アンプを利用すると，回路の利得が二つの抵抗 R_I, R_f だけで決定されるが，実際の回路では図 35・10 ようにオフセット電圧調整，発振防止，ノイズ対策のために，R_I, R_f 以外にいくつかの受動素子（抵抗，コンデンサー）などを用いる．

本実験では図 35・10 の反転回路を組立て，利得 G の周波数特性を求める．

❏ **器具・部品** 交流電圧計（10 mV～10 V，高入力インピーダンスで 1 MHz まで測定可能なもの．安価なデジタルボルトメーターは周波数特性が悪いことが多いので，使用に際しては要注

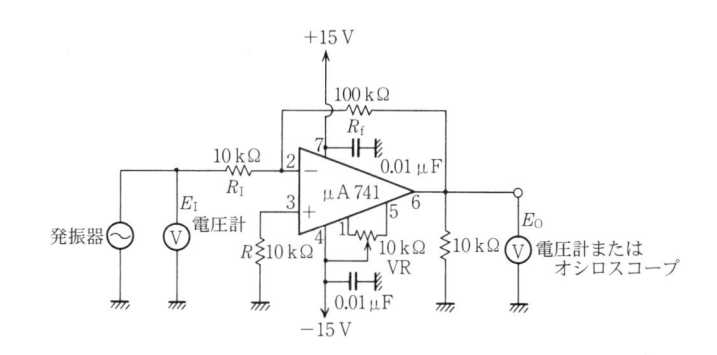

R：入力バイアス電流をバランスさせるために $R \simeq (1/R_\mathrm{I}+1/R_\mathrm{f})^{-1}$ の抵抗を入れる

図 35・10 反転増幅回路

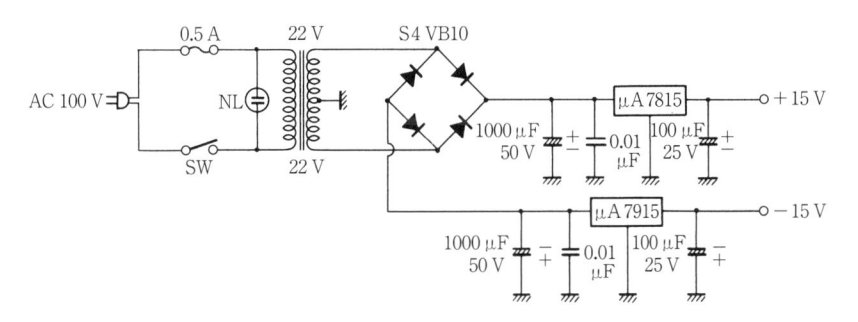

図 35・11 電源回路

35. 電子回路

意), 発振器 (10 Hz～1 MHz), 直流電源 (±15 V) (図 35・11), ブラウン管オシロスコープ, テスター, はんだごて (IC 用の先の細いもの), はんだ, ニッパー, ラジオペンチ, 抵抗 (10 kΩ×3, 20 kΩ, 100 kΩ, 各 1/8 W), 可変抵抗器 10 kΩ (半固定, プリント基板用), OP アンプ μA 741 (または同等品, ディップ型), 8 ピン IC ソケット (ディップ型), IC 用孔あき万能基板 (70 mm×80 mm), ピン端子×15, 配線用スズメッキ線少々, その他電源, 測定器への結線のためのリード線, コンデンサー (0.1 μF, 0.01 μF×2, 25 V), ドライバー (マイナス).

❏ 製　作

1) OP アンプの μA 741 の端子配置図 (図 35・7) を参考にして, 図 35・10 の回路を組立てる. 孔あき基板上に各部品をどのように配置するかを決める (方眼紙を利用すると便利. この部品配置決定には相当の時間を要する).

2) 各部品を基板の表に配置し, 裏面に出た各端子を基板にはんだ付けし, 配線する.

❏ 測　定

製作した図 35・10 の OP アンプの電圧利得および入力信号と出力信号との位相差を周波数 30, 50, 100, 300, 1 k, 3 k, 100 k, 200 k, 300 k, 500 k, 1 MHz で測定せよ.

❏ 操　作

1) 図 35・10 の通り結線し, 間違いのないことを確認してから電源 (±15 V), 発振器, オシロスコープの電源を入れる.

2) 入力端子を接地し, $E_I=0$ としたのち, $E_o=0$ になるように VR を調整する (E_o はテスターで測る).

3) 入力電圧と出力電圧との典型的な関係を図 35・12 に示した. 周波数を 1 kHz (正弦波) に固定し, 入力電圧を変化させたときの出力電圧の大きさと入力電圧との関係を求めよ. この関係を入出力特性という (入力電圧は最大 2 V にとどめ, 入出力電圧は入力インピーダンスの大きい交流電圧計で測定すること).

4) 入出力特性曲線の直線部での出力電圧波形は入力電圧波形 (正弦波) と同じであるが, さらに入力電圧を大きくすると出力波形がひずむことをオシロスコープで観察せよ.

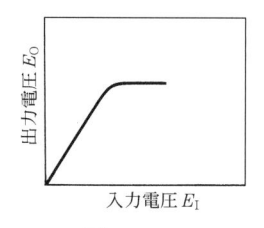

図 35・12

35. 電子回路

5) 入出力特性曲線直線部分の傾き (E_o/E_1) より，この回路の電圧利得 $G(\equiv E_o/E_1)$ を求め，その値が $-R_f/R_1$ に等しいことを確かめよ．

6) 3) で求めた入出力特性曲線で，直線部分の下からおよそ 1/10 の電圧を入力電圧にしたときの前記の各周波数での利得 $G(=20\log E_o/E_1)$ の測定をせよ．

7) R_f を 20 kΩ に取換え，3), 5) と同様の測定を行い，再び，利得 G が $-R_f/R_1$ になることを確かめよ．

❏ **問　題**

1) 入出力電圧測定用になぜ高入力インピーダンスの交流電圧計を用いるのか（なぜ普通のテスターを用いてはいけないのか）．

2) なぜ図 35・11 のように高入力電圧域での利得 G が飽和するのか．

36　ガラス細工

　今日でも化学実験器具の材料として，ガラスの重要性は失われていないから，実験室でちょっとしたガラス細工ができると，大変便利である．ガラス細工の基本操作を身につけることが本章の目的である[*1]．ガラス細工の工程では先端の鋭く尖ったガラス管を扱う．またバーナーで加熱したガラスからは紫外線が放射されるので，必ず保護めがねを着用する．強い光から目を守るために，サングラスの着用も推奨される．

　ガラスは三次元網目構造をもつ無機材料である．固体ではあるが，結晶ではないから，加熱しても明確な融点を示さず，しだいに軟化して液体状態に連続的に移行する．ガラス細工はガラスを軟化点以上の温度に加熱し流動性を大きくして，整形・溶接し目的のものを組立てる技術である．ガラスには多くの種類がある（付録 A14 ガラスの組成と性質 参照）．現在，実験室で多く用いられているのはホウケイ酸ガラス［JIS規格 JR-1（パイレックス級），JR-2（硬質2級）］である．前者は軟化点が高いので，細工には酸素ガスを使用する．以下，酸素ガスバーナーによるパイレックス級ガラスの細工を念頭に解説する[*2]．

❏ **基本操作**

1) **切　断**　　直径 12 mm 以下の管を切るには，切る箇所にやすりで鋭い傷をつけ，傷を外側にし，両手で左右に引張るようにして折る[*3]．やすりで傷をつけるときには，やすりをガラスに当ててしっかり食い込んだところで軽く力を入れ，やすり目を短く入れる．やすりには向きがあり，エッ

　　[*1]　専門家によるデモ細工，ビデオ教材の利用も有効である．
　　[*2]　現在，わが国で使用されている都市ガスは 13A が主流であるが，6A や 5C などが使われていることもあるので，供給されているガスの種類を確認して，ガスに適合したバーナーを使わねばならない．
　　[*3]　折る前に傷口に少し水をつけるときれいに折れる．

ジが鋭く食い込む方向に動かす．やすりを傷めるので，何度も押したり引いたりしない．

径が大きい場合や，管の片方が短くて折ることができないときは，細く伸ばした別のガラス管（棒）の先端を白熱・溶融して，すばやくやすり目の先端に押しつける．一度に切れず，割れ目が一部できたときには，割れ目の延長に白熱した先端をつけると，割れ目がしだいに延びて管が切れる*．切断部分はエッジが鋭く危険であるので，切り口を炎の中に入れて回し滑らかにする．このとき，あまり幅広く熱すると，ガラス管壁の肉が厚くなったり，形がゆがむ．

2）バーナーの炎とガラス管の持ち方　バーナーの炎は高さによって，温度に差がある．最も温度の高い還元炎の上端付近（図 36・1 の矢印）でガラスを加熱する．細工の種類やガラスの大きさによって，炎の大きさを変える．バーナーのコック操作で，随時ガスと酸素の流量を調整し，炎の調節をすばやくできるようにする．

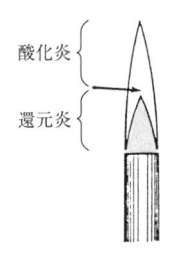

ガラス管の中ほどを加熱するときの持ち方は，図 36・2 のようにする．利き手でつくる支えの上でガラス管を滑らせ，反対の手でガラス管を持って回転する．このとき，炎に入れた部分が前後左右に揺れないように回転する．管が多少曲がったときは，炎から出して回しながら軽く引いてまっすぐにする．管を回しながら加熱をしばらく続けると，表面張力によって自然に肉がたまり，外径はあまり変化せず，内径の小さい肉厚部分ができる（図 36・3 b）．これをそのまま 3) の要領で引き伸ばすと，肉厚の薄くない細管部（ネック）をつくることができる．肉を十分ためずに引き伸ばしネックをつくると折れやすく，真空封じ切りのときに，破れたりピンホールができたりする．ネックをつくるときは肉厚部分の全長を 15 mm 程度にする．

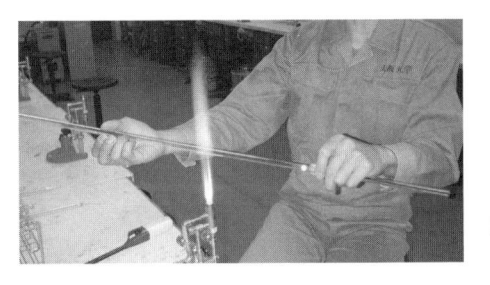

36. ガラス細工

図 36・1　バーナーの炎

図 36・2　ガラス管の持ち方（炎の大きさ，姿勢にも注意）

---

*　鋭い傷を入れ，切断すべきガラス管をバーナーの近くに持ってきて，溶融した先端が白熱しているうちに押しつけるのがコツである．溶融部分が大きすぎると意外な方向に割れ目が走り，小さすぎると割れ目ができない．

36. ガラス細工

3) 引き伸ばし　　上記のように，炎の中で管を回しながら十分に柔らかくし，少し肉が厚くなったところで，管を炎から出して，ゆっくりとまっすぐに引き伸ばす．伸びた部分の太さや長さは，肉のため方と引張る速さによって変わる．慣れないうちは，あわてて急に引張ることが多く，肉の薄い細い管になってしまう．図 36・3 (c) に示す"ソロバン玉"をつくる練習が有効である．

4) 閉端　　ガラス細工では，ガラス管に息を吹き込んで，溶融部に管の内側から圧力をかける操作をするので，まず他端を閉じておかねばならない．一時的に管を閉じるときには，上述の要領で管をまっすぐ引き伸ばしてから細管部分を焼き切る（図 36・4 a, b, c）．さらに，この閉端を試験管の底のように丸く成形するには，(d) 細管部分を根元から熱し，取り去る．(e) つぎに閉端全体を回しながら熱し，炎から出して軽く吹く．先端部分に残った余分なガラスは加熱して融かし，ピンセットで取り去る．ピンセットは酸化されるので，炎の中に入れてはいけない．

5) 同径の管の接続　　手際よくガラスを溶接するには，あらかじめ溶接部分の形状ができるだけ一致するように整形しておくことが大切である．直管をつなぐときには，両方の管の切り口が平らになっていることが必要である．図 36・5 に示すように，一方の管の他端をふさいでから，(a) 両方の管の端を炎に入れ熱する．(b) 炎から出して，接合部が食い違わないように，両端を軽く押しつけ，

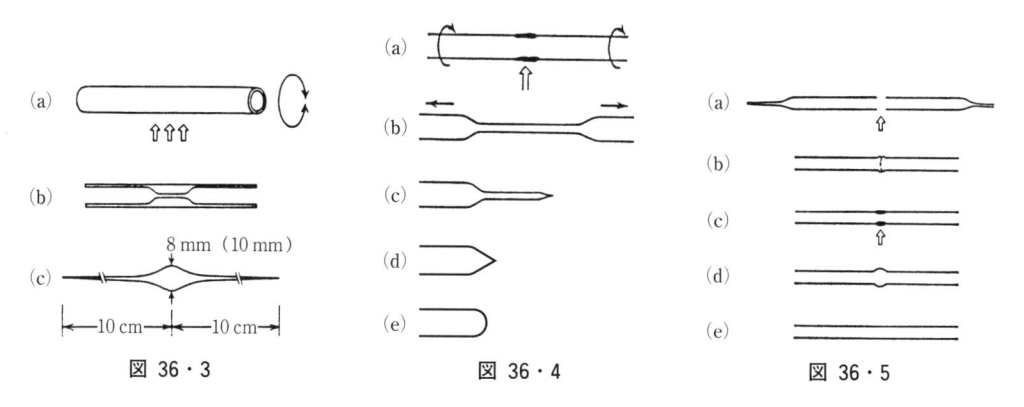

図 36・3　　図 36・4　　図 36・5

管を溶接する．一度に全体を溶接できなくても，部分的に溶接できればよい．(c) やや細い炎に入れて，回しながら未溶接部分を溶接していく．このとき，はじめに溶接した箇所と反対の側から溶接する．つぎにその間を溶接していく．管が曲がったりねじれたりしないように，溶接した箇所を冷ましながら作業を進める．(d) 継ぎ目がすべて溶接されたら，炎から出して軽く吹いて膨らませる[*1]．継ぎ目が残るときには，(c)，(d) を繰返す．(e) 最後に管を回しながら (d) でできた膨らみ全体を加熱し，炎の外に出して軽く引き，接合部をまっすぐにすると同時に，管の太さと肉の厚みを整える．

6) 径が異なる管の接続　太い管に細い管をまっすぐに接続するには，いくつかの方法がある．径がかなり異なるときには，太い管を引き伸ばし，端を図 36・4 (d) の状態に閉じた後で，その底に細い管と同じ径の穴を開けて接続する方法が一般的である．図 36・6 に示すように穴を開けるには，(a) 管を回しながら底の中心を細い炎で熱して，(b) 炎の外に出して軽く膨らませる．(c) 再び中心部分を加熱して炎の外で吹き，膨らんだ部分を吹き破るか，肉の薄い球とする．(d) 炎に入れて球を壊し，管を回しながら，弱い炎で穴の周囲の出張り部分を融かし，接続する細管と同じ径のリング状のふちが穴の周囲に残るように整形する．この出張り部と細管の端を炎に入れ融かし，炎の外で，接合部が食い違わないように軽く押しつけ，溶接する[*2]．(e) その後，同径管の接続と同じ要領で，未溶接部分を溶接していき，最後に全体を熱して整形する．このとき，ガラスの肉厚が一定でないと，吹いたときに肉の薄い部分ばかり膨らんでしまうので，太い管を閉じるときに底の肉があまり薄くならないようにする．

7) T 字管　ガラス管の側面に穴をあけて枝管を接続して，T 字管をつくる．その方法は異径管の接続とほぼ同様である．図 36・7 に示すように，(a) 細い炎でガラス管の側面を熱し，炎の外で吹いて膨らませる．(b) 再びその部分を熱すると膨らみはへこむが，その部分の肉がやや厚くなる．何

36. ガラス細工

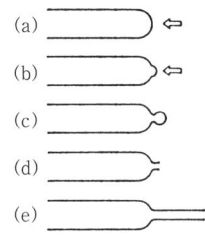

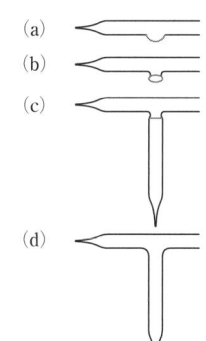

図 36・6

図 36・7

[*1] この操作は継ぎ目にピンホールを残さないために重要である．吹くために他端を仮に閉じるには，結んで閉じたゴム管をかぶせてもよい．また，太い管の場合にはコルク栓でふさぐのもよい．
[*2] 接合部分がずれて，穴が開いてしまった場合には，穴の周辺を融かし，炎の外で融けた肉をタングステン棒で引っ掛け寄せて接合する．

36. ガラス細工

度か外で吹いて膨らませた後に中央を吹き破る．このとき，連続的に加熱を続けて接合部周辺まで温度が上がっていると，接合する管径以上の穴が開いてしまうので，周辺部分を適当に冷ましながら，膨らみの中央にちょうどよい径の穴があくようにする．吹き破った部分に炎をあてて，接合部にリング状のふちが残るように整形する．(c) このリング状のふちと枝管の端を融かし，炎の外で軽く押しつけて溶接する．未溶接部分を細い炎で溶接していく．穴が開いたときには，炎の外でタングステン棒を使って肉を寄せ穴をふさぐ．(d) 最後に，大きめの炎で溶接部を熱して，継ぎ目を消し，吹いて肉厚を均一に整形する．このとき，接合部の反対側に炎をあてないようにすると，T字が保持され形が崩れない．

8) 曲げ　ガラス管を曲げるときには，曲げる部分の径が変わらないようにすることが求められる．図 36・8 のように，内側がへこんだり，外側の肉が薄くならないようにする．このためには，大きな炎に管を斜めに入れて，管径の 2 倍くらいの距離を目安に，回しながら曲げるべき部分を広く熱する．十分柔らかくなったところで，炎から出し希望する角度に曲げ，その後すばやく吹いて，管径を整える．角度の微調整は湾曲部全体を大きい炎に入れて調整する．U 字管も同じ要領でつくるが，大きな炎でかなり広い部分を一様に十分加熱せねばならない．一度に U 字に曲げられないときには，3 箇所くらいに分けて曲げてから，全体の形を整える．

図 36・8

9) ハンドバーナーの使用　大きな装置を組立てるときや，長い管，非常に太い管を接続するときには，ガラスの方を動かせないから，ハンドバーナーを使う．ハンドバーナーは図 36・9 の構造で，ガスと酸素の流量を手元で調整できるようになっている．ガラスを固定して細工する方法を "置き継ぎ" という．接合を失敗しないためには，接続すべき切り口が一致するように，あらかじめ十分に整形しておくことである．また，あまり時間がかかりすぎると，重力のため溶融したガラスが流れて，上の部分が肉薄になってしまうので，手際よく作業することが肝心である．溶接を始めるときは，管を固定するクランプをゆるくしておき，未接合部分がなくなり，大きな炎で接合部分全体を加熱するときにしっかりと固定する．吹くためには，ガラス管の開放端にゴム管をつないで，その端を口にくわえる．加熱しながら，吹いたり吸ったりすると継ぎ目がなくなる．また，それによってピンホールもふさぐことができる．大きな穴ができたら，タングステン棒で肉を寄せてふさぐ．

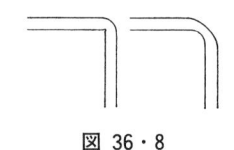

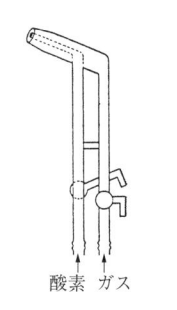

酸素　ガス

図 36・9　ハンドバーナー

10) 焼きなまし　　ガラスを局所的に加熱溶融して，そのまま冷やすと，加熱された部分が収縮して，その周辺にひずみがかかり，数日たってから割れたり，外れたりする．このひずみを分散させる操作が，焼きなましであり，単になましともいう．細工を加えた部分一帯を大きな炎で包むようにしばらくあぶって，ひずみを分散させる．ひずみが解消されたことは，偏光を利用したひずみ検出器で確認する．

11) 安全上の注意　　ガラス細工の事故は外傷（切傷と突傷）と火傷がおもなものである．ガラスくずは細管や鋭利な破片であるから，机上を掃除するときには，必ずブラシを使う．決して素手でガラスくずを集めてはいけない．加熱したガラスは冷めにくく，見た目には高温であることがわからないので注意する．細工中のガラス管は加熱した端を奥にして，セラミックス板の上に置く．万一，火傷を負ったときには，直ちに水道の蛇口で多量の水をかけて，火傷部分を十分に冷やす．その後に，薬を塗布するなどの手当てを行う．

❏ 課　題　　図36・10のF字管を製作せよ*．作品が完成したら，耐圧ゴム管で真空ポンプに接続し，テスラコイルでピンホールがないことを確認する．

❏ 器具・設備　　ガラス細工用バーナー，平やすり，ピンセット，金属製メジャー，タングステン棒，セラミックス板，石油缶（ガラスくず入れ），以上は1個ずつ．共通設備として，酸素ボンベ，酸素ガス用圧力配管，ひずみ検出器，耐圧ゴム管，真空ポンプ，テスラコイル．

❏ 応　用　　図36・11の真空封じ切り容器を作成せよ．

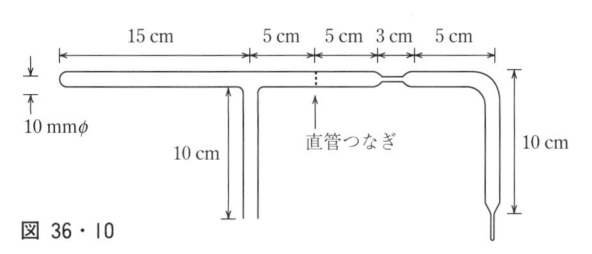

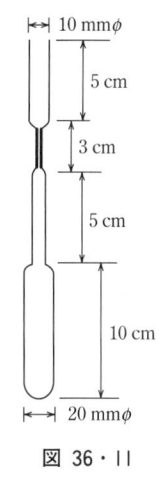

図36・10

図36・11

---
* のべ9時間で完成できる．

37　真　空　実　験

❏ **真空装置**　実験室で真空を得るには，ロータリーポンプと拡散ポンプとを組合わせて使うことが多い[*1]．ロータリーポンプの到達真空度はせいぜい 10^{-1}〜10^{-2} Pa 程度であるが，真空系内の気体を直接大気中に放出する能力がある．それ以上の真空度を得るには，ロータリーポンプと拡散ポンプとを直列につなぎ，ロータリーポンプである程度排気したのち拡散ポンプを作動させる．拡散ポンプの油の逆拡散を防いで到達真空度を高め，また真空系の汚れを防ぐために，ポンプと真空系の間にコールドトラップを設け，液体窒素やドライアイスなどで冷却して油の蒸気，真空系内で発生した蒸気を凍結，捕捉する．本実験は 付録 A10 寒剤・冷媒，付録 A12 気体の圧力と真空度の測定 をよく読んでから行うこと．

　こうして組立てられた真空排気系では，もれがない限り，10^{-4} Pa 台の真空度が容易に得られ，これを用いて物質を精製したり，純粋な状態でその性質や反応を調べることができる．酸素や水蒸気の存在を極度に嫌う物質も真空排気系内では安心して取扱うことができる．

[実験 A]　水の蒸留精製
　　室温と寒剤温度間の蒸気圧差を利用し，塩化ナトリウム水溶液から水を蒸留する．
　❏ **装置・操作**
　1) 真空排気系の組立て[*2]　図 37・1 に示す真空排気系を外径 10 mm と 20 mm のガラス管で組立てる．使用するガラス管はあらかじめ水洗，乾燥しておく．図に指定された箇所で，コック（活

　　[*1]　ポンプの構造については，付録 A11 真空ポンプ を参照すること．
　　[*2]　この部分を初めから学生実験として行わせると非常に時間がかかるから，あらかじめ指導員が組立てておくほうがよい．

37. 真空実験

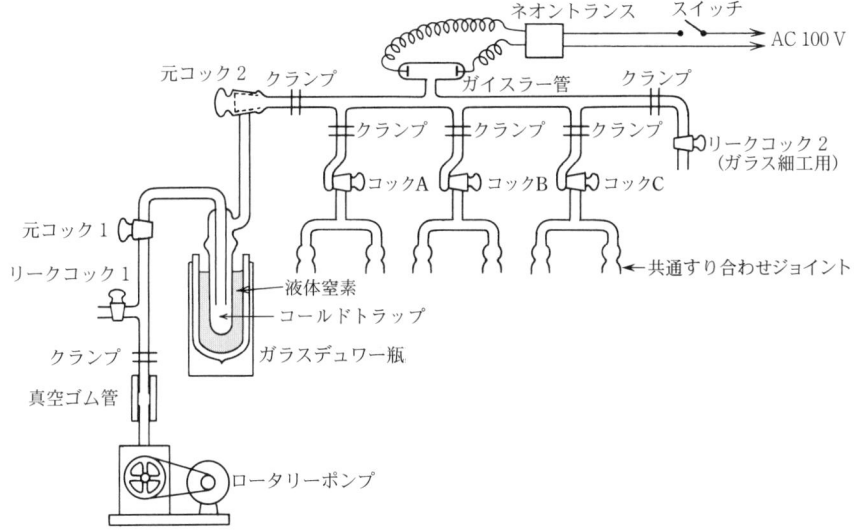

図 37・1 蒸留用真空排気装置

栓），ガイスラー管，コールドトラップなどをそれぞれクランプで固定し，ハンドバーナーで溶接する．ガラス管とロータリーポンプの間は真空ゴム管でつなぎ，ポンプの振動を緩衝する．

　系が完成したらコックとコールドトラップのすり合わせ部分にグリースを塗る．コック類にグリースを塗るときは，まずコックについているグリースその他の汚れを拭きとる．このためには石油ベンジンなどの溶剤をティッシュペーパーなどに浸し，それで拭きとるのがよい．コックの孔に詰まっているグリースをとるためには歯間ブラシなどを使うのが便利である．ピンセットなどですり合わせ面に傷をつけると真空もれの原因になる．塗るグリースの量は多すぎると孔を詰まらせ，少なすぎるとすじがつくため適量を清潔な指先につけて薄く塗布する．回しながら入れると空気を抱き込むため，押すだけで入れ，気泡がなくなってから回す．

37. 真 空 実 験

　　リークコック1, 2，コックA, B, Cを閉じ，ロータリーポンプのスイッチを入れる．テスラコイル（一種のインダクションコイル，図37・2）の火花を溶接部に当て真空もれを探す．もれ（ピンホール）があれば輝点ができるから，その箇所をフェルトペンでマークし，ロータリーポンプを停止させ，リークコックを開いて系内を大気圧に戻してから溶接をやり直す．

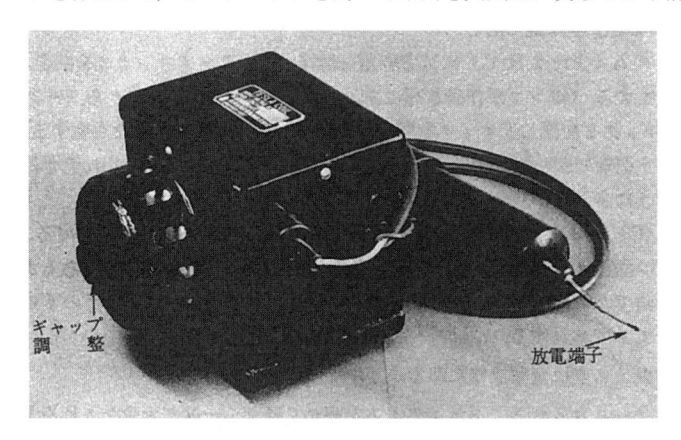

図 37・2　テスラコイル

　2) **真空排気系の運転**　　運転開始時の順序はつぎの通りである．溶接部が弱く，破損のおそれがあるためコック類は必ず両手で静かに操作すること．
① 元コック1, 2，コック A, B, C，リークコック2が閉じていることを確かめる．
② リークコック1を閉じる．
③ ロータリーポンプのスイッチを入れ，コールドトラップを液体窒素で冷却する．
④ ポンプの音がだんだん小さくなり，定常的になったら元コック1, 2を開き，ガイスラー管を放電させて真空度を確かめる．ガイスラー管の放電電流は放電光が赤紫色になる約 10 Pa で最大となる．放電を続けるとアルミ製の電極を焼き切るおそれがあるので，一般にガイスラー管の放電は間欠的にしなければならない．真空度が良くなるにつれて放電光の色はしだいに薄くなり，

10^{-1} Pa では蛍光のみになり，10^{-2} Pa では蛍光も消える．ガイスラー菅の放電光の色については，p. 322 と p. 323 の間のカラー写真を参照すること．

37. 真　空　実　験

3) 蒸留操作

① 図 37・3(a) の共通すり合わせジョイント付きアンプルを2本用意する．一方のアンプルに $1\,\mathrm{cm}^3$ の飽和 NaCl 水溶液を入れる．

② アンプルのすり合わせ部分にグリースを塗布し，コック A（または B, C）下のジョイント部分に接続する．グリースの塗布については，1) の注意をよく読む．

③ デュワー瓶に半分ほどメタノールを入れる．ドライアイスを細かく砕き，一度に大量入れると吹きこぼれるので，少しずつメタノール中に投じる．デュワー瓶の底に少量のドライアイスが溶けずに残るまでドライアイスを加える．

④ コック A が閉じていることを確かめたのち，試料の入ったアンプルを ③ の寒剤につけて凍らせる．水は凍ると膨張しアンプルを割ることがあるため，アンプルの底から徐々に凍らせる．

⑤ 完全に凍ったらアンプルをデュワー瓶の寒剤につけた状態で元コックおよびコック A を開いて排気する．

⑥ コック A を閉じてデュワー瓶をはずし，凍った試料をゆっくり融解させる．このとき試料に溶解していた気体が気泡になって出ていくのがわかる（脱ガス操作）．

⑦ 全く気泡がでなくなるまで ④,⑤,⑥ の脱ガス操作を繰返す．普通は 2～3 回で完了する．脱ガス操作の完了はガイスラー管の放電で確認する．脱ガスが十分でないと蒸留速度が極端に遅くなるので念入りに行うこと．

⑧ 脱ガスが終わったら，試料アンプルからデュワー瓶をはずし融解させる．つぎに，もう一方のアンプルを寒剤で冷やして蒸留を始める．蒸留速度が速すぎると試料が凍ったり，凍った試料の

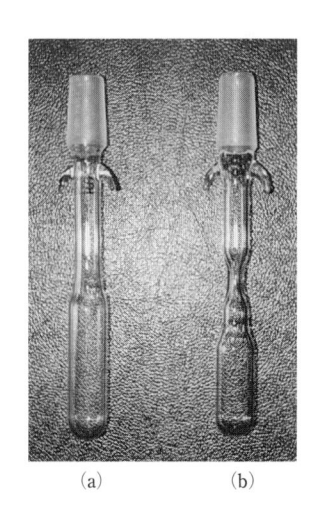

図 37・3　アンプル

37. 真 空 実 験

飛沫が蒸留側のアンプルに移動したりするので，寒剤の液面の高さを調節してゆっくり蒸留する．

4) 運転終了時の操作

① コック A, B, C を閉める．
② 元コック 1, 2 を閉める．
③ 液体窒素容器をコールドトラップからはずし，ロータリーポンプのスイッチを切り，リークコック 1 を開ける．**ポンプの油が逆流して真空排気系に流入するので，リークコック 1 を閉めたまま放置してはいけない．また，液体窒素容器をはずさずにポンプを止め，リークコックおよび元コック 1 を開けてはいけない．コールドトラップに空気中の酸素が凝縮すると，非常に危険である．これら二つの注意は特に厳重に守らなければならない．**
④ コールドトラップが室温に戻るのを待ち，元コック 1 を開いてコールドトラップ内を大気圧に戻し，コールドトラップをすり合わせのところではずす．トラップ内にたまった物質を除去し，グリースを拭きとり，洗浄，乾燥したのち，元の通りセットする．

❏ **応用実験**　図 37・3(b) のアンプルを使って真空封じ切りを行えば乾燥，脱ガス，蒸留した試料を長期間保存できる．この実験は有機液体の蒸留にも応用できるが，その場合は試料が入ったアンプルを寒剤で冷却したまま封じ切る．

[実験 B]　**真空度の測定**

油拡散ポンプを使用した高真空排気系をつくり，その真空度をガイスラー管，ピラニゲージおよび電離真空計で測定せよ*．ピラニゲージと電離真空計の測定値を比較し，その差について考察せよ．

❏ **操　作**

1) 高真空の生成　　[実験 A] で真空排気系の操作を学んだので，ここでは拡散ポンプ使用上の注意だけを述べる．

---

*　真空計の原理は，付録 A12 気体の圧力と真空度の測定 を参照のこと．

37. 真 空 実 験

① 運転の開始　図37・4に示した高真空排気系のリークコック1を閉め，コック1〜4を開きコック5までをロータリーポンプで排気する（ポンプ側から見てコック5より先の部分はいつも高真空に保ち，運転休止中でも空気を入れないようにする）．拡散ポンプに冷却水を流すか，冷却ファンのスイッチをONにする．つぎにコック2を閉じ，拡散ポンプのヒーターの電源を入れる．20分ほどで拡散ポンプは作動状態になる．コールドトラップ2を液体窒素で冷却し，コック5を開いて測定に移る．

② 運転の停止　測定が終わったら，コック4と5を閉じる．拡散ポンプのヒーターを切り，拡散ポンプが冷えたら，冷却水もしくはファンのスイッチを止める．コック1，3を閉じ，コールドトラップ1，2の寒剤をはずしてロータリーポンプの電源を切って，リークコック1を開ける．

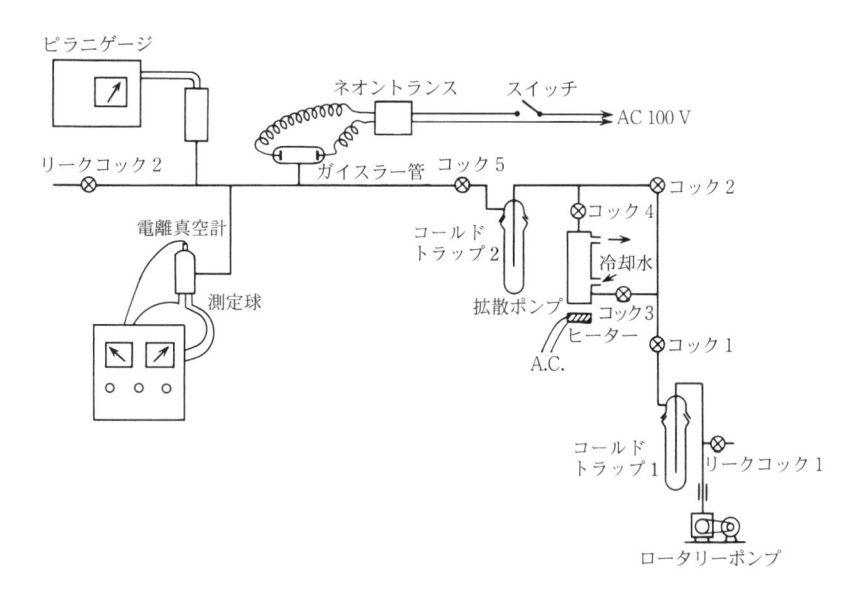

図 37・4　高真空排気系

37. 真空実験

2) 真空計の取扱いと真空度の測定　電離真空計は，拡散ポンプによる排気を始めてから1時間程度たって，十分に真空度が上がってから使用する．

① ガイスラー管　拡散ポンプがはたらいていれば，ガイスラー管のスイッチボタンを押しても放電光は完全に消えているはずである．コック2を開き，コック3と4を閉じて，ロータリーポンプのみ作動している状態で放電光を観察せよ．再びコック2を閉じ，コック3と4を開いて拡散ポンプをはたらかせ，放電光を観察する．

② 電離真空計　測定球のフィラメントは非常に断線しやすいから，10^{-1} Pa より悪い真空度では絶対に使用してはならない．すなわち電離真空計は必ず拡散ポンプをはたらかせた状態で，ガイスラー管の放電光の色が完全に消えていることを確かめてから使用する．本体の電源スイッチを入れ，安定するまで数分待つ．測定球のヒータースイッチを入れ，ヒーター電流を所定の値（通常は所定の値にセットされている）に合わせる．ゼロ点調整をしてから真空度を測定する．ピラニゲージでも同時に測定せよ．測定が終わったら，電離真空計のヒータースイッチを切る．本体の電源を切る．

❏ **問　題**

1) 298 K における N_2 分子と He 原子の平均自由行程を，以下の圧力で計算せよ．

$$\text{圧力/Pa}\ (10^5,\ 10^2,\ 10^{-2},\ 10^{-4})$$

計算結果に基づき，高真空を効率的に達成するには，どのような配管上の注意が必要かを考察せよ．

2) 液体の真空蒸留の際，脱ガスが不十分で，残存空気が多いと蒸留速度が著しく遅くなる．その理由を考察せよ．

付　　録

$A1$ 数値の処理

❏ **誤差と残差**　測定値と真の値（真値）との差を誤差（error）という．このように定義された誤差を絶対誤差といい，誤差と真値の比である相対誤差と区別する．多くの場合，測定対象の状態が一定に保たれていれば，測定しようとする物理量も一定となり，したがって真値が必ず存在する．しかし，^{12}C の相対原子質量 12 のように定義として決められた量を除くと，真値は誤差のために近似的にしか求めることができない．すなわち，われわれが求めうるのは多数の測定に基づく最確値（most probable value）であって，これは真値の近似値である．測定値と最確値との差を残差（residual）という．

さて，誤差は系統誤差（systematic error）と偶然誤差（accidental error）とに区別される．一例として，一定温度に保たれた物体の温度を水銀温度計で測定することを考えよう．水銀温度計は使用温度範囲内で水銀とガラスの体積が温度の一次関数で表される．これは毛管が一様な太さをもつことを仮定してつくられているが，厳密には正しくない．また，はじめに適当な温度定点を用いて校正されているが，経年変化によって目盛に狂いが生じているかもしれない．さらに温度計を物体に挿入する深さによって測定結果が影響を受ける．これらはいずれも系統誤差の原因となる．一般に系統誤差は測定値を真値から一方向に（すなわち，大きめにあるいは小さめに）一定量だけかたよらせたり，測定のたびに一方向に徐々に変化させたりする．このため系統誤差は測定値に適当な補正を行うことによって除くことができる．上の例では，挿入の深さの影響は適当な式を用いて理論的に補正することができるし，他の効果についての補正も究極的には気体温度計に対して校正をすることによって実験的に行うことができる．

このような系統誤差とは違い，偶然誤差はわれわれが測定対象の状態を完全に一定にすることができないために生じるものであって，技術的な向上によって減らすことはできても，なくすことは

A1. 数値の処理

できないものである．系統誤差が無視できる程度に小さければ，偶然誤差は一般に真値より大きい側と小さい側に，小さいばらつきとして現れる．このため偶然誤差をランダム誤差ともいう．一つ一つの測定値に含まれる偶然誤差の大きさは互いに独立で偶発的である．したがって補正を行って除くことはできない代わりに，一つの量に対する測定を数多く行い，得られた測定値が統計法則に従うことを利用して真値として最も確からしい値（最確値）を求めることができる．

測定の信頼度を表すのに正確さ（accuracy）と精密さ（precision）が区別して用いられる．精密さは偶然誤差の少なさを示し，正確さは偶然誤差と系統誤差の両方の少なさを示す．以下，特に断わらない限り，偶然誤差のみを取扱うことにする．

誤差が x と $x+\mathrm{d}x$ の間の値をとる確率を $f(x)\mathrm{d}x$ とすれば，$f(x)$ は誤差が x となる確率密度であって，

$$\int_{-\infty}^{\infty} f(x)\mathrm{d}x = 1 \tag{A1・1}$$

が成り立つ．誤差が x となる測定が m 回あり，その測定は互いに独立で，誤差が $-x$ となる測定も m 回あるとき，このような確率密度は正規分布（ガウス分布）の形の誤差関数

$$f(x) = \frac{h}{\sqrt{\pi}} \mathrm{e}^{-h^2 x^2} \tag{A1・2}$$

で与えられる．h は定数で，誤差（あるいは測定値）のばらつき（の少なさ）の程度を示し，精密さの指標（index of precision）という．$h=1.0$ と 0.5 の場合について $f(x)$ を描いたのが，図 A1・1 である．$f(x)$ は $x=0$ に関して左右対称の曲線で表され，$|x|$ の比較的小さい場合の実現確率は相対的に大きく，$|x|$ が大きくなるにつれてしだいに実現しにくくなる．また，$h=1.0$ の場合には $|x|$ が 0 に近い値をとることが比較的多くてばらつきが小さく，$h=0.5$ の場合はその反対である．

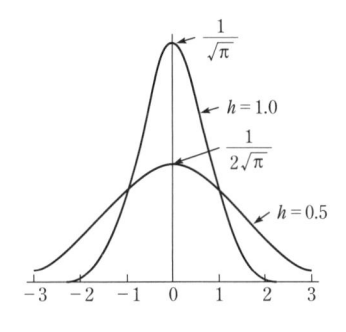

図 A1・1 $f(x) = \dfrac{h}{\sqrt{\pi}} \mathrm{e}^{-h^2 x^2}$

付　　録

ある量について n 回の測定を行って測定値 $X_i(i=1,2,\cdots,n)$ が得られたとしよう．真値を X とすれば，誤差は $x_i = X_i - X (i=1,2,\cdots,n)$ である．n 回の測定で誤差が $x_1, x_2, \cdots, x_n$ となる確率は（A1・2）式によって

$$\prod_{i=1}^{n} f(x_i) = \left(\frac{h}{\sqrt{\pi}}\right)^n \exp\left\{-h^2\left(\sum_{i=1}^{n}(X_i - X)^2\right)\right\} \tag{A1・3}$$

となる．これを逆に真値 X の分布関数（確率密度）と考えれば，最確値 $\bar{X}$ は（A1・3）式を最大にするものである．このためには $\sum_{i=1}^{n}(X_i-X)^2$ が最小であればよい．したがって

$$\bar{X} = \frac{\sum_{i=1}^{n} X_i}{n} \tag{A1・4}$$

となる．すなわち，誤差分布が正規分布で表される場合の最確値は測定値の算術平均である．

さて，$x_i = X_i - X (i=1,2,\cdots,n)$ であるから，n 個の誤差について和をとれば，$\sum_{i=1}^{n} x_i = \sum_{i=1}^{n} X_i - nX$ となる．（A1・4）式を代入すれば，

$$\bar{X} = \frac{1}{n}\sum_{i=1}^{n} X_i = X + \frac{1}{n}\sum_{i=1}^{n} x_i \tag{A1・5}$$

である．また，残差 $d_i = X_i - \bar{X} (i=1,2,\cdots,n)$ についても同様の代入を行えば，

$$d_i = X_i - \bar{X} = X_i - X - \frac{1}{n}\sum_{i=1}^{n} x_i$$

$$= x_i - \frac{1}{n}\sum_{i=1}^{n} x_i \tag{A1・6}$$

となる．したがって $n \to \infty$ の極限において最確値 $\bar{X}$ は真値 X に近づき，残差 d_i は誤差 x_i に近づく．

❏ **最小二乗法**　　ある物理量 y が他の物理量 x の関数として与えられる場合に，測定値からこの関数の最も確からしい形を決めることを考える．いま，測定によって得られるある物理量 x と y の間に

A1. 数値の処理

$$y = g(x;a_j) \quad (j=1,2,\cdots,m) \tag{A1・7}$$

という関係が理論的（あるいは経験的）に成り立つものとする．ここで $a_j(j=1,2,\cdots,m)$ は関数 $g(x;a_j)$ に含まれる m 個のパラメーターである．いま，n 個の測定値の組 $(x_i,y_i)(i=1,2,\cdots,n)$ が測定によって得られたとする．それぞれの y_i には（A1・7）式で与えられる値からのずれがある．このずれが正規分布に従うとすると，組 $(x_i,y_i)(i=1,2,\cdots,n)$ が測定によって得られる確率は

$$\left(\frac{1}{\sqrt{\pi}}\right)^n \exp\left\{-\sum_{i=1}^{n} h_i^2[y_i - g(x_i;a_j)]^2\right\} \prod_{i=1}^{n} h_i \tag{A1・8}$$

で与えられると考えられる．ただし h_i はそれぞれの (x_i,y_i) について考えた分布を特徴づけるものなので，一般にはデータごとに異なる．先の場合と同じように，上式をパラメーター a_j の真値の分布関数と考えれば，

$$\varDelta = \sum_{i=1}^{n} h_i^2[y_i - g(x_i;a_j)]^2 \tag{A1・9}$$

を最小にするパラメーター a_j の組が最も確からしいことがわかる．測定値と"理論値"の差の2乗（に h_i の2乗を乗じたもの）の最小値を用いることから，この方法を最小二乗法という．（A1・9）式を各パラメーター $a_j(j=1,2,\cdots,m)$ で微分し

$$\frac{\partial}{\partial a_j}\varDelta = 0 \quad (j=1,2,\cdots,m) \tag{A1・10}$$

をつくり，この連立方程式を解けば a_j が決定されることになる．ここで，最小二乗法で決定されるパラメーターの有効数字の桁は必ずしも測定値の有効数字の桁と同じでないことを注意しておく*．
 $g(x;a_j)=a_1x+a_2$ という場合を例にとると，$\sigma_i = y_i - (a_1x_i+a_2)$ として，最小にすべき関数は

$$\varDelta = \sum_{i=1}^{n} h_i^2 \sigma_i^2 \tag{A1・11}$$

---

* 最小二乗法で関数のかたち（係数の組）を決定するときは，個々の測定値は真値であるかのように扱う．

である．したがって (A1・11) 式を各パラメーターで微分して

$$\sum_{i=1}^{n} h_i{}^2 (x_i y_i - a_1 x_i{}^2 - a_2 x_i) = 0$$

$$\sum_{i=1}^{n} h_i{}^2 (y_i - a_1 x_i - a_2) = 0 \quad (\text{A1}\cdot 12)$$

という連立方程式が得られる．

　以上の導出から明らかなように，測定値の組における x_i と y_i の役割は同じでない．

　測定値に対して適切な関数形が既知であるとは限らない．むしろいくつかの関数について最小二乗法を適用して，結果を比較し，適切な関数を決定することの方が多いかもしれない．この場合，定量的には，決定したパラメーターを用いて (A1・11) 式の値を求め，これを解析における自由度の数 $(n-m)$ で割った量を比較する．ただし，どんな場合もあてはめの結果と元のデータをグラフなどに示して視覚的に確認する習慣をつけるべきである．

　測定値の組 (x_i, y_i) が何桁もの範囲にわたる場合は，特に y_i の大きな組を重要視することになる．h_i は，それを防ぐための重みの因子である．これを決めるのは，一般に困難なので，h_i を i によらず一定とすることが多い．h_i を一定とおくと，(A1・12) 式を連立に解けば a_1 と a_2 が得られる．パソコンの普及によって最小二乗法はきわめて手軽な解析法となったが，h_i をすべての測定値について一定とすることを標準的な使用法とするソフトウエアも見受けられる．その場合は上述の欠点があることを知っておかなければならない．

　最小二乗法を測定値の解析ではなく，関数の近似値を求めるために使う場合もある．この場合，最小二乗法で決定されるパラメーターの有効数字は必ずしも測定値の有効数字と同じではないことに特に注意する必要がある．たとえば $\sum_{j=0}^{m} a_j x^j$ を用いて x が正の領域についてあてはめを行うと，どの関数も単調増加関数で互いに似通っているため，大きな数の差で元の関数が近似されてしまうことが多い．このため a_j として計算に用いたすべての桁を用いないととんでもない結果が得られることがある．これを避けるにはチェビィシェフ多項式など直交関数を用いたあてはめを行うようにする．

❏ **精密さを表す量** n 個から成る一連の測定の個々の測定値の精密さを表す量として，つぎの三つの量が定義されている．

1) 平均誤差 (mean error) a

$$a = \frac{\sum_{i=1}^{n} |x_i|}{n} \tag{A1・13}$$

誤差分布が連続で正規分布に従うものとすれば，$a=1/(h\sqrt{\pi})$ となる．

2) 標準偏差 (standard deviation)* σ

$$\sigma = \sqrt{\frac{\sum_{i=1}^{n} x_i^2}{n}} \tag{A1・14}$$

正規分布の場合には $\sigma=1/(\sqrt{2}\,h)$ となる．

3) 確率誤差 (probable error) r　　$|x_i|$ が r より大きい測定と，r より小さい測定が同数になるような r を確率誤差という．すなわち，誤差が r より大きい場合と小さい場合の確率が等しい．

正規分布に支配される誤差に対しては，一般に $r<a<\sigma$ の関係がある．これらのうち最もよく用いられるのが標準偏差である．有限個の測定値の場合，標準偏差は残差を用いて表せば，

$$\sigma = \sqrt{\frac{\sum_{i=1}^{n} d_i^2}{n-1}} \tag{A1・15}$$

となる．実際に測定値から，σ を計算するにはこれらの式を用いる．正規分布の場合には $r=0.6745\sigma$ となる．

一連の測定値から求めた最確値 $\bar{X}$ もまた確率法則に従う量である．$\bar{X}$ 自体の標準偏差 σ_m を求めると，

---

* 標準誤差 (standard error) ということもある．

$$\sigma_{\mathrm{m}} = \frac{\sigma}{\sqrt{n}} = \sqrt{\frac{\sum_{i=1}^{n} d_i^2}{n(n-1)}} \tag{A1・16}$$

となり，$\bar{X}$ にもこの程度の不確かさが存在するということになる．σ_{m} を減少させることは，とりも直さず最確値 $\bar{X}$ の信頼度を高めることであるが，これらを1桁小さくするためには測定回数を100倍に増す必要があり，それよりは実験方法を改良した方が得策である．また，σ_{m} の減少は n が10を超すあたりからかなり鈍くなるので，10回以上の測定を行ってもあまり意味がない．

σ や σ_{m} に丸め誤差防止以外の目的で有効数字（後述）2桁以上を与えるのは無意味である．通常，一連の測定を行って，その結果を示すには，たとえば $X=1.2762\pm0.0003$ というふうに，（最確値）±（最確値の標準偏差）を示し，さらに測定回数を併記する．測定値が少数の場合には，誤差分布が正規分布に従うとはいえないので，結果として $\sum_{i=1}^{n} X_i/n \pm \sum_{i=1}^{n} |d_i|/n$ を与え，ついで測定回数を書いておく．

一般に，測定結果の提示に用いた不確かさ（uncertainty）が何であるかを明文化しておく必要がある．

測定が終わってから，ある規準を設けて測定値の中から信頼度の低そうな測定値を取除くことがあるが，これは勧められない．むしろ測定中にデータの異常に気づいてその原因を調べ，それをなくしてから再び測定し直すべきである．もし原因が見つからなければ，異常なデータも含めて処理しなければならない．

❏ **関数関係における誤差の波及**　　複数の測定量を独立変数とする関数として一つの物理量が与えられる場合に，測定量の誤差が物理量にどのように影響するかを調べてみよう．いま，2変数 X, Y の関数として，物理量 Z が与えられるものとする．

$$Z = g(X, Y) \tag{A1・17}$$

両辺の全微分を求めると，

$$dZ = \frac{\partial g}{\partial X} dX + \frac{\partial g}{\partial Y} dY \tag{A1・18}$$

A1. 数値の処理

となる．

　X, Y に含まれる誤差（系統および偶然誤差）を $\Delta X, \Delta Y$，これらによって Z にもたらされる誤差を ΔZ とし，$\Delta X, \Delta Y$ はせいぜい数 % 程度の小さい値であるとすると，上の全微分を利用して，ΔZ は，

$$|\Delta Z| \leq \left|\left(\frac{\partial g}{\partial X}\right)_{\substack{X=\bar{X}\\Y=\bar{Y}}}\right|\cdot|\Delta X| + \left|\left(\frac{\partial g}{\partial Y}\right)_{\substack{X=\bar{X}\\Y=\bar{Y}}}\right|\cdot|\Delta Y| \qquad (A1\cdot 19)$$

によって見積もることができる．

　たとえば，

$$Z = aX \pm bY \quad \text{ならば} \quad |\Delta Z| \leq a|\Delta X| + b|\Delta Y| \qquad (A1\cdot 20)$$

$$Z = X^m Y^n \quad \text{ならば} \quad \left|\frac{\Delta Z}{Z}\right| \leq m\left|\frac{\Delta X}{X}\right| + n\left|\frac{\Delta Y}{Y}\right| \qquad (A1\cdot 21)$$

となる．ただし，a, b, m, n は定数である．これらは誤差の波及のありさまを示す式であって，一般的にいえば，(A1・20)，(A1・21)式の右辺の各項を同程度に小さくすることが結果の誤差を少なくするうえで大切である．

　つぎに物理量 Z が物理量 X, Y を独立変数とする関数で表される場合，X, Y の標準偏差が Z の標準偏差にどのように影響するのかを調べてみる．関数関係を $Z = g(X, Y)$ で表し，X, Y, Z の標準偏差を $\sigma_X, \sigma_Y, \sigma_Z$ とすれば，一般に

$$\sigma_Z{}^2 = \left(\frac{\partial g}{\partial X}\right)^2 \sigma_X{}^2 + \left(\frac{\partial g}{\partial Y}\right)^2 \sigma_Y{}^2 \qquad (A1\cdot 22)$$

の関係があるから，

$$Z = aX \pm bY \quad \text{ならば} \quad \sigma_Z = \sqrt{a^2 \sigma_X{}^2 + b^2 \sigma_Y{}^2} \qquad (A1\cdot 23)$$

$$Z = X^m Y^n \quad \text{ならば} \quad \frac{\sigma_Z}{Z} = \sqrt{\left(\frac{m\sigma_X}{X}\right)^2 + \left(\frac{n\sigma_Y}{Y}\right)^2} \qquad (A1\cdot 24)$$

となる．ただし，a, b, m, n は定数である．(A1・22)～(A1・24)式の関係は，X, Y, Z の個々の測定値に対する標準偏差の間だけでなく，X, Y, Z の最確値に対する標準偏差の間においても成

り立つ．また，個々の測定値あるいは最確値の確率誤差の間においても成り立つ．

❏ **有効数字**（significant digit または significant figure）　有効数字とは，いくぶん不確かさを伴う数字一つを最小桁に含めて形成した意味のある数値のことである．たとえば，最小目盛が$0.1\,°C$の温度計では，$0.01\,°C$の桁まで目分量で読みとることができるから，読みは$17.61\,°C$という具合に表される．1, 7, 6, 1がこの場合の有効数字である．このように有効数字をはっきり示すことは，その数値がどの桁まで信頼できるかということをも同時に示すことになる．特に注意しなければならない数字は0である．たとえば有効数字が4桁とすれば，12500は1.250×10^4，0.01250は1.250×10^{-2}のように書く方がよい．

数値計算を行う場合にも，有効数字には常に注意を払い，余分の数字は丸め（切り詰め）てしまわなければならない．丸めは四捨五入で行われることも多いが，数表を作成するような場合にはつぎのようにする．すなわち，有数効字がn桁になるように丸めるものとすれば，(a) $(n+1)$桁目の数字が5よりも大ならば，あるいは5に等しくてかつ$(n+2)$桁目が0でないならば，n桁目の数字に1を加え，(b) $(n+1)$桁目の数字が5より小ならば，n桁目の数字に0を加え，(c) $(n+1)$桁目の数字が5に等しく，かつ$(n+2)$桁目の数字が0である〔または$(n+2)$桁がない〕場合には，n桁目の数字が偶数ならば0を加え，奇数ならば1を加える．

いずれの丸め方をしても，丸めによる相対計算誤差はn桁ある数値の第1桁目の数字をpとすれば，$(5/p)\times10^{-n}$以下である．

たし算，ひき算では，(A1・20)式に示したように絶対誤差が結果に波及する．したがって小数点の位置が重要な意味をもつ．たとえば，測定値12.3と測定値2.435の和の計算を考えてみよう．これらの数値は有効数字だけが記されているが，最後の桁はいく分かの不確かさを含む．この場合には12.3の小数第1位の不確かさに全体が支配されるので，$12.3+2.435=14.735$であるから，小数第2位で丸めを行って，結果は14.7とする．ただし，さらに計算をつづける場合には，丸めによる新たな計算誤差の導入を避けるために，小数第3位で丸めて14.74としておく．

かけ算，わり算の場合には，(A1・21)式から明らかなように相対誤差が結果に波及する．したがって相対誤差と有効数字の桁数が重要な意味をもつ．たとえば先のたし算の計算値である14.74

に測定値 2.681 を乗じる場合には，14.74×2.681＝39.51794 であるが，14.74 は本来，有効数字が 3 桁の数値であったから，小数第 2 位で丸めを行って，結果は 39.5 とする．もちろん，14.74 が生の測定値（有効数字が四つ）であれば有効数字を 4 桁出すわけであるし，さらに計算をつづける場合は，有効数字以外に 1 桁余分に求めておく．また，1.231×9.03＝11.11593 は 11.1 とせず 11.12 とし，1.087÷1.143＝0.951006… は 0.9510 とせずに 0.951 とするなど，場合に応じた有効数字に対する考慮が必要である．測定値 1.234 が得られたとき，最後の桁の不確かさが，1.234 に計算処理をして得られた最後の数のどの桁に影響を及ぼしているか見極めて有効数字を決めることになる．

このほか，同程度の大きさの数値のひき算や平方根の計算を早い段階で行うようなことをすると，有効数字を減少させてしまう場合があるので，それを避けるように計算の手順をつくることも大切である．

A1. 数値の処理

A2 電池・スライダック

A. 電池

　最近では半導体素子の開発が進み電子式の定電圧，定電流電源が実験室用直流電源の主流になってきたが，簡便さの点で電池を使用する場合も多い．

　電池を大きく分類すると，一度放電してしまえば使えなくなる一次電池（primary cell）と，一度放電しても充電を行うことにより繰返し使用できる二次電池（secondary battery）に分かれる．一次電池としてよく用いられるものには，マンガン乾電池（起電力 1.5〜1.6 V），水銀電池（1.35 V），空気電池（1.40 V），リチウム電池（2.8〜3.6 V）などがある．二次電池の代表的なものは鉛蓄電池，ニッケルカドミウム蓄電池，リチウムイオン電池などである．このほか，電池には多くの種類があるので，電池を実験に用いる場合には，必要な電圧，容量（電流と使用時間の積で決まる）などに応じて適当なものを選ぶ必要がある．

❏ 一次電池

　1）マンガン乾電池，アルカリマンガン乾電池　　一般に乾電池（dry cell），特にマンガン乾電池やアルカリマンガン乾電池はその放電特性が平滑ではない．すなわち起電力が放電時間とともに減少するので，長時間連続放電には向かず，間欠放電の場合や，インピーダンスの高い回路に電圧をかけるときなどに使用する．アルカリマンガン乾電池はマンガン乾電池と比べると約2倍の容量があり，大電流放電および低温特性に優れている．

　マンガン乾電池は長時間保存しておくと自己放電（負荷を接続しなくても放電が起こる現象）を起こして性能が低下する．特に高温高湿の場合には放電が著しく，劣化しやすくなる．

　乾電池は放電のときに亜鉛板電極を消耗し，この電極が容器をも兼ねているため，場合によっては電解液が外部に漏れることがある．したがって，使用不能になった乾電池はすみやかに装置から

はずしておかなければ，装置が腐食することになる．

2) リチウム電池　　負極活性物質にリチウム，正極活性物質に二酸化マンガンなどを用いており，コイン型と円筒形がある．電解質溶液として有機溶媒を使用する．二酸化マンガンリチウム電池の作動電圧は 3 V と高く，容量もマンガン乾電池と比べると大きい．作動温度範囲が広く（$-20\sim60$ ℃），放電特性や保存特性も優れている．

3) カドミウム標準電池　　この電池はこれまで述べてきた電池のように電力を取出す電源としては使用できない．電子機器や測定機器（たとえば，電位差計やホイートストンブリッジなど）の標準電圧の校正用として使用される．

起電力標準として用いられる飽和カドミウム電池は，H型のガラス容器の底から白金電極が出た構造をしており，この電池の起電力は 20 ℃において $E_{20}=1.0186$ V である．温度 t での起電力 E_t はつぎの式から求められる．

$$E_t = E_{20} - 0.000\,040\,6(t-20) - 0.000\,000\,95(t-20)^2 + 0.000\,000\,01(t-20)^3$$

実際の取扱いに際してはつぎの点に注意する．
① 横に倒したり振動を与えることは絶対に避けること．② 通常はベークライトなどのケースに入っているので心配はないが，光がガラス容器に直接当たると減極剤が光化学反応を起こすので注意すること．③ 急激な温度変化を避けること，特に 0 ℃以下あるいは 40 ℃以上の温度にしないこと．④ 標準カドミウム電池は電位差測定の副標準器であるから，特別の場合以外は電圧のみを利用して，電流を使用しないこと．特に短絡しないこと．電池を用いる回路には必ずスイッチを設け，その開閉は瞬間的に行い，決して長時間回路を閉じないこと．以上の諸注意を守って使用すると，この電池の寿命は数年ないし 10 年以上にも及ぶものである．

❏ 二次電池

1) 鉛蓄電池（lead storage battery）　　鉛蓄電池は過酸化鉛の正極と鉛の負極とを希硫酸中に向かい合わせに置いたもので，充電，放電による化学変化は次式で表される．

$$PbO_2 + Pb + 2\,H_2SO_4 \underset{充電}{\overset{放電}{\rightleftarrows}} 2\,PbSO_4 + 2\,H_2O$$

電池1個あたりの起電力は約2Vである.

蓄電池は使用しなくても自己放電を起こして電圧が徐々に低下するから，必ず毎月1回は充電しなければならない．また，電解液の水分は徐々に蒸発して減少するので，ときどき蒸留水を補充し，極板がいつも液に浸るようにする．電解液をこぼしたとき以外は，硫酸を補充してはいけない．極端に放電してしまった電池を回復させるには，充電，放電を繰返せばよい．鉛蓄電池からは水素ガスのほか SO_2 や SO_3 が発生するから，同じ室内に精密計器などを置くときは，換気を要する．

2) ニッケルカドミウム蓄電池 負極活性物質にカドミウム，正極活性物質に水酸化ニッケル(III)，電解液として濃厚水酸化カリウムを使用し，公称電圧1.2Vであるが，軽負荷なら作動電圧は1.3Vになる．エネルギー密度は必ずしも大きくないが，長寿命（5年以上）で信頼性も高く，低温特性や重負荷特性に優れている．また，過充電，過放電に対して強く，使いやすい．解放形と密閉形があり，円筒密閉形はサイズや容量がJISで決められており，マンガン乾電池と互換性がある．

3) その他の二次電池 負極活性物質にランタン-ニッケル系の水素吸蔵合金，正極活性物質に水酸化ニッケル(III)，電解液として濃厚水酸化カリウムを使用したニッケル水素蓄電池が市販されている．公称電圧1.2Vで，ニッケルカドミウム蓄電池と互換性がある．

負極活性物質にリチウム，正極活性物質に活性炭，ポリアニリン，五酸化バナジウムなどを用いたリチウム二次電池（3V）はメモリーバックアップ用として使用される．

最近，正極活性物質に $LiCoO_2$ などの酸化物を使い，負極活性物質には炭素やケイ素などの電気化学的にリチウムを挿入できる活物質を用いたリチウムイオン電池（約4V）が開発されている．この電池では，カーボネート系の有機電解液が使われている．

B．スライダック

単巻変圧器の二次側を動かして交流電圧の調整を行う装置で，"スライダック"とは商品名* である．その構造を図A2・1に示す．

---

* 米国ではこれに相当するものにVariacがある．これも登録された商品名である．

A2. 電池・スライダック

一般に用いられるスライダックはドーナツ形の鉄心に銅線を巻いてコイルとし，図A2・1のb点の接触端子（カーボン）をすべらせて回すことによって，出力電圧を0から130ないし150Vまで連続的に変化させて取出せるようになっている．

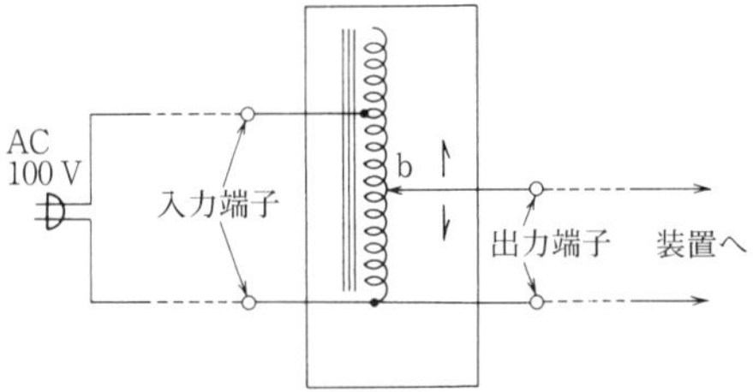

スライダックは電源電圧の変化を要する実験，ヒーター電流の調節その他に広く用いられる．

スライダックには許容電流値（2A，5Aなど）が表示してあるから，これを超える電流を取出してはならない．また，普通のスライダックでは1個の端子板に入力端子と出力端子の両方がついている．まず，つまみを左にいっぱい回して出力電圧0Vの位置にしておく[*1]．つぎに"出力"または"OUTPUT"と表示してある方の端子を装置，ヒーターなどに接続する．それから"入力"または"INPUT"と表示してある方の端子を交流100Vに接続して通電し[*2]，所定の出力電圧の位置まで，つまみを徐々に回転させる．なお，交流であるから入力，出力両端子とも極性を区別する必要はないが，二次端子も一次側に接続されている（図A2・1）ので，ショートさせてはいけない．

実験終了後は必ず出力電圧を0Vまで戻し，交流100Vへつなぐプラグをコンセントからはずしておかなければならない．

スライダックのほかに，恒温槽の温度制御のためには，サイリスターやトライアックといわれる半導体電力素子を利用した制御器がよく用いられている．また温度制御やヒーターへの通電には整流器付きの直流電源を用いることもある．

図 A2・1 スライダックの構造

[*1] 古くなったスライダックではつまみと接触端子の位置がずれていることがある．このような場合には，目盛板の表示は実際の出力電圧と異なる値を与えるから，気がついたときに修理しておく．
[*2] 交流100Vにつなぐ前に接続法に誤りがないことを確認する．逆にするとスライダックを破損する．

A3 テスター・デジタルマルチメーター

❏ **テスター** テスター（回路試験器）を用いると，直流の電流（200 mA以下あるいは10 A以下）と電圧，交流電圧および抵抗の概略値を簡便に測定できる．アナログ式とデジタル式があるが，最近はデジタル式が主流になっている．切換スイッチや押しボタンを用いて測定の種類，感度を選択する．2本のテスター棒で被測定回路に並列回路をつくって電圧や抵抗を測定し，直列回路をつくって電流を測定する．抵抗を測定するときには被測定回路の電源を切り，テスター内部の電池を電源にして測定する．完成した回路の抵抗測定では，全体の合成抵抗を測ることになるので，部品単独の抵抗値は正確にでない．いずれの測定に際しても，テスター棒の金属部分に手を触れてはいけない．デジタル式テスターのその他の操作上の注意点を以下に列記する．

1) 電圧を測るときは，最大電圧レンジから始めて，順次レンジを下げていく．許容電圧よりも高い電圧をかけると，テスターが破損したり，あるいは測定者自身も感電する可能性がある．

2) ノイズが発生する機器の近くで使用すると，表示がゆらぎ，不安定，不正確になる．高い抵抗を測定する場合は特にノイズの影響を受けやすいので，表示が不安定になるときは被測定回路を薄いアルミ板や銅板でシールドする．

3) 大電流用端子（10 Aまで）は保護回路がなく内部抵抗も小さいので，誤って大電流を流すと大変危険である．必ずブレーカーなどの保護回路を途中に入れる．

4) 最大許容電圧以内の測定でも，たとえば，コイルなどによって誘導起電力の生じる回路やサージ電圧を発生するモーターの回路などの電源オン・オフ時には高電圧が発生するので，テスターを使用しない．このような場合は，デジタルマルチメーターなどの入力インピーダンスの高い測定器を使う．

5) デジタル式ではコンデンサー容量測定レンジをもつ機種がある．大容量のコンデンサーがあ

る場合は，電源を切り，コンデンサーを放電させてから測定する．誤ってショートさせると危険である．電解コンデンサーの良否をテストするときには，＋端子をコンデンサーの＋端子にあてる（アナログ式とは逆）．

6) 導通検査をする場合，デジタル式では導通レンジがある．抵抗が 20～50 Ω 以下になるとブザーが鳴るものが多い．

7) ダイオードの極性などを検査する場合，デジタル式では＋端子のテスター棒をダイオードの＋側にあてると電圧降下が表示される．逆の場合には表示されない．アナログ式とは違っている．

❏ **デジタルマルチメーター，デジタル電圧計** デジタルマルチメーターは直流電圧，直流電流，電気抵抗，交流電圧を 1 台で測定するデジタル測定器である．その基本となるのがデジタル（直流）電圧計の機能で，被測定直流電圧を減衰あるいは増幅して適当な大きさの直流電圧に変え，アナログ-デジタル（A-D）変換回路でデジタル信号に変換して，数字として表示する．直流電流は内蔵抵抗の両端間電位差，電気抵抗は内蔵の定電流電源からの電流によって生じた被測定抵抗素子の両端間の電位差，交流電圧は整流によって生じた直流電圧を，それぞれ測定して決定する．デジタルマルチメーターの入力インピーダンスは $1\,\mathrm{M\Omega}$ から $10\,\mathrm{M\Omega}$ 程度と高く，表示桁は $4\frac{1}{2}$ あるいは $6\frac{1}{2}$ の型が一般的である．熱電対の $\mu\mathrm{V}$ 程度の直流電圧でも計測できる高精度の機種が比較的安価に入手できる．

A3. テスター・デジタルマルチメーター

A4 電位差計・ホイートストンブリッジ

❏ **電位差計**　未知の起電力を測定するにはデジタル電圧計または電位差計が用いられる．デジタル電圧計は A3 テスター・デジタルマルチメーター で記したように内部抵抗の大きい（1 MΩ から 10 MΩ 程度）電流計であって，微小ではあるが，とにかくその内部に電流を流さなければ測定を行うことができない．したがって，被測定回路の起電力に当然影響を与える．

これに対して，電位差計（potentiometer）はダイヤルの位置によって規定される電位差を正確に発生する装置である．その起電力が被測定回路の起電力を打ち消すように，被測定回路と結合し，両者の起電力の差を検流計で見ながら，検流計の値がちょうど 0 になるように電位差計のダイヤルを調節することによって，その読みから被測定回路の起電力を求めることができる．すなわち，被測定回路に電流を流さない状態でその起電力を精密に測定する．このような測定法を一般に対償法という．電位差計には 10〜100 mV 以下の電圧を測定するための低電圧用とそれ以上の領域の高電圧用とがあるが，原理や使用法は同じである．図 A4・1 はリンデック電位差計の回路図で，電位差計として最も単純なものである．図 A4・1 で AB は一様な太さの抵抗線，Ba，S および E_x はそれぞれ測定用の鉛蓄電池，起電力が既知の標準電池および測定されるべき未知の起電力を表す．R_p は標準電池の中に大きな電流が流れることを防ぐための保護抵抗である．C ダイヤルにはあらかじめ電位差の目盛がつけられている．まず切換えスイッチ K を標準電池の方に接続し，可動接点 C の位置をその温度における S の起電力の目盛に合わせ，R_v を適当に加減すると，検流計 G に電流が流れない点が求まる．ところが蓄電池 Ba を含む回路の電流の強さ i は測定中不変であるから，C を移動させれば AC 間の電位差は AC の抵抗値に比例する．つぎにスイッチを E_x の方に接続し，接点 C が C_x の点で G に電流が流れなくなったとすれば，その C_x の目盛が E_x の起電力に相当する．

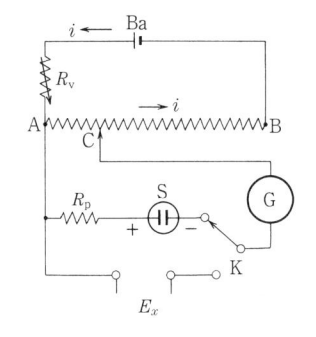

図 A4・1　電位差計の原理

❏ **ホイートストンブリッジ**　電気抵抗を測定するための測定器として古くから用いられてきた測定器で図 A4・2 に示すように，被測定抵抗体（電気抵抗 R_x）を一辺とする直流ブリッジを構成し，可変抵抗 R_S を調節して，検流計 G に流れる電流を 0 にする．このとき，検流計の両側は同電位であり，R_x 側を流れる電流を I_x，R_S 側のそれを I_S とすれば，つぎの関係が成り立つ．

$$I_x R_x = I_S R_S \tag{A4・1}$$

$$I_x R_A = I_S R_B \tag{A4・2}$$

これらの式を整理すると，R_x は

$$R_x = R_S \frac{R_A}{R_B} \tag{A4・3}$$

で表されることがわかる．

　図 A4・2 の結線では被測定抵抗にそれに付属する導線の抵抗を含めたものを測定しており，白金抵抗体をセンサーとする温度の精密測定のような場合には都合が悪い．このような場合には抵抗体の結線を工夫して 4 導線（4 端子）式の測定をする．まず，図 A4・3(a) あるいは (b) の結線をする．固定抵抗 R_A と R_B は等しい大きさをもつものとし，被測定抵抗体の導線の抵抗値を R_C，R_T とする．(a) でブリッジがバランスしたときの可変抵抗の抵抗値を R_{S1}，(b) のそれを R_{S2} とすれば，

$$R_{S1} + R_C = R_x + R_T \tag{A4・4}$$

$$R_{S2} + R_T = R_x + R_C \tag{A4・5}$$

が成り立ち，結局，R_x は

$$R_x = \frac{R_{S1} + R_{S2}}{2} \tag{A4・6}$$

として求められ，導線抵抗の影響は除かれる．この方式の測定用につくられたものとして，ミュラーブリッジが有名である．

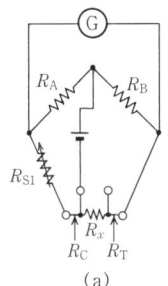

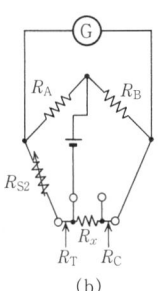

A4. 電位差計・ホイートストンブリッジ

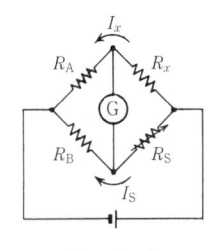

図 A4・2

図 A4・3

A5 オシロスコープ

オシロスコープ (oscilloscope) は電気的振動現象を画像として目で見るために使用される．電子装置の試験や調整，またほかの装置と組合わせて実験にしばしば利用される．ブラウン管オシロスコープの基本構成は図A5・1に示す通りで，ブラウン管，垂直増幅器，垂直減衰器，同期回路，のこぎり波発振器，水平増幅器，電源部から成っている．最近のデジタル技術の進歩により，アナログ-デジタル (A-D) 変換器，メモリー，CPUなどを備えたデジタルオシロスコープが普及し，過渡的な振動現象を静止画像として観測できるようになってきた．しかし学生実験用としてはアナログ方式が依然として用いられており，動作原理の理解もこのアナログ方式が基本になる．以下，各部の基本的な動作について説明しよう．

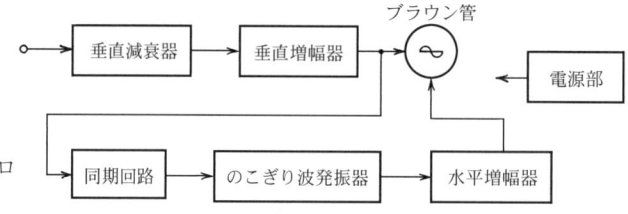

図 A5・1 ブラウン管オシロスコープの構成図

❏ **ブラウン管** ブラウン管は図A5・2に示すような構造をもっている．ヒーターによって加熱されたカソードから飛び出した熱電子は，制御グリッドによって流れの強さがコントロールされながらグリッドの中央の小孔を通過し，第一加速電極によって加速され，電子流となる．しかしこのままではまだ十分細い電子ビームではないので，これを集束電極によってできる電場で集束して，蛍光面上に鋭い輝点を生じるようにする．電子ビームは第二加速電極で再び加速される．この

まま電子ビームが蛍光面に衝突したのでは，蛍光面に輝点（スポット）が生じるだけである．電子ビームの進行途中に互いに向かい合った平面電極版を2組互いに垂直に置き，これらの平面電極間に電圧をかければ，電子ビームは正電位の極板の側に引き寄せられ，蛍光面上の輝点は極板間の電圧に比例して偏向する．これらの2対の平面電極版をそれぞれ水平偏向板，垂直偏向板という．いま，図A5・3のようなのこぎり波電圧（一般には掃引信号）を水平偏向板に加えてやれば，

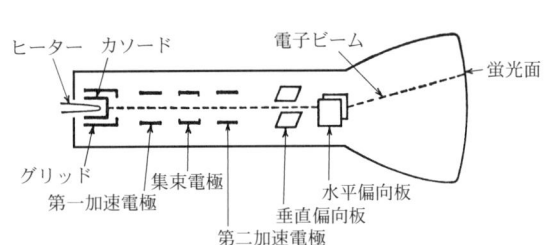

A5. オシロスコープ

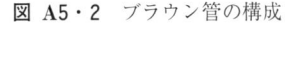

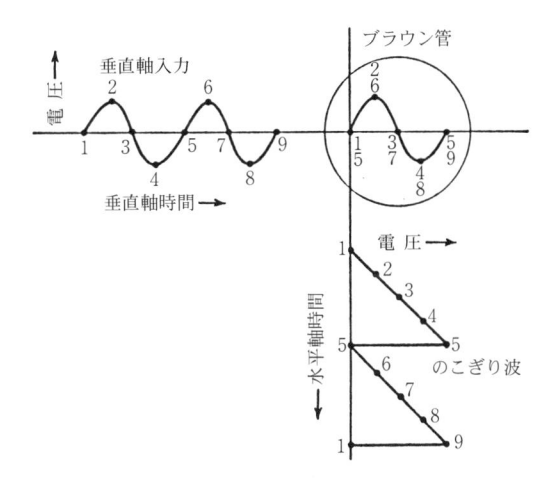

図 A5・2　ブラウン管の構成

図 A5・3　正弦波とのこぎり波の合成

付録

スポットは左から右に時間に比例して移動する*．このとき，垂直偏向板に適当な大きさの信号電圧，たとえば正弦波電圧を加えれば，蛍光面上のスポットの軌跡は信号電圧の時間的変化を示す図形となる．このため水平偏向系を特に時間軸ともいう．一般に水平偏向系，垂直偏向系をそれぞれ水平軸，垂直軸という．

❏ **垂直回路**　ふつう，入力信号の大きさは数 mV から数百 V の間にわたっているが，ブラウン管面上の波形の大きさは常に見やすい 2～5 cm くらいの大きさに調整しなければならない．このため入力信号を減衰器によって適当な大きさにし，垂直増幅器を通して増幅し，垂直偏向板に加える．

垂直増幅器は普通の交流の増幅器と基本的には同じであるが，入力信号中に含まれる周波数成分をカバーできるよう，十分広い周波数帯域幅(周波数特性が平坦なところを 0 db として 3 db 落ちる周波数の間) をもったものでなければならない．もし図 A5・4 (a) のような多くの周波数成分をもつ方形波を帯域幅の十分でない垂直増幅器をもつブラウン管オシロスコープに通せば，その出力は図 A5・4 (b) のように角が丸みをおび，入力信号の時間的変化を忠実に表す図形とはならない．

❏ **水平，時間軸回路**　適当な大きさの正弦波電圧を垂直偏向板にかけた場合を考える．水平偏向板に加えるのこぎり波電圧の周波数が正弦波の周波数と無関係であれば，波形は図 A5・5 のように帯状になって右または左に移動し，静止した波形を見ることができない．そのために入力信号の一部をのこぎり波発信回路に加え，のこぎり波の繰返し周期を入力信号の周期に等しくするか，その整数倍にして，入力信号の特定の位相のところからのこぎり波が立ち上がるようにする．すなわち，入力信号に同期したのこぎり波電圧を発振させる．このような動作をする回路が同期回路およびのこぎり波発振器である．のこぎり波電圧は適当な大きさまで増幅し，水平偏向板に加える．外部信号によって水平軸を掃引するとき (X-Y モード) には水平増幅器に外部信号を直接入れる．

❏ **シンクロスコープ**　先に述べたように，初期のオシロスコープの時間軸発振回路は入力信号によって強制同期され，のこぎり波の繰返し周期は入力信号の周期と同じか，または整数倍の

(a) 入力信号波形

(b) 出力信号波形

図 **A5・4**　増幅器によるひずみ

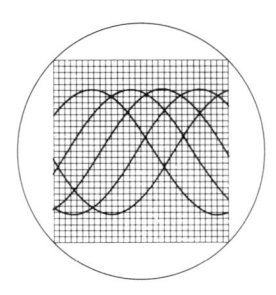

図 **A5・5**　同期がとれていないときの波形

---

* スポットを水平に動かすことを掃引 (sweep) するという．

値しかとりえなかった．したがって繰返し波形の一部のみを拡大してみたり，周期が一定でないパルスの画像を静止させてみることは，初期のオシロスコープでは不可能だった．

図 A5・6 のように入力信号がある値に達したとき，幅の狭いパルスをつくり，このパルスによって掃引信号発生器を動作させ，あらかじめ定められた速度で時間軸の掃引を行い，掃引終了後はつぎのパルスがくるまで掃引発生器を休ませる方式（trigger sweep 方式）を用いれば，時間軸掃引信号は常に入力信号に同期しており，同期レベルおよび掃引速度を変えることにより，波形のいかなる部分でもブラウン管面上に静止させ，拡大してみることができる．このような機能をもつオシロスコープを特にシンクロスコープ（synchroscope）という．最近ではオシロスコープといえばこのタイプになる．図 A5・6 の幅の狭いパルスは掃引信号発生器の引き金（trigger）のはたらきをするのでトリガーパルスという．図 A5・7 にオシロスコープの一例（テクシオ CS-4135A）を示す．

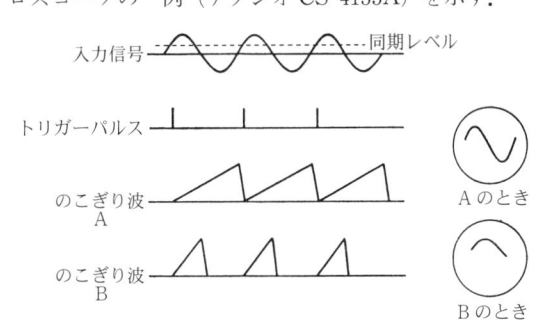

図 A5・6　トリガーパルスとのこぎり波

❏ **オシロスコープの取扱い方**　図 A5・7 のオシロスコープ（周波数帯域：DC〜40 MHz）を例にとって，取扱い方を簡単に説明しよう（詳しくは装置に付属した取扱い説明書を参照せよ）．

1) 電源スイッチ ① をオンにすると ② のパイロットランプが点灯し，十数秒後に装置は作動状態になる．

2) 電源投入後に輝度調整 ④ を適当な明るさになるように回す．輝点（線）がぼやけていたら ③ で焦点を合わせる．

A5.　オシロスコープ

付　　録

図 A5・7　テクシオ CS-4135A．① 電源スイッチ，② パイロットランプ，③ 焦点調整，④ 輝度調整，⑤ CH1 入力，⑥ CH2 入力，⑦ 入力切換，⑧ 垂直感度切換，⑨ 垂直感度微調整，⑩ 出力表示モード切換，⑪ 掃引時間切換，⑫ トリガー信号源切換，⑬ 外部トリガー入力端子，⑭ トリガーモード切換，⑮ トリガーレベル調整，⑯ 校正用方形波出力端子，⑰ GND 端子，⑱ X–Y モード切換スイッチ

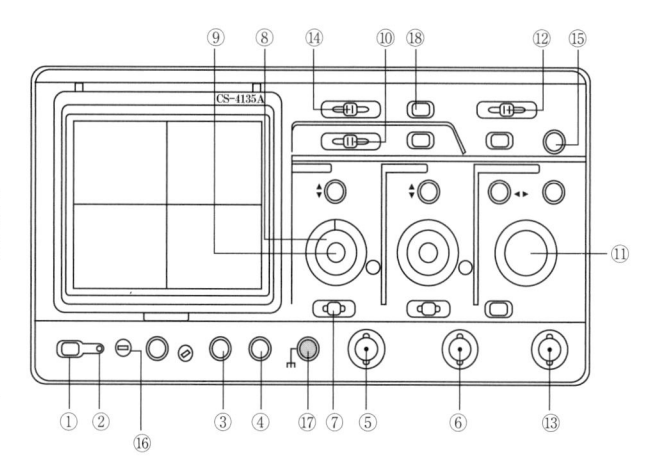

3) 垂直軸入力は 2 チャンネル (⑤ と ⑥) あるので，⑩ の出力表示モード切換で使用するチャンネルを選択する．X–Y オシロスコープとして用いるときは CH1 (⑤) と CH2 (⑥) は，それぞれ Y 軸と X 軸に対応する．ここでは，一つの波形を観測するとして CH1 (⑤) を選択する．

入力端子にケーブルやプローブを接続するときは，入力端子の BNC ジャック外側の突起とケーブルの BNC プラグの溝を合わせて差し込み，プラグのリングを右にひねってロックする．外すときはプラグのリングを左にひねってロックを解除してから，まっすぐ引き抜く．

4) トリガーモード切換 ⑭ を NORM，トリガー信号源切換 ⑫ を CH1 に合わせる．

5) たとえば直流電源の交流部分 (リップル電圧) のみを観測するために，入力切換 ⑦ を AC にし，垂直感度切換 ⑧ を $5\,\text{V cm}^{-1}$ におき，垂直入力端子 ⑤ に信号を入れる．ただし，最大電圧以上を入力端子に入れてはいけない (付属の 1/10 プローブを使用すればプローブの最大電圧まで測定可能)．

6) 垂直感度切換 ⑧ と掃引時間切換 ⑪ を用いて見やすい大きさの波形にする．同期がかからず波形が静止しない場合は，トリガーレベル調整 ⑮ を回して同期させる．

❏ **電圧の測定**　交流の電圧（ピーク値）などを測定したいときは垂直感度微調整 ⑨ を右に回しきった状態にして同期をとり，信号のピークからピークまでの間の高さを読み，この数値に垂直感度切換 ⑧ の値をかければよい．たとえば，⑧ が $2\,\mathrm{V\,cm^{-1}}$ の位置で，ピーク値の間の高さが 4 cm であれば，この交流のピークからピークまでの電圧変化は 8 V である．正弦波の場合には電圧の実効値は $8/2\sqrt{2}\,\mathrm{V}=2.8\,\mathrm{V}$ となる．

電圧をもっと正確に測定したいときには，オシロスコープの感度校正を行う．それには ⑨ をやはり右に回しきって，電圧が既知の（ピーク間 1.0 V）の方形波を入力端子に入れ，その高さを測定することにより行う．最近のオシロスコープには方形波を出力する校正用端子 ⑯ があるので，付属のプローブを用いて接続する．プローブのアースクリップは GND 端子 ⑰ に接続する．機種によってはカーソルを動かして電圧を読むリードアウト機能も付属している．

オシロスコープの入力インピーダンスは，ふつう 1 MΩ 程度である*．したがって被測定回路の出力インピーダンスは，これに比べてずっと小さいことが必要である．信号源のインピーダンスが高い場合や，微弱な信号で，ほかの回路や電源線路よりの影響を受けやすい場合には，付属のプローブを用いて測定する．また，どんな場合にも，シールドなしの裸導線で信号源とオシロスコープを接続することは望ましくない．

❏ **複雑な図形や過渡現象の観測**　図 A5・8 (a) のように複雑な波形を観測する場合，トリガーレベルが A の位置にあると，波形が二重，三重に見える (b)．このようなときには，トリガーレベル調整 ⑮ を動かして B の位置に設定すればうまく同期がとれて (c) のようになる．

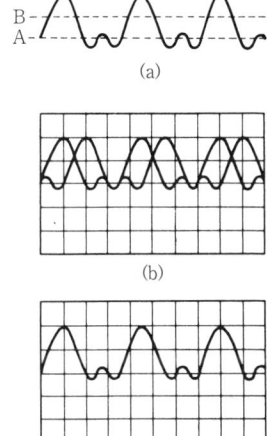

A5. オシロスコープ

図 A5・8　シンクロスコープによる波形の観測

---

*　高周波測定でインピーダンス整合をとるために 50 Ω 入力に切換えられる機種もある．

付　録

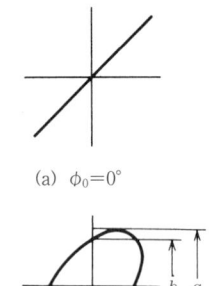

(a) $\phi_0 = 0°$

(b) $\phi = \sin^{-1}(b/a)$

図 A5・9　位相差の決定法

　内部トリガーを使って過渡現象（パルスに対する応答など）を観測する場合も上の場合と同じで，⑮を適正な位置に設定すればよい．被測定系がトリガーパルスを出力できるようになっている場合には，これを外部トリガー入力端子⑬に接続し，トリガー信号源切換⑫を EXT にして，⑮を調節して同期をとればよい．単発的な現象の観測や，過渡現象の時間的な経緯を調べるときには，この方法によるのがよい．

　❏ **位相差の測定**　増幅器や RC 回路網などに信号を通すと，入力信号と出力信号の間に位相のずれが生じる．このような位相差はリサジュー図形を使って測定できる．まず，X-Y モードに切換える．切換え操作は機種によって異なり，図 A5・7 の機種では切換スイッチ⑱を押す．掃引時間切換で選択する機種も多い．信号源をオシロスコープの垂直軸 CH1 と水平軸 CH2 に同時につなぐと，図 A5・9 (a) のような直線が得られるはずである．つぎに信号源の出力を垂直軸と，位相差を測定しようとする装置につなぎ，装置の出力を水平軸につなぐ．このときリサジュー図形が図 A5・9 (b) のようになったとすると，その高さを a，垂直軸との交点の間の長さを b として，位相差 ϕ は

$$\phi = \sin^{-1}(b/a)$$

となる．もし，最初の操作で (a) のような直線が得られないときには，上と同様にしてそのときの位相差 ϕ_0 を求める．ϕ_0 はオシロスコープ内部で生じた位相差であるから，装置自体の真の位相差は $\phi - \phi_0$ となる．

　❏ **デジタルオシロスコープ**　ここまで説明してきたアナログ方式のオシロスコープでは，外部からの入力信号でブラウン管内の電子線を直接動かしていたのに対し，デジタルオシロスコープでは，入力信号はアナログ-デジタル (A-D) 変換器によってサンプリングされてメモリー内にデータとして保持される．そのため，単発の過渡的な現象でも静止画像として表示できるだけでなく，波形に対し CPU で演算した結果を同時に表示することもでき，非常に便利である．表示装置を液晶ディスプレイにしたり，表示と操作をパソコンで行うことで装置自体もコンパクトにできる．ただし，サンプリング間隔が測定現象の時間変化に比べて十分に密でないときには，表示波形が著しく変形することもあるので注意が必要である．

演算増幅器・記録計 　A6

A. 演算増幅器の動作と応用

いま図 A6・1 に示すように，演算増幅器（OPアンプ）の入力端子 I_-, I_+ にそれぞれ E_-, E_+ の電圧を入れると E_- は位相が反転され，E_+ は反転されないので，出力電圧 E_0 は

$$E_0 = A(E_+ - E_-) \qquad (A6・1)$$

で与えられる．A を OPアンプの開ループ電圧利得（open loop voltage gain）という．通常この値は $10^3 \sim 10^6$ である．条件

1) 開ループ電圧利得 A が無限大
2) 入力インピーダンス Z_{in} が無限大
3) 出力インピーダンス Z_{out} が無限小
4) 周波数帯域幅が無限大

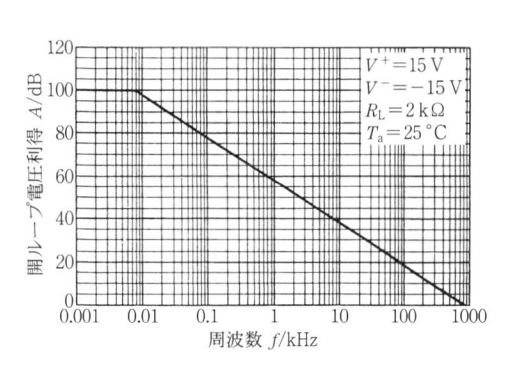

図 A6・1　演算増幅器

図 A6・2　演算増幅器の開ループ電圧利得の周波数特性（μA 741 型）

を満たすものを理想的なOPアンプという．しかし，現実のOPアンプはそれ自体では必ずしも上の条件を満たすものではない．図A6・2にμA 741型の開ループ電圧利得Aの周波数特性を示した．Aは有限で高周波数側で低下している．しかし，適当な回路素子の値を選ぶことによって実用上問題はない回路を構成することが可能である．

通常，OPアンプの最大出力電圧は電源電圧を超えることはない．過大な入力に対しては飽和するので，通常は出力電圧の一部を入力側に返して回路の利得を抑える方法が採用される．その基本的な回路を図A6・3に示した．入力側と出力側を接続する抵抗R_fが出力の一部を入力側に返す帰還（フィードバック：feed back）抵抗である．

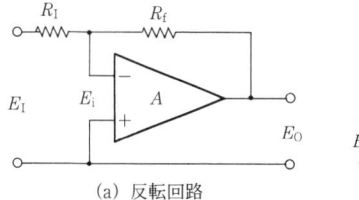

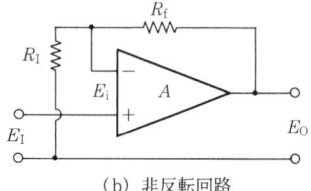

図 A6・3 演算増幅器の基本回路

(a) 反転回路　　　(b) 非反転回路

図A6・3(a)は反転回路（inverting connection）といわれ，入力信号E_Iと出力信号E_Oとは互いに逆位相である．図A6・3(b)は，非反転回路（non-inverting connection）といわれ，入力と出力は同位相である．

実際の演算増演器の回路について，開ループ電圧利得Aを考えよう．

図A6・3(a)で，開ループ電圧利得を有限な値Aとする．簡単のために入力インピーダンスを無限大とすると，入力端子に流入する電流は0であるのでR_IとR_fに流れる電流は等しくなる．それゆえ，入力電圧E_I，出力電圧E_O，OPアンプの両入力端子間電圧E_i（I_+からみたI_-の電位），入力抵抗R_I，フィードバック抵抗R_fの間には，つぎの式が成立する．

$$\frac{E_I - E_i}{R_I} = \frac{E_i - E_O}{R_f} \tag{A6・2}$$

したがって図 A6・3(a) の回路の利得 $G(=E_o/E_I)$ は，(A6・1)式と $E_+ - E_- = -E_I$ より，

$$G \equiv \frac{E_o}{E_I} = -\frac{R_f/R_I}{1 + (1/A)(1 + R_f/R_I)}$$
$$\approx -R_f/R_I \quad (\text{ただし } R_f/R_I \ll A) \quad (A6・3)$$

となり，A が十分大きければ，利得 G は OP アンプの開ループ電圧利得 A に関係なく，外部抵抗 R_I, R_f の比で決まる．

図 A6・3(b) の場合，(A6・3)式に対応して，

$$G \equiv \frac{E_o}{E_I} = \frac{(R_f + R_I)/R_I}{1 + (1/A)(1 + R_f/R_I)}$$
$$\approx -R_f/R_I \quad (\text{ただし } R_f/R_I \ll A) \quad (A6・4)$$

となり，反転回路のときと同様に A が十分大きければ，G は R_f と R_I のみによって決定される．(A6・3)式は常に負であり，(A6・4)式は常に正であることから，図 A6・3(a) では，入力電圧が直流であれば，出力電圧は入力電圧とは逆の極性となり，交流であれば位相が反転した出力となる．図 A6・3(b) の回路では同位相，同極性であることがわかる．

❏ **回 路 例**　図 A6・4 に利得可変の非反転回路を示す．電源などは省略した．可変抵抗器 (R_v) の摺動端子が一番上に行ったときに利得 $G=1$ となる．一番下にきたときには $G \approx 100$ となる．R は利得の上限設定用である．

A6.　演算増幅器・記録計

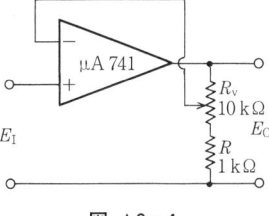

図 A6・4

B．記 録 計 (recorder)

　記録計は電位差またはインピーダンスの時間的な変化を記録紙上に記録する計器で，物理化学の実験に用いられるのは自動平衡記録計がほとんどである．記録計で記録できる物理量は，直接には電圧またはインピーダンスであるが，適当な変換器 (transducer) を用いれば，他の物理量も電圧，抵抗に変換することができる．たとえば温度は熱電対を用いて電圧に，抵抗温度計を用いて抵抗に変換される．

付　録

❏ **原理**　電圧の記録に用いられる電位差計式の自動平衡記録計のブロックダイヤグラムを図 A6・5 に示す．入力電圧 E_I を電位差計で発生した電圧 E_O と比較し，その差 $\Delta E(=E_I-E_O)$ を増幅する．つぎに，変調回路によって交流に変えたのち，交流増幅器によって利得をかせぎ，さらに，復調回路で偏差 ΔE の正負に応じて極性を与えたのち，サーボモーター (servomotor) に入れる．これだけであると，$\Delta E\neq0$ である限り常にペンは動きつづけるので，制動機構が設けられている．すなわち，ペンは入力部の電位差計の可動接点の変化と連動していて，$\Delta E=0$ という条件が成立するまで，入力信号に応じて動く．いいかえれば，電位差計は負のフィードバック電圧を与える変換器の役目を果たす．電位差計の回路に入っている電池は標準電池によって校正されているので，たとえ増幅器の利得が変化しても，常に $\Delta E=0$ の条件が保たれるので，ペンの不正常な移動は起こらず，正確な読みが保証される．入力部の電位差計の代わりに，ブリッジを用い，ペンの変位を抵抗に変換するようにすれば，抵抗を記録する記録計となる．記録計には記録紙を駆動するモーターが必要で，常に一定速度で回転する同期モーターの回転を変速ギヤで減速したり，パルスモーターを用いて紙の送り速度を調節する．記録計には一つの量の関数として他の量の変化を記録する XY 記録計やその他の変種がいろいろある．

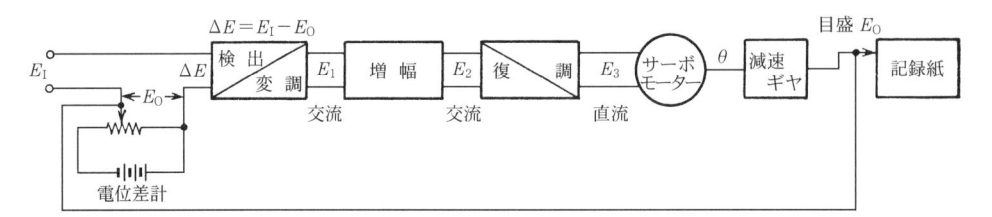

図 A6・5　記録計のブロックダイヤグラム

❏ **使用上の注意**　増幅器には利得をある範囲で調節できる可変抵抗器が付いているが，入力側をショートしたときにペンが激しく振れること（ハンティングという）がない程度に感度を上げて使用する．

ワイヤゲージ A7

表 A7・1 金属線の規格表（最もよく使われるのは第1欄のB.S.ゲージである）

線 の 直 径 / mm

ゲージ No.	Brown & Sharpe or American	Birmingham or Stubs	Washburn & Moen	British Imperial Standard	Stubs' Steel	U.S. Standard Plate	ゲージ No.	Brown & Sharpe or American	Birmingham or Stubs	Washburn & Moen	British Imperial Standard	Stubs' Steel	U.S. Standard Plate
00000000	------	------	------	------	------	------	22	0.643	0.71	0.726	0.711	3.94	0.7938
0000000	------	------	12.45	12.7	------	12.70	23	0.572	0.64	0.655	0.610	3.89	0.7144
000000	14.73	------	11.72	11.8	------	11.91	24	0.511	0.56	0.584	0.559	3.84	0.6350
00000	13.12	12.7	10.93	11.0	------	11.11	25	0.455	0.51	0.518	0.508	3.76	0.5556
0000	11.68	11.5	10.00	10.2	------	10.32	26	0.404	0.46	0.460	0.457	3.71	0.4763
000	10.40	10.8	9.208	9.45	------	9.525	27	0.358	0.41	0.439	0.417	3.63	0.4366
00	9.266	9.65	8.407	8.34	------	8.731	28	0.320	0.36	0.411	0.376	3.53	0.3969
0	8.252	8.64	7.785	8.23	------	7.938	29	0.284	0.33	0.381	0.345	3.40	0.3572
1	7.348	7.62	7.188	7.62	5.77	7.144	30	0.254	0.30	0.356	0.315	3.23	0.3175
2	6.543	7.21	6.668	7.01	5.56	6.747	31	0.226	0.25	0.335	0.295	3.05	0.2778
3	5.827	6.58	6.190	6.40	5.38	6.350	32	0.201	0.23	0.325	0.274	2.92	0.2580
4	5.189	6.05	5.723	5.89	5.26	5.953	33	0.178	0.20	0.300	0.254	2.84	0.2381
5	4.620	5.59	5.258	5.38	5.18	5.556	34	0.160	0.18	0.264	0.234	2.79	0.2183
6	4.115	5.16	4.877	4.88	5.11	5.159	35	0.142	0.13	0.241	0.213	2.74	0.1984
7	3.663	4.57	4.496	4.47	5.05	4.763	36	0.127	0.10	0.229	0.193	2.69	0.1786
8	3.261	4.19	4.115	4.06	5.00	4.366	37	0.112	------	0.216	0.173	2.62	0.1687
9	2.906	3.76	3.767	3.66	4.93	3.969	38	0.0991	------	0.203	0.152	2.57	0.1588
10	2.586	3.40	3.429	3.25	4.85	3.572	39	0.0889	------	0.191	0.132	2.51	------
11	2.304	3.05	3.061	2.95	4.78	3.175	40	0.0787	------	0.178	0.122	2.46	------
12	2.052	2.77	2.680	2.64	4.70	2.778	41	0.0711	------	0.168	0.112	2.41	------
13	1.826	2.41	2.324	2.34	4.62	2.381	42	0.0632	------	0.157	0.102	2.34	------
14	1.626	2.11	2.032	2.03	4.57	1.984	43	0.0564	------	0.152	0.091	2.24	------
15	1.448	1.83	1.829	1.83	4.52	1.786	44	0.0503	------	0.147	0.081	2.16	------
16	1.290	1.65	1.588	1.63	4.44	1.588	45	0.0447	------	0.140	0.071	2.06	------
17	1.148	1.47	1.372	1.42	4.37	1.429	46	0.0399	------	0.132	0.061	2.01	------
18	1.024	1.24	1.207	1.22	4.27	1.270	47	0.0356	------	0.127	0.051	1.96	------
19	0.909	1.07	1.041	1.02	4.17	1.111	48	0.0315	------	0.122	0.041	1.91	------
20	0.810	0.89	0.884	0.914	4.09	0.9525	49	0.0282	------	0.117	0.030	1.83	------
21	0.721	0.81	0.805	0.813	3.99	0.8731	50	0.0251	------	0.112	0.025	1.75	------

A8 抵抗器とコンデンサーの表示記号

　抵抗器の抵抗値およびコンデンサーの静電容量を，小型の素子の限られたスペース内に表記する方法が定められている（JIS C5062）．

　固定抵抗では色帯（図 A8・1〜図 A8・3）で抵抗値の有効数字，乗数，許容差，温度係数を表示することが多い．抵抗器の端に最も近い色帯が第1色帯となる．色帯が5本または6本のときは，第1色帯との区別がつくように，最終帯の第5色帯（許容差）または第6色帯（温度係数）の帯幅が他の帯の1.5から2倍になっている．温度係数の表し方にはこれ以外に，第6色帯を中断する方法と，他の色帯に重ねてらせん状に色帯を表示する方法もある．それぞれの色の意味は表 A8・1の通りである．

　小型のコンデンサーやチップ抵抗では数字だけを使って略表記されていることが多い．最後の桁より前が有効数字で，最後の桁が有効数字にかける10のべき数を表している．たとえば272なら抵

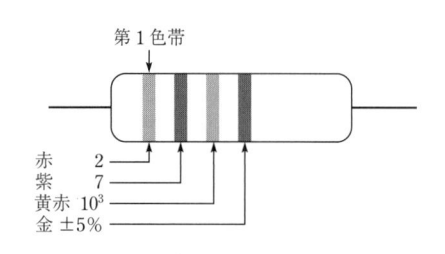

図 A8・1　色帯が4本なら有効数字2桁で，$27 \times 10^3 \, \Omega$（許容差±5%）

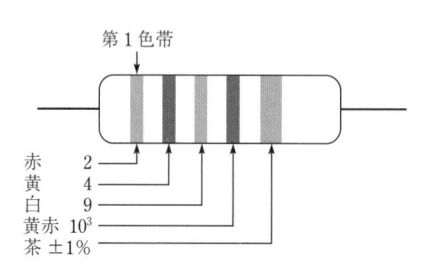

赤　　2
紫　　7
黄赤　10^3
金　±5%

図 A8・2　色帯が5本なら有効数字3桁で，$249 \times 10^3 \, \Omega$（許容差±1%）

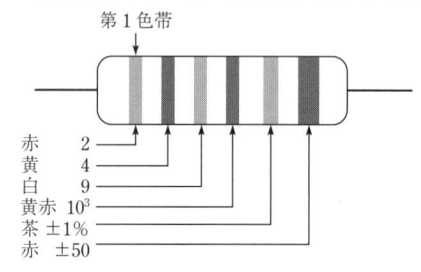

赤　　2
黄　　4
白　　9
黄赤　10^3
茶　±1%

図 A8・3　色帯が6本なら有効数字3桁で，$249 \times 10^3 \, \Omega$（許容差±1%，温度係数±$50 \times 10^{-6} \, \mathrm{K}^{-1}$）

赤　　2
黄　　4
白　　9
黄赤　10^3
茶　±1%
赤　±50

A8. 抵抗器とコンデンサーの表示記号

表 A8・1　抵抗のカラーコードの色の意味

色	数字	乗数 Ω	許容差	温度係数 $10^{-6}\,\mathrm{K}^{-1}$
銀	—	10^{-2}	±10%	—
金	—	10^{-1}	±5%	—
黒	0	1	—	±250
茶	1	10	±1%	±100
赤	2	10^2	±2%	±50
黄赤（橙）	3	10^3	±0.05%	±15
黄	4	10^4	—	±25
緑	5	10^5	±0.5%	±20
青	6	10^6	±0.25%	±10
紫	7	10^7	±0.1%	±5
灰	8	10^8	—	±1
白	9	10^9	—	—
色をつけない	—	—	±20%	—

抗では $27\times10^2=2700\,\Omega$，略表記がよく使われる小型コンデンサーでは単位は pF となる．略表記の後に許容差の大きさを表す記号（表 A8・2）を加えることもある．コンデンサーでは定格電圧も加えて 1H272J のようにも表記する*．この場合最初の 2 文字は定格電圧を表していて（JIS C5101-1），1 文字目が 10 のべき数で 2 文字目は有効数字（表 A8・2）で定格電圧 50 V となる．272 は静電容量 $27\times10^2=2700\,\mathrm{pF}$ であることを示し，最後の J は許容差±5% を表している．

その他の表記法として，有効数字の小数点の位置に単位を表す文字を書く表記法もある．たとえば抵抗では，R47＝0.47 Ω，1R5＝1.5 Ω，10K＝10 kΩ，3M3＝3.3 MΩ となり，コンデンサーでは，p15＝0.15 pF，5n9＝5.9 nF，1μ0＝1.0 μF のように書き表せる．

＊ 定格電圧と静電容量を行分けして書くこともある．

表 A8・2　抵抗・コンデンサーの略表記に用いられる英字の意味

	A	B	C	D	E	F	G	H	J	K	L	M	N
許容差[†1]（%）		0.1	0.25	0.5	0.005	1	2	3	5	10	0.01	20	30
許容差[†2]/pF		0.1	0.25	0.5		1	2						
定格電圧の第2字	1.0	1.25	1.6	2.0	2.5	3.15	4.0	5.0	6.3	8.0			

[†1]　正負対称許容差　　[†2]　10 pF 以下の小容量コンデンサーの場合の正負対称許容差

恒 温 槽　A9

　物理化学の実験において，温度は非常に重要な状態量であり，測定しようとする系を指定した温度に保つために，さまざまな恒温槽が考案されている．測定系との熱のやりとりをする媒体としては，空気，水，シリコーン油，金属などが用途に応じて用いられる．室温に近い温度に恒温する場合には，通常水が用いられる．ただし，測定系や測定自体が水を嫌う場合には，パラフィンやシリコーン油などで代用する．

❏ **作動原理**　図A9・1に，恒温槽の見取り図を示す．水槽の中には，ヒーターと温度センサーが十分浸るまで水を満たし，温度を均一にするために撹拌器で水をかき混ぜる．温度センサーの測定温度が設定温度に等しくなるように，温度調節器が断続ヒーターの電圧を自動制御する．設定温度が室温よりもかなり高い場合には，連続ヒーターを設置し，室温付近もしくはそれよりも低い場合には，冷却水を流すための冷却管や投げ込みクーラーを設置する．

❏ **部品**

1) **水槽**　測定系が見えるように，通常ガラス製あるいはアクリル樹脂製の水槽が用いられる．容量は15～20 dm^3 くらいがよい．あまり容量が小さいと外部の温度変動の影響を受けや

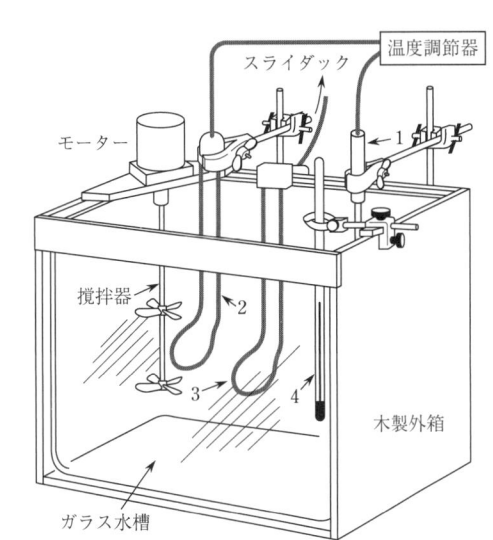

1. 温度センサー
2. 断続ヒーター
3. 連続ヒーターまたは冷却管
4. 温度計

図 A9・1 恒温槽

すくなる．前・後面に窓（後面は照明用）をつけた木箱に入れると保温がよくなる．水槽中の水は濁りやすいので，しばしば入れ替える．

2）温度センサー　通常，熱電対，白金抵抗，あるいはサーミスターが用いられる．熱電対は熱起電力の温度変化を，後者二つは電気抵抗の温度変化を利用して温度測定を行い，温度制御用センサーとしてはたらく．熱電対は白金抵抗に比べて，温度の変化率が小さいが熱応答が速い．この温度センサーは恒温槽の温度を測定するとともに，温度調節器に接続して，断続ヒーターの電圧を制御するためのセンサーとしての役割も担っている．

3）温度調節器　温度調節器に接続した温度センサーの測定温度が設定温度に等しくなるように，断続ヒーターの電圧を自動制御するようになっている．その制御方式には，オン・オフ制御とPID制御の2方式がある．オン・オフ制御は，温度センサーの温度が設定温度よりも低いときにヒーターをオンにし，高いときにはオフにして温度制御を行う．このオン・オフ制御方式は，設定温度の上下にわずかに振動する現象を起こし，制御精度には限界がある．水銀式レギュレーター（マグコンレギュレーター）はこの方式の温度調節器であるが，その制御方式の限界とともに，破損したときの水銀処理などの問題から，最近はあまり使われていない．

これに対してPID制御は，設定温度と実際の温度との差に比例した電圧をヒーターに印加する比例動作（P），設定温度と実際の温度との差のある時間にわたる積分値に比例した電圧を印加する積分動作（I），および設定温度と実際の温度との差の時間微分に比例する電圧を印加する微分動作（D）を組み合わせて温度制御を行う（図A9・2参照）．3種類の動作の重みづけを決めるPID定数をうまく選ぶことによって，最適な温度制御が行える．最近の温度調節器には，各設定温度ごとに最適なPID定数を自動的に選択するオートチューニング機能がついている．

4）ヒーター　熱源としては，温度の細かい調節のための断続ヒーターと，設定温度近くに保つための連続ヒーターの2種類を用意する．断続ヒーターには通常50 W程度のものを，連続ヒーターには300 W～1 kW程度の投げ込みヒーターを用い，スライダックなどにより発熱量を調節する．

5）冷却管　設定温度が室温付近もしくはそれよりも低い場合には，氷水や循環恒温槽からの冷却水を流す冷却管，あるいは投げ込みクーラーを水槽に挿入する．

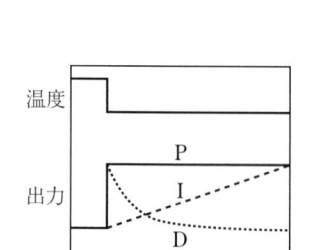

図 A9・2　PID動作の概念図

A9. 恒温槽

6) 撹拌器　　金属製の回転軸と羽根から成り，他の部品に当たらないような適度の大きさの羽根を 2, 3 個回転軸に付ける．羽根の回転方向は，水が下方に流れるように決める．

7) モーター　　ギヤ付きの小型インダクションモーター (7 W 程度) を用い，撹拌器の回転軸と直結させる．モーターと撹拌器はしっかりと接続し，首振りのないようにして，ギヤの摩擦を少なくする．毎分 300〜400 回転くらいになるようにギヤを選ぶ．モーターは水槽外側の木箱に固定する．

8) 温度計　　温度調節器に恒温槽の温度が表示されるが，この表示温度は必ずしも正確ではない．そのために，1/10 ℃ または 1/5 ℃ 目盛のやや大型の温度計を恒温槽内に挿入して，正確な温度を測定する．ルーペを用意しておくと読みとりに便利である．

❏ **組　立　て**　　恒温槽の用途によって，部品の配置は適当に定めればよいが，水槽中にある程度の大きさの器具を入れるときの配置の例を図 A9・1 に示す．ヒーターと撹拌器の距離はなるべく近づけ，温度センサーはヒーターから少し離す．また，温度センサーとヒーターは，ともに水槽の壁から少し離れたところにクランプとスタンドで固定する．ヒーターは加熱部分が完全に水に浸っている必要がある (水に浸っていない部分が過熱し，アクリル水槽に接触すると，発火のおそれがある)．温度センサーは温度調節器の所定の端子に接続し，温度調節器の出力端子 (あるいはソケット) に，ヒーターをつなぐ．

❏ **操　作**　　温度調節器の設定温度を選択し，その設定温度が室温から離れている場合には，連続ヒーターや冷却水を用いて，まず恒温槽を設定温度に近づける．その後，連続ヒーターの電圧を下げあるいは冷却水の温度を上げ，温度センサーの測定温度が設定温度と一致していることを確認する．ただし，温度調節器の設定温度 (および表示温度) は必ずしも正確ではないので，温度測定用に設置した温度計を見て，設定温度の微調整を行う．恒温槽の温度が不安定な場合 (温度調節器の出力動作表示ランプが長時間点灯しなかったり点灯しつづけたりする場合) は，適当に連続ヒーターの電圧や冷却水の温度を調節したり，PID 定数を設定しなおす．設定温度が室温から 5〜10 ℃ 程度高い場合には，連続ヒーターは通常不要である．

A10 寒剤・冷媒

❏ **序論**　実験室で小規模に低温をつくり出すためには，目的とする温度に応じたいろいろな方法がある．まず 0～−50 ℃ の温度範囲は冷却剤として氷あるいは氷と食塩などの塩類との混合物が用いられ，−78 ℃ 付近の温度はドライアイス（固体二酸化炭素）によって実現される．氷–塩類，ドライアイス–有機溶媒のような 2 種類以上の物質の組合わせによってつくられる冷却剤を寒剤（freezing mixture）という．さらに低い温度を必要とするときには，液体窒素，液体水素，液体ヘリウムなどが用いられる．これらの冷却剤も，広い意味で寒剤に含めることもある．また最近では半導体のペルチエ効果を応用した冷却素子（サーモモジュール）が開発され，−50 ℃ 程度までの低温を冷却剤なしでつくり出せる装置が市販されている．試料の長期保存などの目的には，家庭用の冷凍冷蔵庫やアイスクリーム用のディープフリーザーを利用できる場合がある．

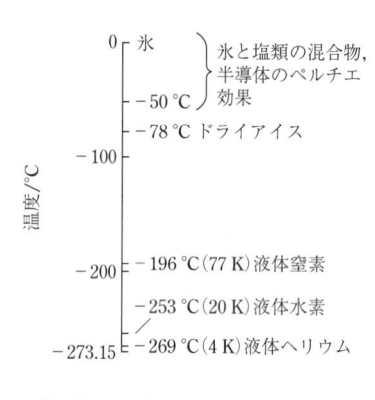

図 A10・1 は低温を実現するために用いる冷却剤の一覧図である．以下に，それぞれの冷却剤の特徴，使用方法，取扱い上の注意点について説明する．

```
温度/℃
    0     氷 ┐ 氷と塩類の混合物，
             │ 半導体のペルチエ
  −50 ℃    ┘ 効果
  −78 ℃     ドライアイス
 −100
 −196 ℃ (77 K) 液体窒素
 −200
 −253 ℃ (20 K) 液体水素
 −273.15 −269 ℃ (4 K) 液体ヘリウム
```

図 A10・1　冷却剤と温度の関係

❏ **氷**　氷の 1 atm における融点は 0 ℃ である．実際の使用には実験室用の製氷機でつくったフレーク状の氷片が便利である．冷却効率は氷だけよりも氷と水を共存させた場合の方がよいが，逆に水が多すぎて水面近くに氷が浮いているような場合には，下部の温度は 0 ℃ ではなくむしろ 4 ℃ に近い．したがって 0 ℃ の定温浴をつくる場合には，過剰の水を排出し，氷を追加する注意が必要である．

A10. 寒剤・冷媒

❏ **氷と塩類の混合物**　細かく砕いた氷と食塩を混合すると，氷の一部が融解し，これに食塩が溶解するとともに全体の温度がしだいに下がっていく．理想的な場合に到達しうる最低温度は $-21.2\,°C$ である．この温度は食塩の 2 水和物 $NaCl\cdot 2H_2O$ と氷 H_2O の共融点の温度である．なお温度低下の主要な原因は氷の融解に伴う潜熱の吸収である．ほかの塩類と氷を混合しても同じような冷却剤をつくることができる．最低到達温度と共融混合物の組成は表 A10・1 に示すように塩の種類によって異なるが，水和物をつくらない $KI-H_2O$ 系など若干のものを除けば，塩の水和物と氷の共融点が最低到達温度を決める．これらを冷却剤として使用する場合には，氷を細かく砕いて用い，塩の水和物結晶の塊状固結を防ぐことや使用中に生じた余分の水溶液を排出することが大切である．

表 A10・1　寒剤（氷と塩類の混合物）の組成と最低到達温度

塩	塩の混合比 (質量%)	最低到達温度 °C	塩	塩の混合比 (質量%)	最低到達温度 °C
KCl	19.5	−10.7	NaCl	22.4	−21.2
KBr	31.2	−11.5	KI	52.2	−23.0
$NaNO_3$	44.8	−15.4	NaBr	40.3	−28.0
NH_4Cl	19.5	−16.0	NaI	39.0	−31.5
$(NH_4)_2SO_4$	39.8	−18.3	$CaCl_2$	30.2	−49.8

❏ **ドライアイス**　ドライアイスの蒸気圧が 1 atm に等しくなる温度は $-78.5\,°C$ である．そのため，水を用いた寒剤よりも低温を必要とするときは，ドライアイスを使えば便利である．冷却すべき物体との熱交換を良くするために，ドライアイスをエタノール，メタノール，アセトン，石油エーテルなどの溶媒と混合して用いるのが普通である．この場合には二酸化炭素で飽和した溶液上の圧力（二酸化炭素と溶媒のそれぞれの分圧の和）が 1 atm に等しくなる温度が最低到達温度となる．この温度は表 A10・2 に示すように溶媒の種類によって異なるが，ドライアイス自体の 1 atm における昇華温度よりは若干高めになる．

付録

ドライアイスは通常数 kg の塊として市販されている．これを厚手の布でくるむか，適当な大きさの木箱の中に入れて木槌で砕き，デュワー瓶に保存する．寒剤をつくるには別のデュワー瓶に溶媒を入れ，少量ずつドライアイスの破片を加えていく．一度に多量のドライアイスを入れると，激しく発泡して溶媒が吹きこぼれてしまう．また同じ理由で，初めに容器に溶媒を入れるときには，少なめにしておかねばならない．温度が低くなるにつれて発泡が穏やかになり，最終的には粥状の寒剤ができあがる．この寒剤をその最低到達温度付近の温度で使用するためには，いつも液中に固体が存在するようにドライアイスを補充しなければならない．

表 A10・2　ドライアイスと溶媒の混合物の最低到達温度

溶 媒	最低到達温度/°C
エタノール	-72.0
エチルエーテル	-77.0
クロロホルム	-77.0

普通はこの寒剤で直接冷却するのであるが，それができない場合には，寒剤の中に金属の蛇管を浸し，蛇管中にほかの液体を通してそれを冷却すべき装置との間で循環させることもできる（熱交換器という）．蒸留器のコンデンサーの冷却にこの方法が用いられることがある．室温と $-77\,°C$ の間の温度は，上で用いた溶媒にドライアイスの破片を少量ずつ加えていくことによって，短時間なら簡単につくり出すことができる．

❏ **液体窒素**　窒素の 1 atm における沸点は $-195.82\,°C$ （77.33 K）である．日本では液体窒素の入手が比較的容易で，さまざまの真空装置のコールドトラップや試料の冷却に広く用いられている．液体窒素の貯蔵，運搬，使用のときに用いる容器はデュワー瓶である．デュワー瓶には金属製のものとガラス製のものとがあり，また広口のものと口を絞った形のものとがある．図 A10・2 に示すガラス製の広口デュワー瓶は少量の窒素を運搬したり，冷却すべき物体やコールドトラップを徐々に浸して冷却するのに用いられる．

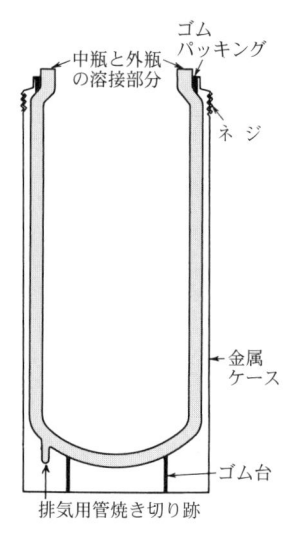

図 A10・2　硬質ガラス製広口デュワー瓶

最近では金属製のデュワー瓶が広く用いられるようになった．ステンレススチールの二重壁の間は断熱材を入れて排気してある．小型のものは良質のガラス製デュワー瓶よりやや性能が劣るものの，破損することが少ないので便利である．

比較的多量の液体窒素の運搬や貯蔵には図 A10・3 に示す自加圧型容器が主流である．この容器の真空断熱槽中には細い金属製昇圧管があって，室温にある外壁と熱的に接触している．昇圧管の下部から進入した液体窒素はここで蒸発し，内部の液面上の圧力を大気圧以上に上昇させる．この圧力と大気圧との圧力差を利用して，液取出弁を経て液体窒素を取出す仕組みになっている．貯蔵時には液取出弁と昇圧弁を閉じ，ガス放出弁を開いておき，取出し時にはガス放出弁を閉じ，液取出弁を開き，適当な流出速度になるまで昇圧弁を徐々に開く．

液体窒素をガラス製デュワー瓶に入れるときには，初めに冷えたガスまたは少量の液体でなるべくデュワー瓶全体を一様に予冷し，それから徐々に液体をためるようにする．広口のガラス製デュワー瓶から他のデュワー瓶に液体窒素を移すときには，注意して液体の入ったデュワー瓶を傾ける．デュワー瓶は口の部分で溶封して二重容器をつくっているので，最近では技術が向上したとはいえ，この部分にひずみが残りやすく，流し出した液体窒素で局部的に急冷されてひびが入り，デュワー瓶が割れる可能性をいつも考えておかねばならない．ガラス製デュワー瓶から液体窒素を流し出す場合には，口を安全な方向に向け，ゆっくり操作しなければならない．

液体窒素を空気に触れた状態で放置しておくと，空気中の酸素（沸点 90.18 K）が溶解して沸点がしだいに上昇する．液体酸素は酸化されやすい金属（アルミニウムやチタン）や有機物に触れた場合に爆発を起こす可能性があるので，長期間保存した液体窒素を取扱

A10. 寒剤・冷媒

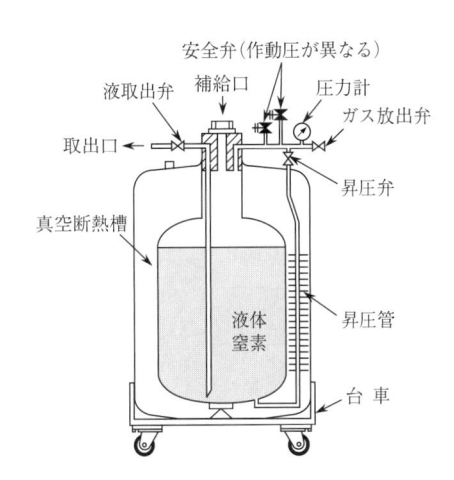

図 A10・3　自加圧型液体窒素容器

う場合,酸素濃度が高くなっていることに注意する.

78 K 以上の温度が必要な場合には,冷却すべき物体の熱容量,体積がそれほど大きくなければ,小さいヒーターでデュワー瓶にためた液体窒素を蒸発させて得た低温の窒素ガスを途中で温度が上昇しないようにデュワー瓶と同様のメッキ真空二重管で送って,これを物体に吹き付ける方法が便利である.窒素ガスの通路に小さいヒーターを入れておけば,温度変化が自由にできる.

77 K 以下 50 K くらいまでの低温は回転ポンプを用いて密閉容器中で液体窒素を減圧することによって得ることができる.

❏ **液体ヘリウム**　　液体窒素温度よりも低温を必要とする場合には液体ヘリウムがよく用いられる.液体ヘリウムは 1 atm で 4.22 K の沸点を示す.沸点 20.40 K の液体水素も冷却剤として使える.しかし蒸発した水素ガスが空気と混ざると爆鳴気になり非常に危険であるため,特別な場合を除いてほとんど使わない.

液体ヘリウムの貯蔵や運搬には図 A10・4 や図 A10・5 に示すような貯蔵容器が使われる.図 A10・4 の貯蔵容器は二重デュワー構造となっており,液体ヘリウムデュワーの外側は液体窒素で囲まれている.最近では外側の液体窒素をなくし,蒸発したヘリウムガスのエンタルピー変化を利用した放射シールドを付けたもの,あるいは真空断熱槽中に気体を吸着させるシートを多重に巻いて高真空にした軽量の貯蔵デュワーが使われている.蒸発量は従来型のものと比べていくぶん大きいが,短期間の貯蔵には有効である.この代表的な貯蔵容器が図 A10・5 の容器である.蒸発ヘリウムガスにより銅製のシールド板が冷却され,また複数枚設置することで板間の温度差を小さくして,放射熱の流入を減らす工夫がなされている.

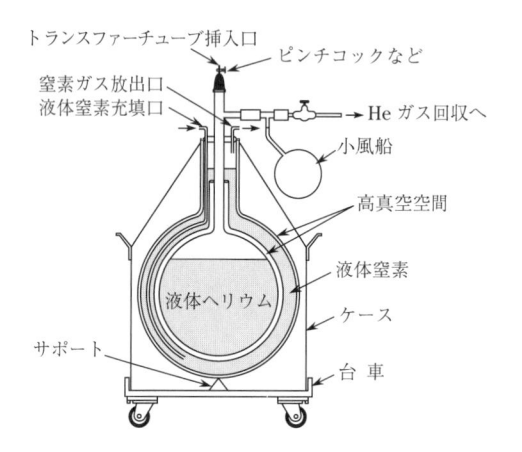

図 A10・4　液体ヘリウム貯蔵容器(液体窒素シールド型)

A10. 寒剤・冷媒

貯蔵容器から液体ヘリウムを取出すには，通常トランスファーチューブという真空層のある二重管を用いる．トランスファーチューブを容器に挿入する際にはゆっくりと入れていき，先の方で蒸発した冷たいヘリウムガスによって常にトランスファーチューブの上方が冷却されるようにする．そうでないと液体ヘリウムが急激に蒸発して圧力が高くなり，容器に付いている昇圧用の風船を破壊したり，また容器の口から吹き出た冷たいガスで凍傷を起こしたりする．トランスファーチューブの先端が容器の底に届いたら1cm程度引き上げ，その状態でヘリウムガスが漏れないように容器の口を閉じる．トランスファーチューブ内を流れる液体ヘリウムの量はトランスファーチューブのバルブの開閉や昇圧用風船の圧力で調節する．

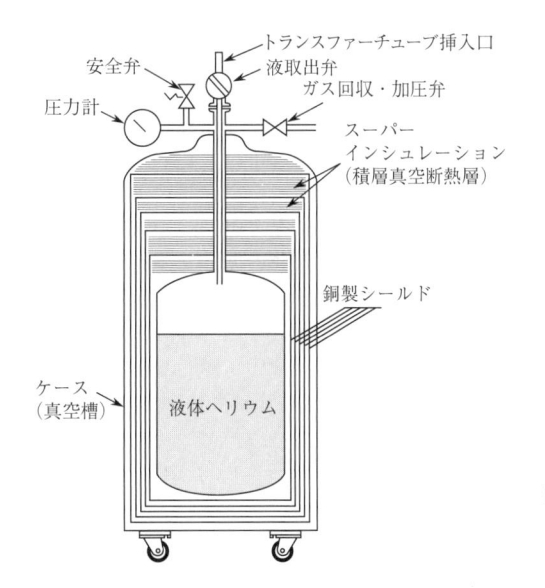

ヘリウムは貴重な資源であるため，蒸発したヘリウム気体を大気放出するのではなく，回収して再利用することが望まれる．ヘリウム回収システム，液化システムをもつ機関では市販の液体ヘリウムより安価で使用することができる．その場合，蒸発したヘリウム気体を効率良く回収管に戻すこと，空気や窒素などの不純物を混入させないことに注意が必要である．回収システムが減圧の場合，不注意によって大量の不純物を引き込む場合がある．回収ヘリウム気体の純度低下は，気体の精製に時間と費用がかかり，場合によっては液化機に大きなダメージを与える可能性がある．

ドライアイス，液体窒素，回収設備のない実験室で液体ヘリウムを大気放出する場合には窒息の危険があるため，実験室の換気に注意する必要がある．

図 A10・5　液体ヘリウム貯蔵容器(ガスシールド型)

A11 真空ポンプ

❑ **ロータリーポンプ**（rotary pump, **機械的ポンプ** mechanical pump ともいう）　ふつう実験室で 0.01 Pa～0.1 Pa 程度までの真空を得るために使われるポンプで，モーターの回転をベルトによって回転子に伝えるベルト型（図 A11・1）と，モーターの回転軸を直接回転子に接続した直結型（図 A11・2）がある．前者のおもなものとしてゲーデ型とセンコ型の二つの形式がある．ゲーデ型は図 A11・3 に示す構造のものであって，回転子の中心が静止部の中心からずれている．回転子は A 点で常に静止部に接している．回転子が矢印の方向に回ると，B から空気を吸入して C から放出する．これに対して，センコ型は図 A11・4 のように，回転子自身が偏心していて，接点 A が回転とともに移動する型である．これらのポンプは 2 個を直列（カスケード）に接続して油の中に浸して使うことが多く*，よい油を使うと到達真空度は 0.01 Pa にできる．排気速度は

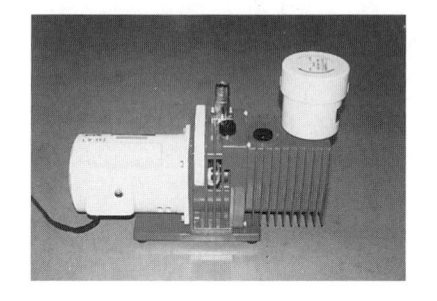

図 A11・1（左）　ロータリーポンプ

図 A11・2（右）　直結型ロータリーポンプ

---

* 油は空気が逆流しないように気密を保つ役目をし，同時に回転子の潤滑剤となる．

ふつう dm³ min⁻¹で表し，実験室用としては 50〜300 dm³ min⁻¹の程度のものが多い．油量が減って排気口が空気に露出すると真空度が悪くなるから，点検，補充しなければならない．直結型ロータリーポンプは回転子の回転が速く，油が高温になるため油の劣化が速い．したがって，一定の使用時間ごとに油を交換する必要がある．また，大気圧のガスを長時間大量に排気するのは，ポンプが過熱し故障の原因となる．このため，直結型ロータリーポンプは，破損の危険のあるガラス製真空装置の終夜運転には不向きである．ロータリーポンプを作動させる際には排気口から細かな霧状の油（オイルミスト）が放出されるので，飛散防止のためにオイルミストトラップを接続するとよい．また，有害・危険なガスを排出する際には，排出された気体が実験室内に放出されると危険であるため，屋外に安全に放出されるように排気ラインを組む必要がある．

　❑ **拡散ポンプ**（diffusion pump）　図 A11・5 に油拡散ポンプの例を示す．ヒーターで油を加熱して蒸発させ，蒸気を傘に沿って下向きに噴出させると，油分子はそこに存在する気体分子と衝

A11. 真空ポンプ

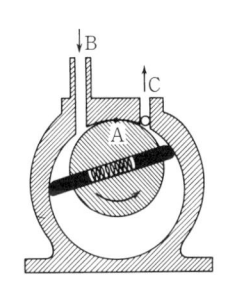

図 A11・3　ゲーデ型回転ポンプ（回転子と固定子とは常に A で接する）

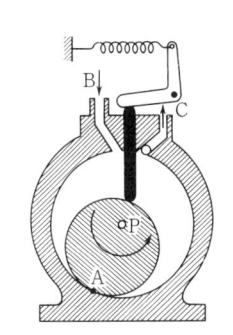

図 A11・4　センコ型回転ポンプ（回転子の中心は固定子 P である）

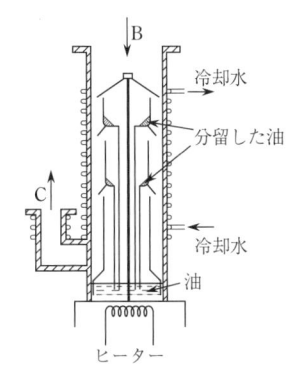

図 A11・5　油拡散ポンプ（B を排気すべき系，C をロータリーポンプに接続する）

付録

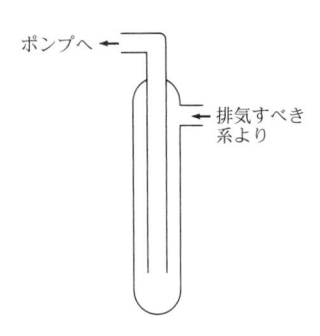

図 A11・6 コールドトラップの接続法（内管と外管との間の距離が凝縮気体分子の平均自由行程よりも短くなるようにする）

図 A11・7 ターボ分子ポンプ〔日本真空技術(株)提供〕

突し，気体分子に下向きの運動量を与えることになる．これによって，気体分子は下向きに押し出される．油分子は傘から噴出した後，冷却された外壁に衝突して凝縮し回収される．したがって原理的に，気体分子の平均自由行程が少なくとも拡散ポンプの傘と外壁の距離程度ないと拡散ポンプは動作しない．よって，拡散ポンプを使うときには，あらかじめロータリーポンプで系内の気体を1 Pa 程度にまで排気しておく必要がある．油拡散ポンプでは油を高温に加熱するので，油の空気酸化を防ぐ意味からも，あらかじめロータリーポンプで十分に排気しておかねばならない．有機化合物の蒸気などを引くときは，ポンプの中で熱分解されて油を汚染する可能性があるので，拡散ポンプの高真空側には，液体窒素やドライアイスのコールドトラップ（図 A11・6）を付けるのがよい．

系にもれがあるときは拡散ポンプを使ってはいけない．冷却水を流さずにヒーターを入れてはいけない（当然すぎることであるが，よくある事故である）．これを防ぐために，昼夜連続運転の場合には，断水したら電源が切れるような水圧リレーを使えばよい．

拡散ポンプは構造や油の種類によって性能が大幅に異なるが，ふつうコールドトラップの併用によって $10^{-4} \sim 10^{-5}$ Pa 程度の真空が得られる．

❏ **ターボ分子ポンプ**（turbo-molecular pump） 気体分子どうしの衝突が無視できるくらいの真空で羽根車を高速で回転させると，羽根車に衝突した気体分子は羽根から一定方向の運動量を得ることになる．このことを利用して，回転羽根車と固定羽根車を多層に重ねて排気装置としたのが，ターボ分子ポンプといわれるポンプである（図 A11・7）．圧力が 10^{-7} Pa 以下の超高真空を達成できるので，拡散ポンプの油による汚染を嫌う固体表面などの高真空実験に使われる．

A11. 真空ポンプ

❏ **コールドトラップと真空系**　コールドトラップは図A11・6の向きに接続し，気体がまず最も冷たい壁に当たってそこに凝縮するようにする．危険防止のために注意しなければならないことは，排気すべき系にもれがあるとき，液体窒素をコールドトラップの冷却に使うと，空気中の酸素が大量にコールドトラップの中に凝縮するので，爆発のおそれが生じることである．コールドトラップは汚染されている場合が多く，酸化されやすい物質が先に凝縮しているときは特に危険である．

よい真空を得るためには排気管に直径の大きなものを使い，曲がりかどを減らし，コックの数を少なくするのがよい．排気管の断面積がその場所の圧力に反比例するように選ぶと，排気に対する抵抗が一様になる．

A12 気体の圧力と真空度の測定

圧力の単位は Pa（$=\mathrm{N\,m^{-2}}$）が国際単位として採用されているが，bar, 気圧（atm），Torr (mmHg), $\mathrm{kg\,cm^{-2}}$, psi なども慣用されている．圧力単位の換算は表 A19・2 にある．

❏ **ダイヤフラム式圧力計**　薄い隔膜（ダイヤフラム diaphragm）の両側にかかる圧力に差があるときに隔膜は低圧側に膨らむ．この膨らみの度合いを高精度のひずみゲージで読みとり，ひずみの大きさを圧力に換算すれば圧力計として利用できる（図 A12・1）．この原理を利用したダイヤフラム式圧力計が比較的安価で広い圧力領域（10 Pa〜600 MPa）で使えるので広く普及している．使用される圧力領域に応じて隔膜の材料，厚み，ひずみゲージの種類が異なる．特に低圧用では，隔膜と基部に電極を加工してコンデンサーをつくり，隔膜のひずみをその電気容量変化として測る高精度のものが，静電容量圧力計である．

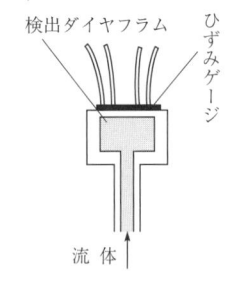

図 A12・1　ダイヤフラム式圧力計

❏ **ブルドン管圧力計**　扁平な断面をもつ中空の管を円弧状に曲げたものをブルドン管（Bourdon tube）という．ダイヤフラム式圧力計とほぼ同じ圧力領域で使われる．管の内外の圧力差はブルドン管の先端の変位となって現れる．これをギヤで直接メーターの振れに伝える方式のものが，高圧ガスシリンダー用調圧弁の圧力計に使われている（図 A12・2）．ブルドン管は金属でつくられる場合が多いが，反応性の高い気体であったり，低圧で高精度の測定が要求されるときには図 A 12・3 (a), (b) のような石英ガラス製のブルドン管が使われることがあり，分解能は 0.7 Pa よりもよい．

図 A12・2　高圧ガスシリンダー調圧器のブルドン管圧力計

❏ **マンガニン線圧力計**　マンガニンは銅，マンガン，ニッケルなどから成り，その電気抵抗の温度係数が室温付近で非常に小さいことが知られる合金である．100 MPa 以上の圧力では，マンガニンの電気抵抗が圧力とともにわずかに増加する性質を利用し，マンガニン線の抵抗を精密測定することによって圧力が得られる．

❏ **ピラニゲージ**　白金線は温度とともに直線的に電気抵抗が大きくなるので，温度計として使われている．白金線に電流を流すと加熱されて白金線自体の温度が上昇するが，白金線のまわりに気体があれば，その熱は気体分子との熱交換によって放散される．低圧では気体の熱伝導率は気体分子の密度に依存するので，白金線の温度は気体の圧力によって変化することになる．したがって，白金線の電気抵抗を測ることによって，気体の圧力を得ることができる．この圧力計はピラニゲージ (Pirani gauge) といわれ，通常 0.1 Pa～2 kPa の範囲で用いられる（図A12・4）．

❏ **電離真空計**　10^{-5} Pa～1 Pa の圧力領域で最も広く使われているのは電離真空計 (ionization gauge) である（図A12・5）．

A12. 気体の圧力と真空度の測定

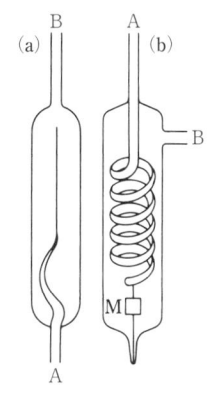

図 **A12・3**　ブルドン管（Aは気体導入口，Bは参照圧力，Mは鏡）

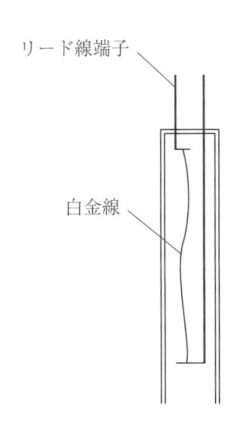

図 **A12・4**　ピラニゲージ

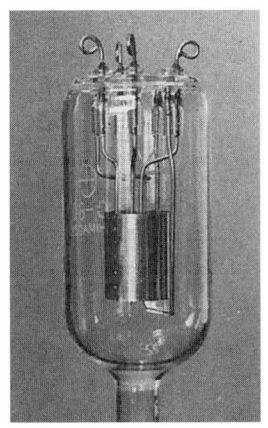

図 **A12・5**　電離真空計測定球

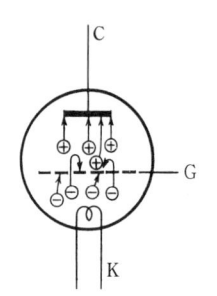

付　録

図 A12・6 電離真空計の原理

電離真空計は図 A12・6 に原理図を示してあるように，熱陰極 K から出た電子が正極（グリッド G）に捕獲されるまでに G の付近で往復運動して，残存気体をイオン化する．生じた陽イオンを捕集陰極 C に集め，イオン電流を測定するものである．G に流れ込む電子電流を I_e，C に流れ込むイオン電流を I_1，圧力を p とすれば，

$$I_1 = \alpha I_e p \tag{A12・1}$$

の比例関係があるから，I_e を一定（ふつう 2 mA 程度）に保てば，I_1 は直接 p に比例する．I_e を自動的に一定に保ち，I_1 を測定する装置が市販されている．注意を要するのは (A12・1) 式の比例定数 α が気体の種類によって異なることである．これはイオン化の確率に関係するので，イオン化電圧の小さな気体ほど α が大きい（He に対して $\alpha \fallingdotseq 4$，N_2 に対して $\alpha \fallingdotseq 15$ の程度）．普通の市販のゲージは空気に対して検定してあるので，その他の気体については直読はできない．10^{-3} Pa 以下の圧力領域では，ゲージ自体からの気体の放出によって不安定になったり，正しくない値を示すことがあるから，測定前にガス出し（outgas）しなければならない．普通は K をある時間点灯しておけば，自然にガス出しができるが，G に通電して短時間赤熱し，ガス出しするようになっているものもある．真空度が 1 Pa よりも悪いときにフィラメントを点火すると測定球の寿命が短くなる．これを防ぐための安全装置が付いているものもある．

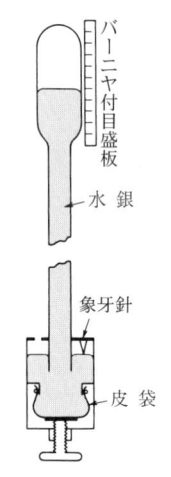

❏ **大気圧計**　　大気圧を測定するための特殊な圧力計として，図 A12・7 に示すフォルタン型気圧計がある．これはトリチェリ（Torricelli）の真空を利用したもので，下方に鉄製の水銀だめがある．この水銀だめには下端に皮袋がついており，下からねじで皮袋を上下させ，ための中の水銀面の高さを調節するようになっている．この水銀面をある定められた高さにするために，象牙の針が付いていて，その先端を水銀面に合わせる．これは水銀面を鏡として使えば容易に調節できる．このとき，水銀柱の上端にある微調整ができる目盛板（バーニア付目盛板）でそのときの水銀柱の高さを示すようになっている．

図 A12・7 フォルタン型気圧計

A12. 気体の圧力と真空度の測定

❏ **水銀 U 字管圧力計**　これは内計 10 mm 以上のガラス管を図 A12・8 のように曲げて，精製した水銀を入れたものである．D の部分の球は急に圧力がかかったとき水銀が一度に上までとび上がるのを防ぐためのものである．E のふくらみはガラス管の強度を増すためのもので，半径 3～4 cm 程度の曲率をもたせてある．A のコックを閉じ，B を開いたままで，C を徐々に開き水銀に溶け込んでいる空気を抜く．このとき，空気が気泡となって管の内壁に付着してくるから，これをヘアドライアーで暖めて追い出す．あまり加熱すると水銀が蒸留されるので注意する．暖かい状態で残る気泡は冷えれば消滅する．B, C のコックを閉じ，左右の水銀面が動かないことを確かめた後，一方の腕は真空装置に接続し，他方の腕を測定系に接続する．水銀のメニスカス（最上面）が静止するのを待って，左右のメニスカスの高さの鉛直の差を測るのである．このために簡便な方法は，板に方眼紙をはりつけたのもを U 字管の背後に置いて，左右別々に目盛を読みとればよいが，市販の方眼紙の 1 mm 目のものの中には，正確に 1 mm でなく 1～2 % の狂いのある方眼紙があるから注意を要する．目盛板が鉛直かどうかは，糸の先におもり（孔のあいた貨幣など）をつるして調べればよい．おもりを重心の位置でつらないと，糸は鉛直にならない．ガラス管の内壁が汚れていると水銀は正しい静止位置を示さないから，読みとる前に，軽くガラス管をたたく．1 mm 目の方眼紙の目盛で，熟練すれば ±0.2 Torr くらいまでの読みとりが可能である．しかし，この方法では視差が入るのを防ぐことはできない．すなわち目とメニスカスが同じ水平面上になるようにするのが困難で，この視差を防ぐためには圧力計と目盛板を密着させ，眼をなるべく遠くにするのがよい．視差を少なくし，目盛を細かく読むためには，目盛板として，鏡に目盛を刻んだもの（ミラースケールという）を使うのがよい．これによって水平を確かめながら読みとることができる．

さらに精密に読みとるためには，カセトメーター（図 A12・9）または望遠鏡尺（traveling telescope という，図 A12・10）を使う．カセトメーターを用いると，最高 150 Torr 程度までの圧力を ±0.02 Torr の精度で読みとることができる．これは顕微鏡を前後左右上下に移動でき，それぞれの移動距離をバーニヤ付の目盛板から知るようになっている．カセトメーターを使うときには，圧力計を背後から，鉛直に立てた蛍光灯で照明する．このとき散光が顕微鏡に入るのを防ぐため，メニ

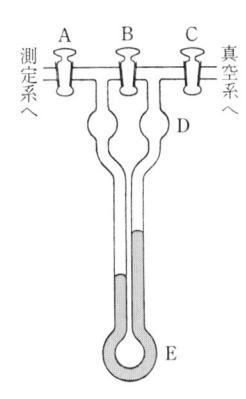

図 A12・8　水銀 U 字管圧力計

付　　録

スカスよりも上部のガラス管を黒紙で覆うとよい．視野の水銀面（倒立像）が二重に見えるときは，顕微鏡が水平になっていないから再調整する．図 A12・10 は約 1 気圧までの圧力測定用の望遠鏡

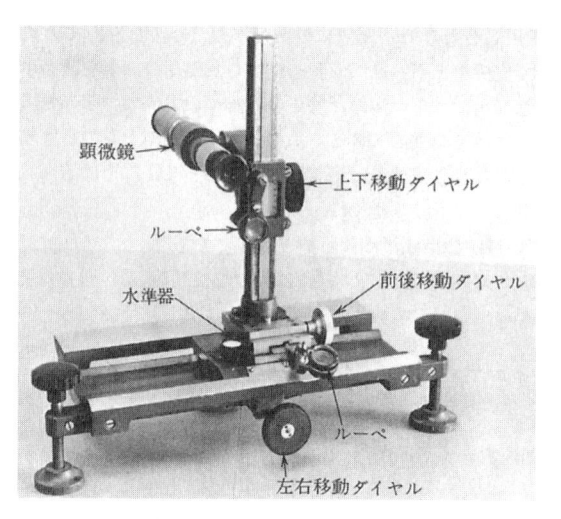

図 A12・9　カセトメーター

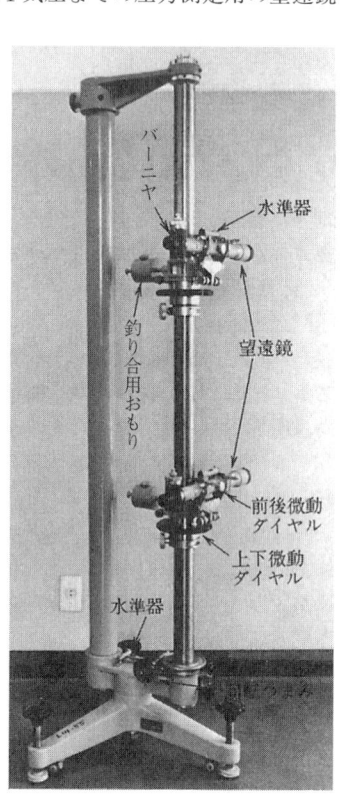

図 A12・10　大型望遠鏡尺

尺で，左右のメニスカスを別々の望遠鏡で読みとるようになっている．さらに精密な目的にはインバール（熱膨張をほとんど無視できる合金）製の目盛板を使用する．

❏ **マクラウドゲージ**　U字管圧力計の低圧の限界をひろげたものが図 A12・11 のマクラウドゲージ（McLeod gauge）である．管 A は径 6 mm くらい，B と C は内径（1 mm 程度）の等しい毛管である．点 d で測定すべき気体または真空系に接続する．コック D と E の操作によって

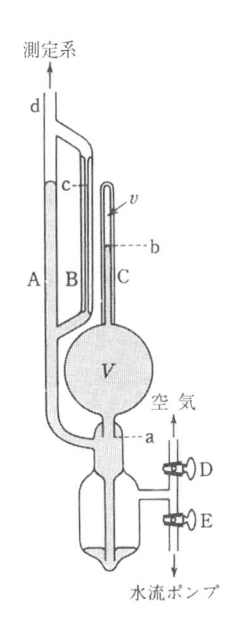

A12. 気体の圧力と
　　 真空度の測定

図 A12・11　マクラウドゲージ

図 A12・12　回転式マクラウドゲージ

水銀を上下できるようにしてある．圧力測定の原理は，測定すべき気体の一部（圧力 p で体積 V の部分）を体積 v まで圧縮すると，はじめの圧力 p が p' まで上昇することに基づいている．

$$p = p'\frac{v}{V}$$

(v/V) はゲージに固有の定数なので，p' を図 12・11 の b と c との高さの差として測定すれば p を求めることができる．マクラウドゲージには大小いろいろのものがあり，大きいものでは $V=1000\ \mathrm{cm^3}$，管 C の内径を 0.7 mm くらいにしてある．点 a の突出部は体積 V の部分を正確に切りとるためのものである．水銀は密度が高く，運動を始めると慣性が大きいので，管の屈曲部や末端を突き破ることがあるから，水銀の上下はゆっくりと行わなければならない．水銀を持ち上げる上限を管 B の水銀面が管 C の上端の所までに決めておけば，管 C に直接目盛を付けて圧力を直読できるようにすることができる．水銀を上げる代わりに，ゲージを回転させて，体積 V の部分を切り離す方式の回転式マクラウドゲージ（図 A12・12）もある．マクラウドゲージは気体が理想気体としてふるまう範囲では絶対圧力が測定できるが，水蒸気や油，有機溶媒などの蒸気は圧縮によって液化してしまうから，一般にこのゲージでは測定できない．大型マクラウドゲージでは 10^{-6} Torr 程度の低圧まで測定できるが，回転式では 10^{-3} Torr が限界である．

❏ **水銀圧力計の補正**　　大気圧計などの水銀圧力計では，つぎの補正が必要である．

1) **温度による水銀の密度の変化**　　これは 0 °C の値に換算する．t °C における密度が ρ_t，圧力の読みが p' であるとすれば，0 °C の密度 13.5955 を使って真の圧力 p は

$$p = p'\frac{\rho_t}{13.5955}$$

で求められる．

2) **標準重力への換算**　　その場所の重力加速度を g' ［単位：$\mathrm{cm\ s^{-2}}$］とすると

$$p = p'\frac{g'}{980.665}$$

その場所の g' の値が不明のときは，つぎの式で概略値を求めることができる．

A12. 気体の圧力と真空度の測定

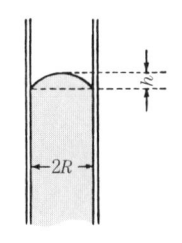

$$g' = g_\mathrm{n} - (0.00030855 + 0.00000022 \cos 2\varphi)H + 0.000072\left(\frac{H}{1000}\right)^2$$

ただし，標準重力加速度 $g_\mathrm{n} = 980.665\ \mathrm{cm\ s^{-2}}$，$H$ は海抜［単位：m］，φ は緯度である．

3）水銀の表面張力の影響　U字管に使ったガラス管が細いときには，メニスカスに水平面が現れず，図 A12・13 のように湾曲した面になる．これは水銀の表面張力の結果であって自由な水平面のときには，もっと高い位置にメニスカスがくるはずである．小さな圧力を測定する場合には，この補正は大きな割合になる．表面張力の補正を無視するためには内径 25 mm 以上のガラス管を使う必要がある．

h＝メニスカスの高さ
R＝管の半径

図 A12・13 メニスカス補正

表 A12・1 水銀圧力計における表面張力の補正　（この表の値を読みとった高さに加える．単位：Torr）

管半径 mm	メニスカスの高さ/mm								
	0.2	0.4	0.6	0.8	1.0	1.2	1.4	1.6	1.8
1.0	2.46	4.40							
1.4	1.26	2.36	3.22						
1.8	0.75	1.44	2.02	2.48					
2.2	0.49	0.95	1.36	1.70	1.98				
2.6	0.34	0.66	0.96	1.22	1.44	1.61			
3.0	0.24	0.48	0.70	0.90	1.07	1.21	1.32		
3.5	0.17	0.34	0.49	0.64	0.76	0.87	0.96	1.04	
4.0	0.12	0.24	0.35	0.46	0.56	0.64	0.71	0.77	0.82
4.5	0.09	0.18	0.26	0.34	0.41	0.47	0.53	0.58	0.62
5.0	0.07	0.13	0.19	0.25	0.30	0.35	0.40	0.44	0.47
5.5	0.05	0.10	0.14	0.19	0.23	0.27	0.30	0.33	0.36
6.0	0.04	0.07	0.11	0.14	0.18	0.20	0.23	0.25	0.27
6.5	0.03	0.06	0.09	0.11	0.14	0.16	0.18	0.20	0.21
7.0	0.02	0.04	0.06	0.08	0.10	0.12	0.14	0.15	0.16

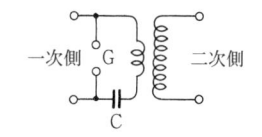

図 A12・14 テスラコイルの原理

❏ **ガイスラー管**　概略の真空を見るためにはガイスラー管（Geissler tube）が便利である．これは右ページの写真のように，アルミニウムまたは鉄（水銀蒸気に触れるときは鉄を使う）の電極を 10 cm 程度離しておき，これに 2 万ボルトくらいの交流電圧をかけるとき，系内の圧力によって放電光の色が変化することを利用している．0.1 Pa～100 Pa の領域で使用できる．1 Pa 以下では可視部の発光が弱いので管の内壁に $Zn_2(SiO_4)$ などの蛍光物質を塗っておくとよい．蛍光物質を水に懸濁させ，これを先を細くしたガラス管に少量吸い上げ，ガイスラー管の内壁に吹きつけて乾燥させればよい．分子によって発光の色が異なるので，残留ガスの種類を推定するのにも役立つ．

❏ **テスラコイル**　高周波振動電流をコアをもたない変圧器で昇圧して交流の高電圧を発生する装置で，N. Tesla が考案したのでこの名がある．テスラコイルの構造を模式的に示したのが図 A12・14 で，一次側の入力端子に直流または低周波の交流を加えて，コンデンサーCを充電すると，火花ギャップGで放電が起こり，一次側の回路に高周波振動電流が発生する．トランス部の一次側対二次側の巻線比を大きくとり，二次コイルのインダクタンスと分布キャパシタンスによって，巻線比以上の高電圧を発生させる．

小型のテスラコイルはガラス製真空ラインのもれテストに使う．テスラコイルのアースされていない側をガラスの接合面上で移動すると，ピンホールの近くにきたときに，極から真空系の内部へと通じるグロー放電路がガラス管を通過する場所に輝点を生じ，ピンホールの位置がわかる．放電の強さはつまみでギャップの大きさを調節して変える．このような放電を長時間つづけるとピンホールがだんだん大きくなる．また，ピンホールはなくても肉薄の部分でも同様の現象を起こして，ピンホールを生成するが，これはいずれ問題となる箇所を事前に見つけたと考えるべきであろう．真空系内の放電色は右ページの写真のガイスラー管と同じである．電極に触れて電気ショックを受けないよう注意する．

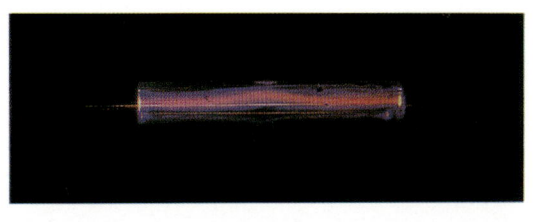

10^2 Torr 程度

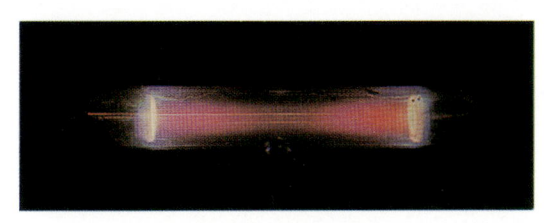

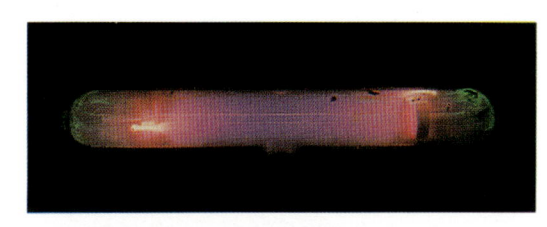

10^{-2} Torr 程度

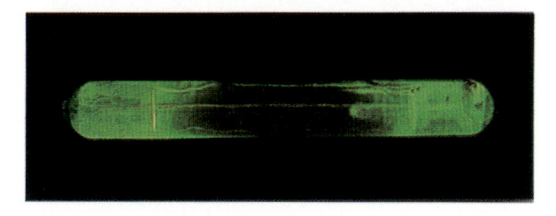

$10^0 \sim 10^1$ Torr 程度

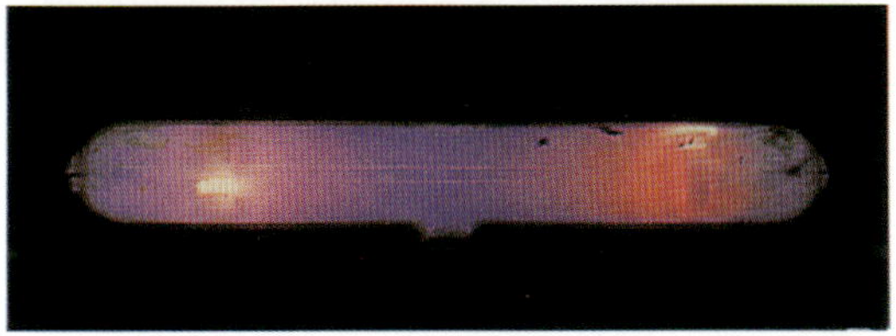

10^{-3} Torr 程度

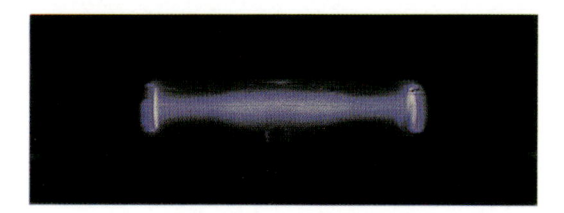

10^{-1} Torr 程度

有機化合物の蒸気があると白くなる

ガイスラー管放電の色

温度計と温度測定　A13

❑ **熱力学温度**　われわれが種々の温度計を用いて測定する温度は，最終的には熱力学第二法則から導き出される熱力学温度に結びついて定義されなければならない．温度（T，単位：ケルビン K）の定義では，水の三重点温度を $T_{tp}(H_2O)=273.16$ K としているだけで，任意の温度は熱力学標準温度計で決定することになる．ケルビンは水の三重点温度の 1/273.16 である．また，セルシウス温度（t，単位：セルシウス度 ℃）は $t/℃=T/K-273.15$ で定義されている．

　気体温度計に代表される熱力学標準温度計では，絶対値の正確さを重んじるため，さまざまな補正が必要である．また，感温部が大きい，感度が悪いなど，実用的でない場合が多い．そこで，このような標準温度計によって校正され，温度目盛が与えられた二次温度計を，普通は用いている．それがどのように校正されたものか，あるいは自分で校正するにはどうすればよいかを知っておくことは，測定精度を評価するうえで重要である．

表 A13・1 ITS-90 で与えられた温度定点とその熱力学温度値

温度/K	定点の種類	温度/K	定点の種類
3～5	（ヘリウムの蒸気圧温度目盛）	302.9146	ガリウムの融点
13.8033	平衡水素の三重点	429.7485	インジウムの凝固点
17 近傍	（平衡水素の蒸気圧温度目盛ま	505.078	スズの凝固点
20.3 近傍	たはヘリウムの気体温度目盛）	692.677	亜鉛の凝固点
24.5561	ネオンの三重点	933.473	アルミニウムの凝固点
54.3584	酸素の三重点	1234.93	銀の凝固点
83.8058	アルゴンの三重点	1337.33	金の凝固点
234.3156	水銀の三重点	1357.77	銅の凝固点
273.16	水の三重点		

付　録

❏ **国際温度目盛**　熱力学温度をよく近似し，熱力学温度を直接測定するより再現性がはるかに良い目盛として，国際的なとりきめによって規定した国際温度目盛がある．現在は1990年に制定された1990年国際温度目盛（ITS-90）が用いられており，0.65 K以上の温度域で定義されている．表A13・1はITS-90で与えられた温度定点である．三重点や凝固点が主として用いられており，沸点が温度定点から排除されているのが以前の国際実用温度目盛（IPTS-68）と違うところである．この目盛による温度を表示する場合はT_{90}またはt_{90}と書く．ITS-90では，水の沸点はもはや定点ではないことに注意すべきで，実際，99.974 ℃という報告値があり，このことは定点自体の再現性が良くても熱力学温度値の正確さとは連動しないことを象徴している．

❏ **二次温度計**　実際に用いる温度計は，作業物質の物理的性質のうち温度依存性が大きく，温度の一価関数であるものを利用する．温度計には種々の原理に基づくものがあり，再現性や感度が良いこと，温度以外の因子の影響をあまり受けないこと，安価でしかも取扱いが簡単なことなど実際面での使いやすさも要求される．目的とする温度領域の違い，あるいは温度の絶対値を必要と

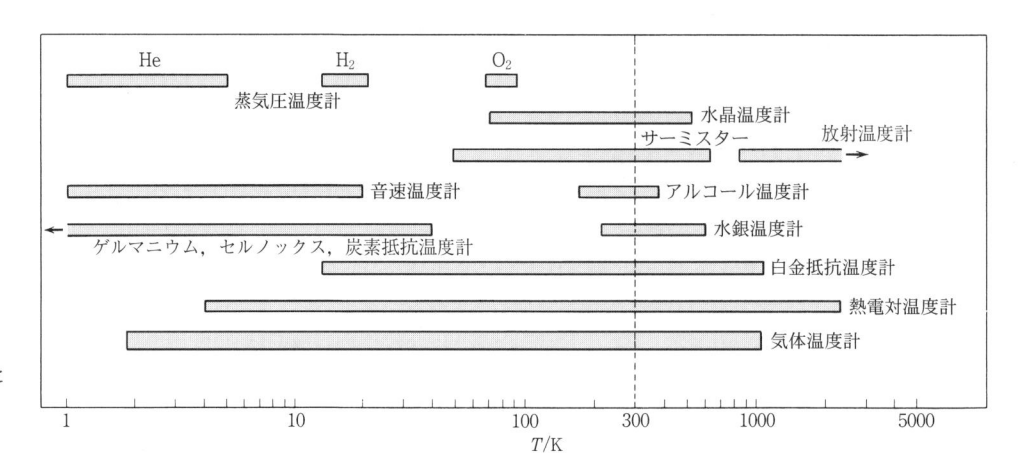

図 **A13・1**　温度計の種類と使用温度領域

するか温度差のみを必要とするかによって，またどの程度の精度を必要とするかによって温度計を適当に選べばよいわけである．代表的な温度計とその使用範囲を概念的に描いたのが図 A13・1 である．物理化学の実験で比較的よく使用される熱電対と抵抗温度計について簡単に述べる．

A13. 温度計と温度測定

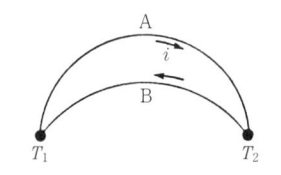

❏ **熱電対温度計**　2種の金属線 A, B を図 A13・2 のように接合して回路をつくり，二つの接点に異なる温度を与えると回路に電流（熱電流）が流れる．この現象をゼーベック効果という．ゼーベック効果による熱電流の大きさは導線の抵抗に逆比例するので，一定の起電力が回路内に生じることがわかる．この起電力を熱起電力（thermoelectromotive force）といい，熱起電力を利用するための2種の金属の組合わせを熱電対（thermocouple）という．

図 A13・3 に熱電対を用いた温度と温度差の測定方法を示す．温度測定の場合には，(a) のように温度 T_1 の測定対象に2本の熱電対素線の接点を熱的に接触させ（電気的には非接触），他端は同一温度 T_0（ふつうは 0 ℃）の基準接点でおのおのリード線 C（ふつうは銅線）に接続し，計測器〔デジタル電圧計や記録計，（電位差計と直流増幅器の組合わせ）〕につないで起電力を測定する．起電力 E は

$$E = \int_{T_0}^{T_1} [S_A(T) - S_B(T)] dT$$

で表される．ここで $S_A(T)$ と $S_B(T)$ はそれぞれ，素線 A と B の物質定数で，ゼーベック係数といい，温度差 1 K あたりの各素線の起電力である．上式は A 側基準接点から出発し，素線 A に沿って熱起電力を温度 T_1 まで積分し，ついで測定対象から素線 B に沿って基準接点まで熱起電力の積分をとることを意味し，$[S_A(T) - S_B(T)]$ は温度 T における 1 K の温度差あたりの熱電対の起電力を表す．このように熱電対は本来，温度差測定センサーである．

2点間の温度差を測定する場合は，図 A13・3(b) に示すように接続し，上と同様の積分を基準接点からもう一つの基準接点まで行えば，起電力として，

$$E = \int_{T_1}^{T_2} [S_A(T) - S_B(T)] dT$$

が得られ，E は T_0 に無関係となり，T_1 と T_2 のみで決まる．

図 A13・2　ゼーベック効果

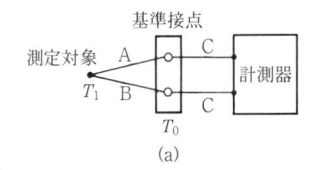

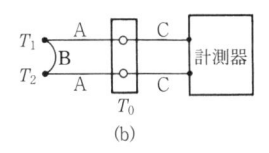

図 A13・3　熱電対の接続．A, B は異種の金属線，C は銅線

付録

熱電対温度計は，小型であるため局部的な温度測定が可能であり，熱容量が小さいので温度変化のときの熱的遅れが少なく，何対も直列に接続して起電力を増加させることができるなどの特徴をもち，簡単で比較的信頼度の高い温度計として実験室で最も広く用いられる温度計の一つとなっている．ふつうよく用いられる熱電対には表A13・2にあげたものがある．常用範囲は主として物理的，化学的安定性，温度差1Kあたりの起電力の変化の程度によって決まる．熱電対を作製するには，まず測定温度範囲に従って，これらの中から適当なものを選択しなければならない．学生実験でよく用いられる熱電対の規準熱起電力を表A13・3（熱電対K），表A13・4（熱電対E）および表13・5（熱電対T）に示す．JIS規格の熱電対の規準熱起電力は，経済産業省日本工業標準調査会のウェブサイト（http://www.jisc.go.jp/）のJIS検索で閲覧できる．

熱電対による温度測定の誤差の原因として最大のものは，素線の物理的，化学的不均一さによる迷起電力であるから，できるだけ信用ある製品を選び，特に温度勾配が大きくなる部分にひずみが残らないよう，折ったりねじったりしないことが重要である．素線の太さは，被測定物体と外部との間の熱交換を減少させ，熱電対の熱容量を小さくする意味では，あまり太いものは望ましくないが，一方，細い線は機械的強度に欠け，また，測定計器に対する外部抵抗を増大させ感度低下をひき起こす場合があるので，両者を考慮して適当な太さを選ぶ．熱電対は絶縁体で機械的に保護し，被測定体と電気的に絶縁しなければならない．このためには，比較的高温用のものは，磁製管あるいはガラス管に素線を通して保護，絶縁し，比較的低温用には素線にテフロン，ナイロン，木綿，ガラス繊維などで直接に被覆したものを用いる．ナイロン被覆は低温での特性に優れ，テフロン被覆は200℃くらいまでなら安心して用いることができる．

素線を接続するには，被覆線なら接続部の被覆をはがし，素線どうしが直接に接触した状態で銀ろう付け，はんだ付け，あるいはスポット溶接すればよい．これらの接続方法のうち，使用温度に従って適当なものを選べばよいのであるが，銀ろうやはんだを用いる場合には，接点に付けるろうやはんだの量をできるだけ少なくすることが望ましい．研究用に用いられる熱電対は高温用の一部のものを除いて，比較的細い素線を用いることが多く，その接続は若干のテクニックを要する．銀ろう付けの場合には，2本の素線を2～3回より合わせ，その部分に少量の銀ろう用フラックス

A13. 温度計と温度測定

表 A13・2 常用熱電対の特性

種類	JIS 記号	常用温度/℃ (線径/mm)	0℃での起電力 µV ℃$^{-1}$
① 白金-白金ロジウム 10 %（Pt＋10 % Rh）	S	1400(0.50)	5.6
② クロメル P（90 % Ni＋10 % Cr）－アルメル（95 % Ni＋5 %（Al, Si, Mn））	K	650(0.65)	40
③ クロメル P－コンスタンタン（60 % Cu＋40 % Ni）	E	450(0.65)	59
④ 銅－コンスタンタン	T	200(0.32)	39

表 A13・3 クロメル P-アルメル熱電対(K)の規準熱起電力 E (JIS C 1602-1995)

温度/℃	E/µV	温度/℃	E/µV	温度/℃	E/µV
−220	−6158	80	3267	380	15 554
−200	−5891	100	4096	400	16 397
−180	−5550	120	4920	420	17 243
−160	−5141	140	5735	440	18 091
−140	−4669	160	6540	460	18 941
−120	−4138	180	7340	480	19 792
−100	−3554	200	8138	500	20 644
−80	−2920	220	8940	520	21 497
−60	−2243	240	9747	540	22 350
−40	−1527	260	10 561	560	23 203
−20	−778	280	11 382	580	24 055
0	0	300	12 209	600	24 905
20	798	320	13 040	620	25 755
40	1612	340	13 874	640	26 602
60	2436	360	14 713	660	27 447

表 A13・4 クロメル P-コンスタンタン熱電対(E)の規準熱起電力 E (JIS C 1602-1995)

温度/℃	E/µV	温度/℃	E/µV	温度/℃	E/µV
−220	−9274	0	0	220	14 912
−200	−8825	20	1192	240	16 420
−180	−8273	40	2420	260	17 945
−160	−7632	60	3685	280	19 484
−140	−6907	80	4985	300	21 036
−120	−6107	100	6319	320	22 600
−100	−5237	120	7685	340	24 174
−80	−4302	140	9081	360	25 757
−60	−3306	160	10 503	380	27 348
−40	−2255	180	11 951	400	28 946
−20	−1152	200	13 421	420	30 550

付録

(ホウ砂の粉末)をおいて，小さいバーナーで加熱してホウ砂球をつくり，これと細く切った銀ろう（融点600°Cくらい）を同時にバーナーで熱しながら，銀ろうが融解したら両者を接触させて，銀ろうを接点に少量だけ付着させる．冷却してからホウ砂球をピンセットかペンチで注意して割っ

表 A13・5　銅-コンスタンタン熱電対(T) の規準熱起電力 $E/\mu V$ （JIS C 1602-1995）

温度/°C	0	−1	−2	−3	−4	−5	−6	−7	−8	−9
−210	−5753	−5767	−5782	−5795	−5809	−5823	−5836	−5850	−5863	−5876
−200	−5603	−5619	−5634	−5650	−5665	−5680	−5695	−5710	−5724	−5739
−190	−5439	−5456	−5473	−5489	−5506	−5523	−5539	−5555	−5571	−5587
−180	−5261	−5279	−5297	−5316	−5334	−5351	−5369	−5387	−5404	−5421
−170	−5070	−5089	−5109	−5128	−5148	−5167	−5186	−5205	−5224	−5242
−160	−4865	−4886	−4907	−4928	−4949	−4969	−4989	−5010	−5030	−5050
−150	−4648	−4671	−4693	−4715	−4737	−4759	−4780	−4802	−4823	−4844
−140	−4419	−4443	−4466	−4489	−4512	−4535	−4558	−4581	−4604	−4626
−130	−4177	−4202	−4226	−4251	−4275	−4300	−4324	−4348	−4372	−4395
−120	−3923	−3949	−3975	−4000	−4026	−4052	−4077	−4102	−4127	−4152
−110	−3657	−3684	−3711	−3738	−3765	−3791	−3818	−3844	−3871	−3897
−100	−3379	−3407	−3435	−3463	−3491	−3519	−3547	−3574	−3602	−3629
−90	−3089	−3118	−3148	−3177	−3206	−3235	−3264	−3293	−3322	−3350
−80	−2788	−2818	−2849	−2879	−2910	−2940	−2970	−3000	−3030	−3059
−70	−2476	−2507	−2539	−2571	−2602	−2633	−2664	−2695	−2726	−2757
−60	−2153	−2186	−2218	−2251	−2283	−2316	−2348	−2380	−2412	−2444
−50	−1819	−1853	−1887	−1920	−1954	−1987	−2021	−2054	−2087	−2120
−40	−1475	−1510	−1545	−1579	−1614	−1648	−1683	−1717	−1751	−1785
−30	−1121	−1157	−1192	−1228	−1264	−1299	−1335	−1370	−1405	−1440
−20	−757	−749	−830	−867	−904	−940	−976	−1013	−1049	−1085
−10	−383	−421	−459	−496	−534	−571	−608	−646	−683	−720
0	0	−39	−77	−116	−154	−193	−231	−269	−307	−345

て除去し,余分の素線を除き,被覆をはがした接点部分をガラス管に通したり,雲母板ではさんで接着したり,適当な方法で絶縁すればできあがりである.スポット溶接は接続部を電極ではさんで通電し,接触抵抗を利用してとかすもので,充電したコンデンサーの放電を利用する.

A13. 温度計と温度測定

表 A13・5 (つづき)

温度/°C	0	1	2	3	4	5	6	7	8	9
0	0	39	78	117	156	195	234	273	312	352
10	391	431	470	510	549	589	629	669	709	749
20	790	830	870	911	951	992	1033	1074	1114	1155
30	1196	1238	1279	1320	1362	1403	1445	1486	1528	1570
40	1612	1654	1696	1738	1780	1823	1865	1908	1950	1993
50	2036	2079	2122	2165	2208	2251	2294	2338	2381	2425
60	2468	2512	2556	2600	2643	2687	2732	2776	2820	2864
70	2909	2953	2998	3043	3087	3132	3177	3222	3267	3312
80	3358	3403	3448	3494	3539	3585	3631	3677	3722	3768
90	3814	3860	3907	3953	3999	4046	4092	4138	4185	4232
100	4279	4325	4372	4419	4466	4513	4561	4608	4655	4702
110	4750	4798	4845	4893	4941	4988	5036	5084	5132	5180
120	5228	5277	5325	5373	5422	5470	5519	5567	5616	5665
130	5714	5763	5812	5861	5910	5959	6008	6057	6107	6156
140	6206	6255	6305	6355	6404	6454	6504	6554	6604	6654
150	6704	6754	6805	6855	6905	6956	7006	7057	7107	7158
160	7209	7260	7310	7361	7412	7463	7515	7566	7617	7668
170	7720	7771	7823	7874	7926	7977	8029	8081	8133	8185
180	8237	8289	8341	8393	8445	8497	8550	8602	8654	8707
190	8759	8812	8865	8917	8970	9023	9076	9129	9182	9235

付録

❏ **抵抗温度計**　金属や半導体の電気抵抗の温度依存性を利用した温度計で，広い温度域で白金抵抗温度計が使われ，常温付近の狭い温度域ではサーミスター，極低温では炭素やゲルマニウムが用いられる．電気抵抗の測定にはデジタルマルチメーターの抵抗測定機能を利用するのが最も便利であるが，これ以外に直流あるいは交流ブリッジや電位差計も用いられる．どの測定器を用いる場合でも，原理的にセンサーに電流を流す必要があり，センサー自体の自己加熱を避けることができない．自己加熱が大きく，被測定体との熱接触が悪いときには，指示温度は実際の温度よりも高くなる．自己加熱の影響は電流値を変えて抵抗値を測定，電流値を0にしたときの補外値を用いて除くこともできる．

1) 白金抵抗センサー　一般に金属の電気抵抗は温度とともに増加する．白金の電気抵抗は70K以上では温度の一次関数で近似でき，1Kあたりの抵抗変化率は0.4％である．ITS-90では，13.8033 K から 1234.93 K（961.78 ℃）までの標準温度計として，一定の規準を満たす白金抵抗センサーを採用している．センサーは直径0.02 mm～0.5 mmの純白金線を巻枠に巻きつけ，保護管に入れてつくる．精密測定用のものは0℃の抵抗値が25 Ω（1 Kあたりの抵抗の変化量が約0.1 Ω）であるが，一般用のものは100 Ωあるいは10 Ωである．

2) サーミスター　半導体の電気抵抗は温度の上昇とともに減少する．数種の金属（マンガン，ニッケル，コバルト，場合によっては鉄など）の酸化物をビーズ状に焼結し，これに2本のリード線を取付けたものがサーミスターである．ビーズをガラス管や金属管に封入したものもある．サーミスターの電気抵抗 R の温度依存性は

$$R = A \exp(B/T)$$

で表される．ここで，A, B は定数で，B はサーミスター定数といい，1000～6000 K の範囲にあり，3500 K 付近のものが多い．抵抗の変化率は1Kあたり2～4％で3％程度のものが多く，白金に比べて1桁大きいが，上式からも明らかなように，温度依存性が非線形である．

❏ **温度計の校正**　沸点は比較的簡便に精度良く実現できる温度定点であるが，国際温度目盛の定点から排除されたため，ここでは水の凝固点と各種金属の凝固点のつくり方を示しておく．校正目的に使用するだけでなく，温度計の経時変化の追跡などに利用される．

1) **水の凝固点**　精製水からつくったみぞれを図 A13・4 のようにデュワー瓶に入れ，少量の精製水を追加して湿らせればできあがる．氷がとけて水が多くなると正しく 0 ℃ にならないので，ひんぱんに水を排出して，みぞれを追加する．これは熱電対温度計の温度の基準点にも用いられる．熱電対は一方の口を封じた細いガラス管に入れ，その底に少量のメタノールやシリコーン油を入れて熱接触を良くする．

2) **金属の凝固点（水銀を除く）**　図 A13・5 のような装置を電気炉に入れて測定する．るつぼはアルミニウム以外の金属には磁製のものでもよいが，良質の黒鉛あるいはグラスカーボンでつくったものが一番よい．熱電対の保護管も同様である．るつぼにはふたをし，金属液面上には黒鉛の粉末を浮かべて金属の酸化を防止する．金属には純度 7 N（99.99999 %）以上の試料を使う．特に銀の液体は空気中の酸素を吸収して融点が 10 ℃ も下がることがあり，また銅と酸化銅は共融混合物をつくり，その融点は純銅より 20 ℃ も低い．凝固点を測定するには金属を融解させてから，これに保護管に入れた熱電対を浸し，凝固点より 10 ℃ 高温に数分間保つか，凝固点のすぐ上の温度で金属液体を保護管でかき混ぜるかして，金属内の温度分布を一様にしてから徐々にるつぼを冷却し，起電力-時間曲線を求める．

3) **標準温度計との比較校正**　産業技術総合研究所計量標準総合センターで検定を受けた標準温度計，またはこのような標準温度計を基準として校正した温度計，あるいは上記の温度定点で校正した ITS-90 の規定に合致する温度計と新たに校正すべき温度計を多くの温度で比較して校正する方法もしばしば用いられる．

4) **注意**　電気的測定が必要な熱電対や抵抗温度計では，電気的諸量の測定器にも校正が必要である．もし，測定器の校正をしないで用いた場合の温度校正結果は，温度素子と測定器の特定の組合わせに対してのみ有効なデータとなる．

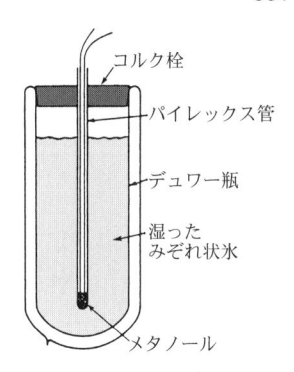

図 A13・4　基準温度（0 ℃）のつくり方

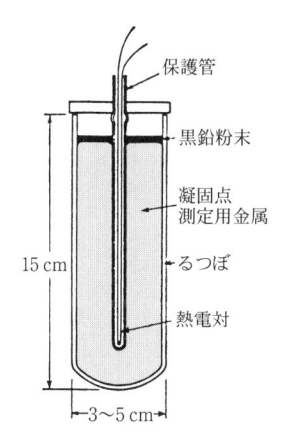

図 A13・5　金属の凝固点測定装置

A14 ガラスの組成と性質

表 A14・1 実用ガラスの分類

No.	ガラスの種類	成分（質量%）								
		SiO_2	Na_2O	K_2O	CaO	MgO	BaO	PbO	B_2O_3	Al_2O_3
1	シリカ	99.5								
2	96％シリカ	96.3	<0.2	<0.2					2.9	0.4
3	ソーダ石灰ケイ酸（窓ガラス）	71〜73	12〜15		8〜10	1.5〜3.5				0.5〜1.5
4	ソーダ石灰ケイ酸（磨板ガラス）	71〜73	12〜14		10〜12	1〜4				0.5〜1.5
5	ソーダ石灰ケイ酸（瓶ガラス）	70〜74	13〜16		10〜13		0〜0.5			1.5〜2.5
6	ソーダ石灰ケイ酸（電球ガラス）	73.6	16	0.6	5.2	3.6				1
7	鉛（電気用ガラス）	63	7.6	6	0.3	0.2		21	0.2	0.6
8	鉛（高鉛ガラス）	35		7.2				58		
9	ホウケイ酸（容器用ガラス）	74.7	6.4	0.5	0.9		2.2		9.6	5.6
10	ホウケイ酸（低膨張用ガラス）	80.5	3.8	0.4					12.9	2.2
11	ホウケイ酸（低損失電気用ガラス）	70.0		0.5				Li_2O 1.2	28.0	1.1
12	ホウケイ酸（溶封用ガラス）	67.3	4.6	1.0		0.2			24.6	1.7
13	アルミノケイ酸（高温化学機器用）	57	1.0		5.5	12			4	20.5

No. 1　別名：石英ガラス．
No. 2　特殊組成のホウケイ酸ガラスより，化学処理によりB_2O_3, Na_2Oなどを除去したもの．別名：シュランクガラス，商品名：Vycor.
No. 10　商品名：パイレックスガラス．
No. 12　タングステン金属線溶封用ガラス．

表 A14・2 実用ガラスの諸性質[†1]

ガラスの種類 No.	膨張率 ($\times 10^{-7}$) (線膨張) (0〜300 °C)	密度 g cm^{-3}	屈折率 n_D	電気特性 体積抵抗の対数値 Ω cm (250 °C)	誘電特性 (1 MHz 20 °C) tan δ	誘電率	ヤング率 ($\times 10^5$) kg cm^{-2}	かたさ[†2] DPH$_{50}$ kg mm^{-2}	化学的耐久性 粉末法[†3] 蒸留水 4 時間 90 °C	表面法[†4] 5%-HCl 24 時間 100 °C	表面法[†4] 5%-NaOH 6 時間 99 °C
1	5.5	2.20	1.458	12.0	0.0002	3.78	7.2	780〜800			
2	8	2.18	1.458	9.7	0.0005	3.8	6.8		0.0003	0.0004	0.9
2a	8	2.18	1.458	9.7	0.0002	3.8	6.8				
3	85	2.46	1.510	6.5	0.004	7.0	6.8				
4	87						7.2	580	0.03		0.8
5	85	2.49	1.520	7.0	0.011	7.6			0.05	0.02	0.8
6	92	2.47	1.512	6.4	0.009	7.2	6.9	530	0.09	0.02	1.1
7	91	2.85	1.539	8.9	0.0016	6.6	6.3		0.07	0.03	1.6
8	91	4.28	1.639	11.8	0.0009	9.5	5.4	290	0.0006	分 解	3.6
9	49	2.36	1.49	6.9	0.010	5.6					1.0
10	32	2.23	1.474	8.1	0.0046	4.6	6.9	630	0.0025	0.0045	1.4
11	32	2.13	1.469	11.2	0.0006	4.0	4.8			0.02	3.45
12	46	2.25	1.479	8.8	0.0033	4.9			0.13	分 解	3.9
13	42	2.55	1.534	11.4	0.0037	6.3	8.9	640	0.003	0.35	0.35

†1 E. B. Shand, "Glass Engineering Handbook", p. 17, 42, 96, McGraw-Hill, New York (1958).
†2 荷重 50 g のときの diamond pyramid hardness.
†3 粉末ガラス (40〜50 mesh) 1 g を 90 °C の水中に 4 時間浸す場合, 溶出する Na$_2$O 量のガラスに対する百分率.
†4 ガラス露出面の溶解質量 [単位: mg cm^{-2}], 1 mg cm^{-2} はガラスの厚さ 0.004 mm に相当.

A15 接着剤の種類と特徴

表 A15・1 接着剤の性能（性能は ◎, ○, △, × の順で悪くなる）

番号	接着剤	接着剤の状態	抵抗性				接着性								
			水	溶剤	熱	低温	紙	木材	織物	ゴム	プラスチックス	ガラス	陶器	皮革	金属
1	デンプン	水溶液	×	○	△	△	◎	△	○	×	×	○	×	△	×
2	酢酸ビニル樹脂	エマルジョンまたは溶剤溶液	○	△	△	△	◎	◎	○	○	○	○	◎	○	○
3	アクリル樹脂	エマルジョンまたは溶剤溶液	○	○	○	○	◎	◎	○	○	○	○	○	◎	○
4	エチレン酢酸ビニル共重合体	固体またはエマルジョン	○	○	○	○	◎	◎	○	○	◎	◎	◎	○	◎
5	ポリアミド樹脂	固体または溶剤溶液	○	○	○	○	○	○	○	○	△	○	△	○	△
6	ポリエステル樹脂	液体または溶液	◎	○	○	○	○	○	○	×	○	○	◎	○	○
7	ウレタン樹脂	液体または溶剤溶液	◎	○	○	○	○	◎	○	◎	○	○	○	○	◎
8	ユリア樹脂	水溶液	○	○	○	○	◎	◎	○	×	△	○	○	○	×
9	メラミン樹脂	水溶液	◎	○	○	○	◎	◎	○	×	△	○	○	○	×
10	フェノール樹脂	水または溶剤溶液	◎	○	○	○	◎	◎	○	△	○	○	○	○	○
11	エポキシ樹脂	液体	◎	○	○	○	◎	◎	○	○	○	◎	◎	○	◎
12	変性シリコーン樹脂	ペースト	◎	○	○	○	○	◎	○	○	○	◎	◎	○	◎
13	シリル化ウレタン樹脂	ペースト	○	○	○	○	×	○	○	○	○	○	○	○	○
14	クロロプレンゴム	溶剤溶液	○	○	○	○	○	○	○	◎	○	○	△	○	○
15	ニトリルゴム	溶剤溶液	○	△	○	○	○	○	○	◎	○	○	○	○	○
16	瞬間接着剤（シアノアクリレート）	液体	○	○	○	○	○	○	○	○	◎	◎	◎	○	◎
17	水ガラス	水性ペースト	△	○	○	○	△	○	×	△	×	×	×	○	×
18	セラミック接着剤	水性ペースト	◎	◎	×	◎	×	×	×	×	×	◎	◎	×	◎

表 A15・2　接着剤の目安（番号は表 A15・1 のもの）

	紙	木材	織物	ゴム	プラスチック	ガラス	陶器	皮革	金属
金 属	2, 12	4, 11, 12, 13, 14, 16, 17	4, 6, 12, 13, 14	12, 13, 14, 16	2, 6, 7, 11, 12, 13, 14, 16	4, 5, 6, 11, 12, 13, 16, 18	4, 5, 6, 11, 12, 13, 16, 18	2, 6, 7, 12, 13, 14, 16	4, 5, 6, 11, 12, 13, 16, 18
皮 革	2, 3, 7, 12, 14	2, 7, 12, 13, 14, 16	3, 6, 12, 13, 14, 15	12, 13, 14, 15, 16	6, 7, 12, 13, 14, 15, 16	2, 6, 12, 13, 14, 16	2, 6, 12, 13, 14, 166	6, 7, 12, 13, 14, 16	
陶 器	2, 12	4, 11, 12, 13, 14, 16, 17	4, 6, 12, 13, 14	12, 13, 14, 16	2, 6, 7, 11, 12, 13, 14, 16	5, 6, 11, 12, 13, 16, 18	5, 6, 11, 12, 13, 16, 18		
ガラス	2, 12	4, 11, 12, 13, 14, 16, 17	4, 6, 12, 13, 14	12, 13, 14, 16	2, 6, 7, 11, 12, 13, 14, 16	5, 6, 11, 12, 13, 16, 18			
プラスチック	2, 7, 12, 14	2, 7, 11, 12, 13, 14, 16	2, 7, 12, 13, 14, 15	7, 12, 13, 14, 15, 16	2, 6, 7, 11, 12, 13, 14, 15, 16				
ゴ ム	12, 14	12, 13, 14, 16	12, 13, 14, 15	12, 13, 14, 15, 16					
織 物	2, 3, 4, 8, 9, 10, 12, 14	4, 8, 9, 10, 12, 13, 14	2, 3, 4, 6, 8, 9, 10, 12, 13, 14, 15						
木 材	2, 8, 9, 10, 12	4, 8, 9, 10, 11, 12, 14, 16							
紙	1, 2, 3, 8, 9, 10, 12								

A16 水銀と水の精製

❏ **水銀の取扱いと精製**　水銀は有毒な重金属であるから以下に述べるように取扱いに注意しなければならない．もっとも有機水銀化合物のような脂溶性ではないので，作用が特に激しいというわけではないが，多量の水銀を取扱う場所では水銀による災害が発生している．水銀の蒸気圧，空気中の水銀飽和量は表 A16・1 に示した通りである．厚生労働省の定める水銀の作業環境評価基準は 0.025 mg m^{-3} とされているので，常温でも液状の水銀はこの基準の数百倍の水銀蒸気を発生

表 A16・1　水銀の蒸気圧と空気中の飽和量

温度 °C	蒸気圧 Pa	空気中の飽和量 mg m^{-3}	温度 °C	蒸気圧 Pa	空気中の飽和量 mg m^{-3}
-20	0.00241	0.23	60	3.365	247
-10	0.00808	0.74	80	11.84	808
-5	0.0143	1.29	100	36.38	2.36 [mg dm^{-3}]
0	0.0247	2.18	150	374.2	21.4 [〃]
5	0.041	3.62	200	2305	117 [〃]
10	0.065	5.57	250	9916	457 [〃]
15	0.105	8.60	300	32904	1.4 [g dm^{-3}]
20	0.160	13.2	356.7	101325	3.9 [〃]
25	0.245	19.6	400	2.1×10^5	
30	0.371	29.6	500	8×10^5	
35	0.552	43.3	600	22.6×10^5	
40	0.811	62.3	800	103×10^5	
50	1.689	125			

A16. 水銀と水の精製

していることになる．したがって水銀が床や机上にこぼれて細かい粒状になったまま放置してはならない．細粒状になった水銀は羽根ぼうきやゴム板ではき集めて，ある程度大きい粒にしてから水銀スポイトで吸い取るか，磨いた銅線やスズはくに付着させてひろい上げればよい．真空掃除器で吸い取るのも有効である．また，水銀を室内で開いた容器中で加熱したりすることも禁物である．使用中の水銀の表面は，常時水で覆っておくことが望ましい．水銀を多量に吸収したり，飲み込んだりしたときに起こる急性または亜急性の症状には，口内の炎症，全身倦怠，食欲不振，頭痛，頭重，精神症状（精神不安定），神経症状（手のふるえ）などがあり，長期間にわたって少量ずつ吸入した場合の慢性症状としては全身倦怠，脱力感，食欲不振，歯茎出血，歯の浮く感じ，および上記の精神，神経症状がある．実験室からの排水排液に水銀が混入するようなことがあってはならない．

　水銀は多くの金属とアマルガムをつくる．表 A16・2 は金属の水銀に対する溶解度を％濃度で示したものであるが，一般にこの値が 0.1％ 以上のものはアマルガムをつくりやすい．塊状の銅とはアマルガムをつくりにくいが，粉末状の銅とはつくりやすい．ヒ素，アンチモン，白金とはアマルガムをつくりにくく，鉄やニッケルとは直接には全くつくることはない．この理由から水銀は鉄製の容器に保存する．実験中に水銀と触れるおそれのある部分の金属はこれらのことを考慮して選択しなければならない．

表 A16・2　金属の飽和水銀溶液の濃度（20 °C）

金属	濃度(%)	金属	濃度(%)	金属	濃度(%)	金属	濃度(%)
Li	0.09	Mn	2.5×10^{-4}	Mo	~ 0	La	9×10^{-3}
Na	0.68	Fe	1.0×10^{-17}	Ag	0.042	W	~ 0
Mg	0.24	Co	0.017	Cd	4.92	Pt	0.02
Al	3×10^{-3}	Ni	5.9×10^{-4}	In	7.3×10^{-3}	Au	0.13
K	0.80	Cu	3.2×10^{-3}	Sn	0.62	Tl	42.8
Ca	0.3	Zn	2.15	Sb	2.9×10^{-5}	Pb	1.3
V	~ 0	As	~ 0	Cs	4.34	Bi	1.4
Cr	3.1×10^{-11}	Rb	1.54	Ba	0.33	U	1.4×10^{-4}

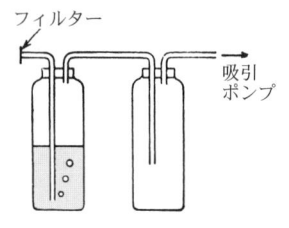

図 A16・1 空気吹込み

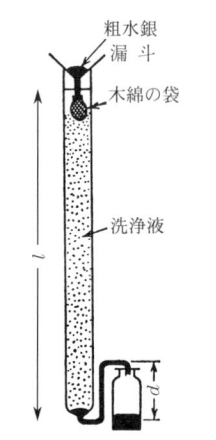

図 A16・2 オストワルド洗浄塔

l は 100～120 cm 程度．
d は $l/13.6$ より少し長くする．
出口の折返しは長すぎるとサイホンをつくるので注意

　また，水銀のアセチリドや窒化物は爆発しやすい．これらは水銀とエチンやアンモニアとの反応で生成する．

　水銀の精製法は以下の通りである．まず，ごみや金属の酸化被膜などの，水銀に不溶性の不純物を除くには水銀を沪過すればよい．沪過は乾いた沪紙を漏斗にほぼ密着するように円錐形に折り，円錐の頂点に当たる箇所にピンホールをあけ，漏斗の上において汚れた水銀を注いで行う．ガラスフィルターを用いるのも一法である．ピンホールを通って落下した水銀は沪過瓶のような肉厚で口をしぼった瓶で受け，瓶の破損と水銀の飛散を防ぐ．一般にガラス瓶にはあまり多量の水銀を入れないようにし，またプラスチックの大きい容器の中に水銀を入れたガラス容器をおくようにする．

　水銀が油で汚れている場合には，アルコール，ベンジン，水酸化カリウム水溶液，せっけん水のいずれかで洗浄する．有機物で汚染されている場合は過マンガン酸カリウムの水溶液で洗う．

　水銀が他の金属とアマルガムをつくっている場合には，使用中に酸化被膜が表面を覆ったり，その他の好ましくない現象が起こる．卑金属（酸化しやすいアルカリ金属や亜鉛およびアルカリ土類金属）を除くには，空気吹込み（aeration）と硝酸水銀(I)による洗浄を行う．空気吹込みは図 A16・1 に示すような簡単な装置を用いても行うことができる．空気吹込みは表面に酸化物がもはや浮上しなくなるまでつづける．水銀を細かい粒状にして空気中に噴霧させれば不純物の酸化はいっそう能率的である．酸化物は先に述べた方法で沪過して除く．

　硝酸水銀による洗浄は，5％硝酸水銀(I)水溶液または 5～10％の硝酸水溶液を用い，図 A16・2 に示すオストワルド洗浄塔によって行う．上部の漏斗の下端に付けた木綿の袋から細滴状になって水銀が落下する途中で洗浄される．下にたまった水銀は何度も繰返して洗浄する．オストワルド洗浄塔は，ほかの液体で水銀を洗浄するときに用いても便利である．空気吹込みのときに水銀の上に硝酸水銀を入れておけば，酸化と洗浄が同時に行われる．洗浄を自動的に行わせる装置には，図 A16・3 に示したようなものがある．肉厚毛管 B の下端を初めに水銀面の少し下にくるようにしておいて，A からアスピレーターで排気すれば，中央の円筒の水溶液が上昇し，B の下端が水銀面から外れ，B 内の水銀は大気圧に押されて中央の円筒中に細粒状に注ぎ込まれて減圧が破れ，水溶液は下って再び B の下端は水銀中に浸される．以下これが繰返し行われる．硝酸水銀溶液による

洗浄では，水銀よりもイオン化傾向の低い金属がイオンとして水溶液中に移る．

つぎに水銀を水洗する．水は水道水を使うと水道水に溶けている塩素のため白色の塩化水銀(I) Hg_2Cl_2 の沈殿を生じるので，蒸留水を用いなければならない．水銀を乾燥させるには沪紙で表面を拭うか，不溶性不純物を除去する場合のように沪過を行い，さらに，磁製皿に入れてドラフト中で 110 °C くらいにまで加熱すればよい．

以上の操作で除かれなかった重金属は減圧蒸留によって除く．減圧蒸留を行うには図 A16・4 に示した装置を用いれば便利である．系内は初めに真空ポンプで排気してからコックを閉じておけば，あとはときどき排気すればよい．粗水銀は加熱部分へ連続的に吸上げられて蒸留される．トリチェリ（Torricelli）の真空を利用した減圧蒸留装置もある．また，少量ずつ空気を水銀に吹込みながら減圧蒸留すれば，硝酸水銀(I)水溶液による洗浄までの段階で除ききれていなかった卑金属を酸化させて除去することができる．ただしこの場合には，上に述べたような連続蒸留装置は用いることができないので，通常の硬質ガラス製の蒸留装置を用いる．なお，一般に水銀の蒸留に用いるコックはグリースレスコックが望ましい．

このようにして精製した水銀は純度を検定してから保存する．純度検定は発光分光分析が便利である．保存は少量の場合は肉厚ガラス瓶でもよいが，ポリエチレン瓶が望ましい．粗水銀の大量保存には鉄製の容器を用いる．また，水銀はゴム管に触れると徐々に硫化物をつくり，ビニール管に触れて可塑剤のスズとアマルガムをつくることがある．ゴムは濃水酸化ナトリウム液で煮沸後，十分に水洗し，蒸留水で煮沸して用いる．

❏ **水の精製**　通常，水道水に含まれる不純物としては 1) 粉じんのような不溶性固体粒子，2) 塩類などイオン性の可溶性物質，3) 水溶性の有機物質，4) 窒素，酸素，塩素，二酸化炭素などの気体があげられる．

現在，水の精製法としておもに用いられているのは，逆浸透膜法，イオン交換法と古くから用いられている蒸留法である．逆浸透膜法は海水の淡水化に応用されている．イオンを透過しない膜でつくったチューブに原水を通し，原水にイオンの浸透圧以上の圧力をかけると，純水がチューブの外にしみ出してくることを利用したものである．イオン交換法ではイオン交換樹脂を用いて主とし

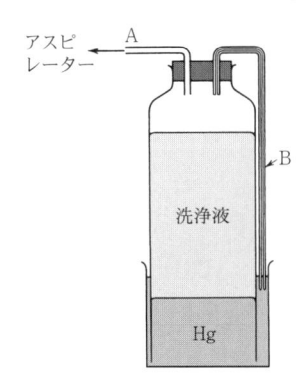

図 **A16・3**　自動洗浄装置

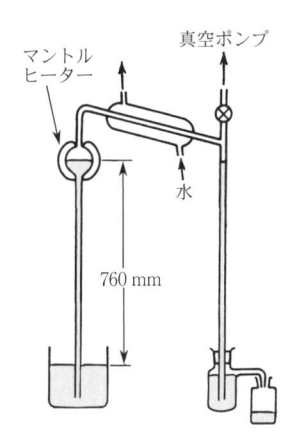

図 **A16・4**　水銀連続蒸留装置

てイオン性物質を除去し，汚染に十分に注意すれば抵抗率が 18 MΩ cm 程度の水にまで精製することができる．しかし有機物や溶存気体の除去には有効でなく，その意味でイオン交換法でつくった精製水は"脱イオン水"というのが妥当である．また，イオンの中でもケイ酸イオンなどは除去が困難である．

最近は，少量のイオン交換樹脂とイオン交換膜を層状に組合わせ，電気的にイオンを除去する装置が市販されている．電場をかけることにより，イオン交換樹脂にトラップされたイオンがイオン交換膜を通して排水系に排出される．これによって，イオン交換樹脂の能力を劣化させることなく連続運転できる．樹脂の再生の手間がいらないだけでなく，10 MΩ cm 程度の高い抵抗率をもった純水を得ることができる．また，通電によって細菌の増殖が抑えられることが報告されている．細菌の増殖が抑えられ，イオン交換樹脂量も少量ですむため，有機物の溶出も最小限に抑えられる．物理化学の実験では，イオン交換でつくった精製水よりも，つぎに述べる蒸留水を用いた方が一般には安全である．

蒸留法によって水を精製するには，溶存有機物を分解するため蒸留すべき水に少量の過マンガン酸カリウムと水酸化ナトリウムを加え，しばらく煮沸してから蒸留装置に入れて蒸留する．このとき水蒸気の一部を凝縮させずに逃がすようにすれば，溶存気体の除去と実験室の空気中からの新たな気体の溶解を防止するのに役立つ．蒸留装置の材料には硬質ガラスやホウケイ酸ガラス（パイレックス）が用いられるが，この場合でもあらかじめ水蒸気洗浄を行って溶出アルカリ分を十分に除去しておく．銀やスズ製，あるいはこれらの金属を内張りした装置も古くからよく用いられている．石英ガラス製のものは高価ではあるが，望ましい材質である．

蒸留法では不溶性物質，イオン性物質，有機物質は除去できるが，溶存気体の除去は必ずしも十分ではない．特に二酸化炭素が水に溶解していると水の抵抗率を低下させる．たとえば通常の方法でつくった蒸留水は空気中の二酸化炭素を平衡状態で溶かしており，その抵抗率は $1.25 \times 10^6 \, \Omega$ cm 程度である．そこで，濃硫酸中を通してアンモニアを除き，濃水酸化カリウム水溶液中を通して二酸化炭素を除き，さらに蒸留水中を通して洗浄した空気を蒸留水に吹込んで，溶存する二酸化炭素を除く．このようにしてつくった精製水は，水溶液の伝導度測定に用いることができるので

A16. 水銀と水の精製

伝導度水（conductivity water）といい，その抵抗率は $2\times10^7\,\Omega\,\mathrm{cm}$ にまで達する．ソーダ石灰管を通した空気を蒸留水に吹込むだけでも，抵抗率が $3\times10^7\sim5\times10^7\,\Omega\,\mathrm{cm}$ まで上がり，伝導度水として普通の目的に十分使用できる．また，イオン交換樹脂塔を通して注意深く脱イオン処理した水も伝導度水として利用される．伝導度水はソーダ石灰管を付けたポリエチレン瓶に保存する．

すべての気体成分を除くには，液体窒素あるいはドライアイスを冷却剤に用いて真空蒸留するか，蒸留水を凍結させてから真空中で融解させ，再び凍結させてから排気するという操作を繰返し行えばよい*．これらは他の液体の脱気にも応用できる．

精製水を保存するには容器からの可溶性成分の溶出と気体の溶解に注意する．ポリエチレンの容器を蒸留水で満たして密栓する方法はよい保存方法であるが，一般になるべく新鮮なうちに使用した方がよい．

---

* 37章 真空実験，[実験A] 参照

A17 高圧ガスの取扱い

❏ **容器について**　ガスは貯蔵，運搬の便宜上，ボンベとよばれる鋼鉄製の容器に圧縮されて入っている．化学実験で気体を使用する場合，ボンベに充填された高圧ガスを減圧して使用する．高圧ガスは使用を誤ると大きな事故につながる可能性があるので，ボンベの運搬，保持やボンベからのガスの取出しについては細心の注意が必要である．

高圧ガス容器についての規格は，国ごとに決められている．わが国では日本工業規格（JIS）で規定されている．容器には，その肩部厚肉の部分に図 A17・1 に示したような事項が刻印してある．また，充填ガスの種類によって容器の外面全体に表 A17・1 に従って塗色されており，定められた色でガスの名称および可燃性"燃"と毒性"毒"が明示されている．

ボンベ本体の上端に付いているバルブの構造は図 A17・2 のようになっている．スピンドル弁を回すハンドルはバルブによって付いているものとないものがある．付いていない場合には，図 A17・3 のような専用のレンチを用いて開閉する．開けるときは静かに 1 回転ないし 1 回転半左へ回すだけでよく，ハンドルを何回転も回す必要はない．この場合，急激にバルブを開けると，ガス出口に接続してある減圧調整器などの中の残ガスが瞬間的に断熱圧縮されて発熱し，非常に危険な

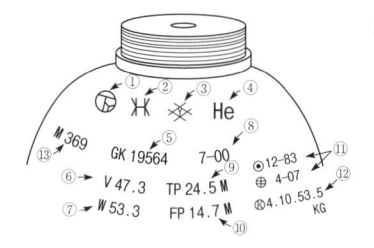

図 A17・1　ボンベの刻印の例．① 特定容器である旨の刻印，② 容器検査に合格した旨の記号および検査実施者の名称の符号，③ 容器製造業者の名称またはその符号，④ 充填すべきガスの種類，⑤ 容器の記号および番号，⑥ 内容量（記号 V，単位 L），⑦ バルブおよび付属品を含まない質量（記号 W，単位 kg），アセチレン用の場合：多孔質物，バルブを加えた質量（記号 TW，単位 kg），⑧ 容器検査に合格した年月（この例では 2000 年 7 月），⑨ 耐圧試験における圧力（記号 TP，単位 kg cm^{-2} では数字のみ，MPa 単位では数字のあとに M が付く），⑩ 最高充填圧力（圧縮ガスに限り）（記号 FP，単位 kg cm^{-2} または MPa），容器再検査（耐圧試験）に合格した場合には，⑪ 再検査実施者の名称の符号および再検査の年月，⑫ 質量に変化があった場合（この例では 2010 年 4 月の計量で 53.5 kg），⑬ 所有者登録番号

ので，圧力計が付いているときには針がゆるやかに上がる程度に，静かに開けるのがよい．

　高圧ガス容器のガス出口には減圧調整器が接続されるが，接続用のネジにはガスの種類によって右ネジと左ネジの区別がある．一般に可燃性ガスは左ネジで，その他のガスは右ネジである．ヘリウムは可燃性ではないが左ネジであり，ネジの山の高さおよびピッチが可燃性ガスの左ネジと若干異なっている．酸素ガスの場合には，図A17・3のようにガス出口が雌ネジになっている．

A17. 高圧ガスの取扱い

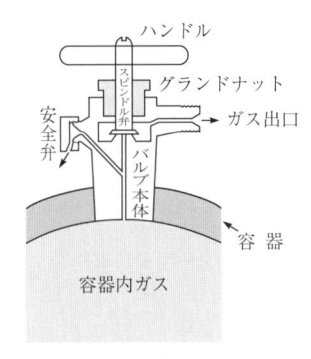

図 A17・2　バルブの構造

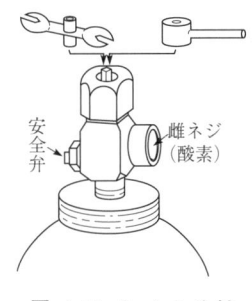

図 A17・3　レンチが必要なバルブ

表 A17・1　高圧ガスの諸性質

種類	名称 〔（ ）内は容器の色†〕	気体比重 （空気＝1）	沸点 ℃	融点 ℃	爆発範囲 （体積％）
圧縮ガス	アルゴン	1.380	−185.7	−189.2	
	一酸化炭素	0.976	−192.2	−206.0	12.5〜74
	酸素（黒）	1.105	−182.9	−218	
	水素（赤）	0.070	−252	−259	4.0〜75.6
	窒素	0.967	−195.8	−210	
	ヘリウム	0.138	−268.9	−272.1	
	メタン	0.554	−161.4	−182.7	5.0〜15.0
液化ガス	アンモニア（白）	0.58	−33.4	−77.7	15〜28
	二酸化硫黄	2.263	−10.0	−15.5	
	エチレン	0.975	−103.8	−169.5	2.7〜36
	塩化水素		−85	−112	
	フッ化水素	0.988	19.4	−92.3	
	フッ素	1.32	−188	−223	
	硫化水素	1.175	−60.0	−82.9	4.0〜44
	塩素（黄）	1.557	34.1	−100.9	
	二酸化炭素（緑）	1.156		−78	
	アセチレン（褐）	0.90		−81.8	2.5〜100

†　色指定のないガスの容器は，すべて灰色である．

付録

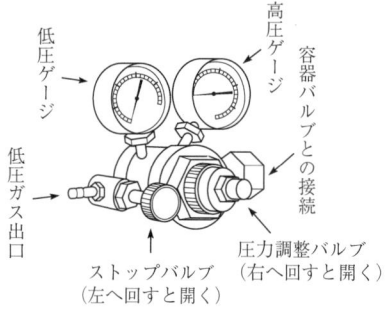

図の説明（減圧調整器）：
- 高圧ゲージ
- 低圧ゲージ
- 容器バルブとの接続
- 低圧ガス出口
- ストップバルブ（左へ回すと開く）
- 圧力調整バルブ（右へ回すと開く）

図 A17・4　減圧調整器

❏ **減圧調整器（レギュレーター）**　減圧調整器は図 A17・4 のような形をしている．ガスごとに異なった減圧調整器を用意し，同一の減圧調整器をいろいろのガスに共用してはいけない．酸素の場合には，"禁油"と指定された減圧調整器を使用しなければならない．

　減圧調整器を高圧容器に接続するときは，スパナやレンチを用いてしっかりと固定し，接続部分からのガス漏れがないことを確認しなければならない．ガスを使用するときは圧力調整バルブを静かに右へ回し，低圧ゲージを見ながら希望の圧力に調整する．つぎにストップバルブを左へ回すと低圧ガス出口から気体が出てくるようになっている．

❏ **容器（ボンベ）の運搬と保持**

　1) ボンベの一番弱いところはバルブであるため，運搬の際にはバルブを保護するために必ずキャップを付け，専用の手押運搬車を用いて移動させる．

　2) 液化ガスの容器（特にアセチレンボンベ）は横にしてはいけない．

　3) ボンベは重心が高いので，少しの振動やほかの器具との接触によって倒れる可能性が大きい．実験室などでボンベをおくときは，日陰で風通しのよいところを選び，専用の鎖で頑丈な架台に固定しなければならない．架台は床にアンカーをうちたとえ地震があったとしても，ボンベが倒れたり，歩いたりすることのないようにすべきである．

物理量の単位と表記：国際単位系(SI)　A18

　物理量を記述するには単位が必要である．世界各地にさまざまな言語が存在するように，単位にも定義が厳密なものからあいまいなものまでさまざまな種類が存在する．しかし，これは非常に不便なことであり，共通の単位系の確立が求められた．現在科学の世界で用いられているのは"国際単位系 SI"であり，第 11 回（1960 年）国際度量衡総会で決定されたものである．国際単位系のことを単に SI ともいうが，これは単位系確立で主導的役割を果たしたフランスに鑑み，フランス語の国際単位系 "Le Système International d'Unités" の頭文字の一部を用いている．
　SI 単位は SI 基本単位と SI 組立単位から成り立っており，必要に応じて SI 接頭語を用いることができる．

❑ **SI 基本単位**　　SI 単位は，明確に定義された七つの基本単位から構成されている．基本単

表 A18・1　SI 基本単位の名称と記号

基本物理量		SI 基本単位		
名　称	記号	名　称		記号
長　さ	l	メートル	metre	m
質　量	m	キログラム	kilogram	kg
時　間	t	秒	second	s
電　流	I	アンペア	ampere	A
熱力学温度	T	ケルビン	kelvin	K
物質量	n	モル	mole	mol
光　度	I_v	カンデラ	candela	cd

付録

位の数が7である必要はないので，もう少し少なくても多くてもよいが，最も手ごろなものとして7が選ばれている（表A18・1）．

❏ **SI 基本単位の定義**　2018年11月16日に開催された第26回国際度量衡総会で，SI基本単位の定義が大幅に改訂され，それに伴う七つの基礎物理定数の定義値も承認された．新しいSI単位の施行日は，メートル条約が締結された1875年5月20日にちなみ，2019年5月20日となった．

時間の単位（秒，s）：1 s は，^{133}Cs 原子の基底状態の二つの超微細構造のエネルギー準位間の遷移に対応する電磁波の周波数 $\Delta\nu$ の数値を 9 192 631 770 s^{-1} と定めることにより定義される．1 s = 9 192 631 770/$\Delta\nu$

長さの単位（メートル，m）：1 m は，真空中の光速 c の数値を 299 792 458 m s^{-1} と定めることにより定義される．1 m = c/299 792 458 s

質量の単位（キログラム，kg）：1 kg は，プランク定数 h の数値を 6.626 070 15×10^{-34} J s (= kg m^2 s^{-1}) と定めることにより定義される．1 kg = h/(6.626 070 15×10^{-34}) m^{-2} s

物質量の単位（モル，mol）：1 mol は，アボガドロ定数 N_A の数値を 6.022 140 76×10^{23} mol^{-1} と定めることにより定義される．1 mol = 6.022 140 76×10^{23}/N_A

電流の単位（アンペア，A）：1 A は，電気素量 e の数値を 1.602 176 634×10^{-19} C (= A s) と定めることにより定義される．1 A = e/(1.602 176 634×10^{-19}) s^{-1}

温度の単位（ケルビン，K）：1 K は，ボルツマン定数 k_B の数値を 1.380 649×10^{-23} J K^{-1} (= m^2 s^{-2} kg K^{-1}) と定めることにより定義される．1 K = (1.380 649×10^{-23})/k_B m^2 s^{-2} kg

光度の単位（カンデラ，cd）：1 cd は，周波数 540×10^{12} Hz の単色光の発光効率 K_{cd} の数値を 683 lm W^{-1} (= cd kg^{-1} m^{-2} s^3 sr) と定めることにより定義される．1 cd = K_{cd}/683 kg m^2 s^{-3} sr^{-1}

❏ **SI 組立単位**　組立単位は，乗法と除法の数学的記号を用いて基本単位からつくられる代数的表現によって与えられる（表A18・2～表A18・4）．

❏ **SI 接頭語**　SI接頭語とその記号にはつぎのようなものがある（表A18・5）．

A18. 物理量の単位と表記：国際単位系（SI）

表 A18・2　基本単位を用いて表現されるSI組立単位の例

物理量	SI 組立単位 名称	SI 組立単位 記号
面積	平方メートル	m^2
体積	立方メートル	m^3
速さ	メートル毎秒	m/s または $m \cdot s^{-1}$
加速度	メートル毎秒毎秒	m/s^2 または $m \cdot s^{-2}$
密度	キログラム毎立方メートル	kg/m^3 または $kg \cdot m^{-3}$
波数	毎メートル	m^{-1}

表 A18・3　固有の名称と記号をもつSI組立単位の例

物理量	名称	記号	ほかのSI単位による表し方
平面角	ラジアン	rad	$m \cdot m^{-1} = 1$
立体角	ステラジアン	sr	$m^2 \cdot m^{-2} = 1$
周波数	ヘルツ	Hz	s^{-1}
エネルギー, 仕事, 熱量	ジュール	J	$N \cdot m = kg \cdot m^2 \cdot s^{-2}$
力	ニュートン	N	$J \cdot m^{-1} = kg \cdot m \cdot s^{-2}$
仕事率	ワット	W	$J \cdot s^{-1} = kg \cdot m^2 \cdot s^{-3}$
圧力	パスカル	Pa	$N \cdot m^{-2} = kg \cdot m^{-1} \cdot s^{-2}$
電気量, 電荷	クーロン	C	$A \cdot s$
電位差（電圧）, 起電力	ボルト	V	$J C^{-1} = W \cdot A^{-1} = kg \cdot m^2 \cdot s^{-3} \cdot A^{-1}$
電気抵抗	オーム	Ω	$V \cdot A^{-1} = S^{-1} = kg \cdot m^2 \cdot s^{-3} \cdot A^{-2}$
コンダクタンス	ジーメンス	S	$\Omega^{-1} = A \cdot V^{-1} = A^2 \cdot s^3 \cdot kg^{-1} \cdot m^{-2}$
電気容量	ファラド	F	$A \cdot s \cdot V^{-1} = C \cdot V^{-1} = A^2 \cdot s^4 \cdot kg^{-1} \cdot m^{-2}$
磁束	ウェーバ	Wb	$V \cdot s = kg \cdot m^2 \cdot s^{-2} \cdot A^{-1}$
インダクタンス	ヘンリー	H	$V \cdot A^{-1} \cdot s = Wb \cdot A^{-1} = kg \cdot m^2 \, s^{-2} \cdot A^{-2}$
磁束密度	テスラ	T	$V \cdot s \cdot m^{-2} = Wb \cdot m^{-2} = kg \cdot s^{-2} \cdot A^{-1}$
セルシウス温度	セルシウス度	℃	K
光束	ルーメン	lm	$cd = cd \cdot sr$
照度	ルクス	lx	$lm \cdot m^{-2} = cd \cdot m^{-2} \cdot sr$

表 A18・4 固有の名称を用いて表現される SI 組立単位の例

物理量	SI 組立単位 名称	記号	SI 基本単位による表し方
粘性率	パスカル秒	$Pa \cdot s$	$kg \cdot m^{-1} \cdot s^{-1}$
表面張力	ニュートン毎メートル	$N \cdot m^{-1}$	$kg \cdot s^{-2}$
熱流密度	ワット毎平方メートル	$W \cdot m^{-2}$	$kg \cdot s^{-3}$
モルエネルギー	ジュール毎モル	$J \cdot mol^{-1}$	$kg \cdot m^2 \cdot s^{-2} \cdot mol^{-1}$
モルエントロピー	ジュール毎ケルビン毎モル	$J \cdot K^{-1} \cdot mol^{-1}$	$kg \cdot m^2 \cdot s^{-2} \cdot K^{-1} \cdot mol^{-1}$
モル熱容量	ジュール毎ケルビン毎モル	$J \cdot K^{-1} \cdot mol^{-1}$	$kg \cdot m^2 \cdot s^{-2} \cdot K^{-1} \cdot mol^{-1}$
熱伝導率	ワット毎メートル毎ケルビン	$W \cdot m^{-1} \cdot K^{-1}$	$kg \cdot m \cdot s^{-3} \cdot K^{-1}$
電気変位	クーロン毎平方メートル	$C \cdot m^{-2}$	$A \cdot s \cdot m^{-2}$
誘電率	ファラド毎メートル	$F \cdot m^{-1}$	$A^2 \cdot s^4 \cdot kg^{-1} \cdot m^{-3}$
透磁率	ヘンリー毎メートル	$H \cdot m^{-1}$	$kg \cdot m \cdot s^{-2} \cdot A^{-2}$

表 A18・5 SI 接頭語

倍数	接頭語	記号	倍数	接頭語	記号
10^{24}	ヨタ (yotta)	Y	10^{-1}	デシ (deci)	d
10^{21}	ゼタ (zetta)	Z	10^{-2}	センチ (centi)	c
10^{18}	エクサ (exa)	E	10^{-3}	ミリ (milli)	m
10^{15}	ペタ (peta)	P	10^{-6}	マイクロ (micro)	μ
10^{12}	テラ (tera)	T	10^{-9}	ナノ (nano)	n
10^{9}	ギガ (giga)	G	10^{-12}	ピコ (pico)	p
10^{6}	メガ (mega)	M	10^{-15}	フェムト (femto)	f
10^{3}	キロ (kilo)	k	10^{-18}	アト (atto)	a
10^{2}	ヘクト (hecto)	h	10^{-21}	ゼプト (zepto)	z
10^{1}	デカ (deca)	da	10^{-24}	ヨクト (yocto)	y

A18. 物理量の単位と表記：国際単位系（SI）

❏ **SI 単位を用いる際の注意事項**　SI 単位の基本精神は"首尾一貫した単位系"にあり，それを逸脱していなければ SI の範囲内では自由に表現することができる．以下にその使い方を説明する．

1) "物理量＝数値×単位"である．物理量の記号は斜体（イタリック体），単位の記号は立体（ローマン体）で表す．

2) 二つの単位，たとえば A と B の積は，AB または A·B で，商は A B^{-1}，A·B^{-1} または A/B で表す．

3) スラッシュ（/）を用いるときは 1 回に限られる．J/(K·mol) はよいが，J/K/mol としてはいけない．J·K^{-1}·mol^{-1} とするのが無難である．

4) SI 接頭語は一つの単位に一つしか付けられない．たとえば 2×10^{-9} m の長さは 2 nm と表してよいが，2 mμm はいけない．ただし質量の SI 基本単位にはすでに k の接頭語が付いているので，2×10^{-3} kg は 2 mkg ではなく 2 g となる．SI 単位の最大の欠点は，質量の基本単位に接頭語付きの kg を採用せざるをえなかった点である．

5) 実際には基本単位のみを使う必要はなく，SI 接頭語を用いて表現してもよい．たとえば，密度は kg·m^{-3} の代わりにグラム毎立方センチメートル（g·cm^{-3}）でも構わないし，波数を表すのに m^{-1} の代わりに毎センチメートル（cm^{-1}）でも構わない．

6) 物質量を表す SI 単位モルは，定義された数の要素粒子を含む系の物質量なので，従来用いられてきたグラム原子，グラム分子，グラムイオン，当量，グラム当量などを用いることはない．たとえば 1 グラムイオンの SO$_4^{2-}$ ではなく，1 モルの SO$_4^{2-}$ となる．1 ファラデーではなく，1 モルの e$^-$ が正しい．また 1 アインシュタインではなく，1 モルの γ が正しい．

7) 図の縦軸・横軸や表は数値となるように，通常は物理量/単位で表し，p/Pa，T/K，C_p/J·K^{-1}·mol^{-1}，log(p/MPa) などと表す．10^3 K/T と表すこともある．

❏ **SI 単位によって定義されている非 SI 単位の例**　これらの単位は国際単位系に属さないので，将来は廃止すべき単位だが，慣例としてよく用いられている（表 A18·6）．

表 A18・6 SI単位によって定義されている非SI単位の例

物理量	単位の名称	単位記号	単位の定義
長さ	オングストローム（ångström）	Å	10^{-10} m
面積	バーン（barn）	b	10^{-28} m^2
体積	リットル（litre）	L, l	1 dm^3 = 10^{-3} m^3
圧力	バール（bar）	bar	10^5 Pa
圧力	標準大気圧	atm	101 325 Pa
圧力	慣用ミリメートル水銀柱	mmHg	$13.5951 \times 9.806\,65$ Pa
圧力	トル（torr）	Torr	$(101\,325/760)$ Pa
動粘性率	ストークス（stokes）	St	10^{-4} m$^2 \cdot$s^{-1}
粘性率	ポアズ（poise）	P	10^{-1} Pa$\cdot$s
磁束密度	ガウス（gauss）	G	10^{-4} T
エネルギー	熱化学カロリー（calorie, thermochemical）	cal$_{th}$	4.184 J
放射能	キュリー（curie）	Ci	3.7×10^{10} s^{-1}
照射線量	レントゲン（röntgen）	R	2.58×10^{-4} C$\cdot$kg^{-1}

❏ 参考文献

1) IUPACグリーンブック要約版："物理化学で用いられる量・単位・記号（要約版）", 日本化学会（2010）.

エネルギー単位および圧力単位の換算表　A19

表 A19・1　エネルギーに関係する単位の換算表[†]

	波数 $\tilde{\nu}/\text{cm}^{-1}$	振動数 ν/MHz	エネルギー E/eV	モルエネルギー $E_m/\text{J·mol}^{-1}$	$E_m/\text{cal·mol}^{-1}$	温度 T/K
$\tilde{\nu}:1\text{ cm}^{-1}$	1	$2.997\,925\times10^4$	$1.239\,842\times10^{-4}$	11.962 66	2.859 144	1.438 775
$\nu:1\text{ MHz}$	$3.335\,641\times10^{-5}$	1	$4.135\,667\times10^{-9}$	$3.990\,313\times10^{-4}$	$9.537\,076\times10^{-5}$	$4.799\,237\times10^{-5}$
$E:1\text{ eV}$	$8.065\,545\times10^3$	$2.417\,989\times10^8$	1	$9.648\,534\times10^4$	$2.306\,055\times10^4$	$1.160\,451\times10^4$
$E_m:1\text{ J·mol}^{-1}$	$8.359\,347\times10^{-2}$	$2.506\,069\times10^3$	$1.036\,427\times10^{-5}$	1	0.239 005 7	0.120 272 2
$E_m:1\text{ cal·mol}^{-1}$	0.349 755 1	$1.048\,539\times10^4$	$4.336\,410\times10^{-5}$	4.184	1	0.503 218 9
$T:1\text{ K}$	0.695 035 6	$2.083\,664\times10^4$	$8.617\,343\times10^{-5}$	8.314 472	1.987 207	1

[†] $E=hc_0\tilde{\nu}=h\nu=k_BT$; $E_m=N_AE$ (h：プランク定数，c_0：真空中の光速，k_B：ボルツマン定数，N_A：アボガドロ定数)

表 A19・2　圧力単位の換算表[†]

	Pa	bar	Torr	atm	kg·cm^{-2}	psi
1 Pa($=\text{N·m}^{-2}$)	1	10^{-5}	$7.500\,62\times10^{-3}$	$9.869\,23\times10^{-6}$	$1.019\,72\times10^{-5}$	$1.450\,38\times10^{-4}$
1 bar	10^5	1	$7.500\,62\times10^2$	$9.869\,23\times10^{-1}$	1.019 72	$1.450\,38\times10$
1 Torr	$1.333\,22\times10^2$	$1.333\,22\times10^{-3}$	1	$1.315\,79\times10^{-3}$	$1.359\,50\times10^{-3}$	$1.933\,68\times10^{-2}$
1 atm	$1.013\,25\times10^5$	1.013 25	760	1	1.033 23	14.695 9
1 kg·cm^{-2}	$9.806\,65\times10^4$	$9.806\,65\times10^{-1}$	$7.355\,59\times10^2$	$9.678\,41\times10^{-1}$	1	14.223 3
1 psi	$6.894\,76\times10^3$	$6.894\,76\times10^{-2}$	$5.171\,494\times10$	$6.804\,60\times10^{-2}$	$7.030\,70\times10^{-2}$	1

[†] 1 mmHg=1 Torr (2×10^{-7} Torr 以内の差で成立する)

A20 物性データの入手

本書で取上げた実験の中には物質の性質を測定するテーマが多数ある．物性値などのファクト情報は，研究者が必要とするデータを文献経由でなく直接入手できる利便性がある．電子化されているもののほかに，冊子体のデータ集として刊行されたものは，古くても，その後再測定されていないデータも非常に多いので，オンラインで検索できるデータベースになっていないデータ集も貴重である．大規模な情報源を主として紹介する．

❏ **STN International**　最も広範囲なファクトデータ源で，このシステムには物性データベースも多数ある．STNデータベースサマリーシート*を見るか，またはSTNにアクセスしてから，NUMERIGUIDEファイルでファイル名を調べてから検索するのが効率的である．
1) Reaxys　　有機化合物の辞典として最大で，物性，スペクトル，合成法などが文献とともにある．
2) Registry　　CAS登録番号のもとに名称，分子式，化学構造のほか，頻用される物質については多種の物性データが記載されている．文献ファイルへのリンクもある．
3) DETHERM　　化学工業用の熱物性500種以上の数値情報．
4) GMELIN　　上の1)に対応する無機化合物，有機金属化合物を対象とするデータ．
5) HSDB　　毒物，環境物質に関する物性データ．
6) MRCK　　メルクインデックスのオンライン版．数値検索もできる．
7) RTECS　　物質の毒性情報．

＊ 化学情報協会のウェブサイトにある（http://www.jaici.or.jp/）．
　同協会のヘルプデスク（http://www.jaici.or.jp/helpdesk/index.htm）に問合わせてもよい．

8) CASREACT　　有機化学反応のデータ．出発物質か目的物質あるいは両方を指定して反応を検索できる．

❏ **独立系ファクトデータベース**　　特定の物質ごとでなく，データの種類ごとに分けたデータ集も多数ある．冊子体から出発したものが多く，もとの冊子体のページを pdf ファイルとしたものに新しく開発した検索・表示システムがついている．おもなものだけを紹介する．

1) NIST Chemistry WebBook[*1]　　米国政府 NIST が傘下のデータセンターで作成したデータベースをまとめたもののうち，化学に関するクラスタである．他の分野のデータ（電気的性質など）も同じサイトで見られる．正確さに定評のあるデータ集である．スペクトルはチャートが表示される．

2) Springer Materials[*2]　　ドイツの出版社 Springer Verlag が発行する著名なデータ集 Landolt-Börnstein の数値表のうち New Series の約 400 冊に収められたデータをオンライン化したもので，1) の NIST に匹敵する信頼性がある．

3) DIPPR[*3]　　慣用の 2013 種の純物質の熱物性値．

4) Chapman&Hall 化合物辞典[*4]　　有機・無機化合物，天然物などの化学的，物理的性質を物質ごとに収録した辞典．DVD 版とウェブ版がある．

5) SDBS[*5]　　産業技術総合研究所がその前身である東京工業試験所時代から蓄積してきた有機化合物の赤外吸収スペクトルに ^1H と ^{13}C の NMR スペクトルを加えたウェブ版のデータベース．

6) CSD[*6]　　英国ケンブリッジ結晶学データセンター（CCDC）が集めた有機化合物と有機金属化合物に関する（高分子を除く）既知の結晶構造をすべて収録したデータベースシステム．

[*1] http://webbook.nist.gov/chemistry/
[*2] http://www.springermaterials.com/navigation/
[*3] http://dippr.byu.edu/product.asp
[*4] http://www.jaici.or.jp/wcas/wcas_chapman.htm
[*5] http://www.nmij.go.jp/~mtrl-charct/polym-std/PSSJ_jp/SDBS6.html
[*6] http://www.jaici.or.jp/wcas/wcas_ccdc.htm

A20.　物性データの入手

付録

7) ICSD*¹　元素と無機化合物の結晶構造のデータベース．STN にも搭載されているが，DVD での配布もある．別に，金属と合金の結晶構造のデータベース CRYSTMET*² もある．

8) PDB　タンパク質の既知の結晶構造をすべて収録したデータベース．大阪大学蛋白質研究所のサイトから PDBj の一部として無料で利用できる*³．

❏ **便 覧**　簡便なデータ源としては便覧がある．日本化学会編集の"化学便覧"，Taylor & Francis 社発行の Handbook of Chemistry and Physics が簡便である．国立天文台発行の"理科年表"も便利である．専門分野別の便覧については"化学便覧"基礎篇 II の付録の"データの検索"に記載がある．

❏ **インターネット**　インターネット上で検索エンジンから，専門分野別にデータ集やデータベースを検索できる．これは簡便ではあるが，信頼性がはっきりしないデータが混ざっているから，重要な目的に使うデータを入手する場合には原報にあたる必要がある．

---

*1　http://www.jaici.or.jp/wcas/wcas_icsd.htm
*2　http://www.jaici.or.jp/wcas/wcas_crystmet.htm
*3　http://www.protein.osaka-u.ac.jp/jpn/database/

実験を安全に行うために　A21

　物理化学実験では，大量の化学物質を使うことはまれであり，化学物質の反応に伴う爆発や発火の危険性は高くない．しかし，有機・無機化学実験では考えなくてよいような危険性も存在する．実験の章では，その実験に関して特に気をつけなければならない安全上の最小限の注意を記しただけなので，ここでは物理化学実験で遭遇する安全上の一般的な注意事項を述べる．同じ室内でいろいろな実験が並行して行われることが多いので，自分が行う実験に直接関係がないと思われる項目の注意事項にも，必ず目を通しておくのがよい．ページ数の関係で，本章は"予防のための指針"を中心とした内容になっている．事故が起こった場合の事後処理については，簡単な記載だけでは，かえって中途半端になることを危惧したためである．章末に掲げた"安全に関する参考文献"なども併せて参照されたい．

❏ ガラス器具の取扱いやガラス細工での注意

- ガラス器具は使用前によく点検し，傷のあるものの使用は避ける．特に減圧，加圧，加熱するものについては入念に検査する必要がある．
- 三角フラスコのような平たい部分のある肉薄の容器を減圧してはいけない．
- ガラス製デュワー瓶はわずかな傷で爆発的に破損（瓶内は真空なので，内側にぐしゃっとつぶれる）することがあるので，瓶の中へ素手を入れたり，顔を近づけてはならない．
- 薬品が入ったアンプルを開封するときは，開封時にアンプル内の蒸気が飛び出さないように，事前にアンプルを冷やしておき，手が滑らないように，水で湿らせた布などでしっかり巻いてからアンプルの口を自分や他人の方に向けないようにして軽くやすりをかけ，引くようにして折る．

付　録

- ゴム栓やコルク栓にガラス管や温度計などを差込むときに折れて負傷することが多い．管に水またはアルコールやグリセリンを塗り，栓を回しながら少しずつ押込む．この際，栓を持つ手と管を持つ手が離れていると，ガラス管などが折れ，大けがをすることがあるので，手と手の間隔は 2 cm 以下になるようにする．
- 封管，密栓を開封するときは，内圧がかかっていて，噴き出しや爆発で内液を浴びることがあるので，前もって冷やし，ドラフト内でガラス戸越しに行うことが望ましい．
- ガラス細工の際，可燃性気体が残っている容器を加熱して爆発が起こることがある．事前に容器内を十分に換気しておかなければならない．
- ガラス細工の際，赤熱していないガラスに不注意で触れてやけどをすることが意外に多い．ガラスの温度が下がるには時間がかかることを念頭におくべきである．

❏ **寒剤を扱う際の注意**　寒剤としてよく用いるのはドライアイス（昇華 195 K）や，液体窒素（沸点 77.4 K），液体ヘリウム（沸点 4.2 K）などの液化ガスである．液化ガスの運搬貯蔵容器は真空容器となっている．構造や操作法を十分に確かめておかなければならない．

- 液化ガスの飛沫が皮膚に飛び散っても，皮膚が乾いていればすぐに気化するので凍傷にかかりにくいが，皮膚が水などで濡れていると液体が凍結し，凍傷になりやすい．大量の寒剤を扱うときは，革の手袋を使用する．軍手などは寒剤が透過するので，かえって凍傷を助長することになり，好ましくない．
- 風通しのよくない部屋で寒剤を使用するときは，換気をよくして酸素欠乏にならないようにしなければならない．
- 温度にもよるが，液化ガスが気化するとその体積は約 800〜1000 倍に増大する．液化ガスを取扱う際の鉄則は，液体を密封系に閉じ込めないことである．
- 液体窒素トラップなどを大気に開放した状態で長時間放置すると，酸素の沸点（90.2 K）の方が窒素の沸点（77.4 K）より高いので，空気中の酸素が液化する．トラップ両端のコックを不用意に閉じると，酸素はトラップなどに残存している有機物と反応したり，気化による体積膨張などで，思わぬ事故に結びつく．真空ラインを止める前に，トラップ両端のコックを閉じる

ようにすれば，この種の事故は大幅に軽減される．

❏ **油回転真空ポンプを使用する際の注意**　物理化学実験ではしばしば真空状態を得るために，油回転真空ポンプや油拡散ポンプなどが使用される．油回転真空ポンプは，真空ポンプをモーターの動力で稼動させる仕組みになっている．最近はモーター直結型のものが多く市販されているが，依然としてゴムベルトで動力を伝える型のものも使用されている．

- ポンプに電源を入れる前に，作動オイルの量が減っていないかを調べる．減っていれば，専用オイルを適量レベルまで補充する．
- ゴムベルトに亀裂などが入って，劣化していないかどうかを調べる．必要なら新品のベルトと交換する．
- 実験用白衣の裾や，腰からぶらさげた手拭いが油回転ポンプに巻込まれると，非常に危険である．長い髪の場合も同様である．体から垂れ下がらないようにしなければならない．
- ポンプの排気ガスで部屋の空気が汚染することがあるので，管理者はポンプにオイルミストトラップを付けたり，部屋の換気をよくしておかなければならない．
- 過負荷の状態でモーターに通電を続けると，発熱して火災の原因となる．
- 油回転真空ポンプにはオイルの逆流止め装置が付いていないものもあるので，電源を切った後は，すみやかにリークバルブを開けて，大気圧に戻しておく．
- 停電の後，通電が復帰するときに事故が発生する可能性があるので，停電時にはすべての機器の電源をいったん切らなければならない．

❏ **電気に関する災害と注意**　物理化学実験では，電気機器を用いて測定することが多い．電気による災害は，感電，マイクロ波やレーザーなどの強力な電磁波による被曝，漏電による火災などがある．

- 電気機器類は接地（アース）専用の端子を用いて，確実にアースをとらなければならない．水道管やガス管を決してアースに用いてはならない．
- 管理者は，高電圧や大電流の通電部ないしは帯電部は絶縁物で遮蔽する．あるいは，近くへは立入らないよう柵を設け，危険区域である旨を表示する．

A21.　実験を安全に行うために

付録

- 電源スイッチをオフにしても，コンデンサーなどに電荷が蓄えられている場合があるので，不用意に電気回路素子に触れると危険である．帯電の可能性がある素子に直接触れることが必要になったときは，電源を切り，コンデンサーの両端をショートするなどして，帯電が解除されたことを確認してから作業を進める．
- 電気機器からの電流の漏えいを避けるため，付着したゴミや油を取去って，機器とその周辺を清潔に保つ．
- 高電圧や大電流を伴う実験は，単独ではしない．
- 静電気発生とそれによる放電が原因の災害のおそれのあるときは，管理者は電気機器を防爆形とする．
- 電源やコード，ヒューズ，ブレーカーなどは，機器の消費電力に適したものを用いる．
- 電源との接続は確実にし，接触不良を起こさないようにする．

❏ **X線を用いる場合の注意**　X線構造解析などで専門家以外でもX線を扱うことが多くなってきた．目に見えなく，被曝しても自覚症状がないため油断しがちであるが，X線による被曝の人体への影響は重大である．十分に経験を積んだ者と一緒に扱うことが望ましい．

- 管理者は，X線発生装置が設置されていることを示す標識を掲示しなければならない．
- 実験時はフイルムバッジを着用し，被曝線量をモニターすること．
- X線の射出口から放射されるX線は強いので，これに直曝されないように注意する．
- 市販のX線回折計では，X線の漏えい防止などの安全対策がとられているが，自作の場合は，X線発生装置は十分遮蔽したつもりでも，漏れや散乱X線を完全に防ぐことは困難である．管理者は，定期的にこれらの検出測定を行い，漏えい状況を把握し，必要に応じて改善策を講じること．
- 学生実験では該当しないが，長期にX線を扱う場合は，定期健康診断を受けることが義務づけられている．

❏ **レーザーを用いる場合の注意**　レーザー光は電磁波としての波面がそろい，指向性に優れ，エネルギー密度が高く，波長領域は真空紫外，紫外，可視，赤外，ミリ波に及ぶ．一般にレー

ザー光は生体に吸収されやすいので，人体に直接当たらないようにする．
- レーザー光の危険度について，十分認識しておかなければならない．
- レーザー光を飛ばす光路は，目の高さを避けること．
- レーザー光の予想される光路は，レーザーが作動していなくても，のぞき込んではいけない．
- レーザーの波長に適した保護眼鏡を使用する．
- レーザーの作動を開始するときは，必ず他の人に声をかけること．
- レーザー装置は高電圧電源を使用しているので，感電しないように気をつけること．
- 安全管理者をおくことが望ましい．

❏ **強磁場実験での注意**
- 超伝導マグネットは強力な磁場が発生するので，磁気カードやフロッピーディスクなどが近くにあると記録が消えるので，近づけないようにする．
- 金属製の実験器具や工具などが強力な磁場に吸い寄せられ，大きな事故につながることがあるので，超伝導マグネットに近づけないようにする．
- 心臓のペースメーカーを使用している者は近づいてはならない．誤って入室することがないよう，管理者は入口に掲示を出し，注意を喚起しなければならない．
- 超伝導マグネットを形成するコイルの超伝導が破れた場合（いわゆるクエンチした場合），コイルに蓄えられていた電気エネルギーはジュール熱として放出され，寒剤として用いている大量の液体ヘリウムが急激に蒸発する．超伝導マグネットが設置されている部屋には，クエンチが起きた場合，大量のヘリウムガスを屋外に排出する設備が施されているが，クエンチが起きたらまず室外に出ることが大切である．

❏ **気体の漏れによる中毒や爆発に関する注意** 気体は多くの場合，無色であり無臭のことも多いので，液体や固体試料を取扱うときと比べて特に注意が必要である（表 A 21・1）．気体に関する事故の多くは，容器からの気体の漏れによるものであり，ガス中毒や大気中に漏れた気体の爆発である．

A21. 実験を安全に行うために

表 A21・1 化学物質の許容濃度†

化学物質	許容濃度(ppm)	短期暴露限界濃度または天井値(ppm)	化学物質	許容濃度(ppm)	短期暴露限界濃度または天井値(ppm)	化学物質	許容濃度(ppm)	短期暴露限界濃度または天井値(ppm)
アクリロニトリル	2	—	ギ酸	5	STEL 10	トルエン	50	—
アクロレイン	0.1	STEL 0.1	キシレン	100	STEL 150	二酸化硫黄	1	STEL 5
イソアミルアルコール	100	STEL 125	クレゾール	5	—	二酸化炭素	5000	STEL 30000
イソブチルアルコール	50	—	フルオロベンゼン	10	—	ニトログリセリン	0.05	—
イソプロピルアルコール	400	STEL 500	クロロホルム	10	—	ニトロベンゼン	1	—
一酸化炭素	50	—	酢酸	10	STEL 15	二硫化炭素	10	—
エチルアセタート(酢酸エチル)	200	—	三塩化リン	0.2	STEL 0.5	フェノール	5	—
			酸化エチレン	1	—	1-ブタノール	50	C 50
エチルエーテル	400	STEL 500	シアン化水素	5	C 4.7	2-ブタノール	100	—
エチルベンゼン	100	STEL 125	ジエチルアミン	10	STEL 15	フッ化水素	3	C 3
エチルメチルケトン	100	STEL 300	四塩化炭素	5	STEL 10	2-プロパノール	400	STEL 500
エチレンジアミン	10	—	シクロヘキサノール	25	—	ヘキサン	40	—
塩化エチレン	10	—	シクロヘキサン	150	—	ベンゼン	1	STEL 0.5
塩化カルボニル(ホスゲン)	0.1	—	臭素	0.1	STEL 0.2	ホスゲン	0.1	—
			硝酸	2	STEL 4	ホルムアルデヒド	0.5	C 0.3
塩化水素	5	C 5	シラン(四水化ケイ素)	100	—	メタノール	200	STEL 250
塩化ビニル	2.5	—	セレン化水素	0.05	—	ヨウ素	0.1	C 0.1
塩化メチル	50	STEL 100	テトラヒドロフラン	200	STEL 250	硫化水素	10	STEL 15
塩素	1	STEL 1	1,1,1-トリクロロエタン	200	STEL 450	硫酸ジメチル	0.1	—
オゾン	0.1	—	トリクロロエチレン	25	STEL 100			

† **許容濃度**は1998年の日本産業衛生学会の勧告値から抜粋した．許容濃度とは，健康な成年男子が1日8時間労働（昼休み1時間）して，連日暴露されても健康に支障を及ぼさない，作業環境中の有害ガスの時間加重平均濃度を意味する．一般に，短時間暴露についてはこの3倍（30分以内）ないし5倍（瞬時値）まで許容されるが，一部のものについては15分以内の短時間に限定した許容値として，**短期暴露限界濃度（STEL）** が定められている．一方，急性中毒を起こすもので，短時間であってもある濃度を超えてはならない場合は，特にこれを**天井値（C）**という．STELとCの値はACGIH（American Conference of Industrial Hygienists）の1997年勧告より抜粋した．

A21. 実験を安全に行うために

燃焼とは光と熱の発生を伴う化学変化をいい，普通は可燃物と酸素との化学反応によって起こる．他方，**爆発**とは急激な圧力の発生または解放の結果として，激しく，また音響を発して，破裂したりする現象である．爆発の中でも特に激しい場合を**爆轟**（ばくごう）とよんでいる．爆轟では，ガス中の音速よりも火炎伝播速度の方が大きく，波面先端には衝撃波という切り立った圧力波が生じ，

表 A21・2 可燃性物質の空気中の爆発限界（常温, 常圧, 体積 %）[†]

可燃性物質	下限界	上限界	可燃性物質	下限界	上限界	可燃性物質	下限界	上限界
メタン	5.0	15	ベンゼン	1.3	7.9	アセトニトリル	4.4	16
エタン	3.0	12.4	トルエン	1.2	7.1	アクリロニトリル	3.0	17
プロパン	2.1	9.5	シクロヘキサン	1.3	7.8	ヒドラジン	4.7	100
n-ブタン	1.8	8.4	メタノール	6.7	36	塩化ビニル	3.6	33
n-ペンタン	1.4	7.8	エタノール	3.3	19	水 素	4.0	75
n-ヘキサン	1.2	7.4	アセトアルデヒド	4.0	60	一酸化炭素	12.5	74
n-ヘプタン	1.1	6.7	アセトン	2.6	13	アンモニア	15	28
エチレン	2.7	36	ジエチルエーテル	1.9	36	硫化水素	4.0	44
プロピレン	2.4	11	酸化エチレン	3.6	100	二硫化炭素	1.3	50
アセチレン	2.5	100	アニリン	1.2	8.3	シアン化水素	5.6	40

[†] J. M. Kuchta, "Investigation of Fire and Explosion Accidents in the Chemical, Mining, and Fuel-Related Industries: A Manual", *U. S. Bureau of Mines, Bulletin 680* (1985) より抜粋．

表 A21・3 爆轟濃度限界（空気中, 体積 %）[†]

可燃性物質	下限界	上限界	可燃性物質	下限界	上限界	可燃性物質	下限界	上限界
水 素	15.5	64.1	プロパン	2.5	8.5	ベンゼン	1.6	6.6
メタン	8.3	11.8	プロピレン	2.5	11.5	シクロヘキサン	1.4	4.8
アセチレン	2.9	63.1	n-ブタン	2.0	6.8	キシレン	1.1	4.7
エチレン	4.1	15.2	ネオペンタン	1.5	5.9	n-デカン	0.7	3.5
エタン	3.6	10.2						

[†] 松井英憲, "燃料-空気混合ガスの爆轟濃度限界", 産業安全研究所報告, RR-29-3 (1981) より抜粋．

付録

激しい破壊作用を生じる原因となる．

たとえば，常温常圧で水素ガスが空気中に，体積で4％から75％までの濃度の混合気体は一部に火花などで点火すれば全体に火炎が広がるが，それ以外の混合ガスでは火炎は広がらない．この低い方の濃度限界を**爆発下限界**，高濃度の限界を**爆発上限界**とよび，この範囲を**爆発範囲**または**爆発限界**という（表A21・2，表A21・3）．

❏ **火災と消火に関する注意**

・火災が発生したら大声で周囲に知らせる．
・消火器で初期消火に努める．
・周囲の可燃物を取除き，延焼を防ぐ．
・ガス源，電源などをなるべく離れた場所で切る．
・火元の人は興奮しているので，周囲の人が率先して消火活動を交代すべきである．
・火災の種類により消火器が異なるので，消火器の種類（表A21・4）・使用法・設置場所を日ごろからよく確認しておくことが大切である．
・火災でやけどをした場合，すぐに流水で冷やす．やけど部分が大きい場合は，緊急用シャワーなどで冷やす．衣服を脱がす場合，やけど部分は脱がさない方がよい．治療の妨げになるので，消毒液や軟膏類を塗ってはいけない．やけどがひどい場合は，必ず医療機関で診察を受けなければならない．

❏ **薬品・化学物質の安全性に関する情報源**　薬品・化学物質の安全性については，MSDS（Material Safety Data Sheets：化学物質等安全データシート），PRTR（Pollutant Release and Transfer Register：環境汚染物質排出移動登録），ICSC（International Chemical Safety Cards：国際化学物質安全性カード）が普及している．さまざまなウェブサイトや文献があるが，以下のものが便利である．

1) アクロン大学：http://ull.chemistry.uakron.edu/erd （MSDS情報）
2) 国立環境研究所：http://db-out.nies.go.jp/kis-plus/index_2.html （MSDS情報）
3) 環境省：http://www.env.go.jp/chemi/communication/factsheet.html （PRTR情報）

表 A21・4　消火器の種類と特徴

	消火器の種類	主成分	特徴	適応	不適応	消火原理
気体	炭酸ガス消火器	二酸化炭素	消火後がきれいで実験室向き 射程が短く、風に弱い	油火災・電気火災	一般火災	酸素遮断
	ハロン1301消火器	ブロモトリフルオロメタン	被災物を汚さない コンピューター火災向き	油火災・電気火災	一般火災	酸素遮断・抑制作用
液体	水消火器	水		一般火災・電気火災	油火災	冷却作用
	強化液消火器（ABC）	炭酸カリウム	射程大 火種が残りやすい火災に効果的	一般火災・油火災・電気火災		冷却・抑制作用
	機械泡消火器	界面活性剤	粉末の速攻性と水系の確実性を併せもつ	一般火災・油火災	電気火災	酸素遮断・冷却作用
固体	粉末消火器（ABC）	リン酸アンモニウム	消火効果大 放射時間が短い 薬品・器材類に与える影響大	一般火災・油火災・電気火災		酸素遮断・抑制作用
	化学泡消火器	炭酸水素ナトリウム 硫酸アルミニウム	垂直面の消火にも有効 消火後の汚れ大	一般火災・油火災	電気火災	酸素遮断・冷却作用
	金属火災用消火器	食塩・砂		金属火災・立体的な火災		酸素遮断・抑制作用

4）国立医薬品食品衛生研究所：http://www.nihs.go.jp/ICSC/（ICSC情報）
5）国立医薬品食品衛生研究所：http://www.nihs.go.jp/law/dokugeki/dokugeki.html（毒物・劇物）
6）"化学物質規制・管理実務便覧"，化学物質管理実務研究会 編，新日本法規出版

付録

1) から 5) のウェブサイトは便利にできており，化合物名や化学式で簡単に検索でき，化合物の性質や取扱い上の諸注意を調べることができる．6) は実験を指導する教員に便利である．

❏ 安全に関する参考文献
1) "化学実験の安全指針（第 4 版）"，日本化学会 編，丸善（1999）．
2) "学生のための化学実験安全ガイド"，徂徠道夫・山本景祚・山成数明・齋藤一弥・山本 仁・高橋成人・鈴木孝義 著，東京化学同人（2003）．
3) "大学人のための安全衛生管理ガイド"，鈴木 直・太刀掛俊之・松本紀文・守山敏樹・山本 仁 著，東京化学同人（2005）．
4) "化学物質の安全管理（第 5 版 実験化学講座 30）"，日本化学会 編，丸善（2006）．
5) "基礎化学実験安全オリエンテーション"，山口和也・山本 仁 著，東京化学同人（2007）．

2) と 5) は，本書同様に大阪大学大学院理学研究科の教員が実際の実験指導に基づいて執筆したものであり，学生には最適の参考書といえる．3) は大阪大学安全衛生管理部が主体となって作成したもので，実験を指導する管理者向けのガイドである．

❏ 化学実験に伴う事故例　　化学実験には危険を伴うことが多いが，細心の注意を払えば危険を回避できるので，恐れることはない．しかしちょっとした不注意や油断をすると思わぬ事故につながり，死亡に至る痛ましい事例もある．1993 年以降に実験室で実際に起こった事故・火災・死亡例を，米国化学会が機関紙 *Chem. Eng. News* に Safety letters として収録している．以下のウェブサイトから詳細を知ることができる．http://pubs.acs.org/cen/safety/index.html

索引

あ～う

I_2 199
ICSC 362
アイソテニスコープ 87, 89, 90(図)
ITS-90 323, 324
IPTS-68 324
アインシュタインの関係(拡散)
　　　　　　　　　　197, 205
亜鉛電極 232
アクセプター分子 79
アクリル樹脂 334
アセチルアセトン 48
アセチレンボンベ 344
アセトン 48, 124, 186
α,α'-アゾビスイソブチロニトリル
　　　　　　　　　　25
圧縮因子 89, 130
圧縮ガス 343
アッベ屈折計(図) 123
圧　力 314
圧力計
　水銀U字管—— 317
　静電容量—— 314
　ダイヤフラム式—— 314
　ブルドン管—— 314

マンガニン線—— 315
圧力単位の換算表 351
アナタース 152
アニオン交換膜 242
アノード 231
アヒル(舟型蒸発乾燥器) 194
油拡散ポンプ 311
アマルガム 337
アルカリマンガン乾電池 278
アルコール温度計 324
アルゴン 133
R 枝(R branch) 10
アルミノケイ酸ナトリウム 174
アレニウスの関係(電離) 225
アレニウスの式(反応) 142
安息香酸 92, 99
アンチモン電極 233
アンチモン棒 236
アンペア(単位) 346

い

イオン化電圧 316
イオン交換樹脂 340
イオン交換水 94
　——の有機不純物 159
イオン交換膜 340
イオン伝導体 76
位相差の測定 292

一軸伸張応力 219
一次電池 278
一次反応の速度定数 134
移動度 76
インジウム 102
インターフェログラム 7
インピーダンス
　残留—— 63
　複素—— 61
インピーダンス整合 291

ヴァン・ヴレックの式 69
うき型表面圧計 162
ウレタン樹脂 334

え

AIBN 25
HOMO 79
HClの赤外吸収スペクトル(図) 13
ASTM 185
α-Al_2O_3 102
A 型高分子 65
液化ガス 343
液間電位差 238
エキシプレックス 27
液体拡張膜 161

液体凝縮膜 161
液体酸素の爆発 307
液体水素 308
液体窒素 306
液体ヘリウム 308
　——貯蔵容器 308, 309
SI(単位系) 345
SSCE(銀-塩化銀電極) 234
$S_2O_3^{2-}$ 199
SCE(飽和カロメル電極) 233
SDS(ドデシル硫酸ナトリウム)
　　　　　　　　　　158
STN International 352
エタノール 86
エチレン酢酸ビニル共重合体 334
X 線
　——の原子散乱因子(図) 34
　——を用いる場合の注意 358
X 線回折 33
　密度と—— 183
XY 記録計 296
NH_4Cl 98
$Na_2SO_4 \cdot 10 H_2O$ 193
$Na_2SO_4 \cdot 7 H_2O$ 196
NaCl 37
NMR
　高分解能—— 40

索引

NMR（つづき）
　　パルス―― 43
NOE 48
　　――の大きさ 51
　　――パルスプログラム 52
n型半導体 151
エネルギー単位の換算表 351
エネルギー弾性 216
エネルギー等分配の法則 204
エネルギーバンド 78
FID（自由誘導減衰） 43
FT-IR 6
エポキシ樹脂 334
MestReS 44
MEXICO 44
MSDS 362
MMA（メタクリル酸メチル） 25
エルカ酸 167
LCRメーター 60
LUMO 79
塩化アンモニウム 186
塩化銀の溶解度 240
塩化水素 10
塩化ナトリウム 186
塩橋 238
塩酸 110, 138
演算増幅器 248, 293
エンタルピー
　　会合―― 99
　　蒸発―― 85
　　中和―― 110
　　転移―― 101
　　電離―― 111
　　反応―― 106
　　融解―― 95
　　溶解―― 111
エントロピー
　　蒸発―― 85
　　等方的なゴムの―― 218
エントロピー弾性 216
塩類と氷の混合物（冷媒） 305

お

オイラーの定理 155
オイルミスト 311
応力緩和 221
1-オクタノール 93
オシロスコープ 286, 289
オストワルド洗浄塔 338
OPアンプ 248, 293
　　――の表示法 249
オームの法則 76, 223
オングストローム（単位） 350
オンサーガーの式 56
音速温度計 324
音速測定装置（図） 114
温度因子 39
温度計 323
　　――の校正 330, 331
　　アルコール―― 324
　　音速 324
　　気体―― 324
　　蒸気圧―― 324
　　水銀―― 324
　　水晶―― 324
　　抵抗―― 330
　　熱電対―― 324, 325
　　放射 324
温度計の種類（表） 324

温度校正 102
温度調節器 302
温度定点（表） 323
温度目盛 323
音波 112
　　――の波長 116

か

会合 45
会合エンタルピー 99
会合反応の平衡定数 91
ガイスラー管 261, 266, 322
解析偏光子 135, 136
回折 33
回折線の指数づけ 38
回転エネルギー準位 9
回転緩和時間 64
回転構造 15
回転真空ポンプ 357
回転セクター鏡 17
回転定数 9
回転半径
　　二乗平均―― 211
回転ポンプ
　　ゲーデ型―― 310, 311
　　センコ型―― 310, 311
界面 175
界面活性物質 154
界面相 155
界面不活性物質 154
解離エンタルピー
　　酢酸の―― 225, 228
開ループ電圧利得 293
回路試験器 282

ガウス（単位） 350
ガウス鎖 218
ガウスの誤差関数 199
ガウス分布 269
化学交換 44, 45
化学シフト 41
　　――の内部標準 47
化学電池 237
化学物質等安全データシート 362
化学物質の許容濃度 360
化学ポテンシャル 91, 155
　　溶液中の―― 95, 180
核オーバーハウザー効果（NOE
　　　　　　　　　　もみよ） 48
拡散過程 150, 198
拡散係数 197, 205
拡散支配の消光 29
拡散速度定数 29
拡散ポンプ 260, 265, 311
拡散律速（反応） 29, 197
核磁気共鳴（NMRもみよ） 40, 41
核磁子 40
核スピン 40
撹拌器 303
確率誤差 273
火災と消火に関する注意 362
可視スペクトル 14
加水分解反応 143
ガスセル
　　赤外スペクトル測定用―― 11
ガス出し 187, 263, 316
カセトメーター 317
カソード 231
カチオン交換膜 241, 242
活性化エネルギー 142

索　引　367

活性炭　176
活　量　240
　　溶質の——　192
価電子帯　78, 149
過渡現象　292
カドミウム標準電池　279
下部共沸混合物　120
下部臨界共溶点　191
ガラス
　　——の種類　332
　　——の性質　333
　　——の組成　332
　　シュランク——　332
　　パイレックス——　332
ガラス器具の取扱い　355
ガラス細工　254, 355
ガラス製デュワー瓶　307
ガラス電極　234
カロメル電極　233
岩塩型構造　37
環境汚染物質排出移動登録　362
還元炎　255
甘コウ泥　236
寒　剤　304, 356
換算質量　9
緩衝液　94
干渉計(マイケルソン)　6
完全溶液　180
乾燥状態　185
カンデラ　346
寒天ゲル　199
乾電池　278
緩　和　49
緩和時間
　　回転——　58, 64

分子の配列の——　21

き～こ

気圧計(フォルタン型)　316
気液平衡　119
機械的ポンプ　310
帰　還　294
規準熱起電力　326
気　体
　　——による中毒と爆発　359
　　——の音速　112
　　——の熱容量　112
気体温度計　323, 324
気体膜　161
基底状態　14
起電力　232, 279
軌道角運動量　66
　　誘起——　69
ギブズエネルギー
　　ゴムの——　216
ギブズエネルギー変化
　　電子移動反応の——　32
ギブズの吸着等温式　156
ギブズ-ヘルムホルツの式　95
逆浸透膜法　339
吸光係数　15
吸光度　12, 15
吸収係数　15
吸収帯　15
吸収の飽和　49
吸収率　15
吸　着　154, 168
吸着エネルギー　169
吸着等温式　168

フロイントリッヒの——　175
ラングミュアの——　175
吸着等温線　175
吸着媒　175
吸着平衡　168, 175
吸着量　155
キュリー(単位)　350
キュリー則　69
強結合近似　77
凝固点降下　95
強磁場実験での注意　359
強電解質　223
共沸混合物　120
　　下部——　120
　　上部——　124
共鳴周波数　41
共役溶液　189
共融混合物　305
極限面積　162
極限モル伝導率　224
　　——の加成性　224
局所磁場　41
極性分子　56
記録計　293, 295
キログラム(単位)　346
銀イオン濃淡電池　239
銀-塩化銀電極　234
禁止帯　149
金　属　149
　　——の凝固点　331
金属線の規格　297
銀電極　238
キンヒドロン電極　233
銀ろう付け　326

グイ法(図)　71
空間電荷層　150
空気電池　278
偶然誤差　268
クエンチ　359
屈折角　123
屈折率　120, 122, 333
クライオスタット　81
クライゼンフラスコ　89
クラウジウス-モソッティの式　55
クラペイロン-クラウジウスの式　85
グランドナット　343
グルコース　134
クロメル P-アルメル熱電対(K)　327
クロメル P-コンスタンタン
　　　　　熱電対(E)　327
クロロプレンゴム　334
クロロホルム　124, 186

Kα 線　36
蛍　光　21
　　——の量子収率　28
蛍光寿命　28
　　ピレンの——　32
蛍光分光光度計　30
系統誤差　268
KNO$_3$　102
K$_3$[Fe(CN)$_6$]　72
K$_4$[Fe(CN)$_6$]・3H$_2$O　72
KCl　37
下水道排除基準　121
結晶化度　184, 188
結晶構造因子　36
結晶構造解析　33
結晶主軸　34

結晶領域(高分子固体の) 183
ゲーデ型回転ポンプ 310, 311
KBr 37
ケルビン(単位) 346
ゲルマニウム抵抗温度計 324
減圧調整器 344
原子散乱因子 35
　X線の―― (図) 34
検糖計 136

高圧ガス容器 342
高圧配管 132
恒温槽 301
項間交差 21
　――の速度定数 22
工業的一軸伸張応力 219
格子定数 34
構造因子 35, 36
剛体回転子 9
光電子増倍管 24
光度の単位 346
高分解能 NMR 40
高分子
　――の相対分子質量 210
高分子固体
　――の結晶領域 183
交流ブリッジ(図) 61
氷 304
　――と塩類の混合物(冷媒) 305
国際温度目盛 324
国際化学物質安全性カード 362
国際実用温度目盛 324
国際単位系 345
誤差 268
　――の確率密度 269

――の波及 274
水銀温度計の―― 268
　測定器の―― 272
ランダム―― 269
誤差関数 269
誤差分布 270
固体電解質 76
固体のバンド構造(図) 77
固体の表面積 168
固体膜 162
コハク酸 93
ゴム
　――のギブズエネルギー 216
　――の線膨張率 218
　等方的な――のエントロピー 218
ゴム弾性 216
固有粘度 209
コールドトラップ 312, 313
コールラウシュブリッジ 225, 226
コンデンサーの表示記号 298

さ, し

再結合(正孔の) 150
最高被占軌道 79
最小二乗法 270
最低空軌道 79
サイリスター 281
酢酸 127, 176, 228
　――の解離エンタルピー 225, 228
酢酸エチル 143
酢酸/酢酸ナトリウム系 151
酢酸ビニル樹脂 334
錯体生成の平衡定数 19

サーボモーター 296
サーミスター 324, 330
サーモモジュール 304
酸化炎 255
三角座標 125
酸化反応 150
残差 268
三重点 83, 162
3成分系の相図 125
散乱
　熱振動による―― 79
残留インピーダンス 63

シアノアクリレート 334
g 因子 40
CMC (臨界ミセル濃度) 156
四塩化炭素 120
磁化 66
自加圧型液体窒素容器 307
紫外吸収スペクトル 14
磁化率 66
　――の構造補正 70
　質量―― 66
　常磁性―― 66
　体積―― 66
　反磁性―― 70
時間軸回路 288
時間の単位 346
時間分解測定 32
磁気共鳴 40, 41
磁気双極子 66
色帯 298
磁気てんびん 73
磁気モーメント 66, 75
シクロヘキサン 63, 86, 97

1,5-ジクロロ-2,4-ジメトキシベンゼン 51
自己相似構造 191
自己放電 278
事故例(化学実験の) 364
示差走査熱量測定 100
示差熱分析 100
p-ジシアノベンゼン 30
CCD 24
指示電極(表) 234
指示薬 235
指数づけ(回折線の) 38
シータ温度 212
シータ状態 211
シータ溶媒 211
4 端子測定 80, 285
実在気体の非理想性 130
質量磁化率 66
質量の単位 346
自動平衡記録計 295
3,3-ジメチルアクリル酸 51
N,N-ジメチルアニリン 30
ジメチルスルホキシド 48
N,N-ジメチルホルムアミド 51
弱電解質 223
臭化水素 10
重水素ランプ 17
重水の濃縮 184
集積回路 248
自由度 83, 119
自由表面 154
自由誘導減衰 43
$CuSO_4 \cdot 5H_2O$ 72
$Cu(CH_3COO)_2 \cdot H_2O$ 72
シュテルン-フォルマー定数 29

索　引　369

受動素子　251
寿命
　　蛍光――　28
　　T_1 状態の――　22
　　りん光――　23
　　励起状態の――　27
シュランクガラス　332
シュレーディンガー方程式
　　剛体回転子の――　9
　　調和振動子の――　8
準安定相　102
準静的電池反応　232
純物質の相図　102
消火器の種類　363
蒸気圧温度計　324
蒸気圧曲線　84
蒸気圧測定　83,86(図),87
消　光
　　――速度定数　29
　　――の機構　27
　　――反応　27
　　――への酸素の影響　30
　　拡散支配の――　29
消光剤　27
常磁性磁化率　66
死容積　171
状態図(相図もみよ)　83
　　相互溶解の――　189
状態変数(熱力学的)　83
状態方程式
　　ファンデルワールスの――　130
状態密度　77
蒸発エンタルピー　85
蒸発エントロピー　85
上部共沸混合物　124

上部臨界共溶点　191
消滅則　35
商用電源　245
蒸留法　340
触媒活性　168
シリコーン樹脂　334
真空グリース　261
真空装置　260
真空度　264,314
真空の誘電率　54
真空ポンプ　310
　　――の終夜運転　311
シンクロスコープ　288
真性半導体　149
真　値　268
　　――の分布関数　270
伸張比　221
振電相互作用　21
振動エネルギー準位　8
振動回転スペクトル　9
振動構造　15
振動子強度　15,16
振動の力の定数　8
振動の量子数　9
信頼度因子　37

す～そ

水　銀
　　――の蒸気圧　336
　　――の精製　336,338
　　――の毒性　337
　　――の取扱い　336
　　――の表面張力　321
　　――の保存　337

　　――の密度　320
水銀圧力計の補正　320
水銀温度計　324
　　――の誤差　268
水銀式レギュレーター　302
水銀電池　278
水銀U字管圧力計　317
水酸化ナトリウム　110
水晶温度計　324
水素結合　45
水素電極　233
垂直回路　288
水平回路　288
酔　歩　203
数値の処理　268
スクロース　134
ステアリン酸　164
ストークス(単位)　350
ストークスの法則　197,205
スピン-軌道カップリンク定数　22
スピン-軌道相互作用　21
スピン禁制　21
スピン-スピン結合　42
スピンドル弁　342,343
スペクトル
　　振動回転――　9
スライダック　278,280

正確さ　269
正規分布　269
正吸着　154
正　孔　150
　　――の再結合　150
静的誘電率　60
静電容量圧力計　314

制動放射　36
成　分　83
精密さ　269,273
　　――の指標　269
赤外吸収スペクトル　6
赤外分光計
　　フーリエ変換型――　6
　　分散型――　6
絶縁体　78
絶対誤差　268
接地(アース)　245
接着剤　334
接頭語　348
ゼーベック効果　325
ゼーマンエネルギー係数　68
ゼーマン分裂　40,67
セルシウス温度　323
セルノックス　324
遷移モーメント　15
旋光計　135
旋光性　135
センコ型回転ポンプ　310,311
線スペクトル　14
選択律　10
せん断応力　208
潜　熱　85

相　83
掃　引　288
掃引信号　287
増　感　149
双極子
　　永久――　55
　　磁気――　66
　　誘起――　55

370　索引

双極子間相互作用(電気的)　57
双極子相互作用　48
双極子モーメント　54
相互溶解度　189
　　液体の——　127
相互溶解の状態図　189
相図(状態図もみよ)　125, 127
　　純物質の——　102
相対誤差　268
相対粘度　208
相対分子質量　113
　　高分子の——　209, 210
相対密度　179
相分離　126, 189
相平衡　84
相変化　85
相　律　83, 119
測定器の誤差　272
速度定数
　　一次反応の——　134
　　二次反応の——　141
素反応　151

た〜つ

耐圧(容器の)　132
対陰極　36
大気圧計　316
対償法　284
帯磁率 → 磁化率をみよ
体心立方構造　35
体積磁化率　66
体積帯磁率　66
体積弾性率　112
ダイヤフラム式圧力計　314

脱イオン水　340
脱ガス　187, 263, 316
脱　着　175
ダニエル電池　231
W_1 緩和　50
W_2 緩和　50
ダブルビーム方式分光光度計(図)
　　　　　　　　　　　　18
多分子層吸着　168
ターボ分子ポンプ　312
単純ヒュッケル法　77
単蒸留　120
弾　性　216
弾性率　112
炭素抵抗温度計　324
タンパク質三次元構造　51
単分子層吸着　168
単分子膜　161, 166
中　毒
　　気体による——と爆発　359
チェビィシェフ多項式　272
チオ硫酸ナトリウム
　　——による還元脱色　19
力の定数(振動の)　8
窒　素　114
中和エンタルピー　110
中和滴定　235
超伝導マグネット　359
調和振動子
　　——のシュレディンガー方程式
　　　　　　　　　　　　8
直流電源　245
直流ブリッジ　285
直結型ロータリーポンプ　310

つり板型表面圧計　162

て, と

定圧熱容量　112
DSC(示差走査熱量測定)　100
　　入力補償——　100
TMS　44
DMM　80
低温の生成　304
抵抗温度計　330
抵抗器の表示記号　298
抵抗率　76, 223
TCNQ　80
定常状態の近似　28
T_1 状態の寿命　22
定組成融点　193
ディップ型(OPアンプ)　249
DTA(示差熱分析)　100
TTF　80
定容熱容量　112
定容法吸着測定装置(図)　171
滴重法　157
てこの原理　126, 189
デジタルオシロスコープ　292
デジタル張力計　220
デジタル電圧計　283, 284
デジタルマルチメーター　282, 283
テスター　282
テスラコイル　262, 322
7,7,8,8-テトラシアノキノジメタン
　　　　　　　　　　　　80
テトラチアフルバレン　80
テトラヒドロフラン　86
テトラメチルシラン　41

デバイ(単位)　16, 58
デバイの理論(誘電率)　56
デュワー瓶　306
δ目盛　41
テレフタル酸ジメチル　30
電圧利得　250
転移エンタルピー　101
電位差計　284
電位差滴定　232
転移点　194
転　化　134
電解コンデンサー　283
電解質
　　——の平均活量係数　239
　　——の平均活量係数(表)　244
電荷移動相互作用　16, 27
電荷結合素子　24
電気に関する災害と注意　357
電気化学平衡状態　232
電気抵抗　76
電気伝導　76
電気伝導率　223, 227
　　——測定容器　225, 226
電極電位　232
電極反応　232
電子アクセプターの標準還元電位
　　　　　　　　　　　　32
電子移動
　　——反応のギブズエネルギー変化
　　　　　　　　　　　　32
　　分子間の——　79
電子回路　245
電子供与体　16
電子受容体　16
電子状態　14

索 引

電子スピン 66
電子遷移 14
電子ドナーの標準酸化電位 32
電 池 231, 278
　——の表しかた 231
電池反応 231
　準静的—— 232
伝導性 76
伝導滴定 223, 229
伝導度水 225, 341
伝導バンド 149
伝導率 76
　——の温度依存性 78
電離エンタルピー 111
電離真空計 264, 266, 315
電離定数 225
電離度 98, 225
電離平衡 223
　水の—— 111
電流の単位 346

等温線 83
等温臨界点 126, 129
透過率 15
同期のこぎり波電圧 288
同期モーター 296
等吸収点 16
統計平均 204
銅-コンスタンタン熱電対(T) 328
特性 X 線 36
都市ガス 254
ドデシル硫酸ナトリウム 158
ドナー分子 79
トムソン散乱 33
ドライアイス 263, 304, 305

トライアック 281
トランスファーチューブ 309
トリエチルアミン 191
トリガー 289
トリチェリの真空 316, 339
トル(単位) 350
トルエン 127
ドルーデの式 139
トルートンの法則 85
ドルトンの法則 119

な 行

長さの単位 346
ナフタレン 97
鉛蓄電池 278, 279
難溶塩の溶解度(表) 240

ニコチン 191
二酸化炭素 114, 131
二酸化チタン 151
二酸化マンガンリチウム電池 279
二次温度計 323, 324
二次電池 278, 279
二次反応の速度定数 141
二乗平均回転半径 211
ニッケルカドミウム蓄電池 278, 280
ニッケル水素蓄電池 280
ニトリルゴム 334
二分子的失活速度定数 22
入力インピーダンス 283, 291
入力補償 DSC 100
ニュートンの冷却則 108
二硫化炭素 186

熱化学カロリー(単位) 350
熱起電力 325
熱交換の補正 107
熱振動による散乱 79
熱電対 E, K, T 326
熱電対温度計 324, 325
熱電流 325
熱容量
　——の比 112
　定圧—— 112
　定容—— 112
熱力学温度 323
　——の単位 346
熱力学標準温度計 323
熱流束 DSC 100
熱量計 106
　反応系—— 106
　非反応系—— 106
燃 焼 361
粘性抵抗力 203
粘性率(粘度もみよ) 208
　水の—— 207
粘度(粘性率もみよ) 208
粘度計 212

ノイズ 245
濃淡電池 237
のこぎり波電圧 287

は

配向分極 56
バイコール 332
パイレックス 254
パイレックスガラス 332

ハギンス
　——定数 209
　——プロット 209
ハーキンスの補正因子 157
爆轟(ばくごう) 361
爆轟濃度限界 361
白色 X 線 36
爆 発 361
　液体酸素の—— 307
　気体による中毒と—— 359
爆発限界 361, 362
薄膜の状態図 162
パスカルの加成法則 70
パスカルの原子磁化率 70
パスカルの構造補正項 70
パスツールピペット 199, 201
波長分解能 30
白金黒 233
　——の作り方 226
白金抵抗温度計 324
白金抵抗センサー 330
発 光 27
発光強度 28
発光寿命 22
発光遷移 21
バーナー 254, 255
バーニヤ付目盛板 316
バール(単位) 350
パルス NMR 43
パルス系列 52
パルスプログラム 52
パルスモーター 296
ハルベルシュタット-クムラーの方法 58
パルミチン酸 164

索引

ハロゲンランプ 17
バーン(単位) 350
反磁性 69
反磁性磁化率 70
はんだ付け 246
ハンティング 296
反転回路 294
反転(増幅)回路 250
反転増幅器 249
半電池 232
半導体 79, 149
バンドギャップ 78, 150
バンド構造 78
　固体の――(図) 77
ハンドバーナー 258
バンド幅 78
反応エンタルピー 106
　――と反応熱 106
反応系熱量計 106
反応速度 134
　速い―― 145
反応の速度定数
　一次―― 134
　二次―― 141

ひ

PID 制御 302
BET → ベットをみよ
PRTR 362
pH メーター 145, 146
非 SI 単位 349
光化学 27
光吸収速度 28
光触媒 149

――装置(図) 152
ピクノメーター 184
微細構造 15, 42
P 枝(P branch) 10
比 重 179
比重瓶(図) 186
非晶領域
　高分子固体の―― 183
ひずみ検出器 259
比旋光度 135
非定組成融点 193
Video Point 206
非電解質溶液 193
比粘度 208
非反転回路 294
非反転(増幅)回路 250
非反応系熱量計 106
比表面積 173
微分溶解熱 192
比誘電率 54
秒(単位) 346
表示記号
　コンデンサーの―― 298
　抵抗器の―― 298
標準還元電位
　電子アクセプターの―― 32
標準ギブズエネルギー 20
標準誤差 273
標準酸化電位
　電子ドナーの―― 32
標準水素電極 232
標準電圧 279
標準電池 296
　カドミウム―― 279
標準沸点 85

標準偏差 273
標準モル融解エンタルピー 95
表面圧 161
表面圧計
　――(図) 163
　うき型―― 162
　つり板型―― 162
表面過剰濃度 155
表面ギブズエネルギー 154
表面積(固体の) 168
表面張力 154, 161
　――の補正 321
表面捕捉 151
ピラニゲージ 264, 315
ピレン 30
　――の蛍光寿命 32
ピロメリット酸無水物 30
頻度因子 142

ふ

ファクトデータ源 352
ファンデルワールスの状態方程式 130
ファントホッフの式 192
フィードバック 294
フェノール 190
フェノール樹脂 334
フェルミエネルギー 78
フェルミ分布 78
フォルタン型気圧計 316
負吸着 154
復元力 216
複素インピーダンス 61
不純物 96

不確かさ 274
物質量の単位 346
物性データ 352
沸点測定 87
物理量の単位 345
舟型蒸発乾燥器 194
部分モル量 180
浮遊法(密度測定の) 188
ブラウン運動 197, 203
ブラウン管 286
ブラウン管オシロスコープ 286
フラクタル 191
ブラシジン酸 167
ブラッグの式 33
ブラッグ反射 33
フランク-コンドンの原理 15, 21
フーリエ変換 7, 43
フーリエ変換型赤外分光計 6
フルオロベンゼン 63
フルクトース 134
ブルドン管圧力計 314
プレイトポイント 126
フロイントリッヒの吸着等温式 175
プロジェットのピペット(図) 166
ブロモベンゼン 63
フローリー-フォックスの式 211
分 極
分極電荷 54
分極補外法 58, 63
分極率 55
分極率体積 55
　――の SI 単位 55
文献の書き方 4
分光光度計 17
　ダブルビーム方式――(図) 18

索引 373

分散型赤外分光計　6
分子会合体　91
分子回転　50
分子間の電子移動　79
分子錯体　16
分子性導体　79
分子断面積　171
分子の配列の緩和時間　21
分子量測定　97
分配係数　91
分配比　92
分配平衡　91
分　布
　　誤差——　270
分布関数
　　真値の——　270
分　留　120, 122
分留頭　121

へ，ほ

平均活量係数
　　電解質の——（表）　244
平均誤差　273
平均自由行程　266
平均二乗末端間距離　218
平均モル質量（架橋点間の）　219
平衡状態
　　電気化学——　232
平衡定数
　　会合反応の——　91
　　錯体生成の——　19
ヘスの法則　106
ペースメーカー　359
BET　168

BET 吸着式　170
BET 表面積　173
BET 法　168
ヘリウム　114
　　——回収システム　309
ペルチエ効果　304
ベルテローの式　174
ヘルムホルツエネルギー
　　ゴムの——　217
ベール-ランベルトの法則　15
変形分極　56
偏光因子　38
偏光子　136
　　解析——　136
　　補助——　136
ベンゾフェノン　25

ボーア磁子　40, 67
　　有効——数　69, 72
ポアズ（単位）　350
ホイートストンブリッジ　284, 285
望遠鏡尺　317
放射温度計　324
放射過程　27
放射遷移速度定数　22
包晶点　194
膨張計　140
膨張率
　　ガラスの——　333
　　ゴムの線——　218
飽　和　49
　　吸収の——　49
飽和カドミウム電池　279
飽和カロメル電極　233
飽和溶液　192

補助偏光子　136
HOMO　79
Porapak Q　153
ポリアミド樹脂　334
ポリエステル樹脂　334
ポリエチレングリコール　207
ポリスチレン　213
　　——のシータ温度　212
ポリスチレンラテックス　206
ポリブチレンオキシド　64
ボンベ　342
　　——の色　343
　　——の刻印　342

ま 行

マイケルソン干渉計　6
マグコンレギュレーター　302
マクスウェルの関係式　57, 217
膜電位　240
膜電極　241
マーク-ホーウィンク-桜田の式　210
マクラウドゲージ　319
摩擦係数　197, 203
丸め誤差　276
マンガニン線圧力計　315
マンガン乾電池　278
水
　　——の凝固点　331
　　——の三重点温度　323
　　——の精製　336, 339
　　——の電離平衡　111
　　——の粘性率（表）　214
　　——の保存　341

水-エタノールの密度（表）　214
水ガラス　334
水当量　106
水の蒸留精製　260
密　度　179
　　——と X 線回析　183
密度測定
　　——の浮遊法　188
ミード-フォスプロット　210
ミュラーブリッジ　285
ミラー指数　34
ミラースケール　317
無限層吸着　170
ムーニー-リブリンプロット　222
無放射過程　27
無放射遷移　21
メタクリル酸メチル　25
メタノール　45, 47, 120, 184
メタルカン型（OP アンプ）　249
メートル　346
メニスカス　317, 321
　　——補正　321
メラミン樹脂　334
面間隔　34

毛管凝縮　170
毛管粘度計（ユベローデ型）　212
モル　346
モル吸光係数　15
モル磁化率　66
モル体積　179
　　見かけの——　182
モル伝導率　223, 228

374 索引

モル分極 55
モレキュラーシーブ 168, 174

や 行

焼きなまし 259
薬品・化学物質の安全性に関する
　　　　　　　　情報源 362
火傷 259
やすりの使い方 254
ヤング率
　ガラスの—— 333
誘起双極子 55
有機伝導体 80
有極性分子 56
有効数字 274, 276
有効ボーア磁子数 72
誘電緩和 60, 64
誘電損失率 59
誘電体 54
誘電分散 60
誘電率 54
　ガラスの—— 333
　瞬間的—— 60
　真空の—— 54
　静的—— 60

比—— 54
ユベローデ型毛管粘度計 212
ゆらぎ 50
ユリア樹脂 334
輸率 238

溶液中の化学ポテンシャル 95, 180
溶解エンタルピー 111
溶解度 192
　塩化銀の—— 240
　難溶塩の—— 228, 240
溶解度曲線 126, 193
容器定数 227
ヨウ素-トリエチルアミン錯体 16
揺動力 203
読みとり顕微鏡 199, 220, 317

ら～わ

ラウールの法則 119
酪酸 93
ラングミュアの吸着等温式 175
ランジュバン方程式 203
ランダムウォーク 203
ランダム誤差 269
ランデの g 因子 67
ランベルト-ベールの法則 15

リサジュー図形 292
理想溶液 97, 119, 180
リチウムイオン電池 278, 280
リチウム電池 278, 279
リチウム二次電池 280
立体測距法 48
リットル(単位) 350
リッピヒ検糖計 136
リプキン-デビソン型ピクノ
　　　　メーター(図) 184
硫酸ナトリウム十水和物 111
硫酸ナトリウム無水和物 111
量子収率 23, 28
両親媒性物質 125
良導体 78
臨界圧力 130
臨界温度 84, 130
臨界共溶温度 189
臨界たんぱく光 126, 191
臨界点 162
臨界ミセル濃度 156
臨界モル体積 130
りん光 21
りん光過程のポテンシャル(図) 22
りん光強度 23
りん光寿命 23
りん光測定装置(図) 24

リンデック電位差計 284

ルチル 153
LUMO 79

励起錯体 27
励起状態 14
　——の会合 27
　——の寿命 21, 27
冷却曲線 98
冷却剤 304
冷却則(ニュートンの) 108
冷却素子 304
冷媒 304
レギュレーター 344
レーザーを用いる場合の注意 358
レポートの書き方 3
連結線 126, 128
連続 X 線 36
レンツの法則 70
レントゲン(単位) 350

ロータリーポンプ 260, 310
ローレンツ因子 38
ローレンツ局所場 55

ワイヤゲージ 297

ち はら ひで あき
千 原 秀 昭 (1927～2013)
　　1927 年 東京に生まれる
　　1948 年 大阪大学理学部 卒
　　元 大阪大学理学部 教授
　　専攻 物理化学, 化学情報論
　　理学博士

そ らい みち お
祖 徠 道 夫
　　1939 年 旅順に生まれる
　　1962 年 大阪大学理学部 卒
　　大阪大学名誉教授
　　専攻 物理化学, 化学熱力学
　　理学博士

なか ざわ やす ひろ
中 澤 康 浩
　　1962 年 東京に生まれる
　　1986 年 東京大学理学部 卒
　　現 大阪大学大学院理学研究科 教授
　　専攻 物性物理化学, 熱力学
　　理学博士

物理化学実験法（第5版）

ⓒ2011

第1版 第1刷 1968 年 12 月 10 日 発行
第2版 第1刷 1979 年　3 月　1 日 発行
第3版 第1刷 1988 年　3 月 15 日 発行
第4版 第1刷 2000 年　9 月　1 日 発行
第5版 第1刷 2011 年　9 月 15 日 発行
　　　第4刷 2022 年　6 月 21 日 発行

監　修　　千　原　秀　昭
編　集　　祖　徠　道　夫
　　　　　中　澤　康　浩

発行者　　住　田　六　連
発　行　株式会社 東京化学同人
東京都文京区千石 3-36-7 (〒112-0011)
URL: https://www.tkd-pbl.com/
電話 03-3946-5311・FAX 03-3946-5317

印　刷　中央印刷株式会社
製　本　株式会社 松岳社

ISBN978-4-8079-0752-6
Printed in Japan
無断転載および複製物（コピー，電子データなど）の無断配布，配信を禁じます。

元素の周期表（2022）

（元素の原子量は，質量数12の炭素（^{12}C）を12とし，これに対する相対値とする．）

族 / 周期	1	2	3	4	5	6	7	8	9	10	11	12	13	14	15	16	17	18
1	1 H 1.008																	2 He 4.003
2	3 Li 6.94†	4 Be 9.012											5 B 10.81	6 C 12.01	7 N 14.01	8 O 16.00	9 F 19.00	10 Ne 20.18
3	11 Na 22.99	12 Mg 24.31											13 Al 26.98	14 Si 28.09	15 P 30.97	16 S 32.07	17 Cl 35.45	18 Ar 39.95
4	19 K 39.10	20 Ca 40.08	21 Sc 44.96	22 Ti 47.87	23 V 50.94	24 Cr 52.00	25 Mn 54.94	26 Fe 55.85	27 Co 58.93	28 Ni 58.69	29 Cu 63.55	30 Zn 65.38*	31 Ga 69.72	32 Ge 72.63	33 As 74.92	34 Se 78.97	35 Br 79.90	36 Kr 83.80
5	37 Rb 85.47	38 Sr 87.62	39 Y 88.91	40 Zr 91.22	41 Nb 92.91	42 Mo 95.95	43 Tc (99)	44 Ru 101.1	45 Rh 102.9	46 Pd 106.4	47 Ag 107.9	48 Cd 112.4	49 In 114.8	50 Sn 118.7	51 Sb 121.8	52 Te 127.6	53 I 126.9	54 Xe 131.3
6	55 Cs 132.9	56 Ba 137.3	57-71 ランタノイド	72 Hf 178.5	73 Ta 180.9	74 W 183.8	75 Re 186.2	76 Os 190.2	77 Ir 192.2	78 Pt 195.1	79 Au 197.0	80 Hg 200.6	81 Tl 204.4	82 Pb 207.2	83 Bi 209.0	84 Po (210)	85 At (210)	86 Rn (222)
7	87 Fr (223)	88 Ra (226)	89-103 アクチノイド	104 Rf (267)	105 Db (268)	106 Sg (271)	107 Bh (272)	108 Hs (277)	109 Mt (276)	110 Ds (281)	111 Rg (280)	112 Cn (285)	113 Nh (278)	114 Fl (289)	115 Mc (289)	116 Lv (293)	117 Ts (293)	118 Og (294)

ランタノイド	57 La 138.9	58 Ce 140.1	59 Pr 140.9	60 Nd 144.2	61 Pm (145)	62 Sm 150.4	63 Eu 152.0	64 Gd 157.3	65 Tb 158.9	66 Dy 162.5	67 Ho 164.9	68 Er 167.3	69 Tm 168.9	70 Yb 173.0	71 Lu 175.0
アクチノイド	89 Ac (227)	90 Th 232.0	91 Pa 231.0	92 U 238.0	93 Np (237)	94 Pu (239)	95 Am (243)	96 Cm (247)	97 Bk (247)	98 Cf (252)	99 Es (252)	100 Fm (257)	101 Md (258)	102 No (259)	103 Lr (262)

ここに示した原子量は，実用上の便宜を考えて，国際純正・応用化学連合（IUPAC）で承認された最新の原子量に基づき，日本化学会原子量専門委員会が独自に作成した表によるものである．本来，同位体存在度の不確定さは，自然に，あるいは人為的に起こりうる変動や実験誤差のために，元素ごとに異なる．したがって，個々の原子量の値は，正確度が保証された有効数字の桁数が大きく異なる．本表の原子量を引用する際には，このことに注意を喚起することが望ましい．なお，本表の原子量の信頼性は有効数字の4桁目で±1以内である．（†：人為的に ^{6}Li が抽出され，リチウム同位体比が大きく変動した物質が存在するために，リチウムの原子量は大きな変動幅をもつ．したがって本表では例外的に3桁の値が与えられている．なお，天然の多くの物質中でのリチウムの原子量は6.94に近い．＊：亜鉛の原子量の信頼性は有効数字4桁目で±2である．）また，安定同位体がなく，天然で特定の同位体組成を示さない元素については，その元素の放射性同位体の質量数の一例を（　）内に示した．したがって，その値を原子量として扱うことはできない．

© 2022 日本化学会 原子量専門委員会